D1695004

OLVING · DIE KAROSSERIE

P. H. Olving

DIE KAROSSERIE

Reparatur von Karosserieschäden

Motorbuch Verlag Stuttgart

Einbandgestaltung: Johann Walenbek

Bildquellen: E.T.A.I., Boulogne Billancourt, Frankreich
Farbtafeln: Vogel Verlag, Würzburg; übrige: Kluwer Technische Boeken BV, Deventer/NL.

Die holländische Originalausgabe ist dort erschienen unter dem Titel:
»De Carrosserie – Reparatie van Autoschade«.
Überarbeitung: W. Harmsen, Deventer

Die Übersetzung ins Deutsche besorgte:
Erwin Peters

ISBN 3-613-01456-4

2. Auflage 1994

Ein Unternehmen der Paul Pietsch-Verlage GmbH + Co.

Satz und Druck: Druckhaus Schwaben GmbH, 74080 Heilbronn.
Bindung: E. Riethmüller, 70176 Stuttgart.
Printed in Germany.

Inhalt

Vorwort

Die Konstruktion der modernen Kraftfahrzeuge und die Fortschrittlichkeit der modernen Lackiertechnik machen es für den Karosseriefachmann nicht leichter, seine Arbeit immer wieder zur vollen Zufriedenheit durchzuführen. Ein weiterer Faktor – der eine zunehmend wichtigere Rolle spielt – ist in den Kunststoffen begründet. Auch dazu bedarf es allmählich spezieller Kenntnisse, will man erforderliche Reparaturen schnell und sachgemäß ausführen. Herr Arkenbosch aus Vaassen erklärte sich bereit, dieses Kapitel zu übernehmen.
Alles in allem ist der Karosseriefachmann gezwungen, sich ständig neu zu informieren, will er mit allen Entwicklungen schritthalten.
Andererseits braucht der Auszubildende im Karosseriebau ein Handbuch, mit dessen Hilfe er sich alle Einzelheiten des von ihm gewählten Berufes zueigen machen kann. Auch dazu soll diese Ausgabe beitragen.
An dieser Stelle möchte ich auch Herrn Goudbeek danken, der mir mit Rat und Tat zur Seite stand.

P. H. Olving

1 Einleitung

1.1 DIE BLECHBEARBEITUNG

Zwischen der Blechverarbeitung in der Industrie und der Blechbearbeitung in einer Karosseriewerkstatt gibt es einen sehr großen Unterschied, nicht nur hinsichtlich der Art der Arbeit, sondern auch in den zu bearbeitenden Materialien.

a) In der *Industrie* wird das Blech im allgemeinen keinen sonderlich großen Formveränderungen unterzogen. Die Platten sind von sehr unterschiedlicher Dicke, je nach Art der Verwendung und der verwendeten technischen Hilfsmittel. Schweiß- und Nietverbindungen kommen häufig vor, und gemeinsam mit dem Anreißen, Schlitzen, Schneiden, Biegen, Schneidbrennen, Sicken, Dehnen, Stauchen und Zusammenfügen bilden sie die Grundlage dieser im allgemeinen schweren Arbeit. Die Serienfertigung mit Hilfe hydraulischer Pressen, Stanzen, Matrizen und automatischer Schweißmethoden bietet z. B. dem Schiffsbauer mehr und mehr die Möglichkeit zur Montage vorgefertigter Teile.
Wenn Sie die fertigen Teile aus der industriellen Blechverarbeitung mit den Formblechen eines Karosseriebetriebes vergleichen, dann zeigt sich der wesentliche Unterschied zwischen diesen beiden Arten der Blechverarbeitung, die sich aber im Grunde, jedenfalls in den wesentlichen Arbeitsgängen, nicht sehr voneinander unterscheiden.
b) Im *Karosseriebetrieb* verarbeitet man Bleche, deren Dicke zwischen 0,5 und 1 mm variiert. Stahlblech, Aluminium, galvanisierte Bleche, Kupfer und Zink.
In den meisten Fällen wird das Blech erheblichen Formveränderungen unterzogen, und dazu muß die gesamte Oberfläche der Platte bearbeitet werden. Ob es sich nun um Zieharbeiten mit Matrizen handelt oder um Blechbearbeitung aus der Hand mit oder ohne mechanische Hilfsmittel, ganz allgemein betrachtet könnte man die Formgebung in fünf Hauptformen unterteilen, die durch Verbindungen und Übergänge von der einen Form zur anderen Anlaß zu vielfältigen Varianten und Kombinationen geben können.
So könnten z. B. bestimmte besondere Kurven aus den Projektionszeichnungen die Formen der vier Kegelschnitte annehmen, nämlich Kreis, Ellipse, Parabel und Hyperbel. Andere Kurven können durch die Querschnitte geometrischer Körper oder durch Abwicklungen oder Drehungen von Kreispunkten oder Linien entstehen, wie die Zykloide, die Epizykloide, die Hypozykloide, die Evolute, die Spiralen

und die Schraubenformen. Auf dem Blech können diese Wölbungen und Senkungen durch den Übergang der Hauptformen gebildet werden.

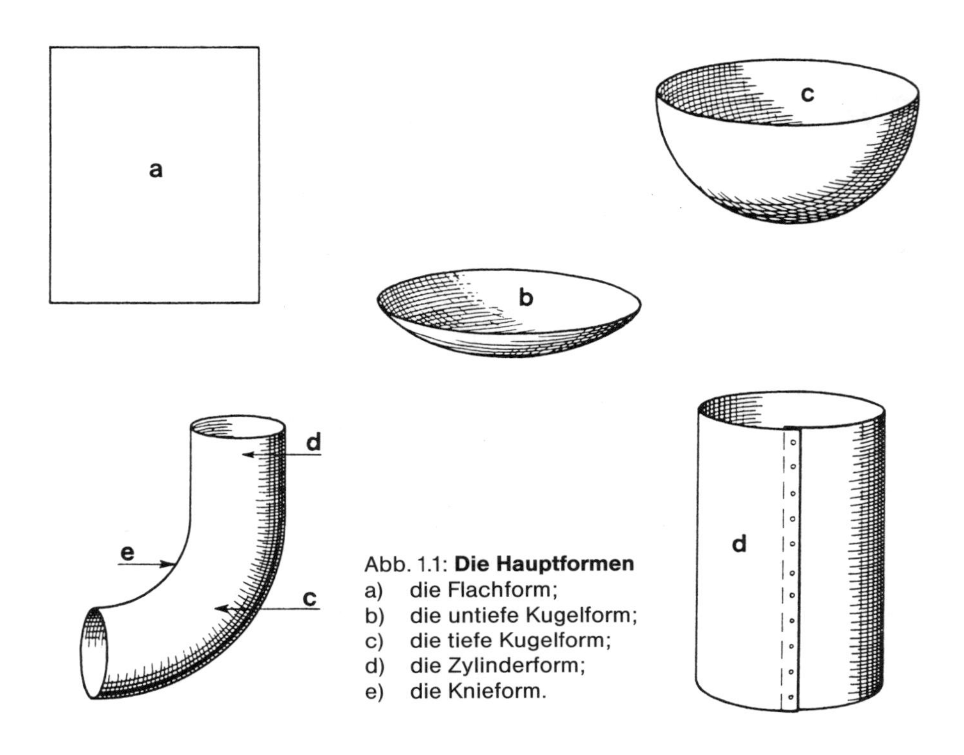

Abb. 1.1: **Die Hauptformen**
a) die Flachform;
b) die untiefe Kugelform;
c) die tiefe Kugelform;
d) die Zylinderform;
e) die Knieform.

Karosseriearbeiten lassen sich in drei Kategorien einteilen:

1. **Neuanfertigung:** der Prototyp, die Anfertigung von Schablonen zum Spritzen oder Negativmodellieren von Polyestern, Spezialkarosserien, Omnibusse, Liefer- und Lastwagen, Werbefahrzeuge, Krankentransportfahrzeuge, Feuerlöschfahrzeuge, Polizeifahrzeuge, Militärfahrzeuge usw.
Der Karosseriebauer muß zuerst einmal den Rahmen entsprechend der Projektionszeichnung entwerfen. Er macht die Austragung in natürlicher Größe, wonach er die Kurven auf den Teilen anreißt, die nach dem Zusammenschweißen den Rahmen bilden werden. Hier müssen wir nun gleich einen Unterschied machen zwischen der Karosserie auf einem Fahrgestell (Chassis) und der selbsttragenden Karosserie (mehr darüber in den Kapiteln 5 und 6). Um den Rahmen herum wird das Blech so angebracht, daß es gegeneinander anliegt. Das Befestigen der Teile am Rahmen erfolgt durch Verschrauben, durch Vernieten oder durch Verschweißen, je nachdem ob das Rahmenwerk aus Holz oder aus Stahlblech besteht. Dieses Rahmenwerk kann in der Karosserie bleiben oder zum Teil entfernt werden.

2. **Reparaturen:** Die Notwendigkeit zur Reparatur kann sich ergeben als Folge von Korrosion (Rost), Verschleiß, Unfällen oder erforderlichen Veränderungen.
Die unterschiedlichen Reparaturtechniken und die dazu benötigten Werkzeuge sowie die mechanischen Hilfsmittel werden in diesem Buch ausführlich behandelt werden.
Zweck der Reparatur ist es natürlich, die beschädigte Karosserie wieder in die ursprüngliche Form und das frühere Aussehen zu versetzen, und zwar in einer solchen Weise, daß die durchgeführte Arbeit sich nicht erkennen läßt: die Karosserie muß wieder wie neu aussehen.
Wenn die Kosten der Reparatur höher sind, als ein Ersatz durch gebrauchte oder neue Ersatzteile, dann ist sie nicht gerechtfertigt (siehe auch Kapitel 7).

Abb. 1.2: **Hier sieht man, wie in einer Automobilfabrik die verschiedenen Einzelteile einer Karosserie gleichzeitig angesetzt werden, worauf ein Punktschweißautomat sie miteinander verschweißt.**

Abb. 1.3: **Ein Schweißroboter bei der Arbeit am laufenden Band einer Pkw-Fabrik.**

3. **Montage:** Das Zusammenfügen und Montieren in der Serienfertigung erfolgt auf speziell dazu entworfenen *Montagebänken.* Dies sind verstellbare, mit Klemmen versehene Rahmen, auf denen die zuvor gepreßten Bleche aufgespannt werden, damit sie durch Punktschweißen zu einer Einheit verbunden werden können. Auch werden bei der Montage die Verklebungstechniken immer mehr angewandt.

Viele dieser Arbeiten wurden in den letzten Jahren von »Robotern« übernommen, vor allem in der Personenwagenindustrie. Die verschiedenen Karosserieteile werden gegeneinandergedrückt, und ein automatisches Schweißgerät besorgt das Punktschweißen.

Die verschiedenen Karosserieteile werden gegeneinander gedrückt und ein automatisches Schweißgerät besorgt das Punktschweißen oder die Teile werden verklebt.

Der Karosseriearbeiter im Montagebetrieb hat die Aufgabe, alle Formfehler zu beseitigen, worauf das Flachmachen und das Auftragen von Schmierzinn folgt. Er sorgt auch für die allgemeine Fertigstellung, das Richten, Entrosten und für alle Arbeitsgänge, die dem Grundieren, Spachteln, Schleifen und Spritzen voraufgehen.

1.2 EIGENSCHAFTEN VON KAROSSERIEBLECHEN

Die Blechbearbeitung für Karosserien erlernt man vor allem dadurch, daß man die Reaktionen des Bleches beobachtet und kennenlernt. Die Bearbeitungsvorgänge sind im Grunde recht einfach. Will man aber ökonomisch zu Werke gehen, dann braucht jeder Anfänger doch eine recht lange Erfahrungs- und Anpassungszeit. Man darf die einzelnen Varianten keinesfalls miteinander verwechseln. Das Blech muß nun einmal die gewünschte Form bekommen.

Dabei dürfen wir nichts Unmögliches verlangen, und wir können das Verformen auch nicht bis ins Unendliche fortsetzen.

Zunächst und vor allem sei hier darauf hingewiesen, daß es einen großen Unterschied gibt zwischen dem Kaltpressen in Matrizen und der Formgebung von Hand mit maschinellen Hilfsmitteln. In beiden Fällen verwendet man heutzutage mehr und mehr dieselbe Art von Blech mit ungefähr denselben technologischen Eigenschaften. Wir werden diese Eigenschaften nacheinander besprechen:

1. Reines, weiches Stahlblech.
2. Bruchspannung und Streckgrenze zwischen 34 und 40 kg/mm^2, Dehnung 25 bis 50% und Kohlenstoffgehalt von 0,1 bis 0,12%. Diese Eigenschaften werden entsprechend genutzt, indem man z. B. für die Seitenflächen ein anderes Blech verwendet, als für die Türen, die weicher sein müssen.
3. Die Blechdicke variiert zwischen 0,5 und 1 mm.
4. Handelsmaße 1 m x 2 m = 2 m^2.
5. Gestrahlt, frei von Oxydschicht und Walzhaut, manchmal blankgewalzt und korrosionsgeschützt.
6. Gute Kaltverformbarkeit.
7. Geeignet zur Matrizenverarbeitung und für maschinelle Verarbeitungsverfahren.
8. Gute Biegbarkeit, Elastizität und Dauerfestigkeit. Es ist die Elastizität, die das Blech in die ursprüngliche Form zurückversetzen wird, wenn dieses einer Verformung unterzogen wurde, bei der die Elastizitätsgrenze des Materials nicht überschritten wurde. Zu einer bleibenden Verformung des Blechs kommt es, wenn eine Spannung erzeugt wird, die höher als die Elastizitätsgrenze und niedriger als die Bruchspannung liegt. Der prozentuale Kohlenstoffgehalt bestimmt die Elastizität und die Festigkeit des Blechs.
9. Gute Schweißeigenschaften. Am besten wäre es natürlich, schwedischen Puddelstahl, also Schweißstahl, zu verwenden, aber im allgemeinen nimmt man den weichen Siemens-Martin-Stahl von homogener Zusammenstellung.
10. Früher setzte man eine sehr leichte Kupferlegierung (0,02 bis 0,2%) zu, um das Blech vor elektrolytischem und korrosivem Einfressen zu schützen.
11. Die Struktur des Stahls zeigt eine Häufung mikroskopisch kleiner Körner (Metallkristallite) einer bestimmten Form. In dieser Struktur wird es unter dem Einfluß einer Wärmebehandlung zu Veränderungen kommen, die die Eigenschaften des Blechs bestimmen.

12. Die plastische Verformbarkeit des Blechs spielt beim Verformen in Matrizen eine große Rolle, ohne daß die Stärke dadurch allzusehr beeinflußt werden wird.
13. Blech, das durch Verformung und Hämmern zu hart wird, ist ungeeignet. Im übrigen wird die zugenommene Steifheit des Blechs, sofern diese bewußt genutzt wird, die Konstruktion verstärken.
14. Die Schrumpfung des Blechs unter dem Einfluß von Wärmebehandlungen muß gerade groß genug sein; das Blech muß »mitgehen«, ohne beim Aneinanderschweißen allzu große Verformungen zu zeigen. Die Schweißnaht muß überdies zu hämmern sein.
15. Man kann das Blech prüfen, indem man einen »Schrumpfpunkt« darauf anbringt. Die bekannte Saugnapferscheinung muß sich zeigen, ohne daß Kühlwasser verwendet wird.
16. Zum Ausbeulen von beschädigtem Karosserieblech verwendet man zuweilen einen Schweißbrenner. Der lokale Temperaturanstieg wird aber im Blech durch freiwerdenden Kohlenstoff zu einer allmählichen Veränderung der Kornstruktur führen (Rekristallisierung). Je höher der Kohlenstoffgehalt ist, desto größer sind die Veränderungen in der Kornstruktur. Das Freiwerden von Kohlenstoff bei hoher Temperatur hat häufig eine Bläschenbildung auf der Oberfläche des Blechs zur Folge. Bei weichem Karosserieblech erfolgt die Veränderung der Kornstruktur bei etwa 870° C. Das Dehnungsvermögen bei 800° C ist nahezu 1%.
17. Die Temperatur läßt sich anhand der dünnen Oxydschicht auf dem blanken Metall annähernd bestimmen:

220° C	hellgelbe Farbe
300° C	hellblau bis purpurfarbig
300–800° C	rot
870° C	kirschrot (Strukturänderung)
1250° C	weißglühend
1500–1600° C	Schmelzpunkt

1.3 INNERE SPANNUNGEN

Wir nehmen ein Stück Karosserieblech, das überall vollkommen glatt und gleichmäßig dick ist. Die vier Seiten stehen rechtwinklig zueinander (Abb. 1.4a).
In dieser Platte gibt es homogene innere Spannungen. Die in der Abbildung gezeichneten und gedachten inneren Kraftlinien zeigen in allen Richtungen eine gleichmäßige Verteilung. Um diese inneren Spannungen auf einfache Weise darstellen zu können, haben wir die Kraftlinien rechtwinklig zueinander gezeichnet, was in Wirklichkeit natürlich nicht der Fall ist. Zur Vermittlung eines Einblicks spielt das eine untergeordnete Rolle, denn diese Darstellung des Verlaufs könnte sich auch in allen anderen Richtungen abspielen.

Die Abb. 1.4b zeigt dieselbe Blechplatte, die aber jetzt in der Mitte eine Delle hat. Wir sehen, daß die inneren Spannungen hier nicht mehr überall gleichmäßig sind. Obwohl es ohne weiteres sein kann, daß die Platte noch immer völlig rechtwinklig ist, ist das Blech in der Mitte stärker gedehnt, als an den Außenseiten. Die Kraftlinien stehen an manchen Stellen näher beieinander, als an anderen Stellen. Daraus folgern wir, daß die inneren Spannungen an der gedehnten Stelle abgenommen haben, während sie um die Delle herum zugenommen haben; dort stehen die Kraftlinien näher beieinander.
Wenn diese »Delle« nicht zu sehr eingetieft ist, kann man die Blechplatte hin und her »schnalzen« lassen.
In der Abb. 1.4c ist ein Rand bzw. eine Seite stärker gedehnt, als die übrigen Ränder; hier ist das Blech nicht mehr gerade. Was zuvor über die »leichte Delle« gesagt wurde, trifft auch hier zu.
Im folgenden Abschnitt werden wir sehen, wie man diese beiden verformten Blechplatten wieder eben machen kann, indem man sie schlichtet; man bezeichnet dies auch als Glätten.

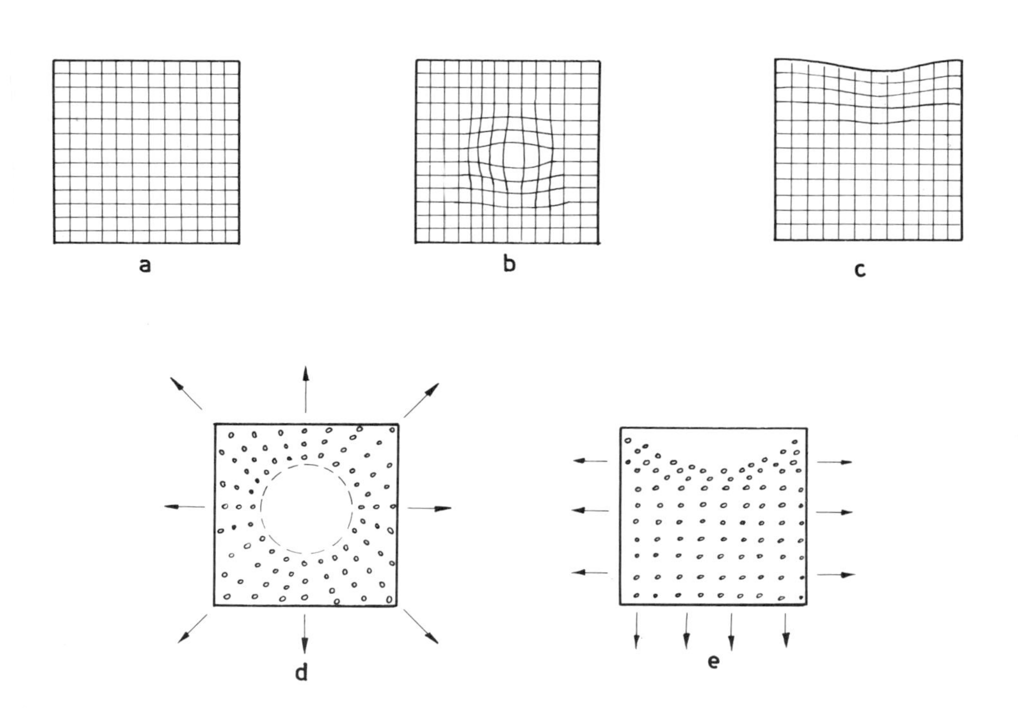

Abb. 1.4: **Kraftlinien in einem Stück Karosserieblech (a, b und c) und die Stellen und Richtungen der Hammerschläge beim Schlichten (d und e).**

1.4 ERKLÄRUNG DES SCHLICHTENS (GRUNDÜBUNGEN)

Die Stellen in der Mitte der Abb. 1.4b und am Rand der Abb. 1.4c sind gedehnt, also zu lang geworden. Wie können wir nun die beiden Platten auf die beste Weise wieder flach machen (schlichten)?
Indem wir die Blechplatte *auf der Richtplatte mit dem Schlicht- oder Polierhammer* bearbeiten, und zwar mit einer geringen Schlagstärke. Dabei wird das Blech bei jedem Schlag zwischen der Richtplatte und dem Hammer ein wenig gedehnt, da die Streckgrenze des Materials an dieser Stelle um ein Geringes überschritten wird. So kommt es zu einer bleibenden Verformung durch Dehnung. Die Dehnung ist auf der Seite der Richtplatte etwas größer als auf der Seite des Hammers. Es versteht sich, daß wir nur auf den Teil des Blechs hämmern dürfen, der im Verhältnis zum übrigen zu kurz ist. *Die Stellen, die im Verhältnis zu ihrer Umgebung zu lang sind, dürfen niemals bearbeitet werden.*

Folgerungen:

a) Wollen wir die leichte Delle aus der Abb. 1.4b schlichten, dann müssen wir um die Delle herum hämmern, und zwar nach außen hin. Mit anderen Worten: die Teile, die zu kurz sind, müssen gedehnt werden, und demzufolge klopfen wir von der langen Stelle nach außen hin, wie in der Abb. 1.4d angedeutet. Die Platte muß dabei von Zeit zu Zeit gewendet werden.
b) Wollen wir die Verlängerung am Rand der Abb. 1.4c schlichten, dann müssen wir den übrigen Teil der Platte hämmern, und zwar so, wie in Abb. 1.4e angedeutet. Auch hierbei wird die Platte von Zeit zu Zeit gewendet.

In einem der folgenden Kapitel werden wir sehen, daß es auch möglich ist, die Blechplatte zu schrumpfen, zu stauchen oder zu verdicken (in gewissen Umfang). Biegen, Treiben, Dehnen, Stauchen, Schneiden und Zusammenfügen von Blechen gehören zu den wichtigsten Arbeiten des Karosseriebauers.

2 Werkzeuge und Geräte

2.1 WERKZEUGE

Die Richtplatte

Man bezeichnet die Richtplatte auch als Spann- oder Planierplatte. Bei ihr handelt es sich um eine dicke Stahlplatte, die in Arbeitshöhe auf einem Sockel ruht. Sie ist vollkommen glatt geschliffen, die Oberfläche ist gehärtet. Man verwendet sie zum Schlichten, Richten, Strecken, Dehnen und notfalls auch, um auf ihr anzureißen. Nicht zu verwechseln mit der Richtbank.

Der Treibklotz

Meist macht man einen Treibklotz aus einem Hartholz-Baumstumpf, aus Hirnholz oder aus Wurzelholz; er wird in Arbeitshöhe auf einen Sockel gestellt, so daß er nicht vibrieren kann. Ein gut ausgerüsteter Karosseriebetrieb verfügt über mehrere Treibklötze mit unterschiedlichen Wölbungen. Die Wölbung in der Oberseite muß sauber und glatt sein. Zum Treiben verwendet man den Treib- und den Polierhammer, und zwar so, daß der Mittelteil der tiefen Wölbung des Bleches in der Mitte gedehnt wird und die Seitenteile ohne Faltenbildung gestaucht werden.

Die Hämmer

Zur Blechbearbeitung gibt es sehr viele unterschiedliche Hämmer, die sämtlich auf die erforderlichen Arbeiten abgestimmt sind. Je nach der Federkraft, die der

Abb. 2.1: **Hämmer**

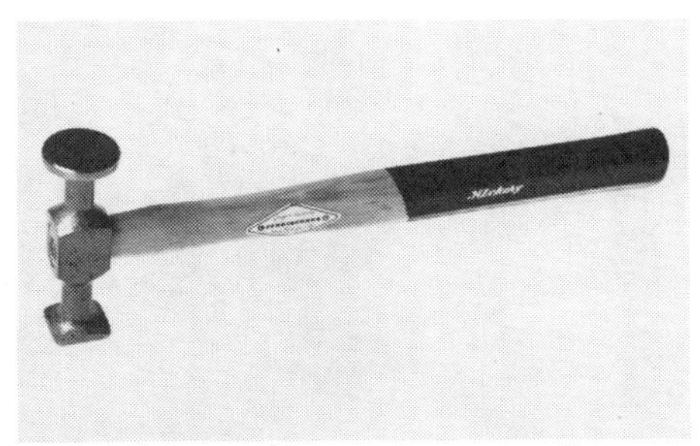

a) Schlicht- und Planierhammer mit kurzem Hals

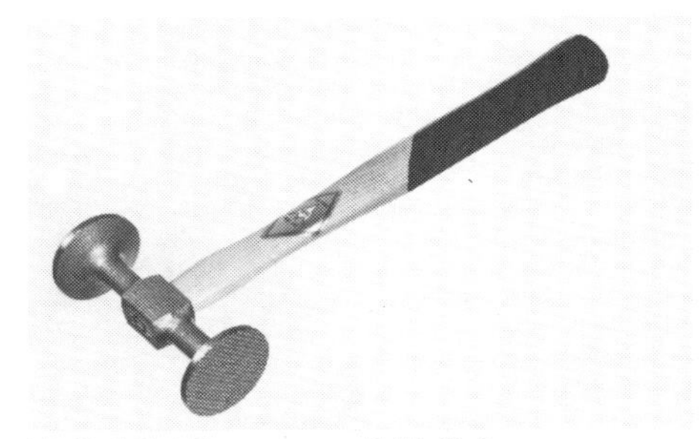

b) Schlichthammer mit Waffel- oder Schrumpfkopf

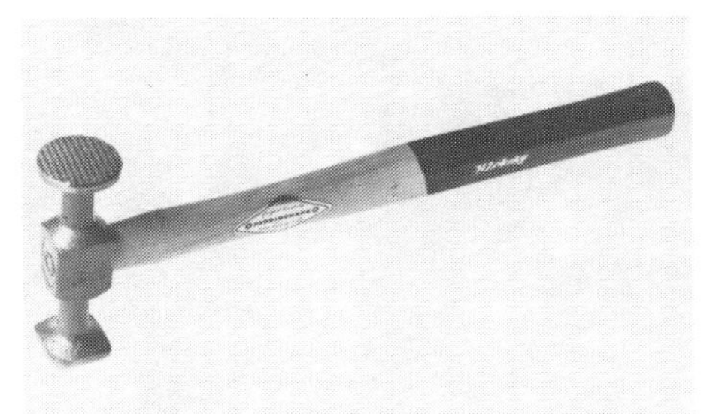

c) Planierhammer mit Waffel- oder Schrumpfkopf

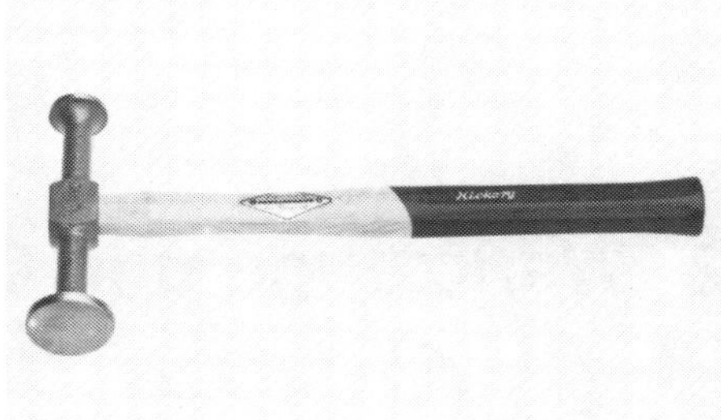

d) Schlichthammer

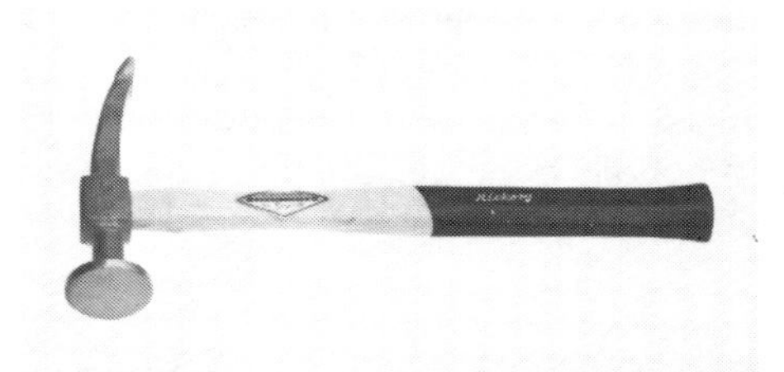

e) Schlicht-Stifthammer

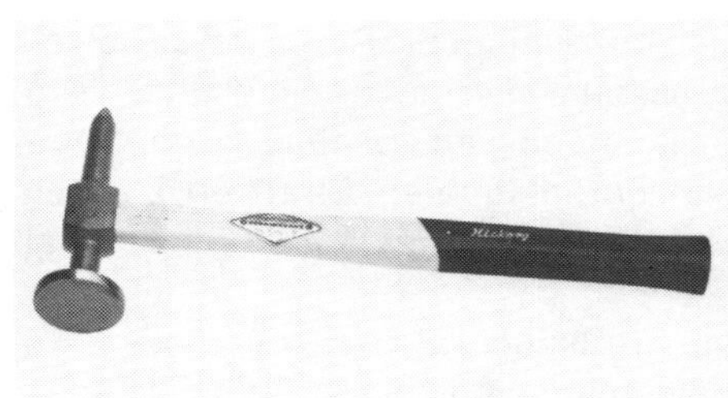

f) Schlicht- und Spitzhammer

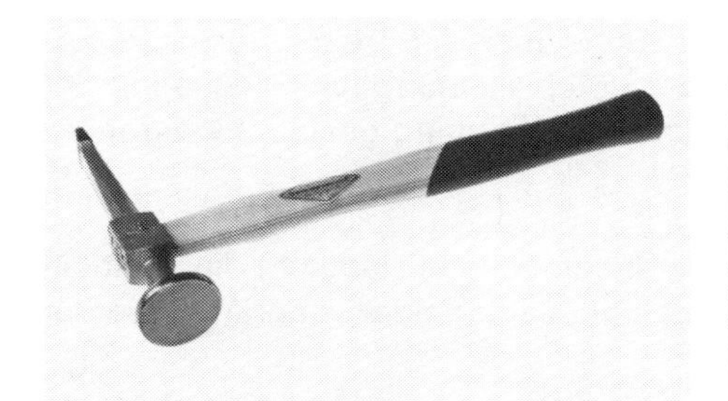

g) Schlicht- und Spitzhammer

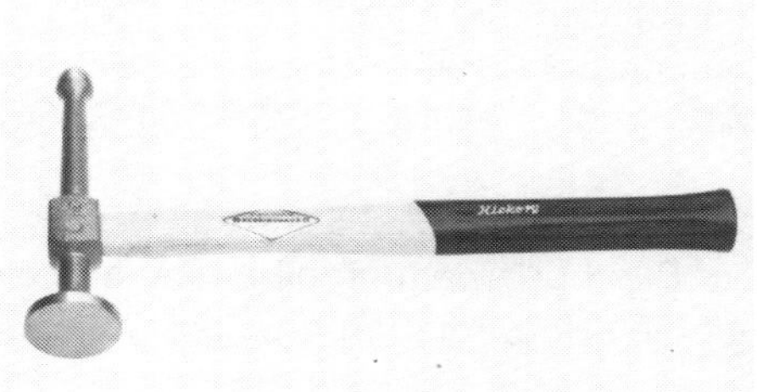

h) Schlicht- und Rundspitzhammer

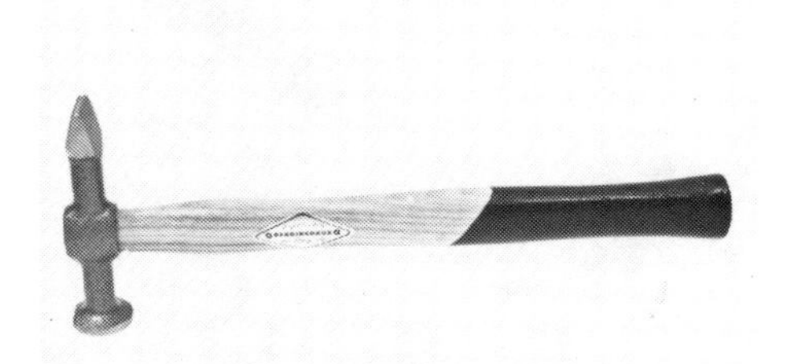

i) Schlicht- und Sickenhammer

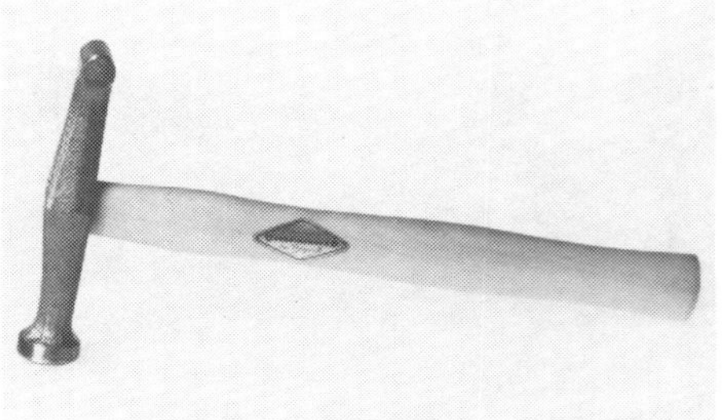

j) Treib- und Zylinderhammer

Schlag bekommen soll, kann der Stiel kürzer oder länger sein. Auch das Gewicht spielt eine wesentliche Rolle.
Der Hammer besteht aus einem speziellen Werkzeugstahl, der hart und federnd ist. Die Flächen sind geschliffen, gehärtet und poliert; dasselbe trifft auch für alle Handeisen und Vorhaltblöcke, Richtplatten und Ambosse zu. Nichtrostender Stahl verdient den Vorzug. Die ebene Seite ist im allgemeinen viereckig, die leicht gebogene Seite ist meist rund.
Ferner gibt es noch Hämmer aus Leder, Holz, Hartgummi, Kupfer, Kunststoff usw. Außerdem gibt es Hämmer, deren Köpfe gegen solche aus einem anderen Werkstoff ausgewechselt werden können.

Der Gleithammer oder das Ausbeulwerkzeug

Mit dem Gleithammer ist es ohne weiteres möglich, leichte Beulen von außen her aus der Karosserie zu klopfen.
Der Werkzeughandel bietet verschiedene Ausführung an, aber deren Prinzip ist im Grunde immer das gleiche.

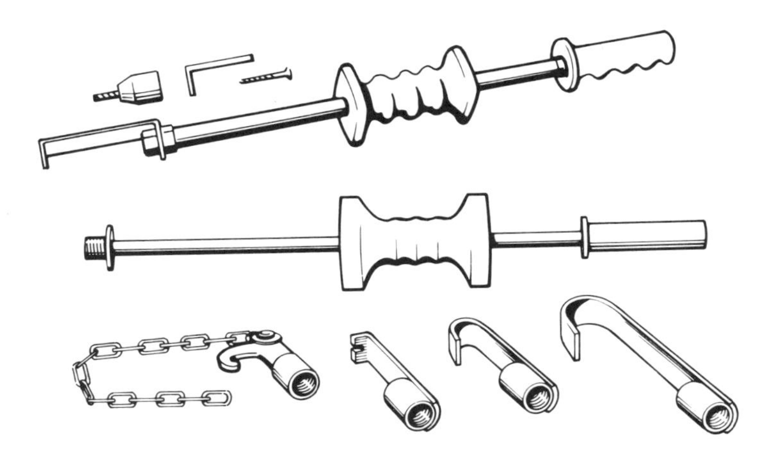

Abb. 2.2: **Der Gleithammer in einer leichten (oben) und in einer schwereren Ausführung. Wir sehen verschiedene Befestigungsmöglichkeiten.**

Je nach Ausführung schweißt man das Fußstück, Ziehbolzen oder Ringe an der verbeulten Stelle auf das Blech. Daran wird der Gleithammer befestigt. Schlägt man nun mit dem Gleitbock gegen den Kopf des Hammers, dann kann die Beule beseitigt werden. Dieser Gleithammer eignet sich vor allem für Stellen, die von innen her gar nicht oder nur schwer zugänglich sind. Siehe auch 2.17.

Handeisen

Handeisen werden während des Ausbeulens als Gegenstütze in der Hand gehalten. Es gibt sie in sehr vielen Formen, und man kann sie ebenso vielseitig verwenden.

Der Karosseriebauer muß sorgfältig abwägen, welche Rundung das benötigte Handeisen hat, denn diese muß zur vorgesehenen Arbeit passen.

Bei der Reparatur muß das Blech an der Innenseite frei von Schlamm und Sand sein, denn sonst werden diese Verunreinigungen in das Blech gehämmert, was einerseits zu einer Schwächung des Materials führt und andererseits zur Bildung eines Rostkerns.

Jede Delle oder Beule bedeutet, daß das Blech dort eine lokale Dehnung hat. Um diese wieder in die richtige Form zu bekommen, muß sie gestaucht werden, aber nicht gedehnt! Die Wahl des richtigen Handeisens mit der geeigneten Rundung spielt dabei eine große Rolle.

Richtlöffel

Dem Karosseriehandwerker steht eine große Zahl von Richtlöffeln zur Verfügung. Er verwendet sie als Hammer, Richtleiste, Ausdrücker, Wringer, Stützeisen und auch als Handeisen.

Einsteckeisen

Obwohl Einsteckeisen schwerer sind, können sie auch als Handeisen oder Hammer dienen. Im allgemeinen werden sie jedoch in einen massiven Sockel eingeschoben, und ebenso, wie bei den Handeisen, gibt es zahlreiche verschiedene Formen. Es sei hier darauf hingewiesen, daß die zylinderförmigen Rundeisen, die man zur Anfertigung runder Formen verwendet, vor allem von Anfängern oft mit einem zu kleinen Durchmesser gewählt werden. Dadurch wird es dann schwierig, mit einem Flachhammer die richtige, geringe Schlagstärke einzusetzen.

Abb. 2.3: **Handeisen, Vorhaltblöcke und Richtlöffel**

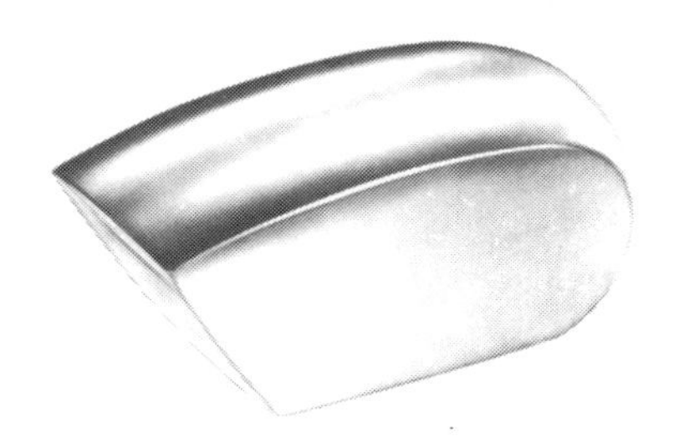

a) Handeisen-Zehenform

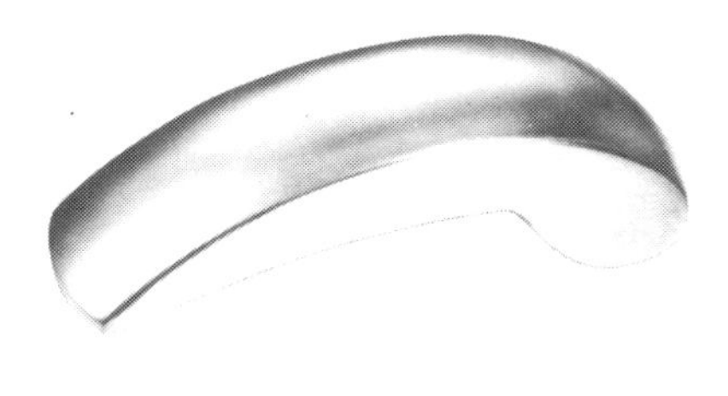

b) Absatzform

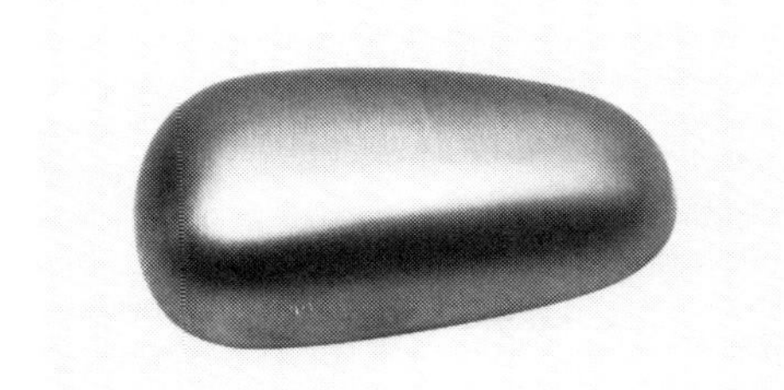

c) Rundeisen

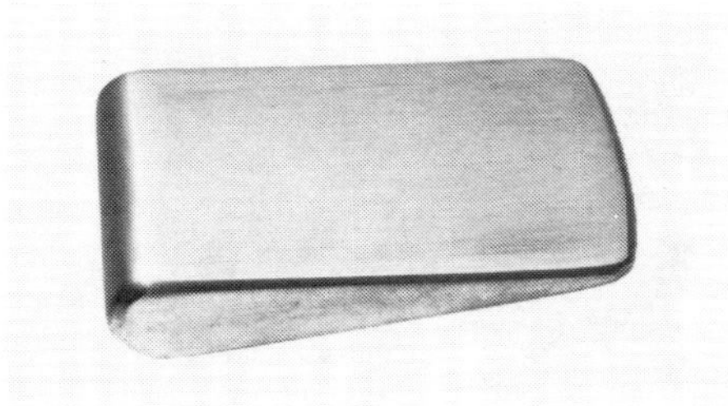

d) Meißeleisen

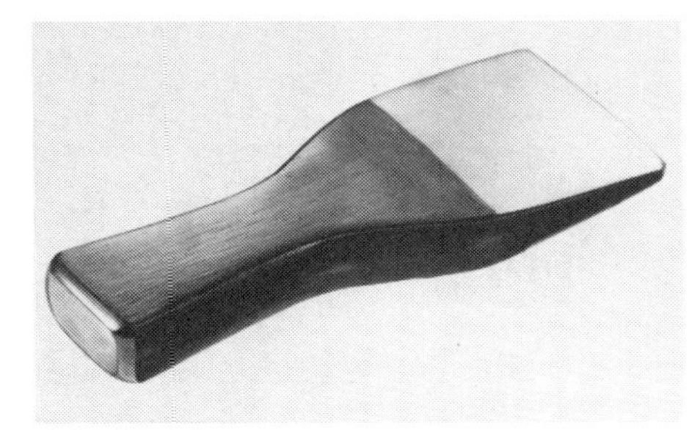

e) Meißeleisen

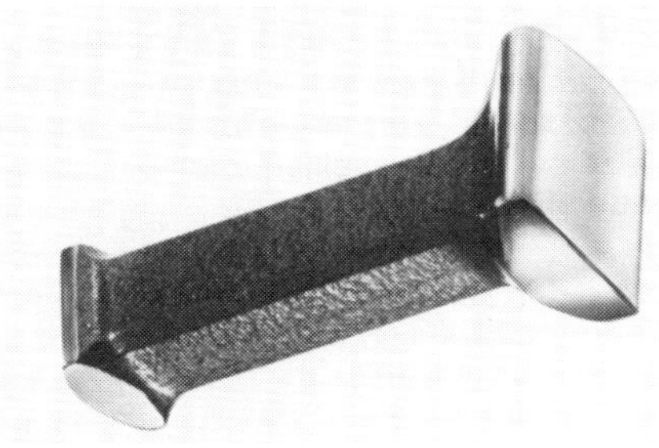

f) Planiereisen

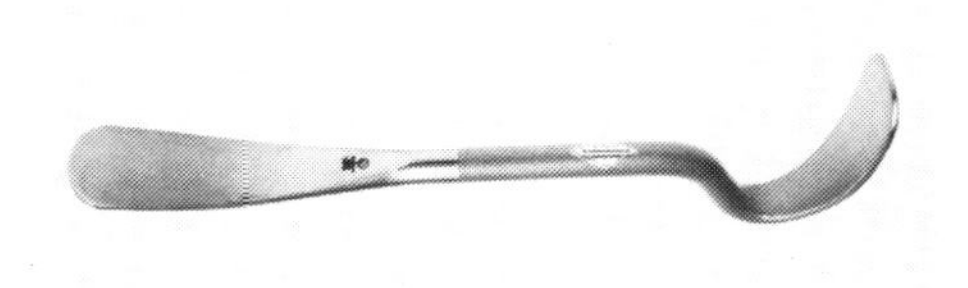

g) Richtlöffel

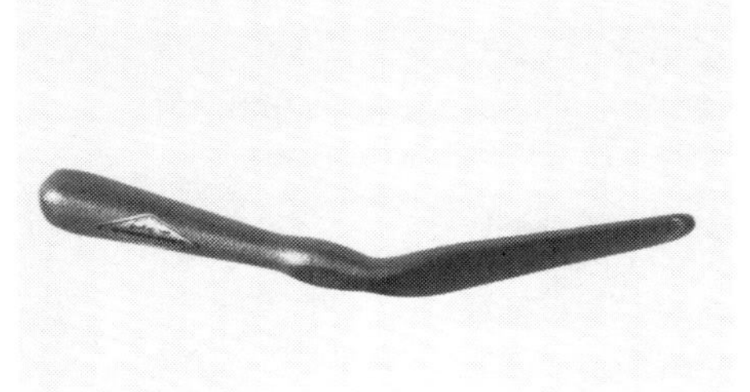

h) Richtlöffel

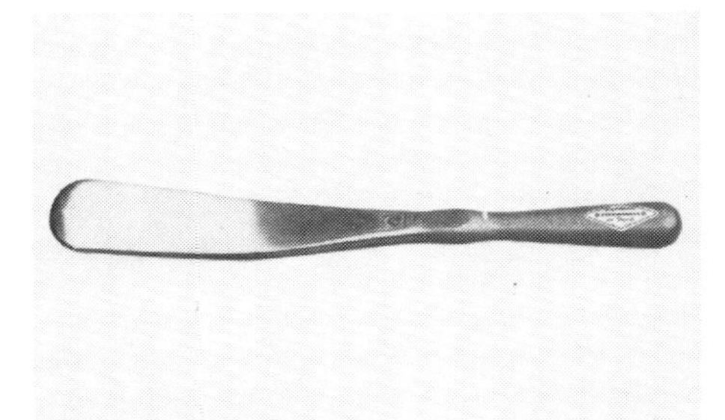

i) Richtlöffel

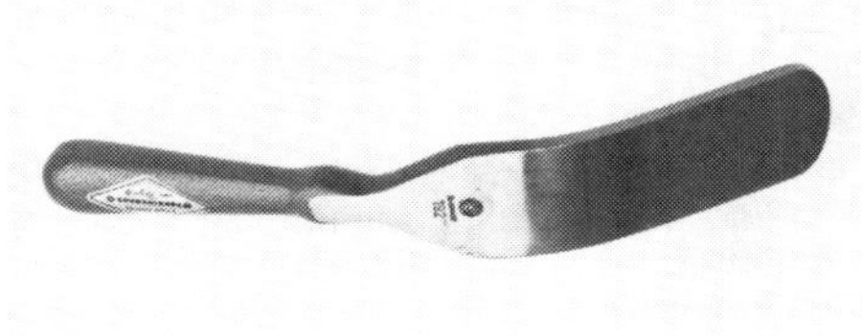

j) Richtlöffel

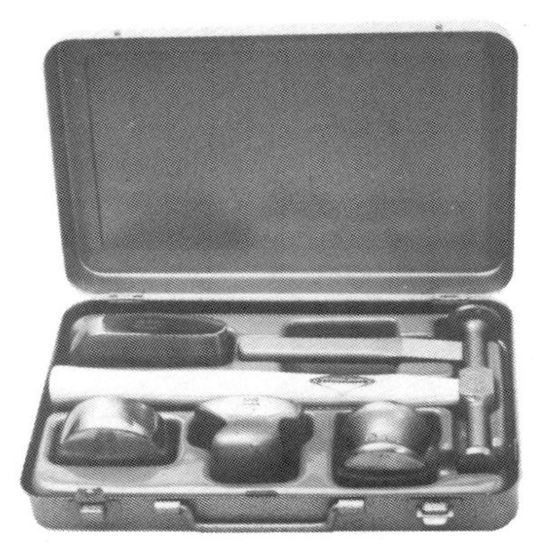

a) Ausbeulwerkzeug mit Schlichthammer, Meißel, Zeheneisen, Absatzeisen, Stempeleisen und Zylindereisen

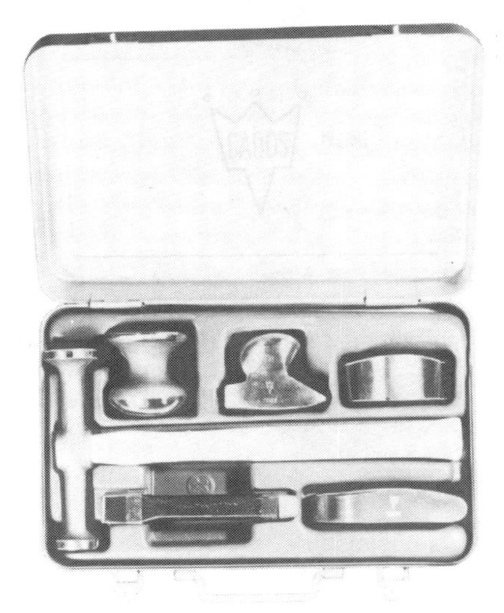

b) Ausbeulwerkzeug mit Schlichthammer, Richtlöffel, Zylindereisen, Stempeleisen und Zeheneisen

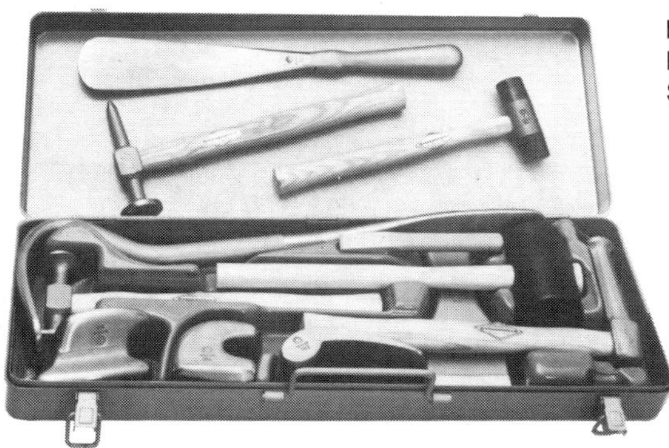

c) Ausbeulwerkzeug mit Gummihammer, Schlicht- und Planierhammer, Montagehammer, Schlicht- und Spitzhammer, Treibhammer, Meißel, Richtlöffel, Stempeleisen und zwei Absatzeisen

Abb. 2.4: **Einige Sätze von Ausbeulwerkzeugen**

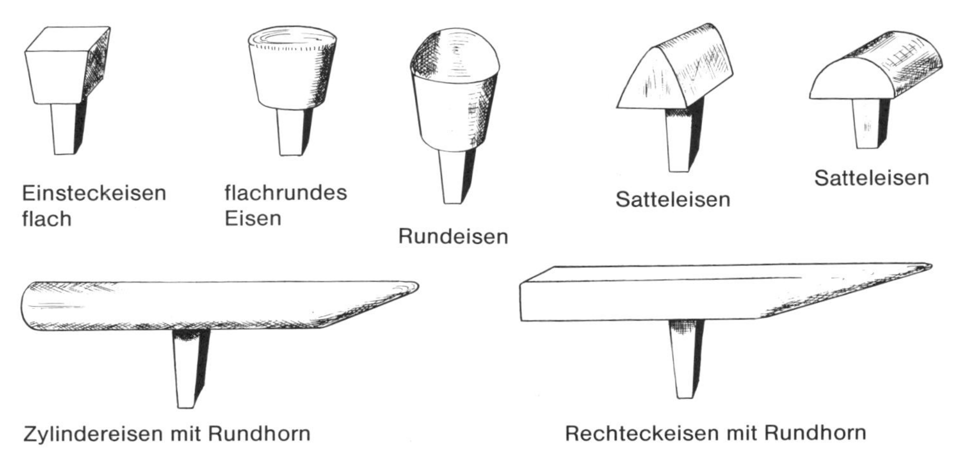

Abb. 2.5: **Einsteckeisen**

Meß- und Anreißwerkzeuge

Zum Anzeichnen (Anritzen) der Linien auf dem Arbeitsstück benötigt man: Zollstock, Schablonen, Meßwinkel, eine große und kleine Anreißplatte, Meßschieber, Anreißnadeln, Körner, Schieblehre, Tiefenmeßschieber, Stichmaß usw. Diese Hilfsmittel sind für eine gute Arbeit unentbehrlich.

Der Amboß

Der Amboß ist ein Schmiedewerkzeug, das auch als Richtplatte und als Vorhalteblock verwendet werden kann. Er kann beim Richten von Fahrgestellen, schweren Verstärkungen usw. gute Dienste leisten. Er besteht aus einem kompakten, gegossenen Stahlblock. Die Fläche und die beiden Hörner (Rund- und Vierkanthorn) sind oberflächengehärtet, geschliffen und poliert.

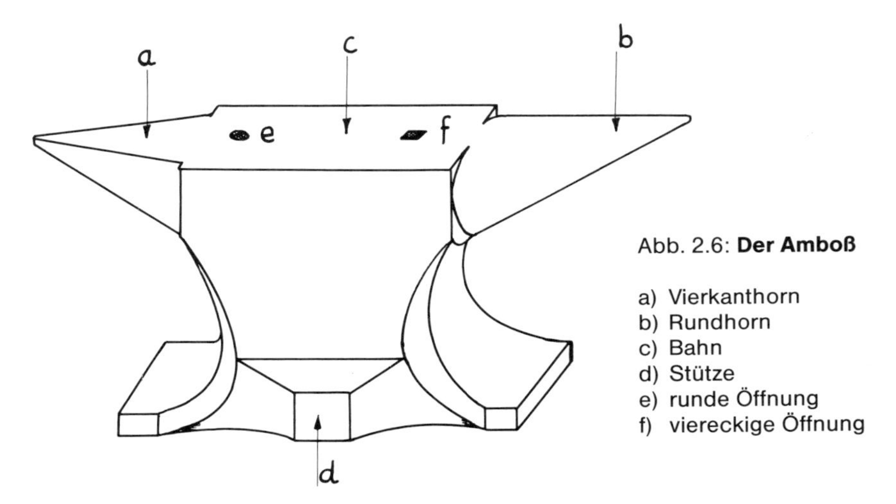

Abb. 2.6: **Der Amboß**

a) Vierkanthorn
b) Rundhorn
c) Bahn
d) Stütze
e) runde Öffnung
f) viereckige Öffnung

Die wichtigsten Arbeiten auf dem Amboß sind (siehe Abb. 2.7):

1. Durchtrennen auf Spitzeisen;
2. Durchtrennen auf Spitzeisen mit Kreuzschlaghammer;
3. Abkanten;
4. Spitztreiben;
5. Anspitzen;
6. Stauchen;
7. Absetzen;
8. Strecken;
9. Runden;
10. Biegen mit der Biegegabel;
11. Glätten mit dem Schlichthammer.

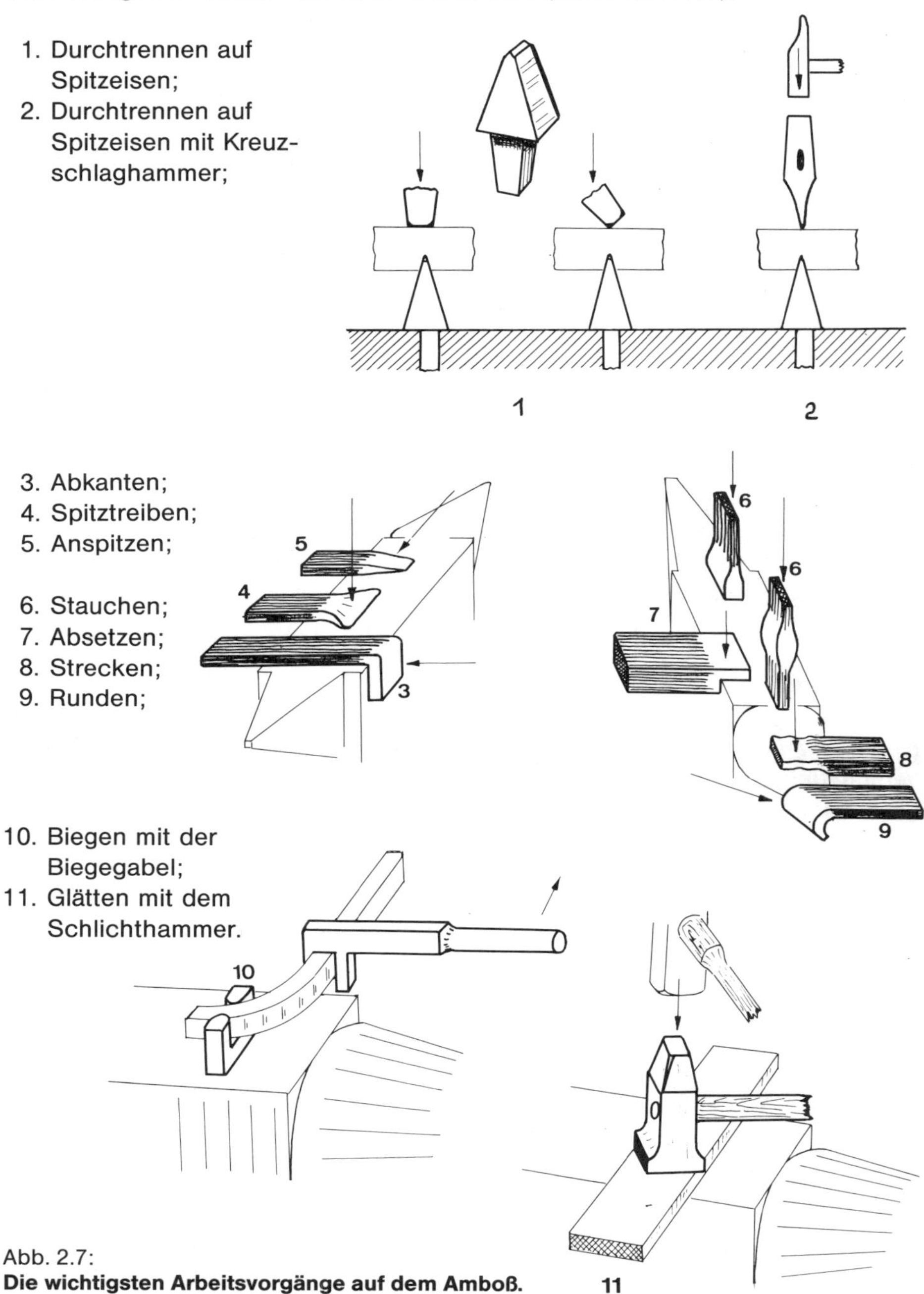

Abb. 2.7:
Die wichtigsten Arbeitsvorgänge auf dem Amboß.

Die Karosseriefeile oder Spannfeile

Eigentlich ist die Karosseriefeile nur ein Feilenhalter, in den man die verschiedenen Feilenstreifen einspannt, die für die unterschiedlichen Arbeiten erforderlich sind. Durch die Spannvorrichtung kann die Feile sowohl nach innen als auch nach außen gewölbt verstellt werden, so daß man sie der zu bearbeitenden Oberfläche anpassen kann.

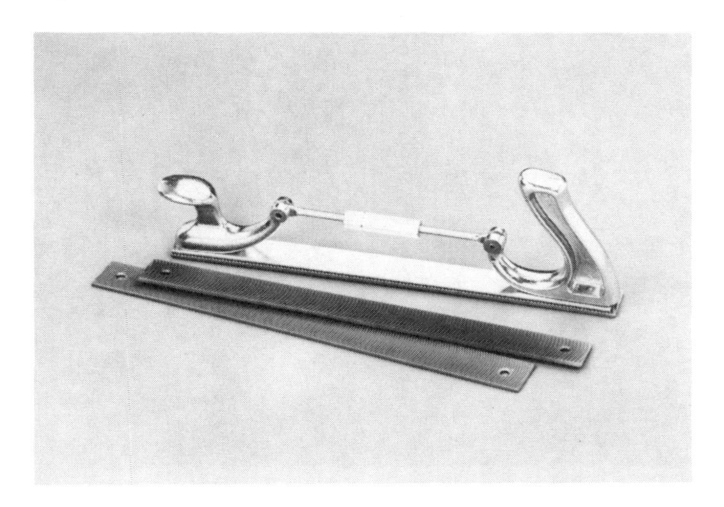

Abb. 2.8:
Karosseriefeile

Blechzangen

Diese Zangen sind zum Richten und Modellieren, u.a. von Dachrändern, Wasserrinnen und Kotflügelrändern, verwendbar.

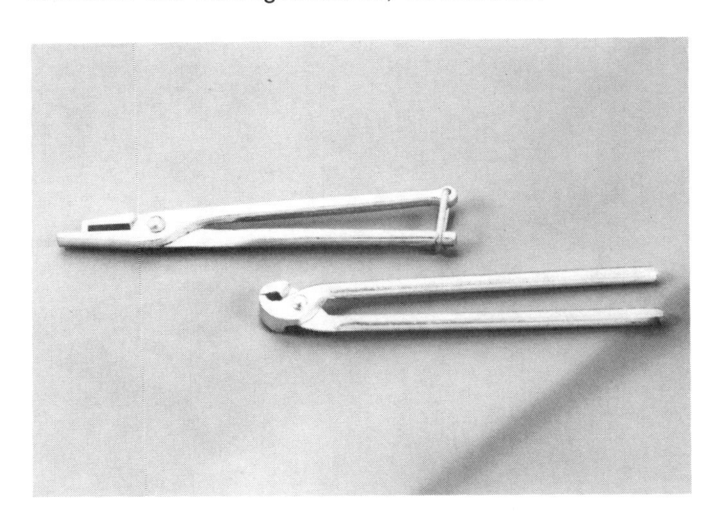

Abb. 2.9:
Blechzangen

Greifzangen

Die verschiedenen Arten von Greifzangen ermöglichen es, Blechteile an ihrem Platz zu halten, die beispielsweise punktgeschweißt, genietet, hohlgenietet oder durchbohrt werden müssen.

Auch für Blechteile, die für die Passung zentriert oder an ihrem Platz gehalten werden müssen, kann man Greifzangen verwenden.

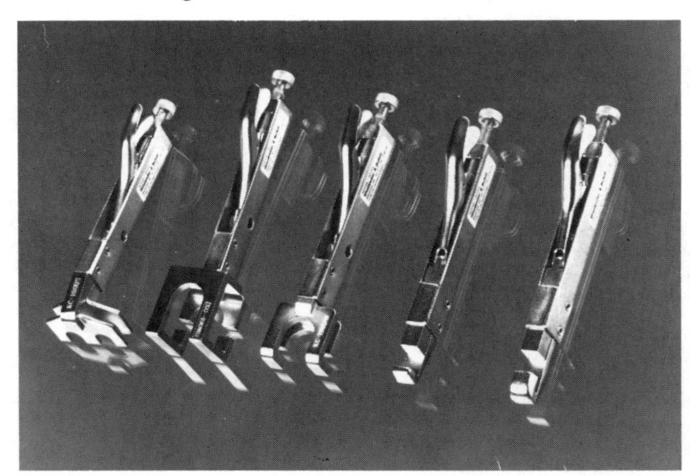

Abb. 2.10:
Greifzangen

Leimpistole

Leimtechnik: Sowohl bei der Montage, beim Karosseriebau als auch in Reparaturbetrieben bedient man sich immer mehr der Verleimungstechnik.

Abbildung 2.11 zeigt eine Leimpistole, die über eine automatische Dosierung verfügt. Die Leimpistole ist Fabrikat Würth und ist auf die KKT-Karosserieleimtechnik abgestimmt.

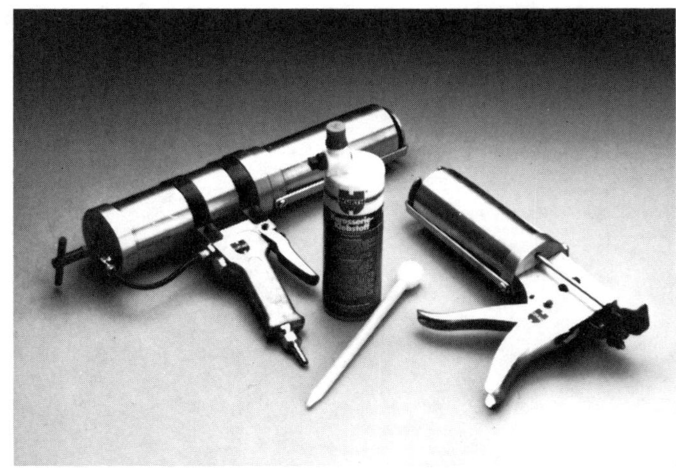

Abb. 2.11:
Leimpistole (Würth)

Hydraulischer Heber

Für das Aus- und Einbauen von Motoren kann man sich eines mobilen hydraulischen Hebers bedienen.

Abb. 2.12: **Hydraulischer Heber**

Profilier- oder Absetzzange

Will man zwei flache Bleche mittels einer Überlappung (Abb. 2.13) mit Hilfe des Autogen- oder CO_2 Schweißverfahrens zusammenfügen, kann man das Blech mit einer Profilierzange/Absetzzange profilieren.
Das Blech kann bis zu 1 mm dick sein.
Die Absetztiefe beträgt in diesem Fall 1,2 mm.
Abbildung 2.22 zeigt eine pneumatische Ausführung einer pneumatischen Loch- und Absetzzange.

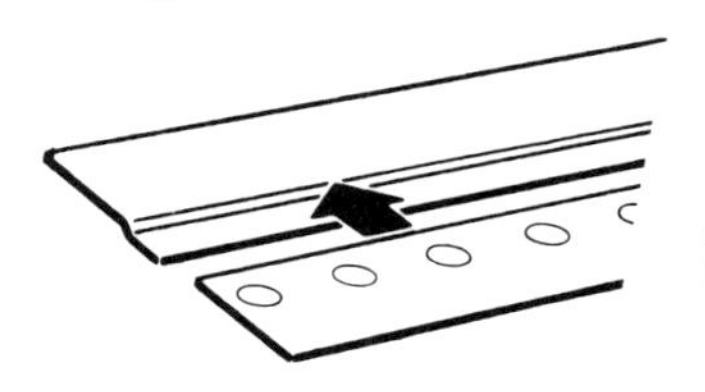

Abb. 2.13: **Profiliertes Blech**

Lochzange
Natürlich müssen zwei Bleche, die zusammengefügt werden, möglichst flach gehalten sein. Um Verformungen vorzubeugen, sollte beim Schweißen möglichst wenig Hitze produziert werden.
Wenn wir das obere Blech durchbrennen, um eine Schweißverbindung zustandezubringen, dann entsteht zuviel Hitze. Außerdem bekommen wir dann dicke Knoten, so daß viel Schleifarbeit notwendig wird.
Es ist deshalb besser, das obere Blech zu lochen und in den Löchern Schweißverbindungen anzubringen.

- Beim Autogenschweißen geringe Wärmestreuung und flache Lochnaht.
- Beim CO_2 Schweißen bessere Übersicht an schwer zugänglichen Stellen und ebenfalls flache Lochnaht.
- Beim Verleimen von Blechteilen erzielt man eine noch bessere Haftung.

Anmerkung
In den Karosserie- und Reparaturbetrieben werden immer mehr Teilereparaturen ausgeführt (zum Beispiel Austausch eines Teils eines hinteren Kotflügels). Hier verwendet man keine Überlappung, sondern macht die Teile für die richtige Länge passend und verschweißt diese kalt mit CO_2 mittels einer durchgehenden Schweißnaht.
Bei einer Teilreparatur zum Beispiel eines Innenschirms oder eines Fahrgestellträgers kann man im allgemeinen wieder gut die Überlappungsmethode anwenden.

Weitere Hilfsmittel und Werkzeuge
Zur Karosseriebearbeitung braucht man ferner noch das übliche Schlosserwerkzeug: Ring- und Gabelschlüssel, Steckschlüssel, verstellbare Schlüssel, Schraubendreher, Meißel, Durchschläge, Locheisen, Körner, Bohrer, Schleifblock, Schaber, Stahlbürsten, Wachs, Paraffin, Öl, Lötmittel, Lötzinn, Spachtel, Schleifmaterial, Fräser, Blechscheren usw.

2.2 MASCHINELLE WERKZEUGE ZUR BLECHBEARBEITUNG

Preßlufthammer
Hammer und sonstige Einsätze, wie Meißel, sind austauschbar. Vor allem beim Glätten kann dieses Werkzeug wertvolle Hilfe leisten.

Glättmaschine
Bei dieser Maschine wird das Blech zwischen zwei Rollen durchgeschoben; die Kraft, mit der das Blech zwischen den Rollen geklemmt wird, ist regelbar. Die obere Rolle ist fest eingesetzt, die untere ist auswechselbar.
Wenn man das Blech zwischen den Rollen hin und her bewegt, dann erhält man ungefähr den gleichen Effekt, wie beim Strecken oder Dehnen auf der Trägerlinie. Die Glättrolle dient vor allem dem Glätten von bearbeiteten Blechen, obwohl man durch sie auch eine leichte Rundung herbeiführen kann.

Abkantbank
Mit ihr lassen sich gerade Bleche schön und gleichmäßig abkanten.

Sickenmaschine
Diese Maschine ist mit austauschbaren Profilwalzen versehen. Mit ihnen können wir leicht Vertiefungen oder Bördelungen anbringen, indem wir das Blech zwischen den Rollen hin und her bewegen. Wollte man diese Arbeit von Hand machen, würde das sehr viel Zeit kosten.

Stauchmaschine
Diese Maschine, die über ein Pedal betätigt wird, erleichtert die schwere Arbeit des Stauchens. Damit sie universell einsetzbar ist, sind die Köpfe auswechselbar. Das Prinzip beruht auf dem Zusammenpressen des Blechs zwischen zwei Stauchbacken. Diese Backen haben eine leichte, konzentrische Verzahnung, die das Blech gleitsicher hält und auf einer kleinen Fläche, von außen nach innen, zusammenpreßt.

2.3 HYDRAULISCHE WERKZEUGE

Hydraulische Ausbeul-, Spann- und Druckwerkzeuge
Hydraulische Werkzeuge sind beim Richten von Karosserieteilen unentbehrlich, ob mit einem Karosserierichtsystem kombiniert oder nicht (siehe Kap. 6).
Der Fachhandel bietet zahlreiche hydraulische Geräte an, zu denen es viele Einsatz- und Auswechselteile gibt. Die Pumpe wird von Hand oder pneumatisch betätigt.
Die Abb. 2.14 zeigt einige mögliche Anwendungen hydraulischer Werkzeuge.

Hydraulische Zugbalken und Richtsysteme
Diese werden im Kapitel 6 beschrieben.

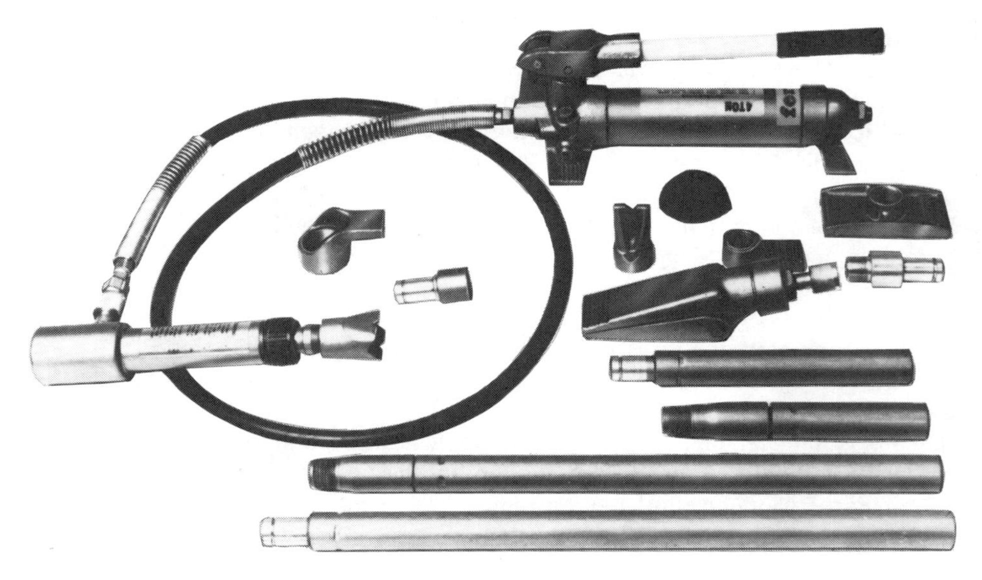

Abb. 2.14: **Ein hydraulischer Werkzeugsatz mit Einsätzen.**
Die maximale Kolbenleistung ist 40 000 N (4 800 kgf); der Hub ist 150 mm.
Die Druckleistung nach beiden Seiten hin ist maximal 5 000 N (500 kgf).

Mutternsprenger

Schwer lösbare oder festgerostete Muttern können mit diesem hydraulischen Gerät leicht gesprengt werden.

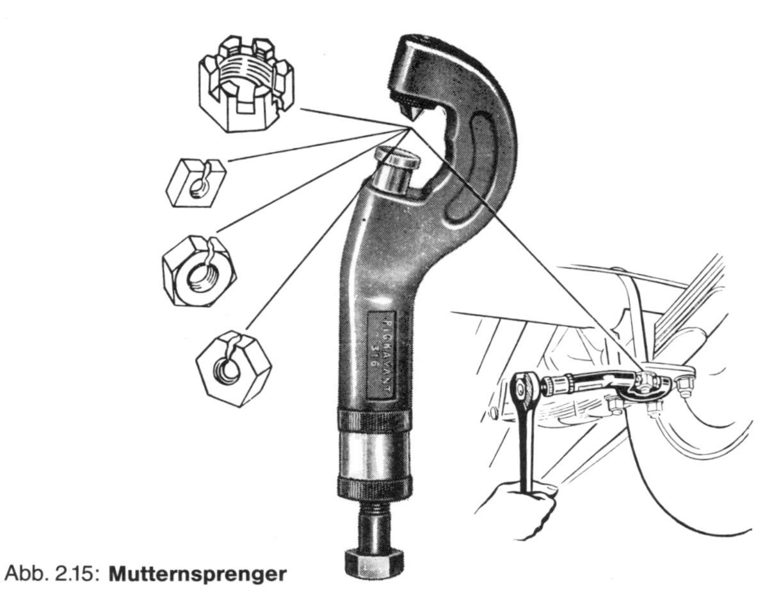

Abb. 2.15: **Mutternsprenger**

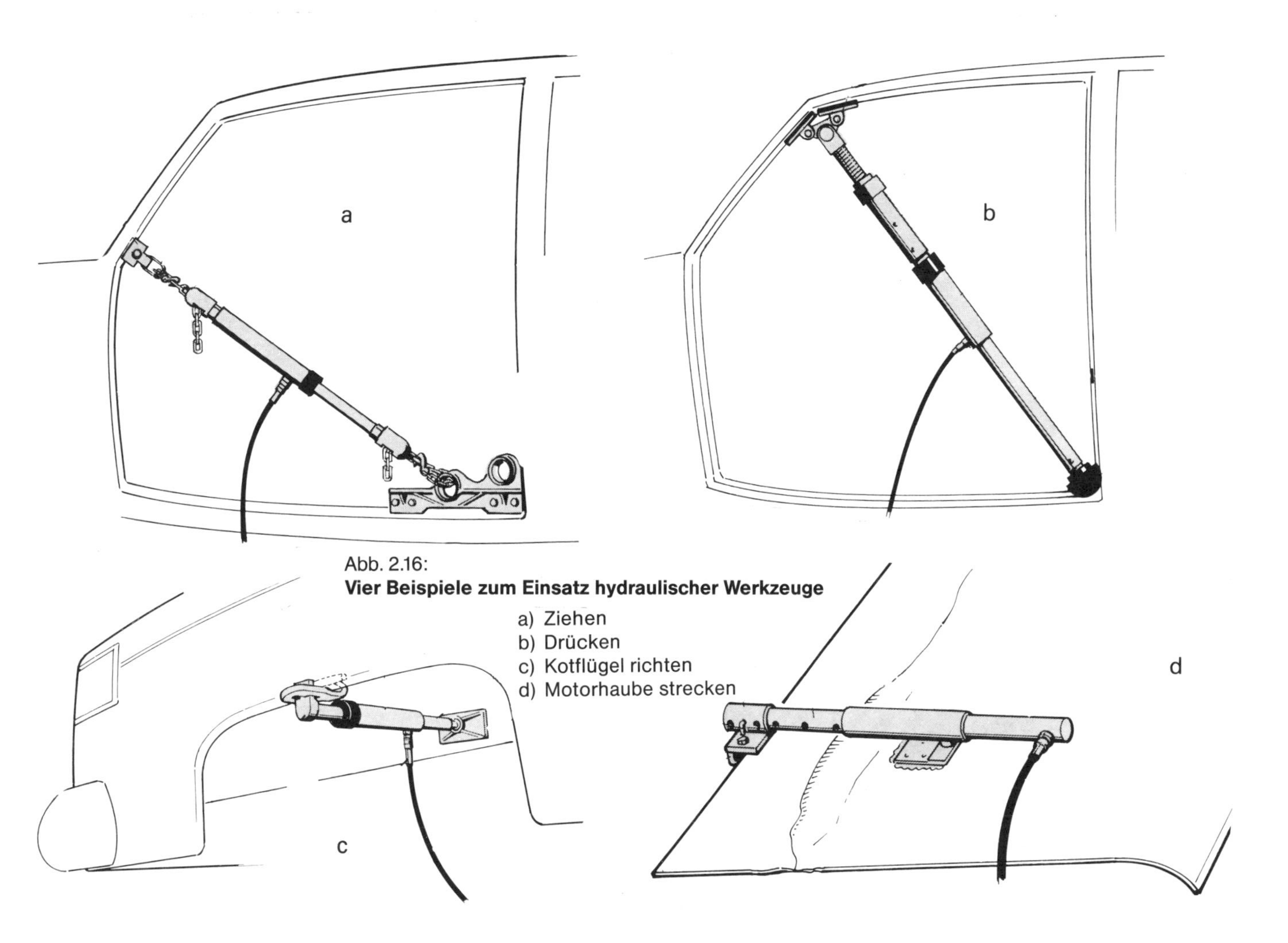

Abb. 2.16:
Vier Beispiele zum Einsatz hydraulischer Werkzeuge

a) Ziehen
b) Drücken
c) Kotflügel richten
d) Motorhaube strecken

2.4 PNEUMATISCHE UND ELEKTRISCHE WERKZEUGE

Sehr viele Werkzeuge gibt es sowohl in elektrischer als auch in pneumatischer Ausführung. Obwohl die Energie bei den Druckluftwerkzeugen einen Umweg macht (schließlich wird der Kompressor ja durch einen Elektromotor angetrieben), haben sie gegenüber den Elektrowerkzeugen doch einige Vorteile:

a) Druckluft ist eine sichere Energiequelle. Es gibt keine Spannung und keinen Strom; keine Gefahr von Kurzschluß, beschädigten Kabeln und Funkenbildung in den Motoren. Vor allem letzteres ist im Lackierbetrieb ein wesentlicher Pluspunkt.
b) Druckluftwerkzeuge sind kompakt und leicht. Ein Elektromotor ist durchschnittlich dreimal so schwer, wie ein gleichwertiger Druckluftmotor. Das spielt vor allem bei Werkzeugen, die man in der Hand hält, eine große Rolle.
c) Überlastung schadet pneumatischen Werkzeugen nicht. Die Maschine bleibt einfach stehen, während Elektrowerkzeuge leicht durchbrennen können. Dadurch sind auch die Reparatur- und Wartungskosten niedrig.
d) Im Zusammenhang mit dem unter »a« Dargelegten ist es z. B. bei einer pneumatischen Schleifmaschine ohne weiteres möglich, einen Wasseranschluß zu machen, so daß man gefahrlos naßschleifen kann.

Winkelschleifer
Er gibt auswechselbare runde, schnellaufende Trenn-, Schmirgel- oder Schrupp-scheiben. Je nach der erforderlichen Arbeit kann man Scheiben mit groberem oder feinerem Korn verwenden. Üblich sind Scheibendurchmesser von 178 mm bei einer Drehzahl bis etwa 8000 U/min oder 225 mm bei 6000 U/min.

Abb. 2.17: **Winkelschleifer;** man verwendet ihn vorwiegend zum Schruppen und Trennen

Schleifmaschinen
Es gibt sie in drei Grundtypen:

a) Bandschleifmaschine
Das ideale Werkzeug zum Schleifen flacher Teile. Das endlose Schleifband läuft über zwei Rollen, deren eine angetrieben wird, während die andere verstellbar ist. Durch die hohe Laufgeschwindigkeit des Schleifbandes ist die Schleifleistung sehr groß. Die Bewegung ist gradlinig.

b) Rundschleifmaschine

Die Motorachse ist über einen Exzenter mit der Schleifsohle verbunden. Das Schleifpapier macht somit immer eine kleine, kreisförmige Bewegung.
Diese Maschinen haben eine etwas größere Schleifleistung als jene mit einer geradlinigen Bewegung. Überdies hält das Schleifpapier etwas länger, da die Körnung auf allen Seiten aktiv ist. Ein Nachteil ist es, daß in der Oberfläche Schleifkratzer sichtbar sind, oft auch noch nach Beendigung aller Arbeiten.

c) Schwingschleifer

Die Schleifsohle beschreibt eine hin- und hergehende Bewegung. Die Schleifleistung ist etwas niedriger, aber dem steht der Vorteil entgegen, daß keine auffälligen Schleifkratzer zurückbleiben. Überdies sorgt die geradlinige Bewegung dafür, daß man auch entlang Rändern und in Winkeln gut schleifen kann.
Es gibt auch Schwingschleifer mit zwei Schleifsohlen, deren Bewegungen entgegengesetzt sind. Dadurch ist die Leistung größer und die Maschine arbeitet praktisch vibrationsfrei.

a

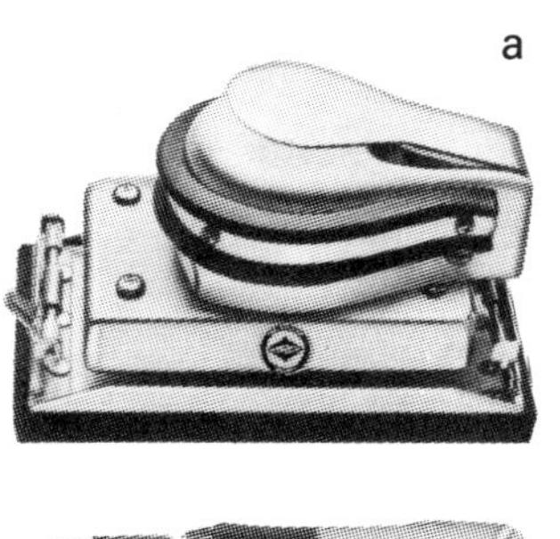

b

c

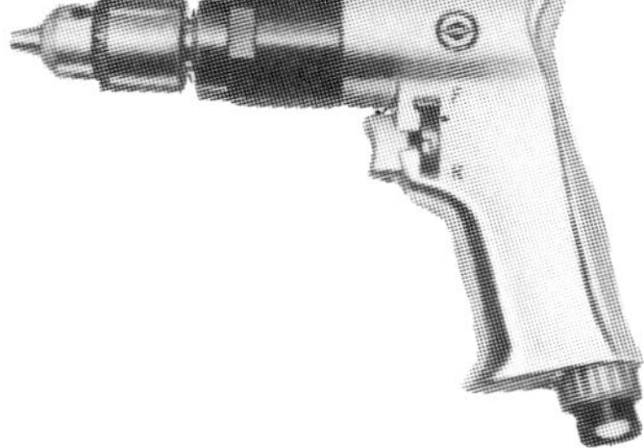

Abb. 2.18: **Zwei Beispiele von Flächenschleifmaschinen, die eine rotierende Bewegung machen (a und b), und eine mit geradliniger Schleifbewegung (c)**

Abb. 2.19: **Eine Druckluft-Bohrmaschine mit Links- und Rechtsdrehung.**

Bohrmaschine

Bohrmaschinen gibt es sowohl in elektrischer als auch in pneumatischer Ausführung. Sie dienen aber nicht nur zum Bohren und Fräsen, sondern man kann sie auch zum Schleifen und als Elektro-Schraubendreher verwenden.

Fön

Der elektrische Fön oder das Heißluftgebläse kann gute Dienste erweisen, z. B. beim:

- Entfernen von Aufklebern von Glas und Lack;

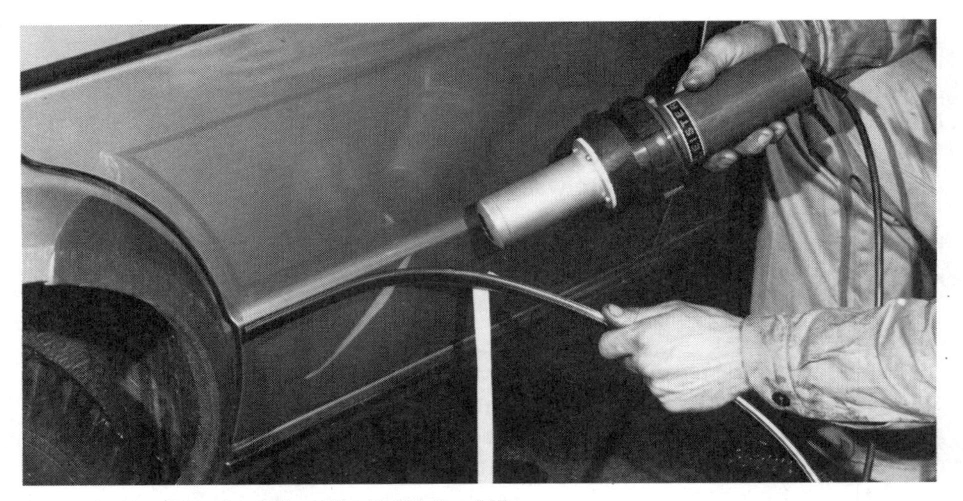

Abb. 2.20: **Elektrischer Fön oder Heißluftgebläse**

- Erwärmen von Teilen, um die Montage oder die Demontage zu erleichtern;
- Trocknen feuchter Stellen und Verkleidungen;
- Beschleunigen von Verleimungen und beim Lacktrocknen (z. B. bei einer Farbprobe), ferner beim Härten von Spachtelmasse usw.
- Spannen von PVC-Verkleidungen und beim Weichmachen von Kunststoffprofilen;
- Aktivieren von Kleber an Zierleisten u. ä.

Beulenausziehgerät

Mit Hilfe einer elektrischen Schweißpistole kann man Ziehbolzen auf die eingedrückten Stellen des Blechs schweißen. Die Beule wird dann durch das Beulenausziehgerät herausgezogen (siehe auch 2.2).

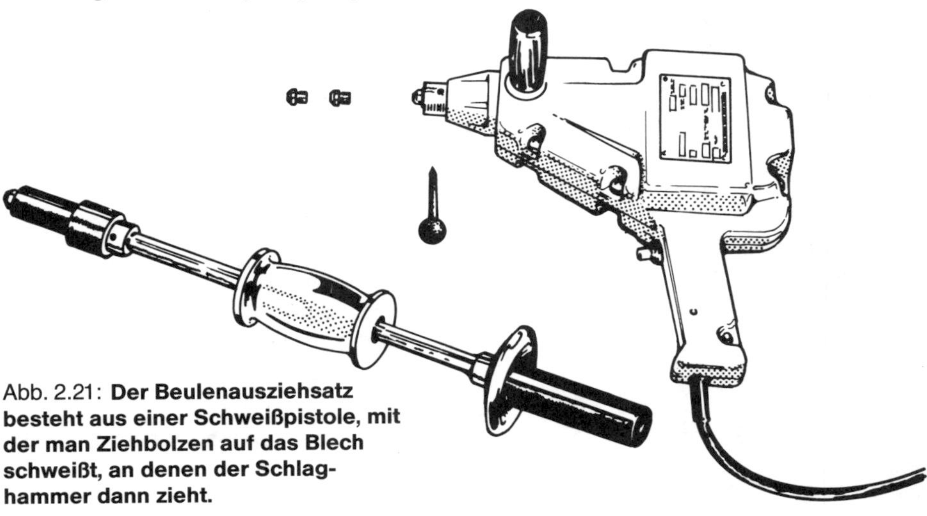

Abb. 2.21: **Der Beulenausziehsatz besteht aus einer Schweißpistole, mit der man Ziehbolzen auf das Blech schweißt, an denen der Schlaghammer dann zieht.**

Blech-Schrumpfgerät

Dieses Elektrogerät ermöglicht es, das Blech stellenweise zum Zweck des Schrumpfens zu erhitzen.
Oft wird dieses Gerät mit einem Beulenausziehgerät kombiniert.

Pneumatische Loch- und Absetzzange

Loch- und Absetzarbeiten lassen sich mit Hilfe von Druckluft erheblich vereinfachen.

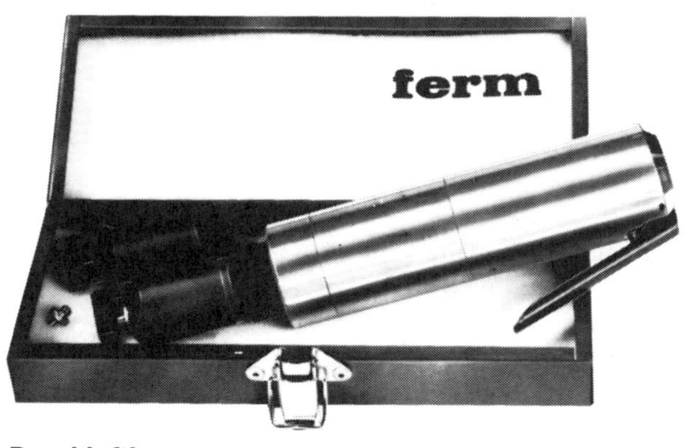

Abb. 2.22:
Pneumatische Loch- und Absetzzange

Drucklufthammer

Dieser Hammer hat verschiedene Einsätze, die der Art der Arbeit angepaßt sind. So gibt es verschiedene Arten von Meißeln, um z. B. Blechteile herauszumeißeln, Muttern durchzuschlagen oder Punktschweißstellen zu lösen. Es gibt auch Einsätze, wie Schlichthämmer oder Austreiber für Scharnierstifte.

a) Schraubendreher

b) Nadelhammer

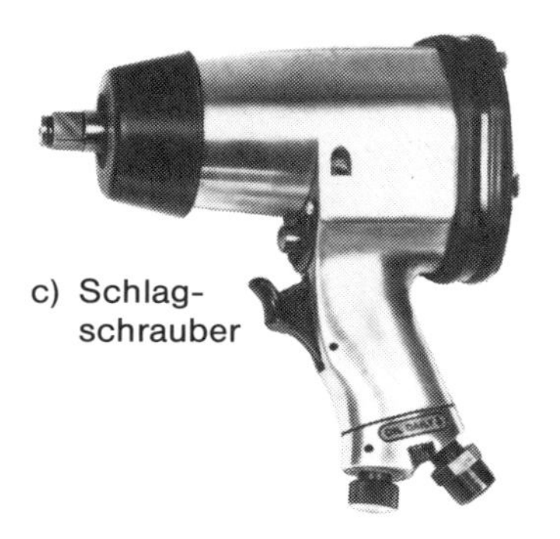

c) Schlagschrauber

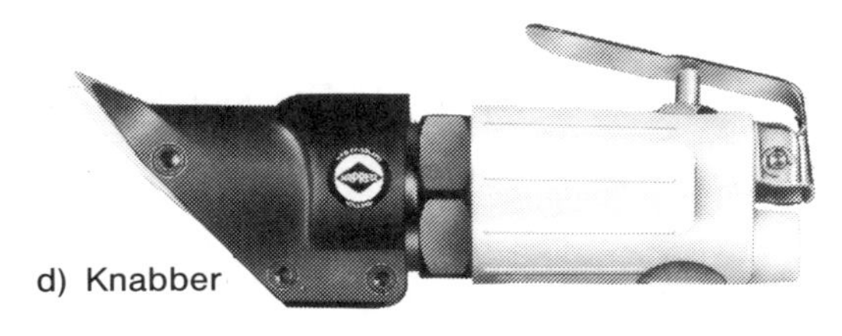

d) Knabber

Abb. 2.23:
Weitere Beispiele von Druckluftwerkzeugen

2.5 LUFTAUFBEREITUNG, KÄLTETROCKNER UND LUFTFILTER

Bei den heutigen Spritztechniken sind die Temperatur der Druckluft und der Feuchtigkeitsgrad von großer Bedeutung, wichtig ist aber auch, daß die Druckluft sauber ist.
Für die Lebensdauer von Druckluftwerkzeugen spielen diese Faktoren ebenfalls eine Rolle.
Als Beispiel für die Luftaufbereitung haben wir das System genommen, welches von der Firma Creemers in Eindhoven auf den Markt gebracht wurde.

Drei Möglichkeiten zur Bekämpfung von Kondenswasserproblemen

a. Ein Absorptionstrockner (mit Tabletten)
b. Ein luftgekühlter Druckluftkühler mit Feinfilter
c. Ein Gefriertrockner

Es ist bekannt, daß beim Komprimieren von Druckluft die Temperatur der Druckluft merklich über diejenige der angesaugten Luft ansteigt. Nach dem Komprimieren kühlt die Druckluft dann allmählich ab.
Druckluft mit hoher Temperatur kann mehr Wasserdampf enthalten als Luft von niedriger Temperatur, wodurch es beim Sinken der Temperatur zu Kondenswasserabscheidung kommt.
Um zu vermeiden, daß sich das Kondenswasser an den Luftentnahmepunkten im Leitungskreislauf ansammelt, ist es ratsam, hinter der Kompressoranlage eines der oben genannten Geräte anzuordnen.

Welche Folgen hat zu starke Kondenswasserabscheidung?

- Rostbildung in der Druckluftleitung
- Geringe Qualität der Spritzlackierung
- Übermäßiger Verschleiß durch Korrosionsbildung an Druckluftgeräten (Zylinder, Klappen, Ventile u. dgl.)
- Ein Ölnebel (bei der Schmierung von Druckluftwerkzeugen erforderlich) wird mit Kondenswasser vermischt, wodurch die Schmierung nicht oder kaum wirksam wird.

Da Kompressoren heutzutage im allgemeinen intensiver eingesetzt werden, wird die Austrittstemperatur von Druckluft verhältnismäßig höher und dadurch erhöht sich auch die Notwendigkeit eines passenden ‘Kondenswasserabscheiders’.

Taupunkt

Dazu wurde bereits ausgeführt, daß, je niedriger die Temperatur der Druckluft ist, desto weniger Kondenswasser zurückbleibt (desto höher also die Qualität der Druckluft). Zweifellos haben Sie das Wort Taupunkt schon einmal gehört.

Was bedeutet der Begriff Taupunkt?
Der Taupunkt ist die Temperatur der Druckluft, wo der Sättigungspunkt des Wasserdampfes erreicht ist oder, anders ausgedrückt, der Moment, wo die relative Feuchtigkeit die 100 %- Grenze erreicht hat.
Mit Hilfe mehrerer Tabellen und Beispiele werden wir dies verdeutlichen.

Beispiel
Angenommen, ein Kompressor hat eine Ansaugleistung von 1 m^3 (1000 Liter) pro Minute und die Temperatur der angesaugten Luft beträgt 20 °C.
Nehmen wir die relative Feuchtigkeit mit 80 % an. Laut Tabelle enthält 1 m^3 Luft von 20 °C bei einer relativen Feuchtigkeit von 100 % 17 Gramm Wasserdampf. Berechnet für eine relative Feuchtigkeit von 80 % kommen wir auf 80/100 x 17 = 13,6 Gramm. Die komprimierte Luft verläßt den Kompressor zum Beispiel mit 75 °C und einem Druck von 7 bar (7 kg/cm^2).
Um 1 m^3 komprimierte Luft von 7 bar zu erzeugen, sind 7 m^3 normale Luft erforderlich, wodurch sich auch 7 x 13,6 Gramm = 95,2 Gramm Wasser in dem 1 m^3 komprimierter Druckluft finden. Bei 75 °C ist die Druckluft nicht gesättigt.
Wie weit kann die Temperatur absinken, bevor es zur Kondenswasserabscheidung kommt?
Die Tabelle zeigt, daß 1 m^3 Druckluft bei 52-55 °C eine Wasserdampfmenge von 90-103 Gramm enthalten kann. Nach dem Verdichten sinkt dann die Temperatur

Tabelle: Wasserdampfmenge in Gramm pro m^3 Luft

Taupunkt in °C	Feuchtigkeitsgehalt in Gramm/m^3	Taupunkt in °C	Feuchtigkeitsgehalt in Gramm/m^3	Taupunkt in °C	Feuchtigkeitsgehalt in Gramm/m^3
100	588	50	82	0	4,9
97	532	47	71	-2	4,1
95	497	45	65	-5	3,2
92	448	42	56	-7	2,8
90	418	40	51	-10	2,2
87	375	37	44	-12	1,8
85	340	35	39	-15	1,4
82	312	32	33	-17	1,2
80	290	30	30	-20	0,88
77	259	27	25	-25	0,55
75	239	25	23	-30	0,33
72	213	22	19	-35	0,20
70	196	20	17	-40	0,12
67	174	17	14	-45	0,067
65	160	15	13	-50	0,038
62	141	12	11	-55	0,021
60	129	10	9,4	-60	0,011
57	113	7	8,2	-65	0,0064
55	103	5	6,8	-70	0,0033
52	90	2	5,6	-75	0,0013

der Druckluft (75 °C) beim Durchströmen der Druckleitung, des Zwischenkühlers und des Kompressor-Luftbehälters. Beim Erreichen von 52-55 °C wird das Kondenswasser abgeschieden.
Es ist wichtig, durch Zwischenkühlung so viel Wasserdampf aus der Luft abzuscheiden, daß ein günstiger Taupunkt erreicht wird.
Wenn an den Luftentnahmepunkten die Temperatur der 'aufbereiteten' Druckluft nicht weiter absinkt als auf den erreichten Taupunkt, findet keine Kondenswasserabscheidung mehr statt.

Auswahlkriterien

Die drei genannten Möglichkeiten (Tablettentrockner, luftgekühlter Nachkühler mit Feinfilter und Gefriertrockner) können Anwendung finden. Dabei ist die Eintrittstemperatur an den drei genannten Geräten ausschlaggebend.
Scheint diese Eintrittstemperatur der komprimierten Luft etwa bei 25 °C zu liegen und wird ein Taupunkt von ca. 18 °C gewünscht, ist der Tablettentrockner die richtige Wahl.
Liegt die Eintrittstemperatur der Druckluft jedoch wesentlich höher (und beträgt möglicherweise sogar 100 °C), empfehlen wir den Gebrauch eines luftgekühlten Nachkühlers mit Feinfilter, wobei dann der zu erreichende Taupunkt eng mit der Eintrittstemperatur zusammenhängt.
Beim Gefriertrockner darf die Eintrittstemperatur der Druckluft jedoch nicht höher als 32 bis 45 °C liegen.
Der erreichbare Taupunkt liegt je nach Durchsatzleistung zwischen 4 und 10 °C.
Will man bei hohen Eintrittstemperaturen dennoch einen niedrigen Taupunkt er-

Abb. 2.24:
Eminent-Kältetrockner/ Gefriertrockner, Typ EG 2000 bis EG 5600

reichen, ist die Kombination aus luftgekühltem Nachkühler einschließlich Feinfilter und Gefriertrockner die richtige Wahl.
Wird ein Taupunkt zwischen 2 und 10 °C gewünscht, ist ein Kältetrockner die richtige Wahl zur Lösung von Kondenswasserproblemen.

Welches sind die wichtigsten Punkte bei der Ermittlung des richtigen Kältetrocknertyps?

- Die Höchstleistung des Kompressors
- Die Eintrittstemperatur der Druckluft im Kältetrockner
- Der Arbeitsdruck des Kompressors in bar
- Die max. Umgebungstemperatur

Beispiel
Ein Kompressor hat eine Motorleistung von 11 kW (15 PS) und eine Nutzleistung von ca. 1500 l (1,5 m^3) pro Minute bei einem Arbeitsdruck von 7 bar. Die Temperatur der am Kompressorbehälter austretenden Druckluft beträgt 30 °C (während zwischen Behälter und Luftleitungskreislauf keine Zwischenkühler vorhanden sind).
Die Umgebungstemperatur beträgt max. 30 °C. Wenn die Eintrittstemperatur höher liegt als beispielsweise 35 oder 40 °C, muß die zulässige Durchsatzleistung für den gleichen Taupunkt geringer sein.

Typ	Durchsatzleistung in l/min bei 7 bar Eintrittstemperatur 30 °C	Anschlußmaß Eintritt/ Austritt	Leistung Elektromotor Kältekompressor 50 Hz in kW	Geräuschpegel in dBA	Abmessungen in mm			Max. Druck in bar
					L	B	H	
EG 300	300	3/8	0,15 (220 V)	40	450	400	550	16
EG 600	600	3/8	0,15 (220 V)	40	450	400	550	16
EG 900	900	3/8	0,18 (220 V)	44	450	400	550	16
EG 1300	1300	3/4	0,28 (220 V)	47	450	400	550	16
EG 2000	2000	3/4	0,37 (220 V)	55	750	550	820	16
EG 2700	2700	3/4	0,55 (220 V)	57	750	550	820	16
EG 3300	3300	1"	0,75 (220 V)	58	750	550	820	16
EG 4000	4000	1"	0,75 (220 V)	58	750	550	820	16
EG 5600	5600	1 1/4"	1 (220 V)	57	750	550	820	16
EG 7500	7500	2"	1 (380 V)	58	853	703	1920	16
EG 9000	9000	2"	1 (380 V)	63	853	703	1920	16
EG11100	111000	2"	1 (380 V)	65	853	703	1920	16

Bei einer Eintrittstemperatur von 30 °C und einer Umgebungstemperatur von 25 °C sowie einem Arbeitsdruck von 7 bar liegt der Taupunkt bei ca. 3 °C.

Abb. 2.25:
Schematische Funktionsweise des Eminent-Kältetrockners für Druckluft, Typ EG 300 bis 1300

1 Wärmeaustauscher
2 Abscheider
3 Magnetventil
4 Kapillarrohr + Filter
5 Taupunktmeßgerät
6 Kältekompressor
7 Kondensator + Gebläse

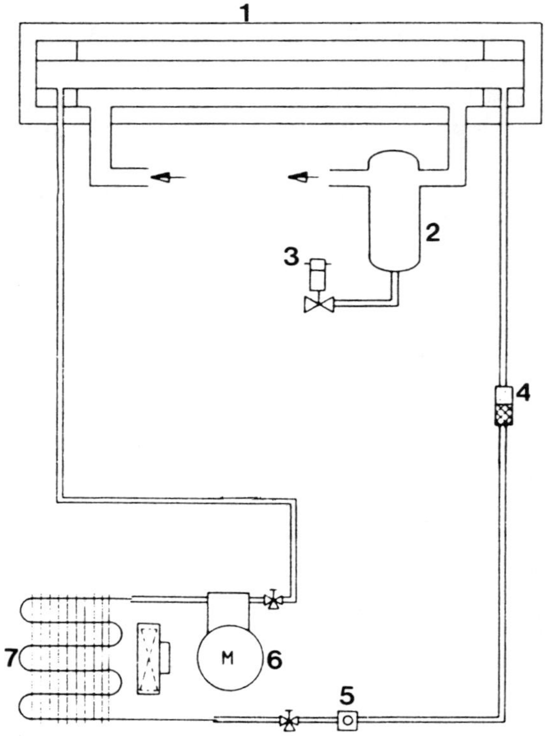

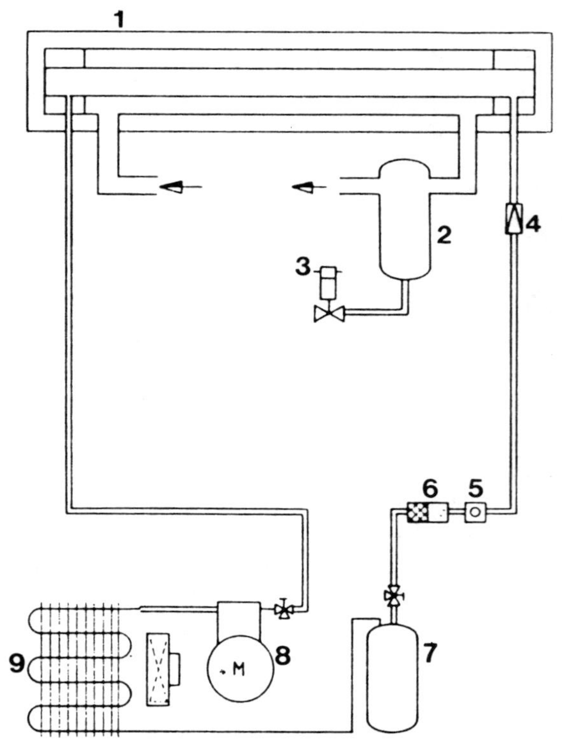

Abb. 2.26:
Schematische Funktionsweise des Emiment-Kältetrockners für Druckluft, Typ EG 2000 bis 4000

1 Wärmeaustauscher
2 Abscheider
3 Magnetventil
4 Expansionsventil
5 Taupunktmeßgerät
6 Filter
7 Kühlmittelbehälter
8 Kältekompressor
9 Kondensator + Gebläse

Schematische Funktionsweise der Eminent-Kältetrockner für Druckluft

Korrekturtabelle

Wenn die Eintrittstemperatur der Druckluft höher als 30 °C liegt und man den gleichen Taupunkt zugrundelegen will, muß die Durchsatzleistung entsprechend nachstehender Tabelle verringert werden.

Typ	Einlaßtemperatur der Druckluft und max. Durchsatzleistung in Liter pro Minute		
	30 °C	35 °C	40 °C
EG 300	300	250	215
EG 600	600	500	425
EG 900	900	750	640
EG 1300	1300	1080	920
EG 2000	2000	1670	1420
EG 2700	2700	2340	1990
EG 3300	3300	2800	2380
EG 4000	4000	3300	2800
EG 5600	5600	4700	4000
EG 7500	7500	6200	5270
EG 9000	9000	7500	6375
EG 11100	11100	9300	7900

Alle Trockner sind mit einem automatischen Taupunktschalter ausgerüstet, d.h. der Kältekompressor wird nach Erreichen des vorher eingestellten Taupunkts abgeschaltet und es wird Energie eingespart.
Alle Elektromotoren der Kältekompressoren verfügen über thermische Sicherungsautomaten.
Die Trockner sind mit einem Freon-Schauglas, einer Filtertrockner-Kombination sowie einem automatischen Abfluß versehen.
Ab Typ EG 2700 werden die Trockner mit einer Digital-Instrumententafel, an der Eintrittstemperatur und Taupunkt abzulesen sind, einer Vorrichtung (Lichtsignal) zur Anzeige des Betriebszustandes und einem Schaltautomaten zur Höchstdruckbegrenzung geliefert.
Typen mit 220 V-Lichtnetzmotoren (Kältekompressor) bis zum Typ EG 5600 sind mit Lichtnetzkabel und Stecker versehen. Ab Typ EG 7500 sind die Elektromotoren für 380 V ausgelegt und es wird ein Kabel (5 x 1 mm^2, dreiphasig mit Nulleiter und Erde) mitgeliefert.
Eine ideale Kombination, wobei die Druckluft zunächst über ein Radiatorsystem intensiv gekühlt und anschließend durch ein Ultrafilter von Staubteilchen und Ölspuren gereinigt wird.
Ein automatisches Kondenswasserabführsystem sorgt dafür, daß das anfallende Kondenswasser automatisch abgeführt wird. Durch die Kühlung wird die Tempe-

ratur auf ca. 10 bis 15 °C über der Umgebungstemperatur gesenkt. Diese Kombination ist sehr wartungsfreundlich. Erforderlich ist nur die jährliche Erneuerung eines Filterelements vom Feinfilter.

Anwendungen

An den Stellen, wo die Temperatur der Druckluft über 45 °C beträgt (was bei größeren Kompressoren und bei mehr oder weniger kontinuierlicher Belastung der Fall ist), ist es ratsam, ein Kühlfilter anzubringen und so eine erhebliche Temperatursenkung zu bewirken.

Typ	Durchsatzleistung in m³/min	Anschlußmaß		Max. Druck in bar	Motorleistung in PS, Gebläse 380 V
		Einlaß	Auslaß		
EKF 10	1	1"	1"	10	0,25
EKF 20	2	1 1/4"	1 1/4"	10	0,25
EKF 30	3	1 1/2"	1 1/2"	10	0,25
EKF 50	5	2"	2"	10	0,25
EKF 80	8	2"	2"	10	0,75
EKF 120	12	2"	2"	10	1

Zur Erzielung einer optimalen Druckluftqualität ist es ratsam, je nach gewünschtem Taupunkt neben dem Druckluftfilter auch einen Drucklufttablettentrockner oder Gefriertrockner vorzusehen.

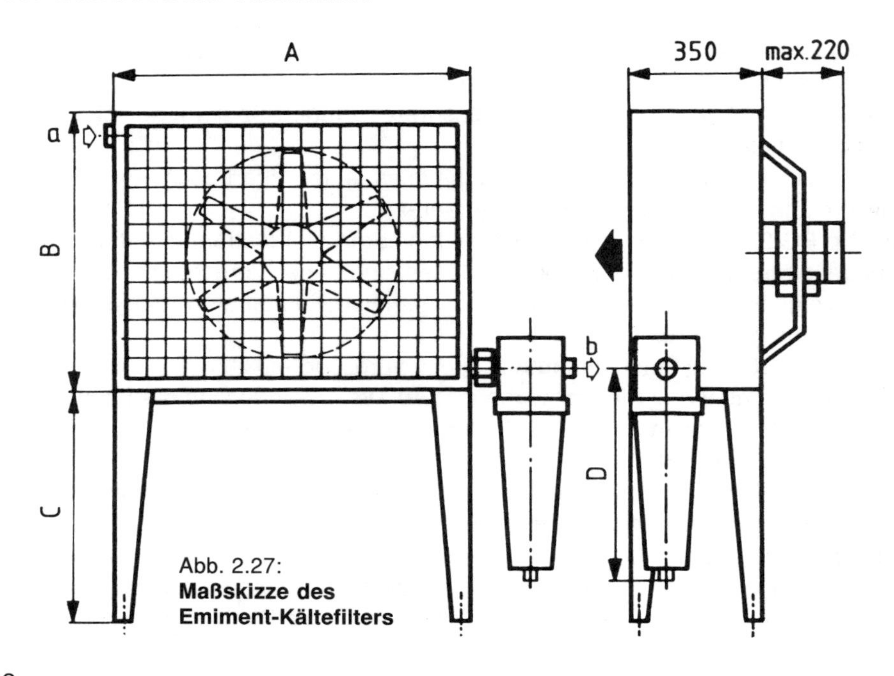

Abb. 2.27:
Maßskizze des Emiment-Kältefilters

Wenn die Durchsatzleistung geringer ist als die in der Tabelle genannte Höchstmenge, muß die Temperatur der austretenden Druckluft verhältnismäßig niedriger sein.

Typ	Luftnachkühler				Feinfilter		
	A	B	C	Muffe a	Typ	D	Muffe b
EKF 10	489	335	600	1"	ST 4	225	1"
EKF 20	599	435	600	1 1/4"	ST 8	225	1 1/4"
EKF 30	599	435	600	1 1/2"	ST 12	395	1 1/2"
EKF 50	709	535	600	2"	ST 24	395	2"
EKF 80	819	635	800	2"	ST 36	505	2"
EFK 120	929	735	800	2"	ST 48	625	2"

Um die Wirkung des Kühlgebläses optimal zu nutzen, ist es ratsam, bei Verdichteranlagen, bei denen Luftbehälter und Kompressoreinheit getrennt voneinander aufgestellt sind, das Druckluftkühlfilter zwischen Kompressor und Behälter anzuordnen.
Um zu vermeiden, daß beim Wechseln des Filterelements die Druckluftzufuhr stagniert, muß eine Umgehungsleitung angebracht werden.

Ölnebelvorrichtungen
Diese Geräte dienen zur regelmäßigen und automatischen Schmierung verschiedener Druckluftwerkzeuge.
Es reicht, wenn man diese Nebelschmiervorrichtungen zwischen der Leitung unmittelbar vor dem Druckluftwerkzeug in die Druckleitung einbaut.
Durch die automatische Schmierung erhöht sich die Lebensdauer der Druckluftwerkzeuge beträchtlich.
Dank einer Spezialkonstruktion kann das Öl bei Unterbrechungen in der Luftzufuhr nicht zurückfließen.

Kombinationen: Reiniger-Reduzierventil-Ölnebelvorrichtung
Diese Kombinationen sind für eine einwandfreie Funktionsweise der Druckluftwerkzeuge unverzichtbar.
Die Kombinationen sind in verschiedenen Durchsatzleistungen und Anschlußmaßen lieferbar.

3 Die wichtigsten Arbeitsgänge

Die wichtigsten Arbeitsgänge im Karosseriehandwerk sind: Glätten, Strecken, Dehnen, Stauchen, Schrumpfen, Treiben, Biegen, Abkanten, Schneiden, Brennen, Nieten, Schweißen, Verzinnen, Weich- und Hartlöten, Schleifen, Widerstandsschweißen, Polieren und Korrosionsschützen. Diese Arbeiten werden sowohl bei der Herstellung neuer Karosserien als auch bei der Reparatur durchgeführt.

3.1 GLÄTTEN

Das Wort Glätten besagt, daß eine Stelle wieder glatt gemacht wird, aber man spricht hier auch von Schlichten oder Ausbeulen.
Im 1. Kapitel wurde im Zusammenhang mit dem Schlichten von Blechen bereits über die Spannungen innerhalb der Blechplatte gesprochen. Dabei stellten wir fest, daß die Teile des Blechs, die zu lang sind, unter keinen Umständen noch mehr gedehnt oder mit dem Hammer bearbeitet werden dürfen. Man kann dieses Blech nur dadurch dehnen, daß die nichtgedehnten Teile der Fläche gestreckt werden.
Anders ist der Fall, wenn ein Blech, das bereits eine bestimmte Form hat, eine kleine oder ziemlich tiefe Delle oder Beule zeigt. Zuerst macht man aus der »Delle«

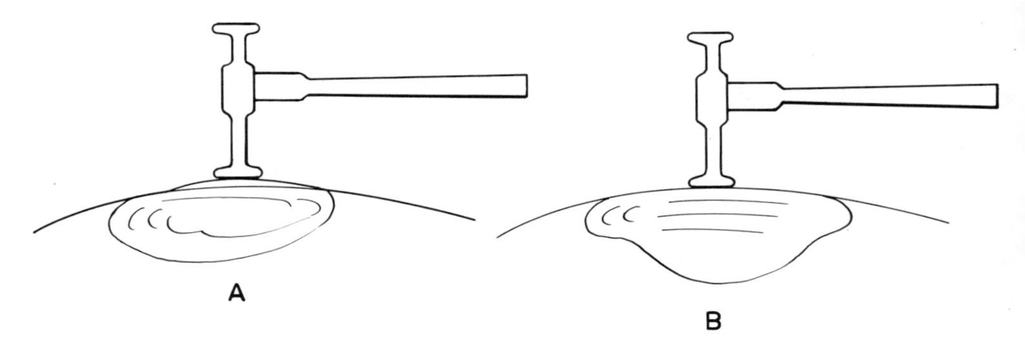

Abb. 3.1: **A. Neigung zum Stauchen, B. Strecken**

eine »Beule«, und wenn man nun diese Beule nicht dadurch entfernen will oder kann, daß man eine größere Fläche rundherum dehnen will, dann muß die Stelle, die zu lang geworden ist, *gestaucht* werden.
Verwendet man einen Vorhaltblock, der flacher als die Beule ist, und hämmert man mit einem flachen Hammer mit einem nicht-tragenden Schlag (siehe Abb. 3.1A), dann entsteht die Neigung zum Stauchen, jedoch unter folgenden Voraussetzungen:
a) die Beule muß kurz sein, sonst entsteht eine »Ringbeule«;
b) das Blech muß festsitzen und rund um die Beule herum unter starker Spannung stehen.
Ist die Beule lang und weich, dann hämmern wir die Spannung heraus, und das Blech kommt mit einem größeren Biegeradius heraus. Das Blech wird dann ein wenig flacher.
Verwenden wir einen Vorhaltblock, der runder ist, als es die Rundung des Bleches ist, dann hämmern wir mit einem tragenden Schlag, und wir strecken (siehe Abb. 3.1B) mit dem flachen Hammer.

3.2 STRECKEN

Das Strecken des Blechs kann sowohl auf einer Richtplatte oder über ein Flacheisen als auch über einem Vorhaltblock erfolgen, jedoch mit dem Unterschied, daß man in den beiden ersten Fällen einen Streckhammer und im letzteren Fall im allgemeinen einen flachen Hammer verwendet, jedenfalls wenn der Vorhaltblock runder ist, als die innere Rundung des Blechs.
Beim *Strecken auf der Richttafel* schlagen wir mit wohlgezielten Schlägen nach vorn und nach hinten, aber *niemals* seitwärts! Das richtige Ansetzen der Schläge erlernt man durch Üben. Nach der ersten Serie von Schlägen wird die folgende Serie zwischen den voraufgegangenen angesetzt. Niemals darf in zu dichten Gruppen geschlagen werden, und die Einteilung muß immer symmetrisch sein. Zeigt das Blech beim Strecken die Neigung, an den Rändern nach oben zu kommen, dann muß es umgedreht werden. Der Schlag des Streckhammers muß ganz flach auf dem Blech landen, sonst bekommt das Blech Kerben. Der Hammer darf auf dem Blech zwar einen »Abdruck«, aber keinesfalls darf er einen »Eindruck« hinterlassen.
Der Schlag muß aus lockerem Handgelenk erfolgen, nicht zu hart, sondern mit federndem und tragendem Schlag. Das Blech verträgt nun einmal eher eine sanfte und langsame Bearbeitung, als eine grobe und schnelle. Der Hammerstiel wird am Ende gehalten, und der Hammer wird nicht zu hoch gehoben. Das zu streckende Blech muß in Ellenbogenhöhe sein. Der Hammer muß gewissermaßen auf dem Blech tänzeln, wobei jeder Schlag zielbewußt geführt wird.
Schießen wir über das Ziel hinaus, indem wir zuviel strecken, dann müssen andere Stellen wieder gedehnt werden, und das könnte ohne Ende weitergehen. Wenn

man bei der Arbeit nicht aufmerksam ist und das Material nicht genau beobachtet, dann kann man dabei auch keine Erfahrungen sammeln. Die Arbeit setzt Überlegung voraus, sonst wiederholt man dieselben Fehler nur ständig.
Da das Blech beim Glätten und Strecken mit dem Streckhammer auf der Richtplatte bei jedem Hammerschlag auf der Unterseite ein wenig mehr, als auf der Oberseite, gestreckt wird, wird es allmählich die Neigung zur Wölbung zeigen. Wenn die Oberfläche nach der beschriebenen Arbeitsmethode ganz bearbeitet ist, *wird das Blech deshalb umgedreht, worauf dieselbe Bearbeitung* wiederholt wird! Nur auf diese Weise erhält man eine ebene Fläche.
Durch Verwendung eines Schlichthammers mit waffelförmigem Kopf wird die Kaltverformbarkeit des Blechs zunehmen.
Die Federkraft des Hammerschlages wird bei der Verwendung eines Hammers mit einem Polyesterstiel größer sein, als bei einem Holzstiel. Würde man einen Stiel aus Stahl verwenden, der mit dem Hammer zusammen eine Einheit bildet, dann hätte dieser überhaupt keine Federung. Man denke nur an den Schlackenhammer der Schweißausrüstung.
Auch das Gewicht von Vorhalteblock und Hammer beeinflussen die Arbeit. Vorhalteblöcke aus Stahl, Holz, Kupfer, Blei oder Leder haben jeweils einen anderen Effekt.
Es bedarf vieler Übung und Erfahrung, will man ein geschickter Blechner werden. Stahlblech, Aluminium-, Kupfer-, Zink-, Messing-, Chrom- und Nickelstahlbleche reagieren jeweils auf ganz eigene Art!

3.3 DAS FORMEN

Der Unterschied zwischen dem Formen von neuem Blech und der Reparatur bereits geformter Bleche besteht darin, daß man bei letzteren die inneren Spannungen berücksichtigen muß, die im Blech zu dem Zeitpunkt vorhanden sind, zu dem man mit der Wiederherstellung beginnt.
Wir beginnen mit der Beschreibung der Grundübungen, die am neuen Blech durchzuführen sind.

3.4 DIE UNTIEFE KUGELFORM

Verwendet man eine glatte, neue Blechplatte, dann kann man *als Grundübung* eine untiefe Kugelform auf dreierlei Weise herstellen:

1. **Auf der Richtplatte**
Man schlägt mit der leicht gebogenen Bahn des Treibhammers auf die *Innenseite;* die Kugelform entsteht dann auf der Außenseite. Das ist logisch, denn durch die leicht gewölbte Bahn des Treibhammers wird die Außenseite der Rundform auf

der Seite der Richtplatte mehr gedehnt als die Innenseite, und dies bei jedem Schlag.
Wenn die Arbeit fortschreitet, muß auch auf die Außenseite geachtet werden. Bemerkt man, daß diese den Wünschen nicht entspricht, dann arbeitet man sie auf einem Einsteckeisen mit der gleichen Rundung nach, und zwar mit der flachen Bahn des Schlichthammers.
Es kann vorkommen, daß in der runden Form flache Teile zurückbleiben. In diesem Fall bringt man hierauf eine Reihe konzentrischer Schläge in auslaufenden Kreisen an.
Während des Formens muß man vor allem immer daran denken, daß es viel schwieriger ist, zu hohe Stellen zu beseitigen, als zu niedrige.

2. **Auf dem runden Einsteckeisen**
Will man eine untiefe Kugelform auf einem Einsteckeisen schlagen, dann sollte dieses Eisen nach Möglichkeit die gleiche Rundung haben, wie man sie in das Blech treiben will. Das runde Einsteckeisen darf keinen zu kleinen Durchmesser haben, denn dann könnte ein halbtragender Schlag entstehen. Im Gegensatz zur vorbeschriebenen Arbeitsmethode (auf der Richtplatte) schlagen wir hier mit der flachen Bahn des Hammers auf die *Außenseite* des Blechs. Das hat den Vorteil, daß man die Arbeit mit den Augen überwachen kann. Während der Arbeit bewegt man das Blech mit einer Hand nach vorn und nach hinten, und anschließend dreht man das Blech und beginnt erneut. Durch Verwendung eines Hammers mit flacher Bahn wird die Außenseite mehr gedehnt werden, als die Innenseite.
Wichtig ist es, daß das Blech bei jedem Schlag gut aufliegt. Die Schläge werden regelmäßig verteilt, einerseits durch Bestimmung der Schlagstelle, andererseits durch Bewegung des Blechs. Am besten arbeitet man von innen nach außen.
Man denke bei dieser Methode vor allem daran, daß die Stellen um den Hammerschlag herum stärker beeinflußt werden, als die Stelle, auf der der Schlag landet.

3. **Mit der Glättmaschine**
Natürlich wird ein erfahrener Spengler nicht daran denken, eine untiefe Hohlform auf der Glättmaschine formen zu wollen. Dennoch ist die Arbeitsmethode als Übung für einen Auszubildenden recht nützlich.
Die Methode ist langsamer und entspricht in etwa der Arbeitsmethode über dem runden Einsteckeisen. Die Innenseite der Kugelform des Bleches muß der unteren, verstellbaren, gebogenen Rolle der Maschine, die Außenseite, also die erhabene Seite, muß der oberen flachen Rolle zugewandt sein. Man rollt das Blech linear mit systematischer Drehung. Zu flache Teile werden auf der Richtplatte mit dem Treibhammer nachgearbeitet; das kann auch mit Hilfe des Schlicht- oder Treibhammers über einem runden Handeisen erfolgen, je nach Belieben.
Die drei Methoden werden also gewissermaßen kombiniert.

3.5 DIE TIEFE KUGELFORM

Es wäre unzweckmäßig und regelwidrig, wollte man die tiefe Kugelform herstellen, indem man das Blech nur streckt. Das Blech würde dadurch in der Mitte zu dünn und auch zu hart. Deshalb wenden wir die Treibmethode im Treibblock oder im hohlen Bleiblock an. Der Schlag des Treibhammers (Holz, Kunststoff, Hartgummi oder Leder) ist natürlich nicht tragend. Für kurze und tiefe Hohlformen verwenden wir einen stählernen Treibhammer. Es kommt nunmehr darauf an, das Blech in der Mitte zu dehnen und die Ränder zu stauchen, so daß die Seitenteile zusammengedrückt, also dicker, werden.
Stauchen und drücken wir die Ränder zu sehr zusammen, dann entstehen kurze Falten und Runzeln, das Blech schiebt sich dort zusammen und legt sich doppelt, und dadurch könnte es reißen. Einsicht und Beurteilungsvermögen des Blechners, gestützt auf seine Erfahrung, sind hier unentbehrliche Voraussetzungen. Überdies empfiehlt es sich, bereits vorher eine Schablone anzufertigen, mit deren Hilfe die Rundung gemessen und verglichen werden kann.
Ein weiteres Hilfsmittel ist das Ausschneiden von Papierstreifen, die deutlich machen, an welchen Stellen man das Blech einschneiden muß, um das Überfalzen des Blechs, verursacht durch übermäßiges Stauchen, zu vermeiden. Die Ränder der Ausschnitte werden dann später wieder zusammengeschweißt, und dann wird die Schweißnaht mit dem Hammer nachgearbeitet und anschließend glattgefeilt.
Wir können die tiefe Hohlform auch von vornherein in Abschnitte unterteilen; das Zusammenfügen geschieht dann wieder durch Schweißen. Bei der Behandlung zusammengefügter Teile werden wir darauf noch ausführlicher eingehen.

3.6 DIE KNIEFORM

Eine kurze Knieform aus Karosserieblech zu machen, ohne warm zu stauchen oder zu schrumpfen, ist fast unmöglich. Mit einer dickeren Kupferplatte wäre dies natürlich wohl möglich. Einteilung mit einer Schweißnaht und die Arbeit mit Papierstreifen liegt hier nahe. Wollen wir die Anfertigung einer Knieform in reiner Handarbeit zu einem brauchbaren Ergebnis bringen, dann ist Erfahrung eine unabdingbare Voraussetzung. Nach der Behandlung des Schrumpfens mit dem Schweißbrenner werden wir einzelne Beispiele von Knieformen noch ausführlicher behandeln.

3.7 SCHRUMPFEN MIT DEM SCHWEISSBRENNER

Nach Zusammenstößen oder einer falschen Bearbeitung zeigt das Blech oftmals tiefe Dellen oder Beulen, die darauf hinweisen, daß bestimmte Stellen übermäßig gedehnt wurden. Das Blech ist verformt. Kaltes Stauchen ist zuweilen schwierig,

wenn nicht gar unmöglich. Deshalb schrumpfen wir die Stelle mit dem Schweißbrenner, und das geht folgendermaßen vor sich:
Mit dem Anfang des langen Bündels der Schweißflamme legt man einen »Schrumpfpunkt«, d. h. eine Kreisfläche von etwa 2 cm Durchmesser wird rotglühend gemacht (Abb. 3.2). Durch Abkühlung dieses Schrumpfpunktes wird das Material nun gewissermaßen zu diesem Punkt hin zusammengezogen. Man achte darauf, daß der weiße Kegel der Schweißflamme das Blech nicht berührt, sonst würde das Eisen zuviel Kohlenstoff aufnehmen und hart und spröde werden können. Zuviel Sauerstoff in der Flamme könnte das Blech oxydieren lassen.

Abb. 3.2: **Schrumpfpunkt ansetzen. Asbest oder Wärmepaste liegt griffbereit.**

Um das Material zum Zentrum der Beule hin zu treiben, nehmen wir ein Handeisen, das etwas flacher ist, als die zu bearbeitende Stelle. Mit einem leichten Hammer mit flacher Bahn hämmern wir nun schnell und konzentrisch rundum den Glühpunkt herum, und zum Schluß machen wir ein paar leichte Schläge in Richtung des Zentrums.
Hier muß gesagt werden, daß diese Methode am erfolgversprechendsten ist, *wenn das Blech unter Spannung steht.* Nach Zusammenstößen hat das Blech diese Spannung meist aufgrund der plötzlichen Dehnung.
Der Schrumpfprozeß wird durch die plötzliche Abkühlung unterstützt. Zum Kühlen verwenden wir hier keinen Schwamm, sondern *nassen Asbest* oder eine spezielle Wärmepaste. Durch kräftiges Andrücken wird die Wärme infolge von Leiten und Verdampfen gleichmäßig abgeleitet werden. Es ist natürlich auch wichtig, die Spannung rund um die Schrumpfstelle herum vorher gleichmäßig zu verteilen. Dadurch beugen wir falschen Reaktionen bei der Verformung vor.
Das Schrumpfen mit Hilfe des Schweißbrenners ist eine sehr gute Methode, die in vielen Varianten angewandt werden kann, nicht nur zum Beseitigen kleiner, tiefer und kurzer Beulen, sondern auch zum Beheben größerer kreisförmiger Einbeulungen, und dabei wendet man die sogen. »Kraterform-« oder »Ringbeulenmethode« an.
Es sei aber darauf hingewiesen, daß die Beule mehr oder weniger rund sein und einen Durchmesser von etwa 20 bis 30 cm haben muß. Kleinere Einbeulungen lassen sich nur schwer auf diese Weise beseitigen, weil es fast unmöglich ist, noch eine Ringbeule zu formen (siehe Abb. 3.3).

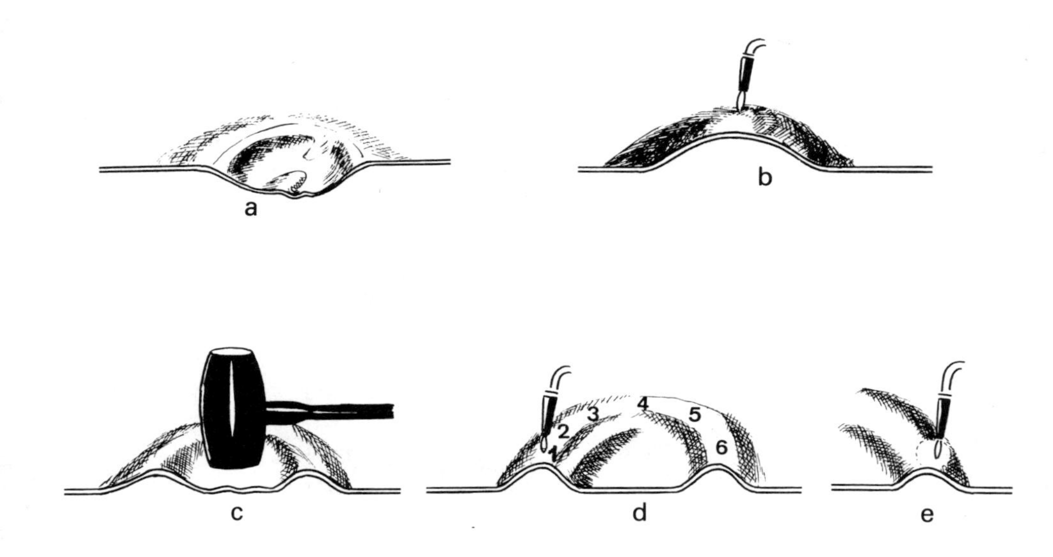

Abb. 3.3: **Kraterform- oder Ringbeulenmethode**

Gehen wir von einer kreisförmigen Vertiefung aus, wie in der Abb. 3.3a zu sehen. Das Blech ist an dieser Stelle stark gedehnt. Zunächst machen wir aus der Delle eine Beule, wie in Abb. 3.3b gezeigt. Diese Beule wird kreisförmig und glatt gemacht. Bei näherer Prüfung stellen wir jetzt fest, daß das Dach dieser Beule, also der obere Teil, infolge des Einflusses der in der anderen Richtung gebogenen Seitenwand unter einer enormen Druckspannung steht. Überdies ist diese Spannung durch die Regelmäßigkeit der Form über dem ganzen Rundkopf homogen. Wasser, Asbest oder Wärmepaste und Schwamm werden bereitgestellt. Jetzt bringen wir auf der Oberseite der Beule einen Schrumpfpunkt an. Der Holzhammer liegt griffbereit. Die Flamme des Schweißbrenners darf vor allem nicht zu groß sein, und sie wird genau senkrecht zum Blech gehalten. Kirschrot, nicht heißer! Die erhitzte Stelle sollte nicht größer als 3 cm^2 sein. Dann schlagen wir die Beule mit dem Holzhammer mit kurzen, schnellen Schlägen herunter, bis wir die Kraterform mit dem Ringberg erhalten, wie in der Abb. 3.3c wiedergegeben. Keinesfalls tiefer treiben, als bis zur Endlinie. Der Umstand, daß die Mitte nicht gleich flach ist, spielt eine untergeordnete Rolle; die kleinen Unebenheiten werden später noch beseitigt.
Nachdem das Glühen abgeklungen ist, lassen wir das Blech etwa zehn Sekunden ziehen, und dann wird der Krater mit angedrücktem nassen Asbest oder mit Wärmepaste weiter abgekühlt. Zieht sich das Blech von selbst genug zusammen, dann ist das Kühlen mit Wasser nicht einmal notwendig. Anschließend wird der Krater mit einem etwas flacheren Vorhaltblock und dem Hammer flachgeklopft.

Jetzt ist bereits mehr als die Hälfte der Beule durch Schrumpfen und Stauchen abgeflacht und beseitigt.
Es bleibt noch die Ringbeule, die ebenfalls verschwinden muß. Wir beseitigen sie auf gleiche Weise mit nebeneinander in einem Kreis liegenden und aneinander anschließenden Schrumpfpunkten, bis alle Unebenheiten völlig verschwunden sind, wie in den Abb. 3.3d und 3.3e angedeutet.

Durch fleißiges Üben läßt sich diese Methode leicht erlernen, sofern man die folgenden Regeln berücksichtigt:
1. Nicht übertreiben mit der Anzahl der Schrumpfpunkte;
2. Stellen, die noch rotglühend sind, niemals mit Wasser kühlen;
3. Die Schrumpfstellen niemals zu groß wählen;
4. Gründlich vorbereiten;
5. Schnell, aber dennoch ruhig arbeiten;
6. Systematisch Stelle um Stelle bearbeiten;
7. Jede Schrumpfstelle genug »ausleben« und abkühlen lassen.

3.8 ZUSAMMENGEFÜGTE TEILE

Jede Karosserie ist aus Einzelteilen zusammengefügt. Die Verbindung erfolgt durch Punktschweißen, Schweißen und Schrauben. Zwischen die Verbindungen kommen Kunststoff- oder Gummibänder, die ein Rappeln, Knirschen und Quietschen verhindern sollen.
Bei der Neuanfertigung von Teilen stellen wir fest, daß der Karosseriebauer auch Formen, die er nur schwerlich aus einem einzelnen Blech herstellen könnte, zusammenschweißt. Die Unterteilung erfolgt, indem die Treibtiefen der Hohlformen untersucht werden. Diese müssen durch das Zusammenschweißen vermindert werden können. Zur Verdeutlichung betrachten wir eine Halbkugel mit der Treibtiefe $D1$ und der Länge $L1$ (Abb. 3.4). Fertigen wir diese Halbkugel aus zwei aneinandergeschweißten Teilen, dann zeigt sich, daß:
$L_2 < L_1$ und $D_2 < D_1$ und demzufolge auch $\frac{L_2}{D_2} < \frac{L_1}{D_1}$

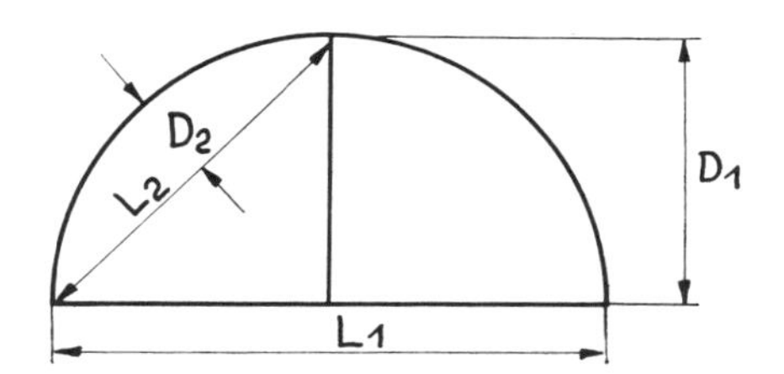

Abb. 3.4: **Halbkugel**

Das Zusammenschweißen ist vorteilhafter als tieferes Treiben.
Um nun eine vollständige Kugel herzustellen, konstruieren wir zunächst einen kugelförmigen Rahmen. Um diesen herum können wir das Blech anbringen, das aus vier oder acht gleichen Kugelabschnitten besteht. Anschließend werden die Teile zusammengeschweißt.
Aus diesem einfachen Beispiel können wir folgendes ableiten:

1. Das Aufteilen bietet Lösungsmöglichkeiten in Fällen, in denen man mit anderen Mitteln nicht zum Ziel käme.
2. Das Zusammenschweißen ist in vielen Fällen wirtschaftlicher und besser, als ein zu tiefes Treiben.
3. Der Karosseriebauer benutzt sein Schweißgerät wohl ebenso häufig, wie der Schneider seine Nähmaschine.

3.9 DIE EINTEILUNG

Wie und wo müssen wir eine Unterteilung vornehmen?

1. Wenn die Teile überall gleichermaßen rund sind, machen wir eine symmetrische Aufteilung.
2. Unterscheiden sich die Krümmungshalbmesser der Teile, dann machen wir die Unterteilung an den Berührungspunkten ineinander übergehender Kurven, wie in der Abb. 3.5 oben angedeutet.
3. Ein Dachspant teilt man am besten so ein, wie in der Abb. 3.5 unten gezeigt.

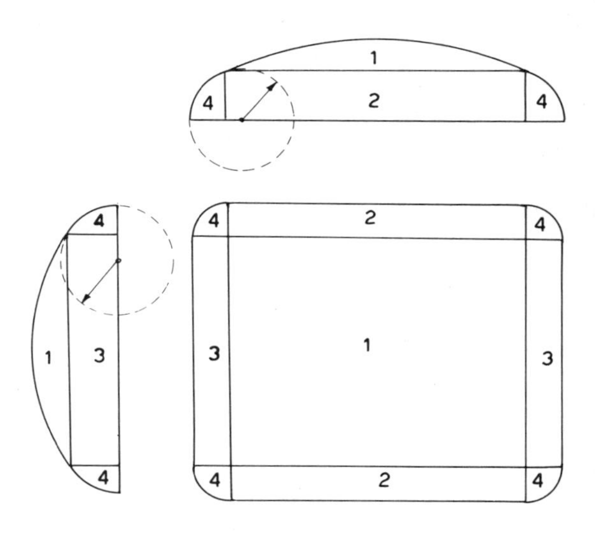

Abb. 3.5: **Aufteilung der Kugelformen**

3.10 DIE HILFSMITTEL BEIM FORMEN

Das Blech wird beim Formen über einem Rahmen angebracht, auch wenn dieser Rahmen später nicht als Verstärkung in der Karosserie zurückbleibt. Fertigt man sich vorher Schablonen an, dann erweisen diese sich bei der Herstellung neuer Teile als wertvolle Hilfsmittel zur Maßarbeit. Bei einer Reparatur kann man sich immer nach dem symmetrisch gleichen Teil auf der anderen Seite des Fahrzeuges oder nach gleichen Modellen richten.
Ein weiteres Hilfsmittel besteht im Überziehen mit Papier oder Papierstreifen. Auf diese Weise kann der Karosseriebauer annähernd die Abmessungen und auch die Form des Blechs bestimmen. Natürlich bedarf es zu dieser Arbeit einiger Erfahrung. Papier läßt sich nicht dehnen. Dadurch werden die Rundformen beim Papier zur Faltenbildung führen, und es läßt sich bereits vorher erkennen, wo das Blech gestaucht, also gekürzt, werden muß.
Eine weitere Methode, Falten im Papier zu beseitigen, besteht darin, das Papier in parallele, gerade oder gebogene Streifen zu zerschneiden. Wollen wir zu den notwendigen Erkenntnissen kommen, dann müssen wir eigentlich zwei Modelle bekleben. Beim ersten Mal bringen wir die Streifen der Länge nach an, beim zweiten Mal quer. Wir müssen verschiedene Richtungen wählen, und zwar aus dem einfachen Grund, weil es unmöglich ist, in ein und derselben Richtung zu dehnen, zu strecken und zu stauchen. Wir können nun sehen, daß die Papierstreifen beim Aufkleben an den Stellen, an denen das Blech gestaucht werden muß, näher aneinanderrücken; dort, wo das Blech gestreckt werden muß, werden sie auseinandergehen. Durch Vergleich der Zwischenräume der senkrechten und waagerechten Papierstreifen lassen sich interessante Folgerungen ableiten, und zwar:

1. Von einer Formgebung, die ausschließlich durch Dehnen des Blechs beim Treiben erfolgt, ist abzuraten, weil das Blech diese meist übermäßige Dehnung nicht verträgt und zu dünn wird. Denken wir nur an das, was im Voraufgegangenen über die tiefe Kugelform gesagt wurde. Diese wird immer durch Treiben in einem Treibblock geformt, wobei die Mitte gedehnt wird, während die Ränder gestaucht werden.
2. Das Strecken oder Stauchen eines Blechs erfolgt niemals in nur einer Richtung. Deshalb sind Folgerungen hinsichtlich der Formgebung immer so zu formulieren, daß man von verschiedenen Richtungen ausgeht, z. B. von senkrechten und waagerechten Papierstreifen, erforderlichenfalls auch noch von anderen Richtungen.
3. Eine tiefe Form wird immer durch eine Kombination von Dehnen und Stauchen hergestellt, damit übermäßiges Dehnen vermieden wird.
4. Schließlich brauchen wir eine ganze Menge Erfahrung um zu wissen, wieviel Dehnung oder Stauchen ein Blech verträgt.

Wann und weshalb wenden wir Folgendes an: Wärmebehandlung, Ansetzen von Schrumpfpunkten, Schrumpfen durch Wasserkühlung oder Aufteilung der Form?

Zur Erläuterung wollen wir zwei Fälle ausführlicher beschreiben. Zugleich nutzen wir die Gelegenheit, auf die Knieform zurückzukommen.
Die Abb. 3.6 zeigt den Eckanschluß eines Daches in Perspektive und Projektion. Wie wir sehen, enthält dieses Eckstück drei Kurven.
Die Formgebung erfolgt, wie bei der Herstellung einer tiefen Kugelform, durch Dehnen und Stauchen im Treibblock. Mittels einer Papierschablone bestimmen wir annähernd die Größe und die Form des Blechs. Dieses flache Blech wird ungefähr die Form haben, wie sie in der Abb. 3.7 wiedergegeben ist. Vor allem darf sie nicht zu klein sein, aber man sollte auch berücksichtigen, daß das Blech sich später noch dehnen wird. Wir arbeiten von der Ecke H aus, aber treiben dennoch von der Mitte aus auf die Ränder zu, und zwar so, daß der rundeste Teil auch am stärksten gedehnt wird. Vorsicht vor übermäßigem Dehnen, denn es ist viel schwieriger, ein Zuviel an Dehnung zu beheben, als umgekehrt.

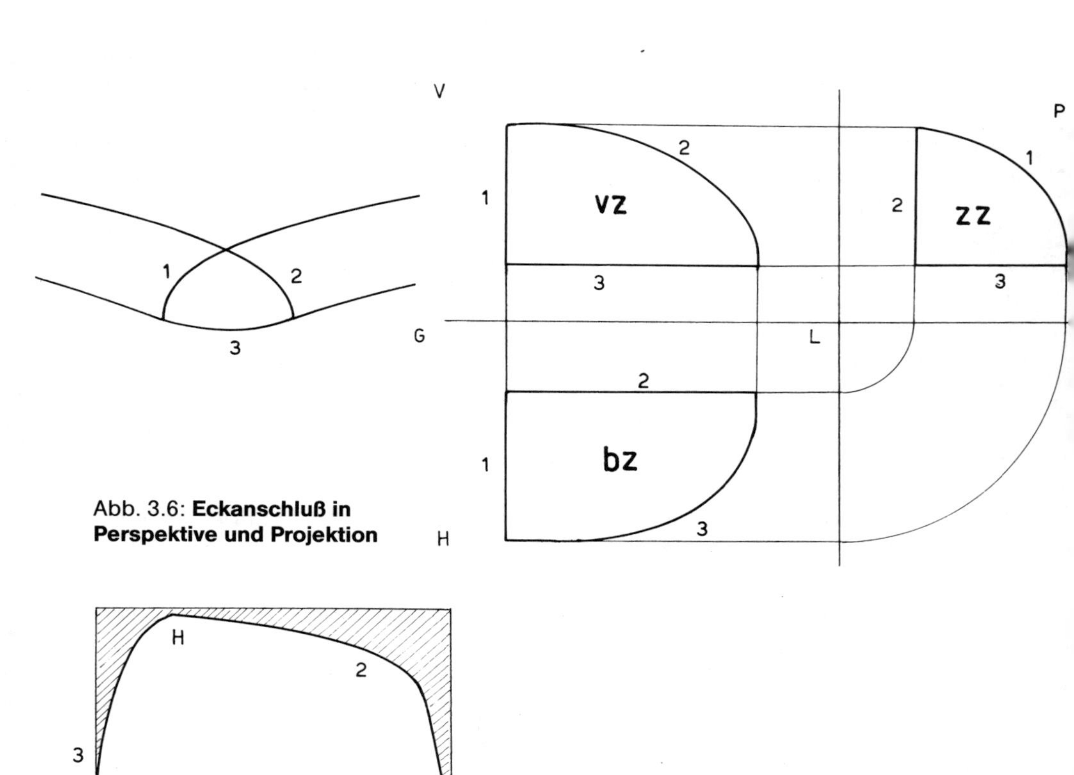

Abb. 3.6: **Eckanschluß in Perspektive und Projektion**

Abb. 3.7:
Größe und Form des Blechs für Abb. 3.6

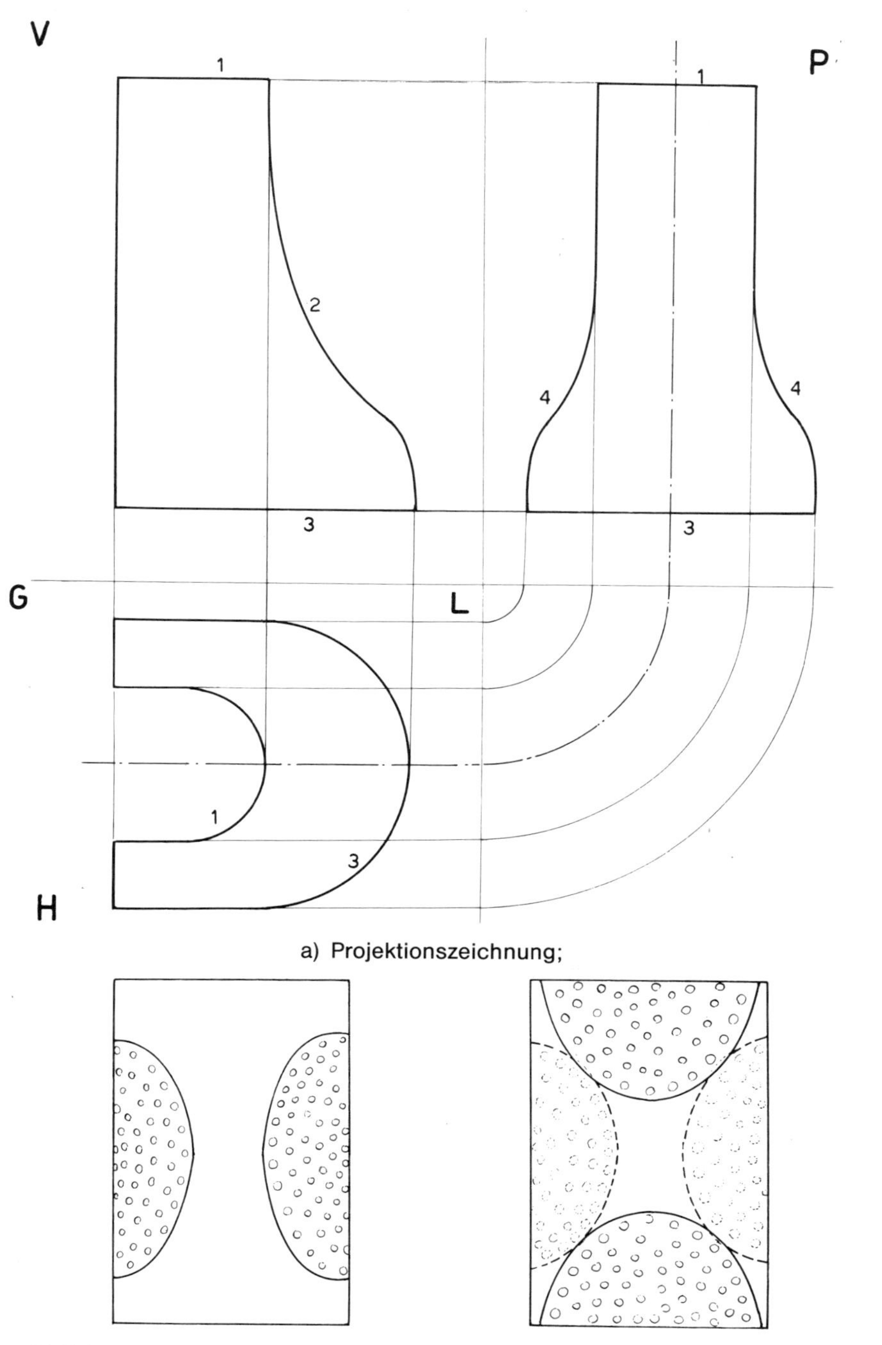

a) Projektionszeichnung;

b) linke und rechte Seite kreisförmig treiben;

c) nach Wenden des Blechs werden Ober- und Unterseite kreisförmig getrieben

Abb. 3.8: **Offene Knieform**

Als zweites Beispiel betrachten wir die Abb. 3.8a, b und c, in der die offene Knieform dargestellt wird. Die Form besteht aus vier Kurven, von denen 2 und 4 ineinander übergehen. Wenn wir auf dieser Knieform gerade Papierstreifen in senkrechter und waagerechter Richtung kleben, dann stellen wir fest, daß das Blech in der Mitte an den Hohlkurven gestaucht werden muß, während es an der runden Seite gedehnt wird. Die Formgebung erfolgt hier also in ungefähr entgegengesetzter Weise, wie beim Eckstück für das Dach.
Wir beginnen hier mit der Bearbeitung eines rechteckigen Blechs. Zuerst wird die linke und die rechte Seite kreisförmig getrieben, wie aus Abb. 3.8b ersichtlich. *Danach wird das Blech umgedreht!* Anschließend treiben wir die Oberseiten kreisförmig, wie in der Abb. 3.8c wiedergegeben. Erst danach beginnen wir damit, die Form nachzuarbeiten und zu stauchen.
Beim Treiben sorgen wir dafür, daß an der Außenseite eine sehr starke Dehnung erfolgt. Das Stauchen des Mittelteils erfolgt durch Schrumpfpunkte und systematisches Nacharbeiten auf einem Einsteckeisen mit dem Flachhammer.
Um dieses letztere noch zu verdeutlichen, stellen wir die Frage: was würde geschehen, wenn wir *gerade in der Mitte* (siehe Punkt M) dieser Knieform einen Schrumpfpunkt anlegen müßten, wie in der Abb. 3.9 angedeutet? Die Antwort ist eine zweifache:
a) in der Querrichtung würde die Form sich öffnen;
b) in Längsrichtung würde die Form sich zusammenziehen.

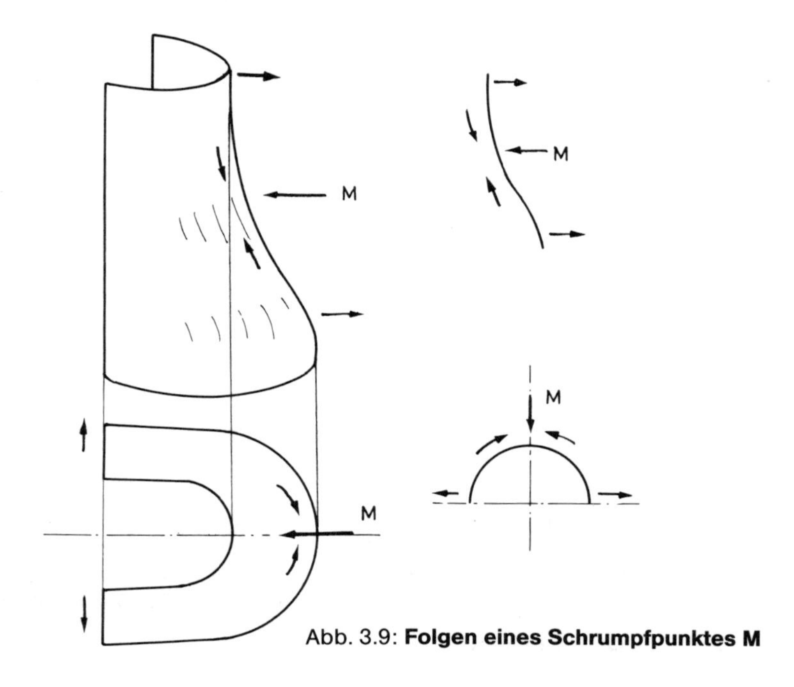

Abb. 3.9: **Folgen eines Schrumpfpunktes M**

3.11 ZUSAMMENFASSUNG

1. Eine Rundform oder ein Eckstück treiben wir in der Mitte, also in der Mitte dehnen und an den Rändern stauchen. Wir arbeiten von innen nach außen, zuerst formen und danach glätten.
2. Bei der Knieform arbeiten wir von außen nach innen. Die erforderlichen Schrumpfpunkte legen wir nach dem Treiben, Strecken, Dehnen, Stauchen und Glätten.
3. Beim Treiben müssen wir darauf achten, daß das Werkstück nicht durch unsachgemäße Schläge verformt wird.
4. Die Stellen des Blechs, die gestaucht werden müssen, dürfen niemals gehämmert werden. Jeder tragende Schlag würde das Blech dehnen und das ist hier unerwünscht!
5. Beim Glätten wird sich die Dachecke oder die Rundform wenig oder gar nicht mehr verformen.
6. Beim Glätten der Knieform muß der Flachhammer dagegen wohl eine Verformung zustandebringen. Deshalb machen wir die Rundungen beim Formen ein bißchen stärker; beim Glätten werden die Kurven wieder etwas flacher werden.
7. Nicht zuviel dehnen! Späteres Stauchen ist viel schwieriger als Nachdehnen.

4 Ausbeulen, Richten und Instandsetzen

4.1 PRINZIPIEN

Das Richten und Ausführen von Reparaturen an einer stark beschädigten Karosserie oder an Karosserieteilen ist gerechtfertigt, wenn:
1.der Instandsetzungsbetrieb über eine geeignete Meß-Richtbank verfügt und die Meß-Richtbank auch mit Datenblättern mit den Original-Fabrikmaßen versehen ist.
2.die Kosten der Reparatur nicht höher sind als die des Austauschs gegen neue Ersatzteile.
3.Die gleiche Regel gilt auch für etwas ältere Fahrzeuge. Die Reparaturkosten dürfen den Zeitwert des Automobils nicht übersteigen. Man kann sich jedoch ohne weiteres guter gebrauchter Ersatzteile bedienen.
Wenn das Automobil jüngeren Datums ist, kann man in Erwägung ziehen, eine komplette Karosserie oder komplette Karosserieteile auszutauschen.
Eine beschädigte Karosserie ist nur dann einwandfrei instandgesetzt, wenn sie nach der Reparatur den gleichen Maßstäben entspricht wie vorher, und zwar Maßstäben im Hinblick auf Original-Fabrikmaße, Formgebung, Toleranzen, Passung, Raum zwischen den verschiedenen Nähten, Lackfarbe und gleiches Lacksystem.

Anmerkung
Verschiedene Reparaturunternehmen, die über Meß-Richtbänke verfügen, sind der Focwa oder der Bovag angeschlossen.
Sie können eine Bescheinigung über die ordnungsgemäße Reparatur ausstellen, wodurch gleichzeitig die Garantiebedingungen gesichert sind.
Im Hinblick auf das Messen und Richten siehe auch Kapitel 6.

4.2 FARBSCHICHT NICHT BESCHÄDIGEN

Auch wenn die Einbeulung noch so geringfügig ist, kommt man nicht darum herum, das Teil zu spritzen. Durch die Einbeulung können bereits kleine Haarrisse

entstanden sein, die für das bloße Auge nicht erkennbar sind, und dadurch kommt es dann später zur Rostbildung.
Um sich ein gutes Bild von dem auszubeulenden Teil zu machen, muß man zunächst das Karosserieteil etwas ausbeulen und gut säubern, denn im Glanz des Lacks sind Unebenheiten am besten zu sehen.
Man muß auch dafür sorgen, daß man einen seitlichen Lichteinfall auf das zu bearbeitende Objekt erhält.
Weiter ist es wichtig, zum Beispiel bei Kotflügeln die Innenseite von losen Tectyl-/Bitac-Resten zu befreien, und wenn die Außenseite des auszubeulenden Teils aufgrund eines früheren Schadens mit einer dicken Spachtelschicht versehen ist, muß auch diese zunächst entfernt werden.
Man kann erst ein einwandfreies Blechteil erhalten, wenn man mit möglichst sauberem Blech arbeitet.
Wir verwenden einen passenden Vorhaltblock aus Hartholz, Blei oder Stahl, je nach den Umständen.
Beim Ausbeulen von Aluminium verwenden wir den Vorhaltblock aus Hartholz oder Blei und für das Ausklopfen der Beule nach außen wird auch noch ein mit Sand gefülltes Ledersäckchen verwendet, um eine Dehnung zu vermeiden.
Für das Ausbeulen von Karosserieteilen aus Stahlblech bedient man sich im allgemeinen eines Vorhaltblocks aus Stahl.
Um die Beule auf die Außenseite zu bringen, hämmern wir mit dem Vorhaltblock oder Hammer von innen.
Zum Formen/Glätten oder zum Strecken arbeiten wir an der Außenseite.
Auch die Wahl des zu verwendenden Hammers ist wichtig: Holz, Gummi, Kunststoff oder Stahl.
Beim Ausbeulen von Karosserieteilen aus Stahlblech verwendet man zumeist Stahlhämmer und bei Karosserieteilen aus Aluminium einen Hammer aus Holz, Gummi oder Kunststoff.
Weitere Hilfsmittel (Handwerkzeuge) sind die Richtlöffel, die allerdings mit Vorsicht zu benutzen sind, um eine Dehnung des Blechs zu verhindern, jedenfalls bei Karosserieteilen aus Aluminium.

Anmerkung
Beim Ausbeulen/Modellieren u.a. von Türen, Kofferraumdeckeln, Heckklappen, Heckklappen, Heckflächen und Dachblechen kommt es häufig vor, daß diese mit Antidröhnplatten oder einer Filzauskleidung versehen sind. Diese müssen an den Stellen, wo ausgebeult werden soll, zunächst entfernt werden. Nach dem Ausbeulen/ Modellieren sind diese Teile wieder anzubringen.

4.3 GEDEHNTE FLÄCHEN

Wenn die Vertiefung nicht scharf ist und sich über eine relativ große Fläche verteilt, können wir das Ganze durch lokales Erwärmen und Schrumpfen wieder eben machen. Eine ausreichende Menge knetbaren, nassen Asbests oder ein wenig Wärmepaste sorgt sowohl für die erforderliche Kühlung als auch für eine Begrenzung der Erwärmung bis zum Schrumpfpunkt. Die Wärme wird also auf zweierlei Weise abgeleitet, nämlich durch Leiten und durch Verdampfen (siehe Abb. 4.1). Als erstes machen wir Löcher in den Asbest oder in die Paste, diese Löcher müssen groß genug sein, um die Flamme des Schweißbrenners durchzulassen.

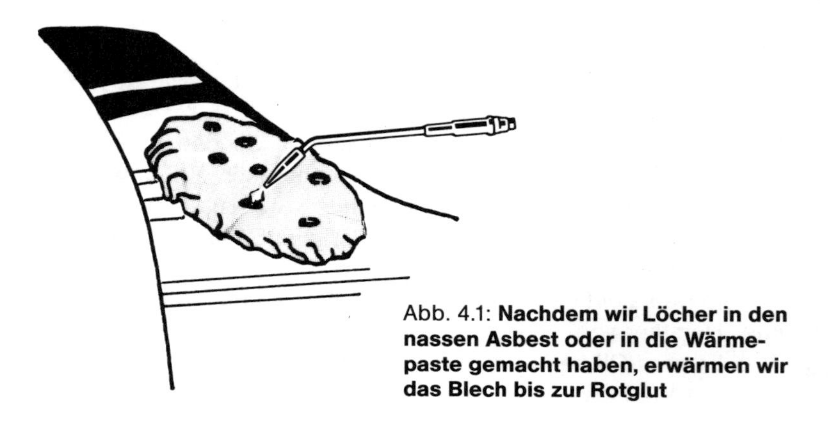

Abb. 4.1: **Nachdem wir Löcher in den nassen Asbest oder in die Wärmepaste gemacht haben, erwärmen wir das Blech bis zur Rotglut**

Systematisch und überlegt erwärmen wir nunmehr die sichtbaren Kreisflächen des Blechs, bis diese rotglühend sind, und danach lassen wir das Blech durch Abkühlen schrumpfen. Das läßt sich ein wenig beschleunigen, indem man die Paste während der Schrumpfperiode mit dem Daumen andrückt, so daß alle Luft herausgepreßt wird. Man arbeitet dabei konzentrisch von außen nach innen.
Das Schrumpfen von Blechoberflächen kann auch mittels Kohlestiften erfolgen, die mit einem Trafo verbunden sind.
Es gibt auch CO_2Schweißgeräte, wie z.B. EUROMIG 200 COMBI, die spezielle Möglichkeiten bieten, wie:

1. Schrumpfen mittels eines Schrumpfhammers und eines Kohlestabs, um kleine Beulen oder Wellen im Blech zu beseitigen.
2. Verschweißen des Blechs mit Stiften oder Ringen, um die Beule mit Hilfe des Stifts oder Rings an den Stellen herauszuziehen, an die wir von der Rückseite aus nicht herankommen.

4.4 AUSBEULEN VON KOTFLÜGELN

Falls die Beschädigung erheblich ist oder der für das Ausbeulen erforderliche Stundenaufwand größer ist als der Einbau neuer Teile, empfiehlt es sich, den Kotflügel durch einen neuen zu ersetzen, jedenfalls wenn das möglich ist.
Bei verschweißten Kotflügeln kann man weitere Stunden für das Ausbeulen hinzurechnen, denn beim Austausch eines verschweißten Kotflügels kommen die Stunden für das Schweißen hinzu und häufig sind für geschweißte Kotflügel mehr Spritzarbeiten erforderlich.
Für das Ausbeulen gelten grundsätzlich eine Reihe von Bedingungen. Die Formgebung muß damit beginnen, daß man die "Fluchtlinie" wiederherstellt, und dies muß möglichst genau geschehen.
Dabei sind folgende Punkte zu beachten:

1. Das Anschlußblech zur Motorhaube muß dieselbe Wölbung haben, wie der anliegende Rand.
2. Der Teil des Kotflügels, der an den senkrechten Teilen verschraubt oder verschweißt ist, muß die gleiche Wölbung haben, wie die Tür.
3. Die Vorderseite des Kotflügels muß genau an den Blechen der Karosserievorderseite anliegen.
4. Die Öffnung für den Scheinwerfer muß so genau passend sein, daß der Scheinwerfer sich ohne weiteres einstellen läßt.
5. Der Außenrand der Radöffnung ist im allgemeinen gebördelt; dadurch sieht der Kotflügel einerseits besser aus, aber andererseits wird er dadurch vor allem auch verstärkt. Falls diese Versteifung eingebeult ist, müssen wir sie mit der größten Sorgfalt wieder in die ursprüngliche Form bringen, denn nach der Reparatur wird man gerade an dieser Stelle auch die geringste Verformung erkennen können.
   Markengebundene Karosserie-Reparaturbetriebe haben es oft mit den gleichen Modellen zu tun. Für sie wird sich die Anfertigung von Schablonen gewiß lohnen.

Vor allem trifft das für Kotflügel zu, zu denen die Motorhaube passen muß. Diese müssen einfach perfekt sein, andernfalls hat man später große Schwierigkeiten beim Einsetzen und Montieren der Motorhaube.
Wenn die vorbeschriebenen fünf Punkte sorgfältig berücksichtigt wurden, können wir mit dem Vorplanieren beginnen. Zweck dessen ist es, das Blech zu entspannen und in groben Zügen auf das endgültige Glätten mit Hilfe von Schrumpfpunkten vorzubereiten. Das Legen von Schrumpfpunkten wird wegen der Dehnung des Blechs unvermeidlich sein. Der Aufprall beim Unfall und das Vorplanieren werden im Blech zweifellos große Spannungen verursacht haben.
Ferner müssen wir darauf bedacht sein, daß doppelte Falze bei der Reparatur nicht plattgeschlagen werden dürfen (siehe Abb. 4.2). Schlagen wir Falze glatt, dann wird das Blech verkürzt und kann niemals mehr glatt gemacht werden. An dieser Stelle wird das Blech nämlich doppelt so dick sein. Wir können das, was

Abb. 4.2: **Doppelfalz**

zuviel ist, in diesem Fall zwar immer noch abfeilen, natürlich nach dem Aufschweißen, aber dann wird auch der Widerstand wieder stark zurückgehen. Vergessen Sie nicht, daß das Blech in den meisten Fällen nur 0,7 bis 0,9 mm dick ist.

4.5 SCHLICHTEN UND SETZEN VON SCHRUMPFPUNKTEN

Nach der Formgebung beginnt das Schlichten, bei dem kleine Unebenheiten, Beulen und Dellen (Abb. 4.3) mit Vorhaltblock und Holzhammer beseitigt werden. Es ist notwendig, das Blech sowohl auf der Innenseite als auch auf der Außenseite zu schlichten, auch wenn die Arbeit nicht von Hand durchgeführt werden kann.

Abb. 4.3: **Schlichten mit dem Holzhammer**

Bei der Arbeit auf der Innenseite spricht man von »Ausschlichten«, während man die Außenseite »abschlichtet«. Würde man nur abschlichten, dann würde die Platte des Kotflügels dazu neigen, nach außen zu kommen (siehe Abb. 4.4). Wir sehen in dieser Abbildung:

a) einen Kotflügel, nur an der Außenseite in der Rundung abgeschlichtet;
b) das Entgegengesetzte, nur innen ausgeschlichtet;
c) auf beiden Seiten richtig geschlichtet.

Sollte es an bestimmten Stellen erforderlich sein, so kann man immer noch Schrumpfpunkte ansetzen. Streicht man mit der flachen Hand über das Blech, dann entdeckt man leicht die Stellen, an denen zuviel Dehnung ist; die Wölbung

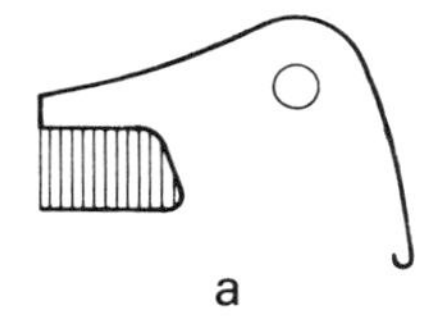

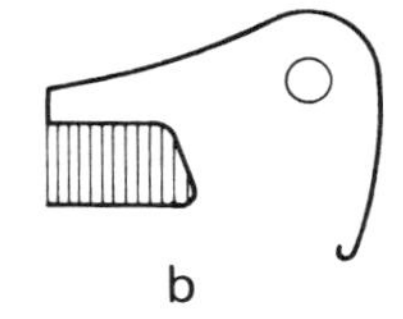

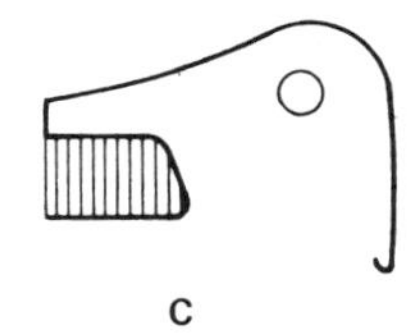

Abb. 4.4: **Neigungen eines Kotflügels beim Schlichten**

ist dort stärker und runder. Zu diesem Abtasten sollte man immer die Hand verwenden, die am empfindlichsten ist, also die, die nicht den Hammer führt. Ein Baumwollhandschuh erweist hierbei gute Dienste; er ist weich und gleitet leicht. Wollen wir uns davon überzeugen, ob das Blech wirklich eben ist, dann drücken wir kräftig mit dem Daumen darauf. Zuweilen hört man dann ein »Klick-klack«, wie es der Deckel einer Konservendose machen kann. Entdeckt man so eine Stelle, dann muß in deren Mitte ein Schrumpfpunkt angesetzt werden. Das Schrumpfen durch die Abkühlung dieses Punktes wirkt wie ein Saugnapf.
Bei Teilen, die stärker gerundet sind, ist es natürlich nicht möglich, das Blech mit dem Daumen einzudrücken, aber an solchen Stellen können wir die Dehnung auch so leicht erkennen.
Mit dem Flammenkegel des Schweißbrenners bringen wir schnell eine Fläche von etwa 3 cm^2 zum Rotglühen. Dann schlagen wir mit dem Holzhammer kräftig um den Schrumpfpunkt herum konzentrisch auf die Mitte zu. Auf der Innenseite stützen wir das Blech durch einen Vorhaltblock, der die gleiche Form hat, wie das Blech. Mit ein paar Schlägen auf den Glühpunkt beenden wir die Arbeit. Anschließend lassen wir das Blech schrumpfen und ziehen, bis es abgekühlt ist. Falls erforderlich, setzen wir die Arbeit nahe der ersten Stelle fort.
Das Setzen von Schrumpfpunkten, das früher zumeist mit dem Schweißbrenner erfolgte, wird jetzt mit einem Kohlestift, der mit einem Trafo verbunden ist, oder mit dem damit ausgerüsteten CO_2Schweißgerät ausgeführt.
Beides wurde bereits im Abschnitt 4.2 besprochen.
Eine einzige Schrumpfstelle ist im allgemeinen nicht ausreichend, selbst bei einer geringfügigen Unebenheit. Mehr als zwei oder drei Schrumpfpunkte sollte man hier aber im allgemeinen nicht ansetzen. Nach dem Abkühlen schlichten wir die Stelle mit einem flachen, stählernen Schlichthammer.
Wenn wir so vorgehen, können wir die Reaktionen des Blechs viel leichter verfolgen, als z. B. beim Ansetzen von acht oder zehn Schrumpfpunkten gleichzeitig, was aber dann wieder nicht ausschließt, daß wir in Fällen, in denen wir im Blech vorhandene und unterstützende Spannungen berücksichtigen wollen, kombinierte Arbeitsmethoden anwenden.
Es versteht sich auch hier von selbst, daß die beschriebenen Arbeitsmethoden

viel leichter auf einem gerundeten Blech angewandt werden können, als auf einer flachen Blechtafel. Ehe der Anfänger sich an flache Bleche wagt, wird er sich in der Bearbeitung alter Kotflügel üben müssen. Erst wenn er diese Arbeit einwandfrei ausführen kann, wird man ihm die Reparatur von Türflächen anvertrauen.
Manche Bleche eignen sich nicht so gut zur Bearbeitung mit Schrumpfpunkten; man spürt, daß sie weniger gut ziehen. In diesem Fall wenden wir die Kühlung mit Schwamm und Wasser an, oder wir nehmen nassen, knetbaren Asbest, der kräftig angedrückt wird. Wir können auch eine spezielle Wärmepaste verwenden. Nach dem Glätten mit dem Holzhammer kühlen wir den Schrumpfpunkt plötzlich ab, was ein starkes Schrumpfen zur Folge haben wird. Dieser Prozeß ist natürlich nicht in allen Fällen empfehlenswert. Nur mit gründlicher Erfahrung wird man entscheiden können, ob trocken oder naß und mit nassem Asbest oder mit Schwamm und Wasser gearbeitet werden muß.
Eine weitere, seltener angewandte, Methode, das Blech anzudrücken und zu treiben, ist die Verwendung eines Gegenhalters aus Blei, den man selbst leicht in einer Form aus Stahlblech (80 x 120 x 20 mm) gießen kann. Nachdem das Blei aus der Form herausgenommen wurde, geben wir ihm die Form der gewünschten Wölbung. Die Verwendung eines solchen Gegenhalters führt zu bemerkenswerten Resultaten. Dieses unentbehrliche Werkzeug kann beim Planieren von Türen, Dächern, flachen Teilen usw. gute Dienste leisten.
Während des Planierens kann man die Zierleisten, Rippen und Bördel, die auf dem instandzusetzenden Werkstück vorkommen, sinnvoll nutzen. Es ist möglich, eine leichte Rundung in einem Kotflügel mit Blechverstärkung, wie bei manchen Modellen üblich, zu entfernen (Abb. 4.5).

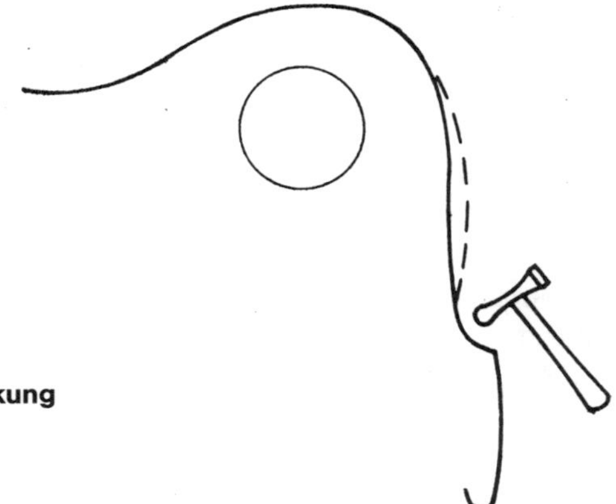

Abb. 4.5: **Gegenläufige Blechverstärkung**

Wenn die Beule nicht zu hoch ist, kann es gelingen, diese wegzudrücken, indem man das Blech dorthin treibt oder zieht; dieselbe Methode wendet man ebenfalls mit Erfolg am Radkasten an.

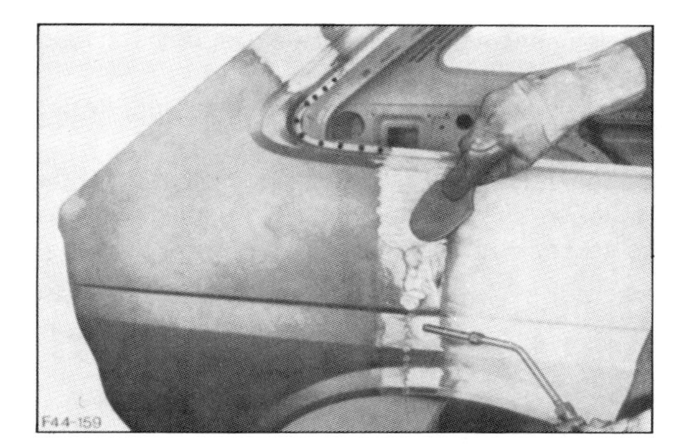

Abb. 4.6: **Verzinnen von Verbindungsnähten**

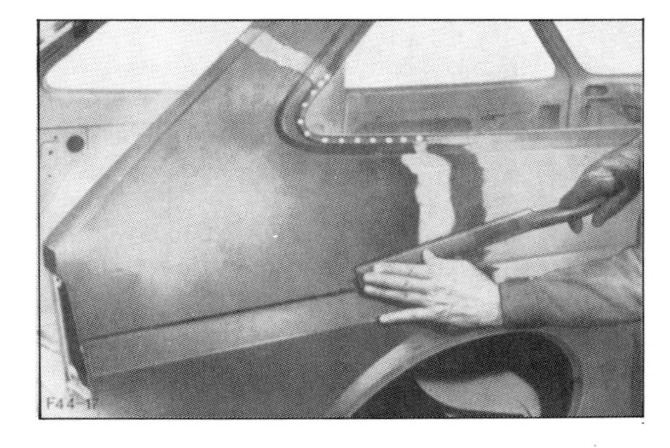

Abb. 4.7: **Verzinnte Nahtstellen werden bearbeitet**

Die Öffnungen für die Scheinwerfer müssen ebenfalls zu einer einwandfreien Form nachgearbeitet werden. Während des Ausbeulens muß mehrfach probiert werden, ob der Umriß des Scheinwerfers genau paßt.
Die Nähte müssen mit Zinnlot bearbeitet werden (Abb. 4.6). Das ist notwendig, um eine glatte Fläche zu erhalten.
Das Verzinnen darf nicht übertrieben werden. Lötzinn oder Spachtel sind nicht dazu da, Fehler in der Bearbeitung zu vertuschen. Bei alten Fahrzeugen geschieht das allerdings oft, um die Kosten niedrig zu halten.
Nach dem Ausbeulen muß der Kotflügel sorgfältig geschliffen werden.
Vor allem bei den alten Luxusmodellen und in geringerem Umfang beim Karosseriebau wurden bei der Überlappung zwischen den einzelnen Karosserieteilen die Nähte mit Schmierzinn bearbeitet.
Auch bei Teilreparaturen, siehe Abbildung 4.6, wo ein Teil des rechten hinteren Kotflügels ausgetauscht wurde, wird die durchgehende CO_2 Schweißnaht mit Schmierzinn bearbeitet.
Die Schmierzinnbearbeitung erfolgt mit einer flachen Feile, siehe Abbildung 4.7,

und nicht zum Beispiel mit einer Schleifmaschine mit Flachfeile. Dadurch hat man einen besseren Überblick über die Geradheit der Zinnaht.
Außerdem muß Schmierzinn allein verwendet werden, um Schweißnähte gut bearbeiten zu können.
Sowohl für Schmierzinn als auch Spachtelmasse gilt, daß diese nicht dazu da sind, um tiefe Beulen auszufüllen, sondern die Beulen müssen ausgeklopft werden. Zeigen Sie, daß Sie Blechschlosser und Fachmann sind.

4.6 EINBEULUNGEN

Das Planieren und Ebnen konkav geformter Karosserieteile gehört zu den schwierigsten Arbeiten der Karosseriereparatur. Wir denken hier vor allem an die nur wenig nach innen gebogenen Teile durchlaufender Kotflügel, wie sie es bei manchen Automodellen gibt. Die Kotflügel bestehen fast immer aus nur einem einzigen Blech, das sich bis zur Motorhaube erstreckt.
Die nach innen gebogenen Teile haben meist nur eine geringe Wölbung (in der Abb. 4.8 ist die Darstellung zur Verdeutlichung ein wenig übertrieben gezeichnet). Früher machte man häufig eine Abgrenzung mit einer oben und in der Mitte des Kotflügels befindlichen Naht. Dies sei aber nur am Rande erwähnt, denn von einem wesentlichen Unterschied in der Reparatur ist kaum die Rede.
Wenden wir uns dem Fall zu, der in der Abb. 4.8 dargestellt ist.
Darin ist:

a) der normale Kotflügel;
b) der verformte Kotflügel;
c) die erste Bearbeitung: den nach innen gewölbten Teil vollständig glätten;
d) die zweite Bearbeitung: das Strecken des gewölbten Blechabschnitts, um dadurch die gewünschte Wölbung zu erhalten.

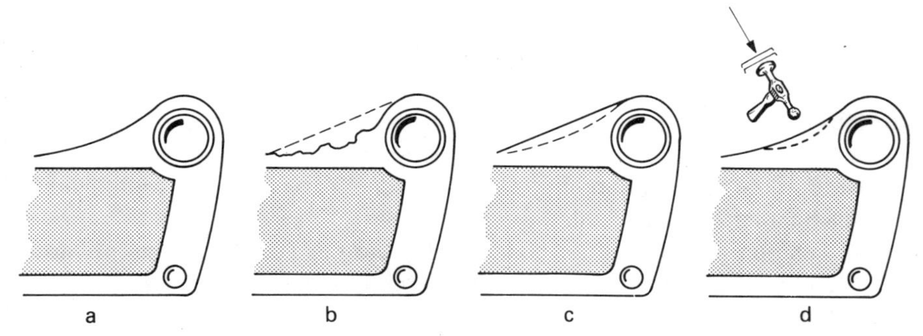

Abb. 4.8: **Bearbeitung nach innen gewölbter Karosserieteile**

Trotz der scheinbaren Widersprüchlichkeit wird diese Arbeitsmethode doch zum bestmöglichen Resultat führen. Es sei hier noch einmal wiederholt, daß diese Methode nicht leicht durchzuführen ist. Man sieht oft genug Fahrzeuge, deren nach innen gewölbte Karosserieteile zu tief oder nicht tief genug liegen; zuweilen hat man die gewünschte Konkavwölbung auch nur durch eine dicke Schicht aus Spachtel oder Polyester vorgetäuscht. Hiervor sei gewarnt.
Die Schwierigkeit, die richtige Innenwölbung eines Blechstücks zu realisieren, hat meist etwas mit dem Umstand zu tun, daß der Karosseriehandwerker oft gezwungen ist, mit den nach außen gerundeten Teilen seiner Handeisen oder Hämmer zu arbeiten. Wir wissen schließlich, daß schon der geringste Hammerschlag auf diese Weise zu einer erheblichen Dehnung des Blechs führt, weil es sich unter Spannung befindet. Diese Spannung wird durch die harte Verformung verursacht, der das Blech bereits in den Matrizen der Tiefziehpresse der Autofabrik ausgesetzt war. Es ist viel einfacher, wenn wir von einem flachen Teil ausgehen können, das wir durch leichtes Klopfen treiben können, wie in der Abb. 4.8d angedeutet. Während dieser Bearbeitung muß hin und wieder geprüft werden, ob man nicht schon zu tief getrieben hat, so daß ein »Sack« entsteht, der sich als erheblicher Schönheitsfehler erweisen könnte. Diese Arbeitsmethode ist nicht nur theoretisch richtig; sie ist auch das Ergebnis jahrelanger Erfahrungen und Experimente, sowie der Konsequenzen schlecht durchgeführter Reparaturen.

4.7 TÜREN

Die Flächen, die durch die Beschädigung oder den Zusammenstoß keiner nennenswerten Dehnung unterzogen wurden, lassen sich leicht wieder in den früheren Zustand versetzen, indem die steiferen oder verstärkten Teile wieder gerichtet werden, wobei die elastischen Teile sich im allgemeinen von selbst anpassen.
Die Abb. 4.9 zeigt ein Türblech mit einer Andeutung des elastischen Teils (1) und des steifen Teils (2). Wenn sich eine Beschädigung oder Verformung an den Teilen 1 und 2 ergibt, dann müssen wir den steifen Abschnitt bearbeiten, während wir auf den elastischen einen Druck ausüben. Auf diese Weise kommt es zu einer Wechselwirkung, indem beide Teile einander unterstützen werden, um schließlich die gewünschte Haltung zu bekommen.

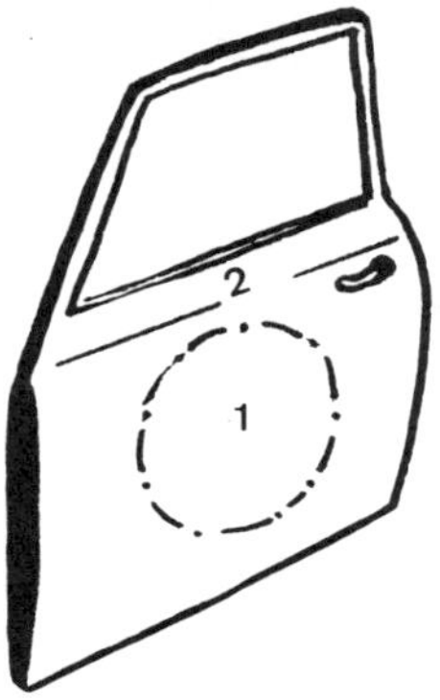

Abb. 4.9: **Türfläche**

Es ist daher auch verständlich, daß wir »einander stützende Teile« einer Karosserie möglichst wenigen Bearbeitungsprozeduren unterziehen werden. So gesehen, ist es logisch, daß ein steifer Teil im Blech immer einen großen Einfluß auf die ihn umgebenden elastischen Teile ausüben wird.

Bei der Serienfertigung wird das Blech immer in den gußeisernen Matrizen großer hydraulischer Pressen geformt. Das Blech wird in diesen Matrizen kaltgeformt. Es bekommt seine Form durch Drücken, Biegen, Ziehen, Stauchen und Treiben, wodurch es an vielen Stellen erheblich verhärtet. Das so geformte Werkstück behält seine Form anschließend bei, weil die flachen und leicht gebogenen Teile durch den Einfluß der steiferen Bestandteile unter Druck stehen.

Bei der Blechbearbeitung muß man sämtliche charakteristischen Eigenschaften des Blechs genau kennen, sowohl die des warmbearbeiteten und des kaltgeformten als auch des unbearbeiteten Blechs. Durch einen Zusammenstoß können an manchen Stellen übergroße Spannungen hervorgerufen werden. Dadurch kann sich auch die Notwendigkeit ergeben, daß unbeschädigte Teile oder Blechabschnitte ebenfalls einer Bearbeitung unterzogen werden müssen, damit das Ganze wieder gerade wird oder die abnormale Spannung aus der Karosserie beseitigt wird! Eine gute Reparaturtechnik und viel Erfahrung, verbunden mit einer geschulten Beobachtungsgabe, sind dabei die Trümpfe des geschulten Karosseriebauers.

Die Abb. 4.10 zeigt einen Kotflügel, der ohne übermäßige Dehnung eingebeult wurde.

A zeigt die unbeschädigte Form;

B zeigt die Einbeulung;

C zeigt, wie wir die ursprüngliche Form ohne nennenswerte Bearbeitungen wiederherstellen können.

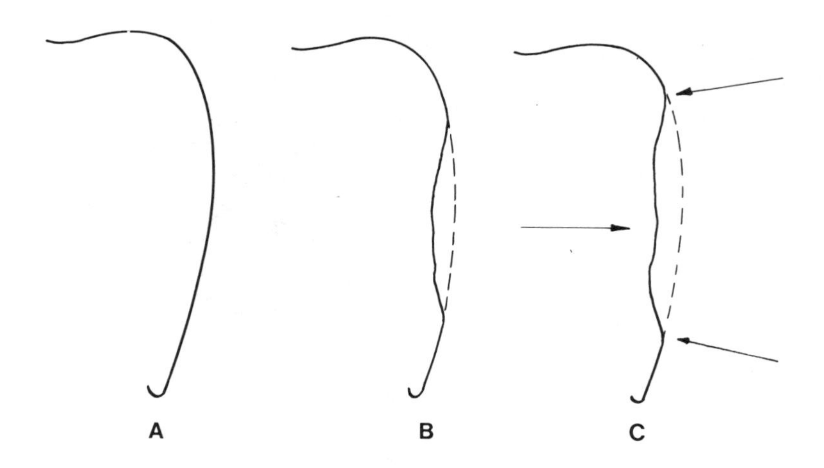

Abb. 4.10: **Eingebeulter Kotflügel**

Ein leichter Druck von innen nach außen genügt. Gleichzeitig benutzen wir im oberen Rundteil eine Planierlatte, auf die wir mit dem Hammer klopfen. Dadurch wird das Material verschoben, wodurch der Kotflügel wieder in die ursprüngliche Form zurückkehren und so bleiben wird.
Ganz anders verhält es sich aber bei einer stark gedehnten, stellenweisen Einbeulung (siehe Abb. 4.11). Hier müssen wir warm stauchen, zusammen mit weiteren Bearbeitungen der Umgebung.
Nachdem die Tür ausgebaut und die Verkleidung gelöst ist, entfernen wir mit einem Spachtel den schalldämpfenden Kitt, der auf der Innenseite angebracht ist, indem wir diesen mit der langen Flamme des Schweißbrenners mäßig erwärmen und zum Schmelzen bringen. Danach versuchen wir, die ursprüngliche Form mit Hilfe eines Holzhammers so gut wie möglich wiederherzustellen.
Wenn das Blech keine allzuscharfen Knicke hat, können wir auch versuchen, die Beule mit dem Fuß herauszudrücken.

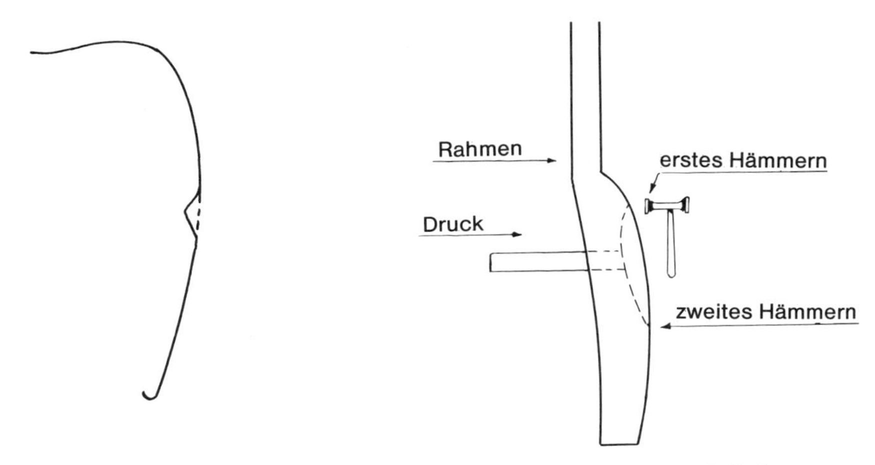

Abb. 4.11: **Beule, die eine starke, lokale Dehnung verursachte**

Abb. 4.12: **Methode zur Behebung einer starken Einbeulung**

Eine weitere Möglichkeit ist in der Abb. 4.12 gezeigt. Von innen her drücken wir mit einem Holzklotz, und gleichzeitig hämmern wir mit dem Polierhammer um die Beule herum. Es kann sein, daß das Blech auf diese Weise nach außen gedrückt wird und seine ursprüngliche Stellung wieder einnimmt. Die Arbeit wird dann mit dem Nachglätten der Falten beendet.
Eine leichte Beschädigung kann zuweilen, außer der betreffenden Stelle selbst, auch den umgebenden Blechabschnitt beeinflussen, und dies sogar mehr, als es auf den ersten Blick erscheint. Deshalb muß man auch die Umgebung der Beschädigung gründlich untersuchen. Nicht selten entdeckt man dabei kleine Falten oder Verformungen.

Eindringlich sei davor gewarnt, die Fläche einem schweren Hammerschlag auszusetzen, damit eine Dehnung vermieden wird, es sei denn, daß das Blech völlig faltig und runzlig aussieht.
Die Türbleche sind meist auf Rahmen punktgeschweißt. Wir müssen daher im allgemeinen relativ viele Schrumpfpunkte ansetzen, um die übermäßige Dehnung zu beheben. Da das Blech entlang der vier Seiten blockiert ist, kann es durch Hämmern nur in eine einzige Richtung getrieben werden (Abb. 4.13).

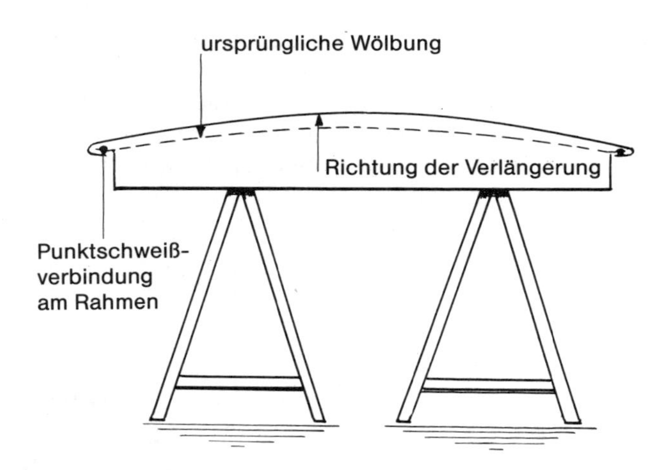

Abb. 4.13: **Das Blech kann beim Verlängern nur in einer Richtung wandern**

Bei einem heftigen Aufprall kann es geschehen, daß der Türrahmen zur Mitte hin verbogen wurde. In diesem Fall können wir mit Hilfe hydraulischer Werkzeuge »unter Spannung« ausbeulen; siehe Abb. 4.14. Darauf kommen wir noch zurück.

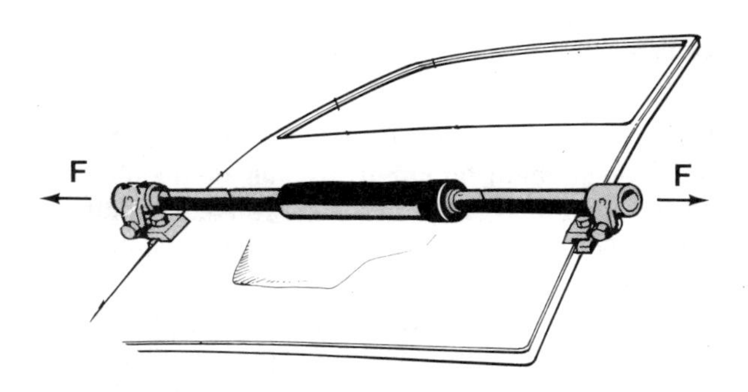

Abb. 4.14: **Ausbeulen unter Spannung**

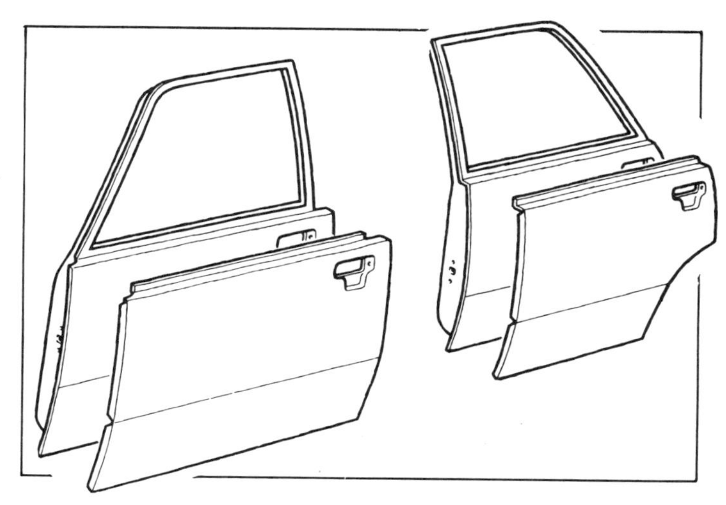

Abb. 4.15: **Tür mit auswechselbarem Blech**

Für verschiedene Automarken werden lose Türbleche geliefert. Bei großen Schäden an Türen hat man die Wahl zwischen zwei Möglichkeiten, und zwar einer kompletten Tür oder, wenn ein großer Preisunterschied besteht, einem losen Türblech, siehe Abbildung 4.15.
Das Türblech wird auf folgende Weise ausgetauscht.
Bauen Sie die Tür aus dem Fahrzeug aus und entfernen Sie alle Kleinteile. Legen Sie die Tür mit der Außenseite auf eine Werkbank oder auf Stützböcke, siehe Abbildung 4.13. Es empfiehlt sich allerdings, eine feuersichere Decke zwischen Tür und Werkbank oder Stützbock zu legen, um jede Beschädigung zu vermeiden.
Schleifen Sie den Türenrand rundherum mit einer Schruppscheibe ab und sägen Sie die Verbindung zwischen Türblech und Fensterpfosten durch. Das Blech kann jetzt herausgenommen werden.
Das Innenteil bzw. den Falzrand des Türblechs, der durch Punktschweißung am Rahmen befestigt ist, können wir mit einer Blechzange abziehen und wenn er zu fest sitzt, sind die Punktschweißungen mit dem Schweißbrenner etwas zu erwärmen.
Richten und modellieren Sie den Türrahmen und machen Sie die Paßflächen gut sauber und flach. Machen Sie das Türblech passend. Versehen Sie die Paßflächen mit einem elektrisch leitfähigen Kitt. Legen Sie das Türblech auf die Stelle und falzen Sie die Ränder um. Zentrieren Sie das Blech mit Greifzangen.
Setzen Sie die Tür in das Auto ein und bringen Sie in den vier Ecken eine Notschweißung an.
Kontrollieren Sie Passung und Nähte.
Wenn sich die Tür an der richtigen Stelle befindet und alle

Nähte und die Passung stimmen, bauen Sie die Tür wieder aus, legen Sie sie auf die Werkbank, nehmen Sie rund um den Falzrand eine CO_2 Punktschweißung vor und führen Sie die Naht zwischen Türblech und Fensterpfosten durchgehend mit CO_2 aus.
Schleifen Sie die durchgehenden Schweißränder ab und behandeln Sie sie mit Schmierzinn.
Um an der Falzseite innen an der Tür zu verhindern, daß diese Naht rostet, behandeln Sie sie mit einem dünnen Schmierkitt.
Versehen Sie die Innenseite der Tür und das Türblech mit einer Antidröhnplatte.

Anmerkung
Beim Austausch von Türblechen/Hautblechen bedient man sich zur Anbringung der Türbleche immer mehr der Leimtechnik. Statt also das Blech mit dem Rahmen zu verschweißen, wird es mit dem Rahmen verleimt.

4.8 DER KAROSSERIERAHMEN

Auch der Karosserierahmen kann durch einen Zusammenstoß ebenso verformt werden wie das Bodenblech, jedenfalls bei einer selbsttragenden Karosserie.
Daher muß jeder Blechschlosser, bevor er mit dem Ausbeulen beginnt oder Teile austauscht, die Maße des Bodenblechs und des Aufbaus überprüfen. Bedienen Sie sich dazu einer Meß-Richtbank, die mit Datenblättern versehen ist, welche die Original-Fabrikmaße nennen.
Auf das Messen und Richten mittels der Meß-Richtbank kommen wir im Kapitel 6 zurück.
Diejenigen, die zwar eine Richtbank besitzen, jedoch kein Meßsystem, können sich folgender Meßdaten bedienen.

Abb. 4.16:
Anzeigevorrichtung zum Messen von Winkeln, Diagonalen und für Gradmessungen

Abb. 4.17: **Meßlineal/Meßstab**

1. Maßangaben für das Vermessen der Bodenbleche

Der Meßbericht (Abbildung 4.18) stammt aus dem Prüfbuch der KLM Automotive Publishing Inc. und wird in den Niederlanden u.a. durch Dataliner (Kool garage-apparatuur, Rotterdam) auf den Markt gebracht.

In der Abbildung sind die Symbole, die den Meßbericht komplettieren, nicht zu sehen. Im Original sind diese natürlich vorhanden.

Als Meßgerät für die einwandfreie und schnelle Benutzung dieses Berichts hat Dataliner zweierlei Meßgeräte auf den Markt gebracht.

A. Anzeigevorrichtung für das Messen von Winkeln, Diagonalen und die Gradmessung (Abbildung 4.16).
B. Meßlatte/Meßstab zum Messen von Länge und Breite. Der Meßstab ist mit einem übersichtlichen Ableseband versehen und bequem verstellbar (Abbildung 4.17).

2. Meßdaten zum Vermessen des Aufbaus

Dies ist ebenfalls ein Meßbericht aus dem Prüfbuch der KLM Publishing Inc. Abbildung 4.19 nennt die Maße des Vorderscheibenfalzes, des linken Vordertürfalzes, des linken Hintertürfalzes und der Heckklappenöffnung.

Abbildung 4.20 nennt die Maße des Vorderscheibenfalzes, des linken Vordertürfalzes, des linken Hintertürfalzes und der Heckklappenöffnung.

Als Meßgerät verwenden wir den Meßstab (Abbildung 4.17).

Das Strecken und Auspressen der Karosserie

Verwenden Sie zum Strecken der Karosserie möglichst die Richtbank, jedenfalls bei einem größeren Schaden.

Wenn der Schaden so beschaffen ist, daß keine wesentlichen Teile verformt sind, kann man zum Strecken der Karosserie den Zugbalken verwenden, obschon

Abb. 4.18:
Meßbericht zum AUDI 100-200 1983-1988 zur Messung des Bodenblechs (KLM Automotive Publishing Inc.)

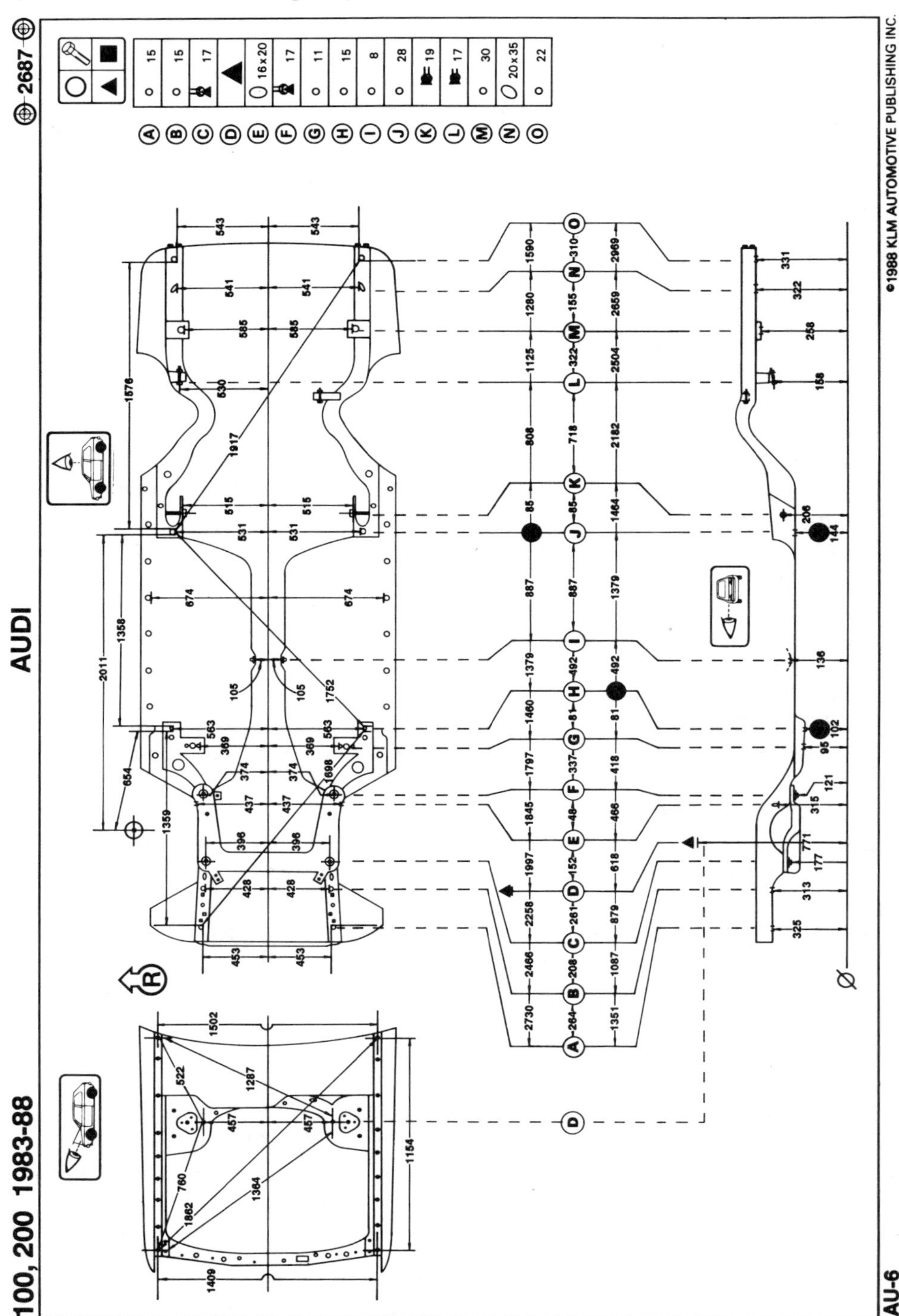

Abb. 4.19:
Meßbericht zum AUDI 100-200 1988 zur Messung des Aufbaus (KLM Automotive Publishing Inc.)

Audi
100/200 4 DOOR 1988

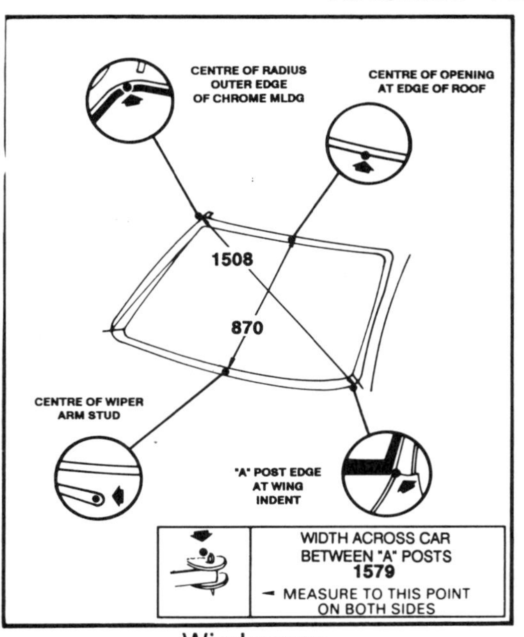

Windscreen

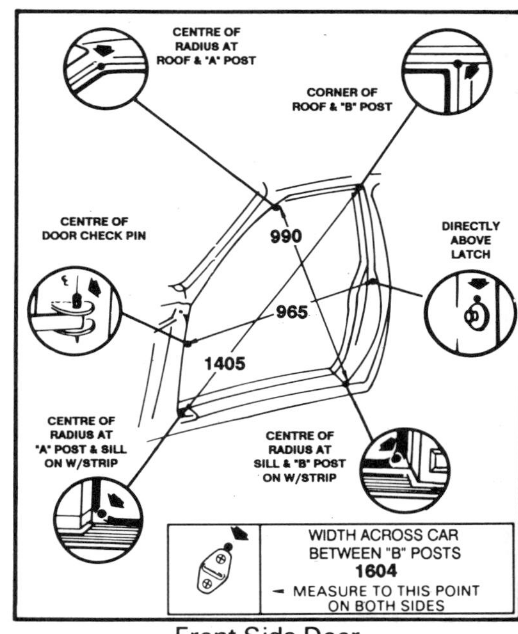

Front Side Door

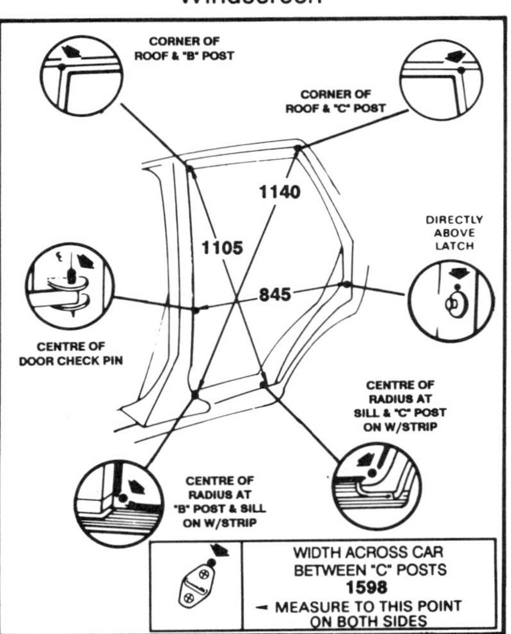

Rear Side Door

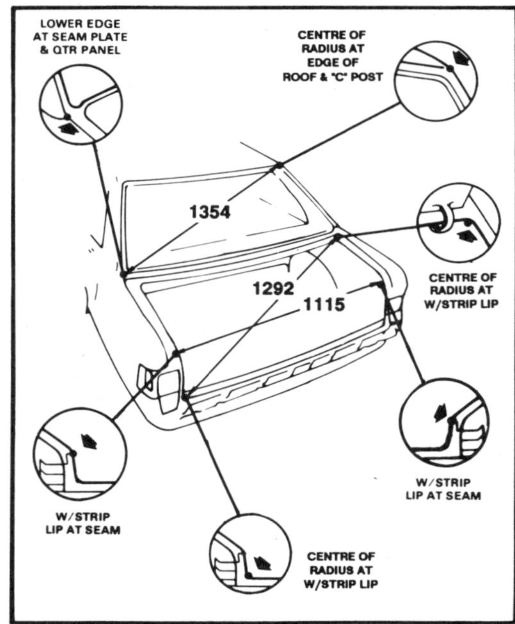

Rear Glass & Boot

Abb. 4.20:
Meßbericht zum AUDI 100-200 Avant 1984-1988 zur Messung des Aufbaus (KLM Automotive Publishing Inc.)

Audi
100/200 ESTATE/WAGON 1984-88

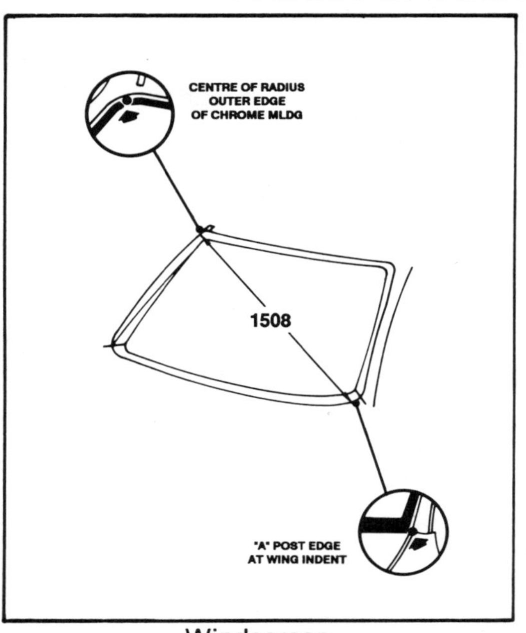

Windscreen

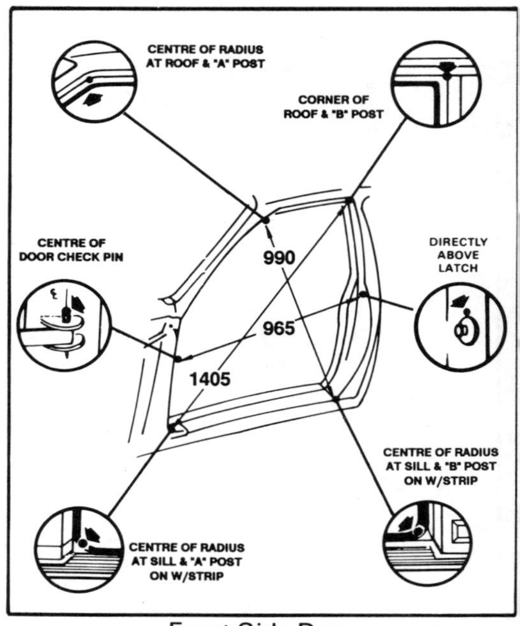

Front Side Door

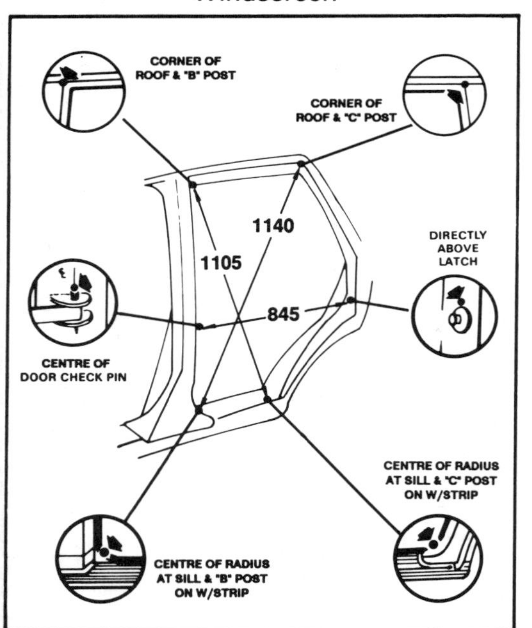

Rear Side Door

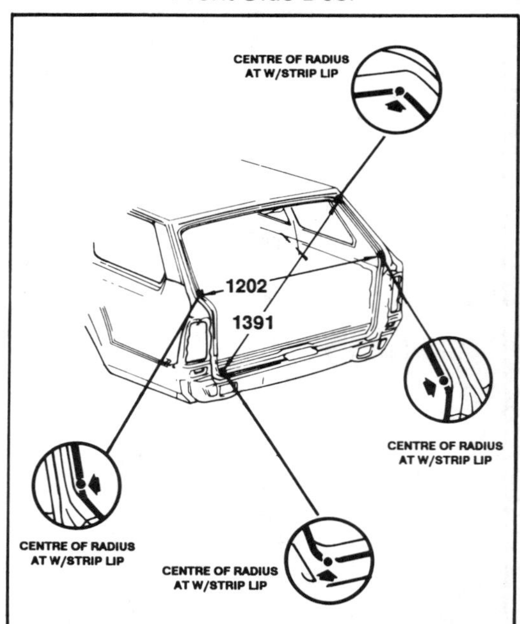

Rear Gate

dieser inzwischen langsam überholt ist. Siehe Abbildung 6.32.
Für kleinere Preß- und Zugvorgänge kann man das Handpreßwerkzeug verwenden, siehe Abbildung 2.14:
Hydraulische Werkzeuge sind wertvolle Hilfsmittel, deren Bedienung kaum größere Anstrengungen erfordert. Die ausgeübten Kräfte betragen je nach Art des Preßwerkzeugs 4 bis 20 t. Von daher ist auch verständlich, daß ein Karosserieblech von 0,7-0,9 mm damit bequem gereckt werden kann und daß wir die Elastizitätsgrenze des Materials weit schneller überschreiten als wir denken. Vorsicht bleibt also geboten! Lieber mehrmals neu messen, als eine zu große Kraft auszuüben. Gehen Sie stets schrittweise vor. Achten Sie auch genau auf das Federungsvermögen des Materials.
Ein weiterer Punkt, den wir sicher nicht vergessen dürfen, ist die Tatsache, daß die meisten Karosserieteile durch Punktschweißung miteinander verbunden sind. Durch unsachgemäße Benutzung von Preß- und Ziehgeräten und durch fehlerhaften Gebrauch von Zugbalken können sich die Punktschweißungen lösen oder abnutzen. Die Folge ist dann eine schwächere Karosserie und es kommt gleichzeitig zu einem störenden Quietschen und Knirschen.

4.9 DAS DACHBLECH

Das Ausbeulen eines Autodaches gehört zu den schwierigsten Arbeiten. Dennoch gibt es dafür eine Technik, um die Arbeit erheblich zu erleichtern.
1. Fall: Das Dach hat einen Schlag abbekommen, z. B. durch einen daraufgefallenen Gegenstand.
Wenn die Beschädigung in den Rundungen steckt, dann ist die Reparatur problemlos. Das Ausbeulen erfolgt auf gleiche Weise, wie bei einem Kotflügel.
Ist die Einbeulung nicht tief, und wollen wir uns das Ablösen der Innenverkleidung ersparen, dann können wir die Einbeulung auffüllen, z. B. mit Lötzinn. Vorsicht, daß die Innenverkleidung dabei keine Brandflecken bekommt!
2. Fall: Der Wagen hat sich überschlagen! Das Dach ist eingedrückt und über fast die ganze Oberfläche verformt.
Wenn der Rahmen verformt ist, müssen wir natürlich damit beginnen, ihn mit Hilfe des Karosserie-Richtgerätes wieder in seine ursprüngliche Form zu bringen. Nehmen wir einmal an, daß dies bereits geschehen sei, und daß wir jetzt nur noch das Dach selbst ausbeulen müssen. Je nachdem, ob das Dach nun mehr oder weniger gewölbt ist (die Form hängt natürlich vom Fahrzeugtyp ab), wird diese Arbeit auch mehr oder weniger schwierig sein (siehe Abb. 4.21).

Abb. 4.21: **Verschiedene Formen von Dachblechen. Oben die flacheren, unten die gewölbteren Typen.**

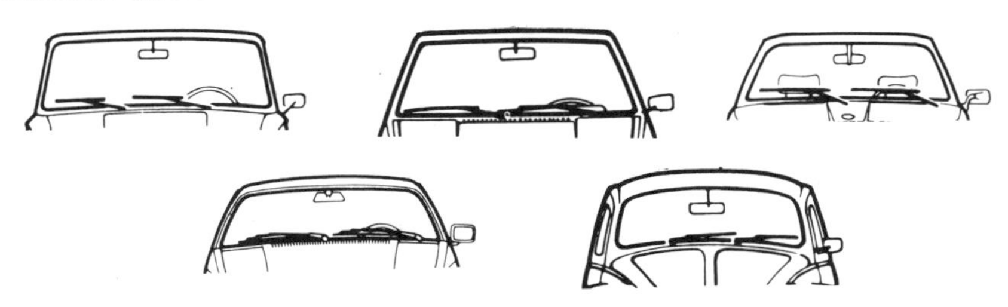

Man beginnt damit, die Form mit Hilfe eines Holzhammers und des Karosserie-Richtgerätes wiederherzustellen. Diese Arbeiten werden vor allem auf die Mitte des Dachbleches konzentriert sein. Unter Mitte des Dachbleches verstehen wir hier die Fläche zwischen dem Übergang von der einen Wölbung zur gegenüberliegenden, und zwar in beiden Richtungen.
Danach verwenden wir den Stahlhammer mit flacher Bahn und breitem Kopf; das Blech wird weiter verlängert. Ist das Dach stark gewölbt, wie im Beispiel der Abb. 4.22, dann kann nicht viel schiefgehen.
Die Verlängerung des Bleches wird infolge der Rundung nicht so sehr auffallen oder vielleicht völlig unbemerkt bleiben.
Bei flacheren Dächern müssen wir, *ehe wir den ersten Schrumpfpunkt im Mittelteil ansetzen,* die Ecken mit dem Schlichthammer und einem passenden Handeisen aufarbeiten. Wir müssen die überflüssige Dehnung des Mittelteils über den ganzen Umriß des Daches zu den Ecken ziehen oder treiben, indem wir gemäß Abb. 4.22 einen Zylinderhammer verwenden.

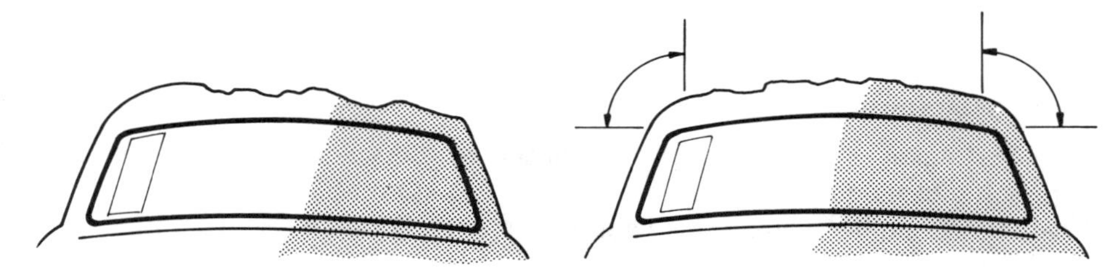

Abb. 4.22: **Links sehen wir das beschädigte Dach. Wir beginnen mit den Eckrundungen**

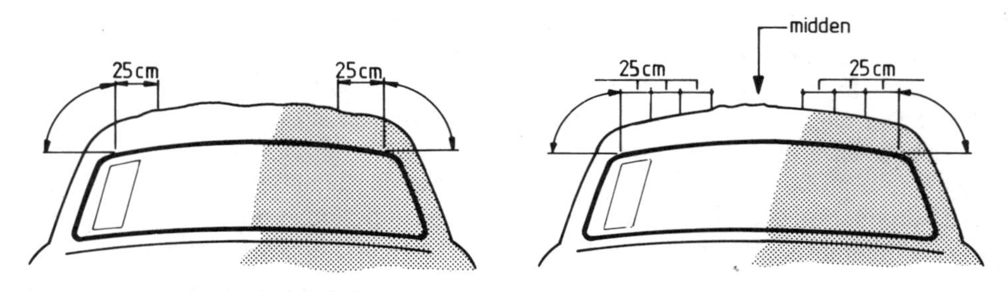

Abb. 4.23: **Dann arbeiten wir, Streifen um Streifen, auf die Mitte zu.**

Zur Mitte hin dürfen wir nicht weitermachen als bis über die Rundungen hin. Anschließend arbeiten wir den Umriß des Dachbleches über die Rundungen mit Karosseriefeile und Schleifscheibe vollständig ab.
Im Gegensatz zu dem, was über die Kotflügel gesagt wurde, kommt es hier darauf an, das Blech soviel wie möglich entlang der Innenseite zu glätten und das Handeisen dabei nicht allzusehr anzudrücken, immer mit dem Ziel, das Zentrum des

Mittelteils mehr zu spannen. Es versteht sich dabei von selbst, daß das zentrale Mittelteil des Dachbleches schon, ehe die Rundungen völlig fertiggestellt werden, mit dem Holzhammer planiert wurde, damit die Spannung abnimmt, die durch die vielen kleinen Knicke verursacht wurde, zu denen es beim Unfall kam.
Nachdem die vier Ecken und der Umriß der Rundungen bearbeitet sind, nehmen wir uns anschließend einen Streifen von etwa 25 cm Breite vor, wobei wir von der Rundung aus zur Mitte hin arbeiten, jeweils entlang des ganzen Umfangs und mit gleichem Fortgang entlang den vier Seiten (siehe Abb. 4.23).

a) Nach Fertigstellung der vier Seiten arbeiten wir mit Streifen von ungefähr 25 cm Breite auf die Mitte zu.
b) Wir schließen im Zentrum mit einzelnen Schrumpfpunkten ab, sofern das erforderlich ist, oder wir verwenden hier einen Vorhaltblock aus Blei.

Nach dem Ausbeulen arbeiten wir jeweils jeden Streifen mit Feile und Schleifscheibe vollständig ab. Von Zeit zu Zeit korrigieren wir eventuell und messen nach, ob irgendwo Fehler aufgetreten sind. Falls erforderlich, setzen wir in der Mitte ein paar Schrumpfpunkte an, aber nicht zu viele. Diese arbeiten wir dann schnell mit dem Holzhammer nach. Zur Reduzierung der letzten Spannung verwenden wir einen Vorhaltblock aus Blei und einen Glätthammer mit waffelförmigem Kopf, der mit scharfen Rillen versehen ist; die Schläge müssen leicht und kurz sein. Die scharfen Einkerbungen dieses Spezialhammers werden das Blech zusammenziehen (siehe Abb. 4.24).

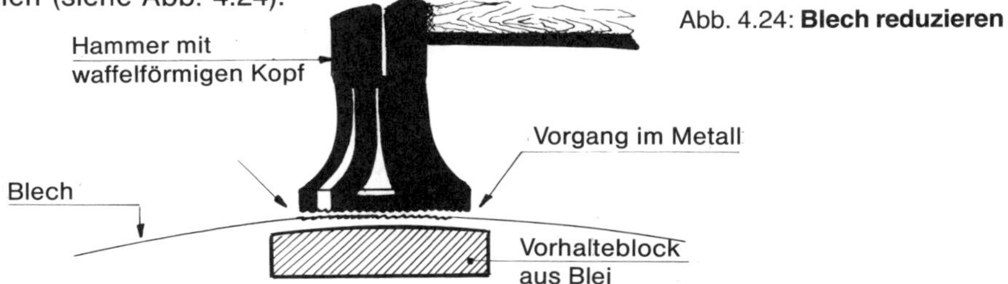

Abb. 4.24: **Blech reduzieren**

Wir beenden die Bearbeitung des Mittelteils mit einer neuen Schleifscheibe, damit das Metall nicht übermäßig erwärmt wird, was sonst zu einer natürlich unerwünschten Dehnung führen würde.
Das Begradigen und Nacharbeiten der Regenrinnen erfordert besondere Sorgfalt. Das Dachblech großer amerikanischer Pkw ist z. B. so breit, daß wir die Unterseite der Dachmitte kaum durch die Türöffnungen hindurch erreichen können. In diesem Fall schneiden wir aus der Dachrundung ein »Fensterchen« heraus (siehe Abb. 4.25). Dieses Fensterchen wird später nach dem Planieren des Mittelteils wieder zugeschweißt.

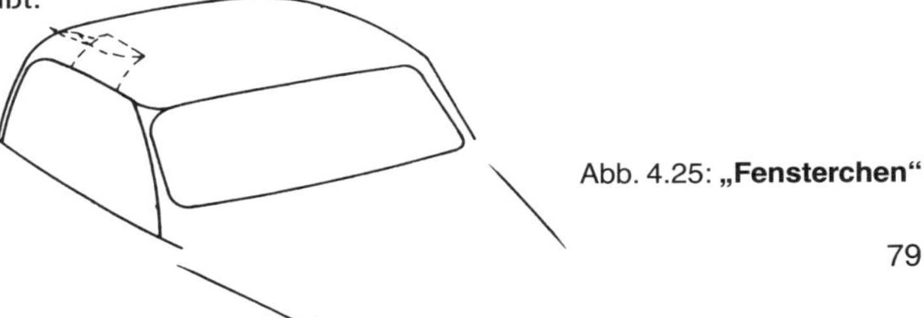

Abb. 4.25: **„Fensterchen“**

Dabei müssen wir die Flamme des Schweißbrenners nach außen richten, damit die Mitte des Daches sich möglichst wenig dehnt. Und natürlich muß die Reparatur einem wirklich ernsthaften Schaden gelten, damit das Herausschneiden dieses »Fensterchens« gerechtfertigt ist.

4.10 DAS AUSBESSERN VON BLECHTEILEN

In anderen Fällen kommt man bei einem Riß im Blech zuweilen billiger weg, wenn man ein neues Teil einsetzt. Schweißarbeiten können auf diese Weise gut durchgeführt und abgearbeitet werden, so daß man später keine Spur davon mehr erkennen kann. Der eingerissene oder zerstörte Teil des Blechs muß dann kalt mit einem scharfen Meißel und einem brauchbaren Vorhaltblock herausgeschlagen oder, sofern möglich, mit Hilfe einer Stichsäge herausgesägt werden. Die Ränder der so entstandenen Öffnung sind sauber glattzufeilen (siehe Abb. 4.26 links). Es versteht sich von selbst, daß wir das neu einzusetzende Stück nach Möglichkeit aus demselben Material und in gleicher Dicke wählen. Es muß genau in die Öffnung passen, d. h. es muß auf allen Seiten genau anliegen. Natürlich ist es schwierig, das einzusetzende Stück beim Anschweißen genau auf der Stelle zu halten. Das läßt sich erleichtern, indem man ein paar kurze Stückchen Schweißdraht auf das Blech heftet, die dann als Handgriff dienen. Zunächst heftet man das Blech mit ein paar Punkten im Abstand von 30 bis 45 mm an, wozu eine kleine Schweißflamme verwendet wird (siehe Abb. 4.26 rechts).

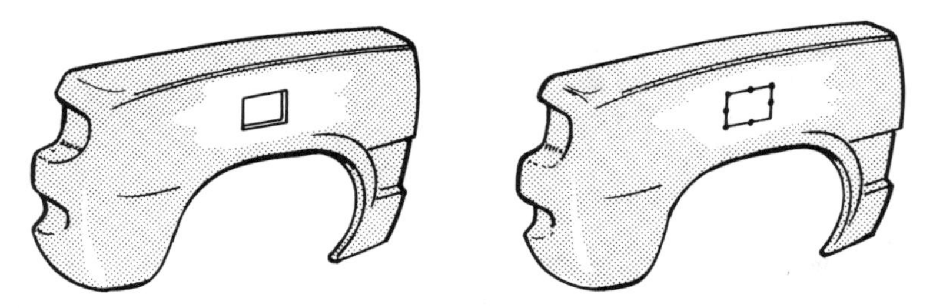

Abb. 4.26: **Blankscheuern und Teil aussägen. Danach wird das maßgerechte Blechstück angeheftet.**

Nachdem die anliegenden Teile des Blechs zunächst mit Hammer und Handeisen nachgearbeitet wurden, umschließen wir als zusätzliche Vorsorge die ganze Umgebung der Schweißstelle mit kräftig angedrücktem nassen Asbest oder mit Wärmepaste.

Notfalls hämmern wir die Schweißnaht nach und feilen die Unebenheiten weg. Danach mit Lötzinn ausschwemmen und glattmachen. Die Schweißnaht muß regelmäßig und durchgehend sein, damit das Füllmaterial auch auf der Rückseite gleichmäßig und homogen erkennbar ist. Das Wegfeilen darf keinesfalls übertrieben werden, sondern muß auf das unbedingt Notwendige beschränkt bleiben.

4.11 DER GEBRAUCH VON GLEITHAMMER ODER AUSBEULWERKZEUG

Hier seien noch einige andere Methoden beschrieben, die man mit Erfolg bei Autodächern oder anderen großflächigen Karosserieteilen anwenden kann.

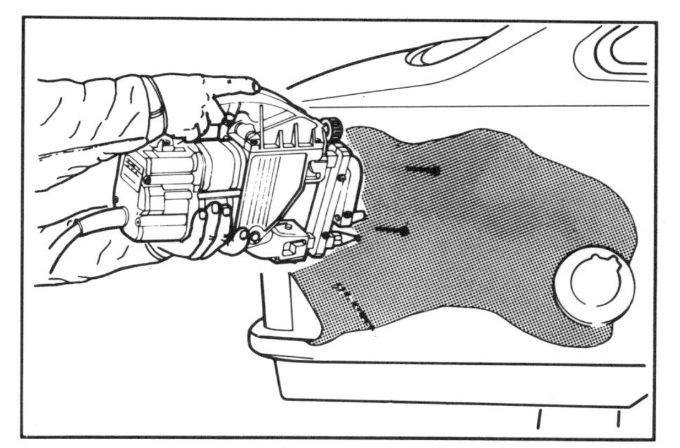

Abb. 4.27 a: **Hier schweißen wir die Stifte mit einer normalen Punktschweißzange mit einem speziellen Zusatzstück an**

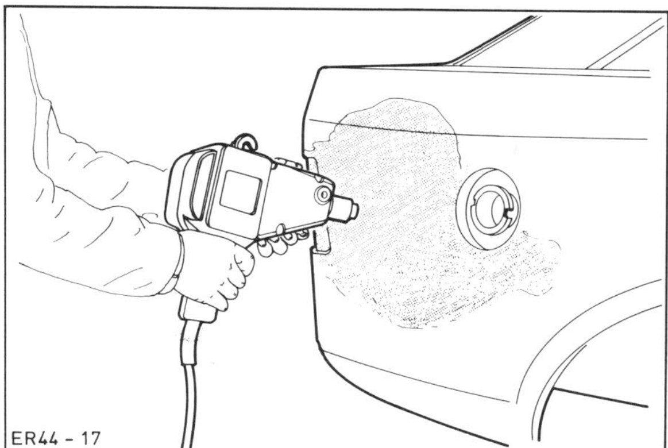

Abb. 4.27 b: **Hier sehen Sie eine Punktschweißpistole, mit der die Stifte auf das Blech geschweißt werden**

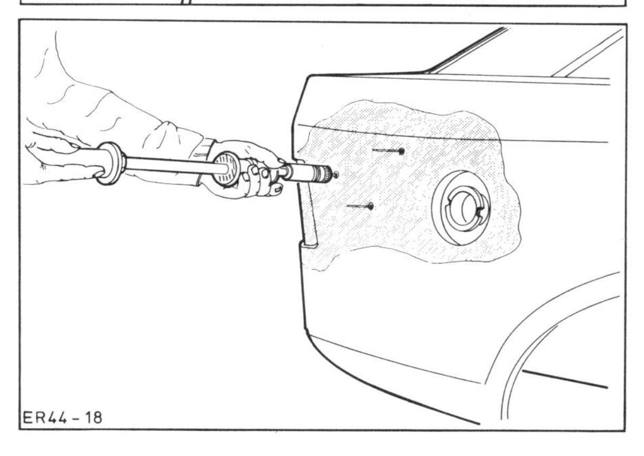

Abb. 4.27 c: **Der Gleithammer ist hier mit einem Klemmkopf ausgerüstet**

Wenn eine nur schwer zugängliche Stelle ausgebeult werden muß, die man von der Innenseite her nicht mit einem Vorhaltblock stützen kann, dann läßt sich der *Gleithammer* als Ausbeulwerkzeug verwenden. Der auswechselbare Fuß des Gleithammers wird z. B. stabil auf die Einbeulung aufgelötet. Der verschiebbare, zylinderförmige Mittelteil dient nun als Hammer, und mit seiner Hilfe kann man das Blech auf sich zuziehen. Die Befestigung des Gleithammerfußes am Blech erfolgt auch häufig durch Stifte oder Ringe. Diese werden auf das Blech aufgeschweißt, oft mit Hilfe einer speziell dazu mitgelieferten Schweißpistole.
Der Fuß des Gleithammers ist dann entsprechend ausgeführt: bei den Stiften als Spannkopf (wie das Futter einer Bohrmaschine) und bei den Ringen als Haken. Anschließend können wir das Blech mit dem Schlichthammer glätten, wobei der Gleithammer als Stütze dient.

Abb. 4.28: **Fußstück von hydraulischem Werkzeug, das auf das Blech aufgelötet wird**

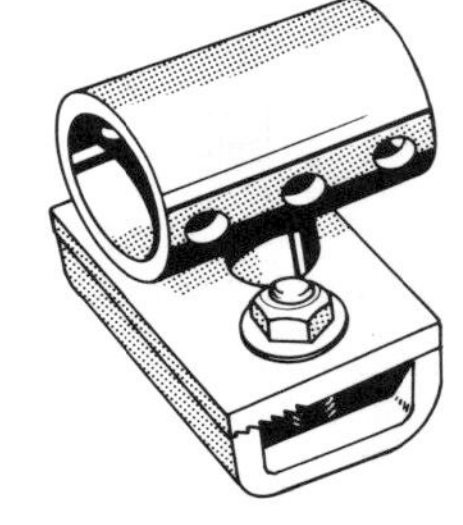

Abb. 4.29: **Dieses Fußstück ist mit einer Klemmvorrichtung versehen**

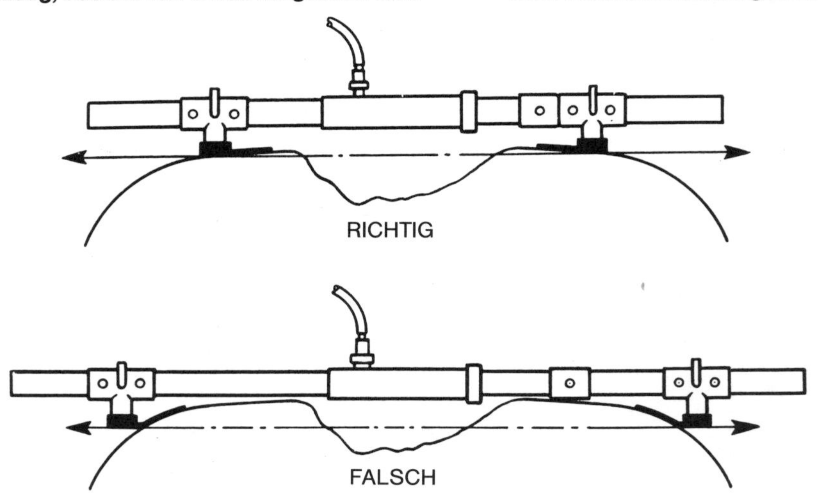

Abb. 4.30: **Im oberen Fall sind die Fußstücke (oder Spannplatten) richtig angebracht.** Die Kraftlinie stimmt mit der ursprünglichen Form des Blechs (gestrichelte Linie) überein. Die untere Zeichnung zeigt, was geschieht, wenn die Fußstücke nicht an der richtigen Stelle angebracht werden. Das Blech will sich gemäß der Kraftlinie strecken, und das führt zu einer vollständigen Verformung.

Wenn der Gleithammerfuß aufgelötet wurde, können wir das meiste Lötzinn bei der weiteren Verarbeitung wieder entfernen; der Rest dient dann als Füllmaterial. Bei anderer Gelegenheit können wir die Fußteile eines speziellen Ausbeulgerätes auf das Blech löten. Die Abb. 4.28 gibt so ein Fußstück wieder. Achten Sie aber darauf, daß das Lötzinn beim Auflöten durch die Löcher nachgefüllt werden muß.

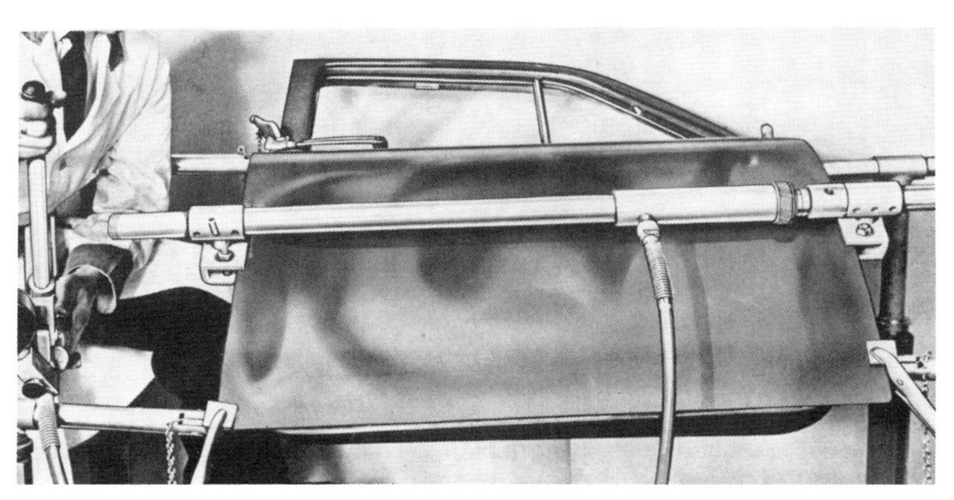

Abb. 4.31 a: **Das Werkzeug ist auf der verbeulten Tür montiert.**

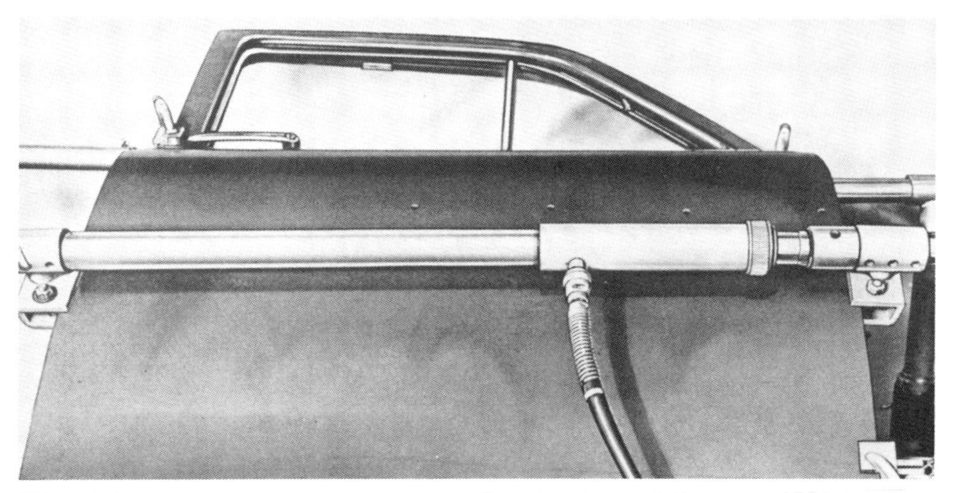

Abb. 4.31 b: **Dies ist das Resultat der Zugkräfte, die wir auf die Blechfläche ausgeübt haben. Die beiden Ränder sind in die richtige Stellung gezogen und das Blech hat seine ursprüngliche Form wieder angenommen. Die noch verbliebenen kleineren Beulen werden in der üblichen Weise begradigt.**

Das Lötzinn fungiert dann in den Löchern des Fußstückes wie ein Niet. Anstelle der Fußstücke des Karosserie-Richtgerätes, die man auflöten muß, kann man auch Klemmen verwenden, die man aufspannt. Man achte auf die Klemmverzah-

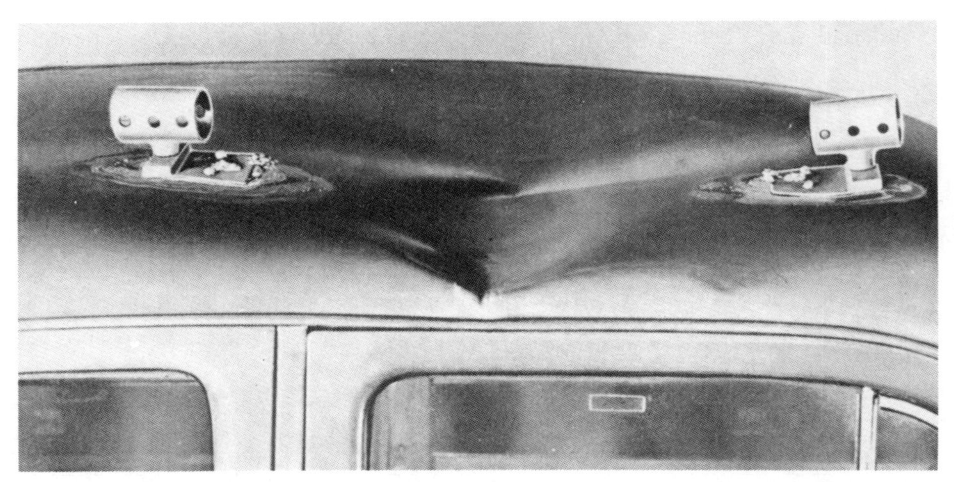

Abb. 4.32 a: **Diese Einbeulung hat einen besonders tiefen Knick in der Seite des Autodaches verursacht. Die Spannkraft muß dabei in der Nähe des steifen Abschnitts des Dachbleches wirken.**

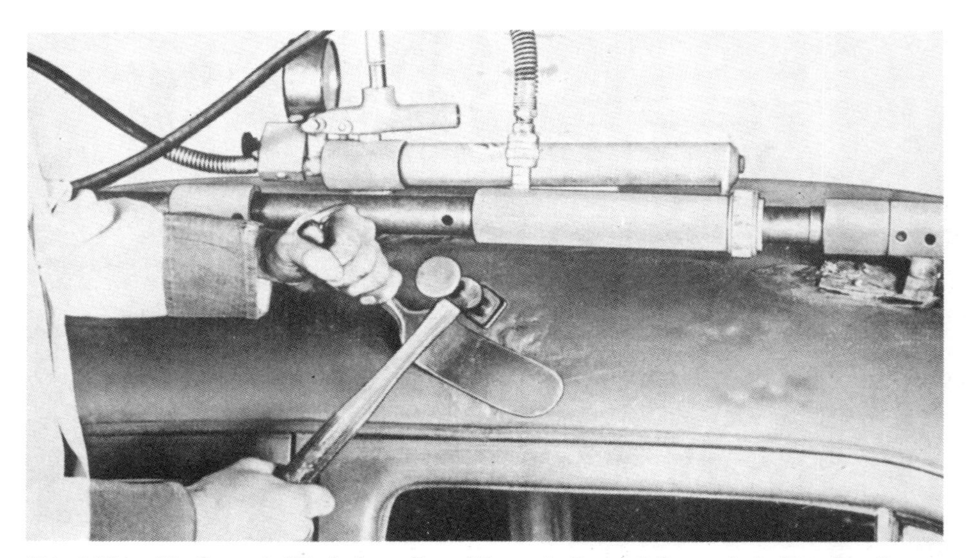

Abb. 4.32 b: **Die Spannkräfte haben die schlimmste Beschädigung behoben. Da die Beule sehr tief war, arbeiten wir mit Hammer und Richtlöffel nach. Durch das Richtgerät üben wir weiterhin eine Kraft auf das Blech aus, um so die Spannungen aufzuheben und die Knicke auseinanderzuziehen.**

nung, wie in der Abb. 4.29 zu erkennen. Diese Klemmen eignen sich gut für Kofferraumdeckel, Motorhauben oder Türbleche.
Die Abb. 4.30 zeigt, wie und wo wir die Fußstücke ansetzen müssen. Die Achse der Ausbeulrichtung, die durch die Fußstücke verläuft, muß mit der Oberseite des Bleches eine Linie bilden, *sonst ist es unmöglich, das Blech nach oben zu ziehen!* Diese Methode kann nur dann zum Erfolg führen, wenn das Blech durch die Einbeulung nicht übermäßig gedehnt wurde!
Es handelt sich hier um ein Ausbeulen unter Spannung. Die Abb. 4.31 und 4.32 zeigen weitere zwei Beispiele.

4.12 VERZINNEN ODER PLATINIEREN

Das Aufschwemmen von Zinnlot kann an allen Karosserieteilen erfolgen, die nicht mit dem Hammer bearbeitet werden oder die nur nach einer umständlichen Demontage anderer Teile zugänglich sind. Überdies ist das Verzinnen ein hervorragendes Mittel zur Korrektur und zum Auffüllen kleiner Unebenheiten oder von Nahtstellen. Diese sichtbaren Unterschiede werden auf folgende Weise mit Lötzinn überdeckt.
Die zu verzinnende Blechfläche wird gründlich geschmirgelt. Nachdem sie völlig blank und von allen Verunreinigungen und Fett befreit ist, reinigen wir das Blech mit Lötwasser. Man kann auch Lötpulver, S 39 oder Lötpaste verwenden. Nunmehr wird das Blech leicht erwärmt, und wir reiben das Lötpulver mit einem Leinenlappen auf, bis das Blech silbern glänzt. Dann beginnen wir, die aufzufüllende Stelle mit dem Zinnstab zu bestreichen, wie aus der Abb. 4.33 ersichtlich. Dabei arbeiten wir immer mit der langen, weichen Flamme des Schweißbrenners, oder was noch besser ist: mit einem Gasbrenner oder einer Benzinlötlampe. Nachdem genug Lötzinn aufgeschwemmt ist – besser etwas zuviel als zuwenig – halten wir es in knetbarem Zustand und verteilen es gleichmäßig mit einem Lötspachtel; dieser Spachtel sollte möglichst aus paraffingetränktem Palmholz bestehen (Abb. 4.34). Palmholz brennt nicht leicht und Paraffinöl verhindert das Ankleben. Wir lassen das Lötzinn hart werden und verarbeiten es weiter mit einer breitgezahnten Karosseriefeile und dem Schaber. Vergessen Sie nicht, die verzinnte Stelle gründlich mit sauberem Wasser (möglichst warm) abzuspülen, damit alle Lötmittel entfernt werden. Die Lötschicht muß breit genug angelegt sein, sonst bekommen wir solche Schwierigkeiten, wie sie in der Abb. 4.35 gezeigt sind.
Das für die Karosserie verwendete Lötzinn ist eine Legierung aus Blei und Zinn. Blei schmilzt bei einer Temperatur von 327° C und Zinn bei 232° C. Innerhalb dieser Grenzen variiert das Lötzinn zwischen leichtflüssig und zähflüssig. Bei der Karosseriereparatur verwendet man zwei Sorten von Legierungen. Die eine Sorte besteht aus 60% Blei und 40% Zinn. Je mehr Zinn, desto niedriger ist die Schmelztemperatur, so daß diese Sorte bei 238° C schmilzt. Die andere Sorte besteht aus 70% Blei und 30% Zinn, und sie bleibt zwischen 265° C und 181° C plastisch, so daß

Abb. 4.33: **Auftragen von Lötzinn**

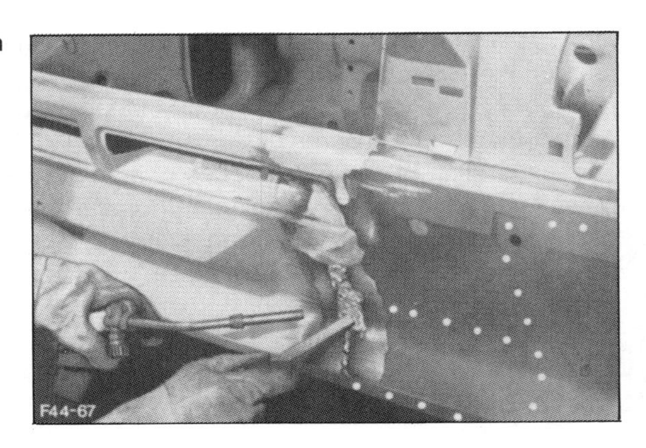

Abb. 4.34: **Aufschwemmen und Bearbeiten mit dem Spachtel**

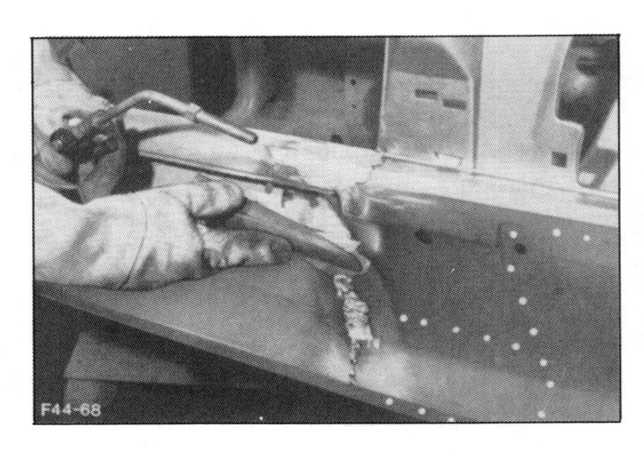

man sie leicht in jede gewünschte Form bringen kann. Je höher der Zinngehalt, desto leichter verbindet sich das Lötzinn mit dem Blech. Deshalb verwendet man die erste Sorte als Basis zum Anheften und die zweite zum Auffüllen.
Wie schon gesagt, muß das Anheften durch eine entsprechende Vorbereitung erleichtert werden, und deshalb verwendet man ein *Flußmittel.* Darauf werden wir im Kapitel 7 noch ausführlicher eingehen. Einstweilen beschränken wir uns auf Lötwasser, eine wässrige Lösung von Zinkchlorid und Salmiak. Beim Vorwärmen, das immer auf einem sauberen, blanken Blech geschehen muß, können wir die Temperatur des Blechs ungefähr nach der Anlauffarbe schätzen. Wir erinnern uns aus dem 1. Kapitel, daß die Oxydschicht auf blankem Blech bei hellgelber Färbung eine Temperatur von 220° C hat. Da bei Hellblau bis Purpur eine Temperatur von ca. 300° C erreicht wird, wissen wir, daß beim Vorerwärmen alles in Ordnung ist, wenn das Anlaufen in hellgelber bis brauner Farbe erfolgt. Keinesfalls darf die Farbe Blau sein!
Nach der Vorerwärmung bestreichen wir die Blechfläche, die wir verzinnen wollen, mit Flußmittel. Erleichtert wird das Verzinnen, wenn wir Lötzinn mit 60% Blei und

40% Zinn verwenden. der Erfolg des Lötens hängt wesentlich von der Vorbereitung ab.

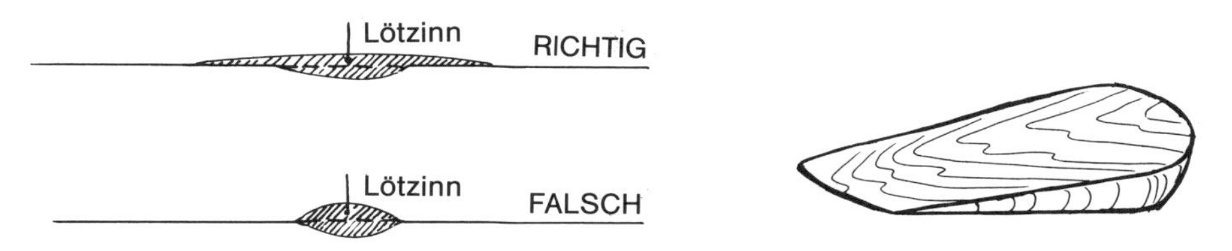

Abb. 4.35:
Die Form des aufgetragenen Lötzinns

Abb. 4.36:
Spachtel zum Breitdrücken des Lötzinns

Eine zweite Möglichkeit ist das Auftragen von Flußmittel und einer Vorbereitungsschicht, indem man ein Jutetuch verwendet, mit dem das Lötzinn glänzend ausgestrichen wird.
Zum Aufschwemmen der zweiten Schicht verwenden wir einen Spachtel aus Eichen- oder Buchenholz, getränkt in Maschinenöl, aber Palmholz und Paraffin vedienen den Vorzug.
Last not least darf nicht vergessen werden, nach dem Löten mit sauberem, lauwarmem Wasser abzuspülen!

5 Das Auswechseln von Karosserieblechen

5.1 EINLEITUNG

Wenn ein Blechschaden behoben werden soll, so kann dies bedeuten, daß das Blech ausgebeult oder daß es teilweise ersetzt oder ganz ausgewechselt wird. Die Entscheidung richtet sich sowohl nach dem Ausmaß der Beschädigung als auch danach, ob die benötigten Ersatzteile noch erhältlich sind. Hier muß gesagt werden, daß die moderne selbsttragende Karosserie infolge eines Blechschadens auch leicht mehr oder weniger verformt sein kann. Es ist daher in vielen Fällen notwendig, die Karosserie auszumessen. Darauf werden wir im 6. Kapitel noch näher eingehen.

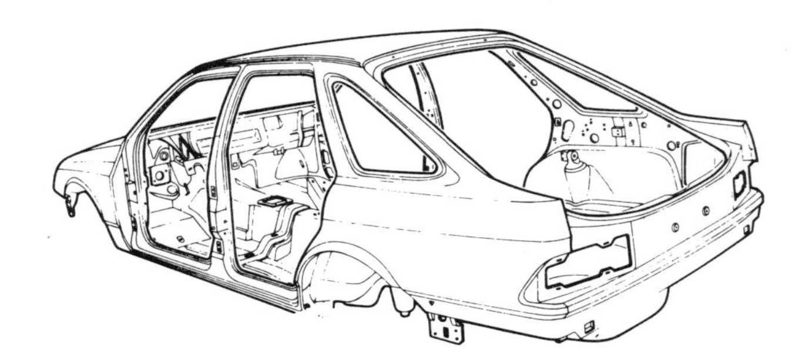

Abb. 5.1:
Eine selbsttragende Karosserie in »Käfigbauweise«

In diesem Kapitel wollen wir uns mit den Arbeiten beschäftigen, die bei den alltäglichen Reparaturen vorkommen, soweit es das Auswechseln von Karosserieblechen betrifft.

Wir beginnen mit etwas allgemeineren Richtlinien, denen einige Beispiele aus der Praxis folgen.
Hier erscheint es zunächst einmal sinnvoll und notwendig, sämtliche Bestandteile einer Karosserie aufzuzählen. Die Abbildungen 5.2 und 5.3 zeigen die Teile mit ihren Bezeichnungen.

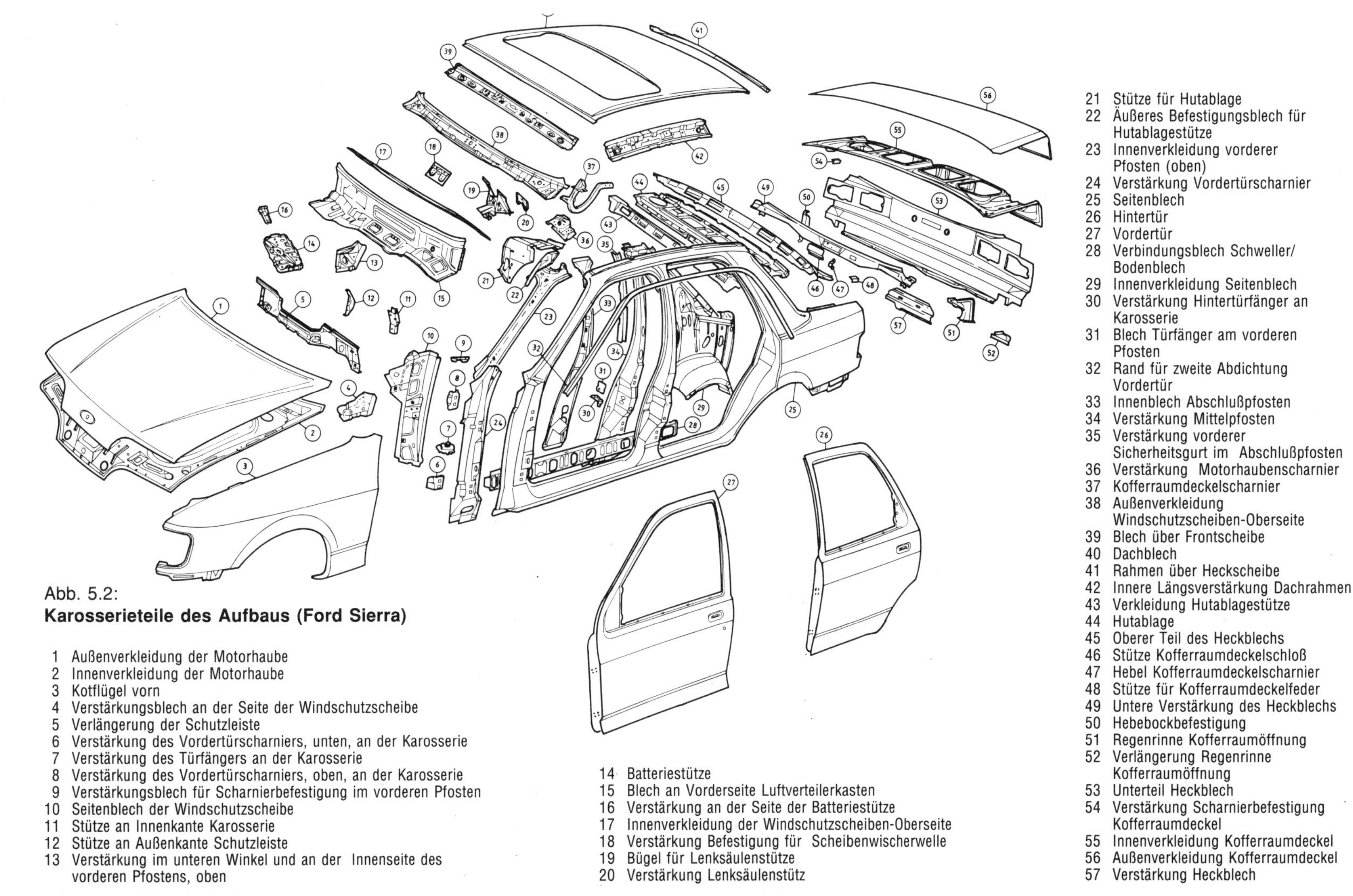

Abb. 5.2:
Karosserieteile des Aufbaus (Ford Sierra)

1 Außenverkleidung der Motorhaube
2 Innenverkleidung der Motorhaube
3 Kotflügel vorn
4 Verstärkungsblech an der Seite der Windschutzscheibe
5 Verlängerung der Schutzleiste
6 Verstärkung des Vordertürscharniers, unten, an der Karosserie
7 Verstärkung des Türfängers an der Karosserie
8 Verstärkung des Vordertürscharniers, oben, an der Karosserie
9 Verstärkungsblech für Scharnierbefestigung im vorderen Pfosten
10 Seitenblech der Windschutzscheibe
11 Stütze an Innenkante Karosserie
12 Stütze an Außenkante Schutzleiste
13 Verstärkung im unteren Winkel und an der Innenseite des vorderen Pfostens, oben
14 Batteriestütze
15 Blech an Vorderseite Luftverteilerkasten
16 Verstärkung an der Seite der Batteriestütze
17 Innenverkleidung der Windschutzscheiben-Oberseite
18 Verstärkung Befestigung für Scheibenwischerwelle
19 Bügel für Lenksäulenstütze
20 Verstärkung Lenksäulenstütz
21 Stütze für Hutablage
22 Äußeres Befestigungsblech für Hutablagestütze
23 Innenverkleidung vorderer Pfosten (oben)
24 Verstärkung Vordertürscharnier
25 Seitenblech
26 Hintertür
27 Vordertür
28 Verbindungsblech Schweller/ Bodenblech
29 Innenverkleidung Seitenblech
30 Verstärkung Hintertürfänger an Karosserie
31 Blech Türfänger am vorderen Pfosten
32 Rand für zweite Abdichtung Vordertür
33 Innenblech Abschlußpfosten
34 Verstärkung Mittelpfosten
35 Verstärkung vorderer Sicherheitsgurt im Abschlußpfosten
36 Verstärkung Motorhaubenscharnier
37 Kofferraumdeckelscharnier
38 Außenverkleidung Windschutzscheiben-Oberseite
39 Blech über Frontscheibe
40 Dachblech
41 Rahmen über Heckscheibe
42 Innere Längsverstärkung Dachrahmen
43 Verkleidung Hutablagestütze
44 Hutablage
45 Oberer Teil des Heckblechs
46 Stütze Kofferraumdeckelschloß
47 Hebel Kofferraumdeckelscharnier
48 Stütze für Kofferraumdeckelfeder
49 Untere Verstärkung des Heckblechs
50 Hebebockbefestigung
51 Regenrinne Kofferraumöffnung
52 Verlängerung Regenrinne Kofferraumöffnung
53 Unterteil Heckblech
54 Verstärkung Scharnierbefestigung Kofferraumdeckel
55 Innenverkleidung Kofferraumdeckel
56 Außenverkleidung Kofferraumdeckel
57 Verstärkung Heckblech

Abb. 5.3:
Karosserieteile des Bodens (Ford Sierra)

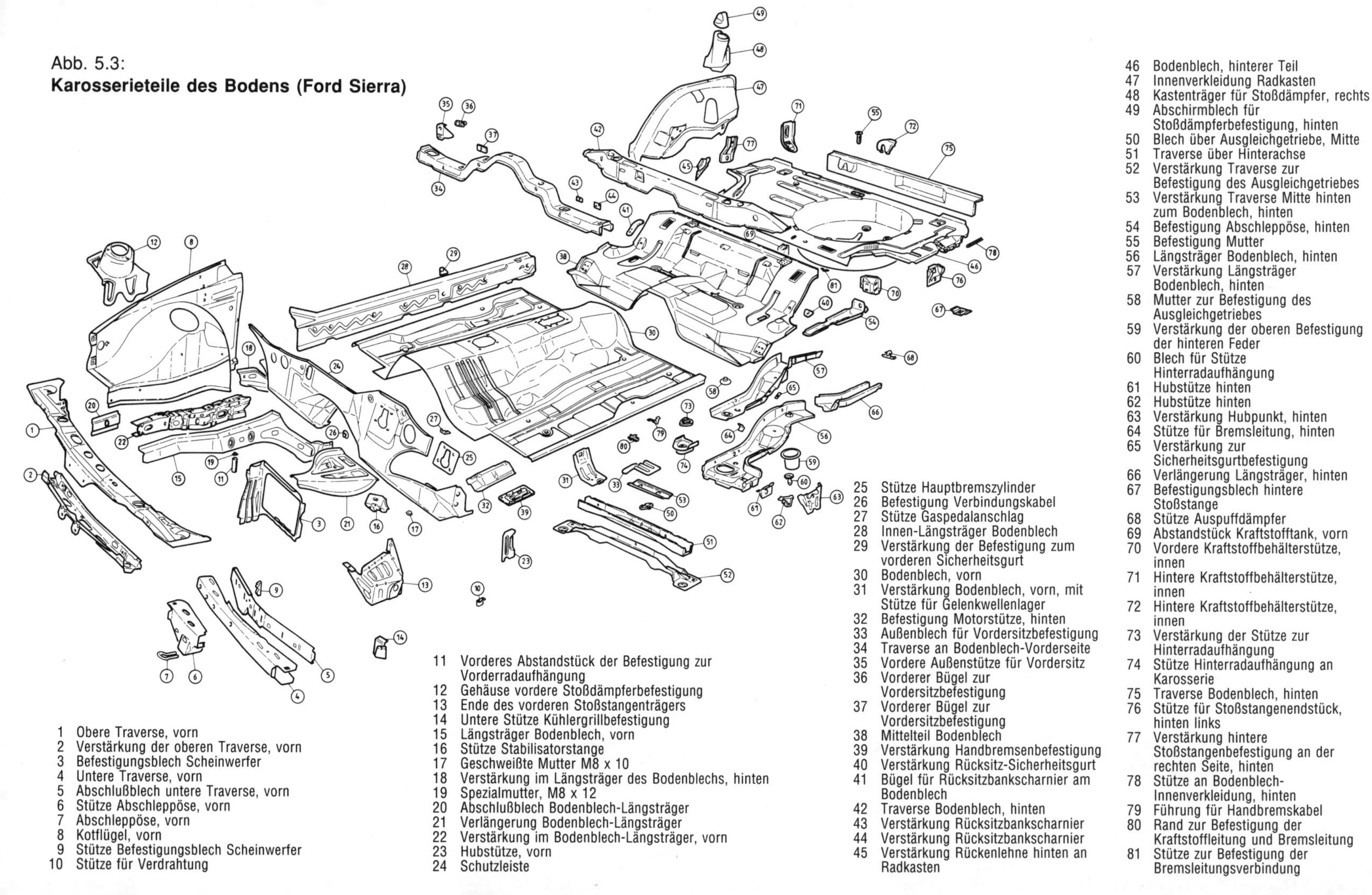

1 Obere Traverse, vorn
2 Verstärkung der oberen Traverse, vorn
3 Befestigungsblech Scheinwerfer
4 Untere Traverse, vorn
5 Abschlußblech untere Traverse, vorn
6 Stütze Abschleppöse, vorn
7 Abschleppöse, vorn
8 Kotflügel, vorn
9 Stütze Befestigungsblech Scheinwerfer
10 Stütze für Verdrahtung
11 Vorderes Abstandstück der Befestigung zur Vorderradaufhängung
12 Gehäuse vordere Stoßdämpferbefestigung
13 Ende des vorderen Stoßstangenträgers
14 Untere Stütze Kühlergrillbefestigung
15 Längsträger Bodenblech, vorn
16 Stütze Stabilisatorstange
17 Geschweißte Mutter M8 x 10
18 Verstärkung im Längsträger des Bodenblechs, hinten
19 Spezialmutter, M8 x 12
20 Abschlußblech Bodenblech-Längsträger
21 Verlängerung Bodenblech-Längsträger
22 Verstärkung im Bodenblech-Längsträger, vorn
23 Hubstütze, vorn
24 Schutzleiste
25 Stütze Hauptbremszylinder
26 Befestigung Verbindungskabel
27 Stütze Gaspedalanschlag
28 Innen-Längsträger Bodenblech
29 Verstärkung der Befestigung zum vorderen Sicherheitsgurt
30 Bodenblech, vorn
31 Verstärkung Bodenblech, vorn, mit Stütze für Gelenkwellenlager
32 Befestigung Motorstütze, hinten
33 Außenblech für Vordersitzbefestigung
34 Traverse an Bodenblech-Vorderseite
35 Vordere Außenstütze für Vordersitz
36 Vorderer Bügel zur Vordersitzbefestigung
37 Vorderer Bügel zur Vordersitzbefestigung
38 Mittelteil Bodenblech
39 Verstärkung Handbremsenbefestigung
40 Verstärkung Rücksitz-Sicherheitsgurt
41 Bügel für Rücksitzbankscharnier am Bodenblech
42 Traverse Bodenblech, hinten
43 Verstärkung Rücksitzbankscharnier
44 Verstärkung Rücksitzbankscharnier
45 Verstärkung Rückenlehne hinten an Radkasten
46 Bodenblech, hinterer Teil
47 Innenverkleidung Radkasten
48 Kastenträger für Stoßdämpfer, rechts
49 Abschirmblech für Stoßdämpferbefestigung, hinten
50 Blech über Ausgleichgetriebe, Mitte
51 Traverse über Hinterachse
52 Verstärkung Traverse zur Befestigung des Ausgleichgetriebes
53 Verstärkung Traverse Mitte hinten zum Bodenblech, hinten
54 Befestigung Abschleppöse, hinten
55 Befestigung Mutter
56 Längsträger Bodenblech, hinten
57 Verstärkung Längsträger Bodenblech, hinten
58 Mutter zur Befestigung des Ausgleichgetriebes
59 Verstärkung der oberen Befestigung der hinteren Feder
60 Blech für Stütze Hinterradaufhängung
61 Hubstütze hinten
62 Hubstütze hinten
63 Verstärkung Hubpunkt, hinten
64 Stütze für Bremsleitung, hinten
65 Verstärkung zur Sicherheitsgurtbefestigung
66 Verlängerung Längsträger, hinten
67 Befestigungsblech hintere Stoßstange
68 Stütze Auspuffdämpfer
69 Abstandstück Kraftstofftank, vorn
70 Vordere Kraftstoffbehälterstütze, innen
71 Hintere Kraftstoffbehälterstütze, innen
72 Hintere Kraftstoffbehälterstütze, innen
73 Verstärkung der Stütze zur Hinterradaufhängung
74 Stütze Hinterradaufhängung an Karosserie
75 Traverse Bodenblech, hinten
76 Stütze für Stoßstangenendstück, hinten links
77 Verstärkung hintere Stoßstangenbefestigung an der rechten Seite, hinten
78 Stütze an Bodenblech-Innenverkleidung, hinten
79 Führung für Handbremskabel
80 Rand zur Befestigung der Kraftstoffleitung und Bremsleitung
81 Stütze zur Befestigung der Bremsleitungsverbindung

5.2 DIE KASTENFORM

Häufig haben eingebaute Holme, Quer- und Längsträger eine Kastenform. Bei Verwindungen oder Rissen müssen wir nach Möglichkeit kaltrichten. Werden Teile warmgerichtet, dann müssen die erhitzten Stellen über eine Länge von ungefähr 20 cm mit einem »Futter« verstärkt werden.
Wenn ein kastenförmiger Holm zu stark beschädigt ist, dann sägt man ein Stück heraus.
Anschließend wird ein neues Stück eingeschweißt, und hier müssen wir eine Verstärkung anbringen, wie in der Abb. 5.4 gezeigt.

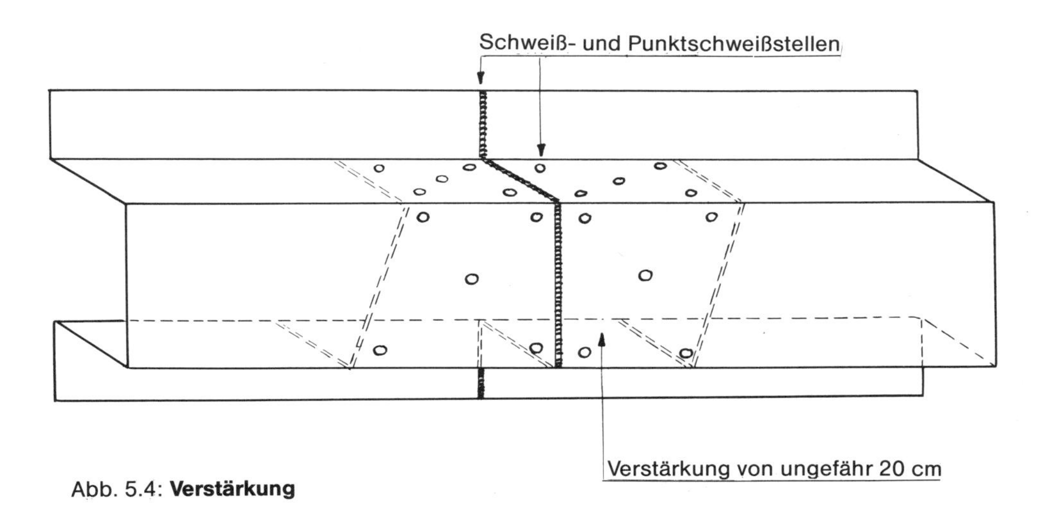

Abb. 5.4: **Verstärkung**

Die Wände der Holme, die zusammengeschweißt werden, sind zu durchbohren, worauf diese Löcher nach dem Anbringen der Verstärkungen wieder zugeschweißt werden.
Auf diese Weise wird die Festigkeit der Verbindung noch erhöht. Wir schweißen vorzugsweise mit CO_2 weil der Schweißbrenner eine zu starke lokale Erwärmung (und demzufolge Verformung) verursachen würde.

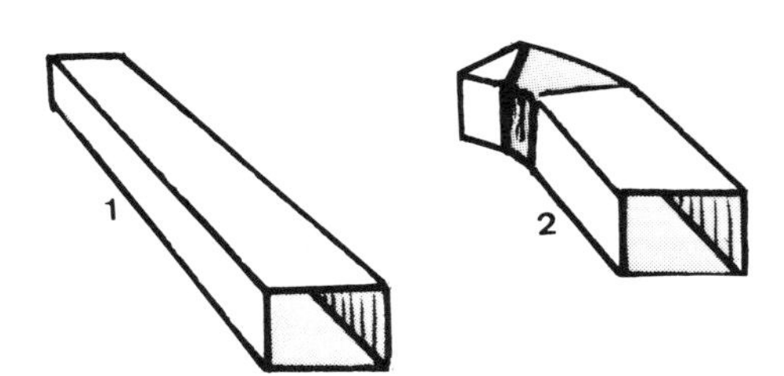

Abb. 5.5: **Geschlossene, rechteckige Kastenform (1). Beim Verbiegen wird die Dehnung V-förmig (2).**

5.3 ALLGEMEINE RICHTLINIEN

Gehen wir zunächst einmal davon aus, daß das Ausbeulen den Vorzug vor dem Ersetzen durch Neuteile verdient, sofern die Art der Beschädigung dies zuläßt. Nach dem Entfernen der Türverkleidung u.ä. von Türen, Dachblechen, vorderen Kotflügeln, hinteren Kotflügeln und Blechen u. dgl. finden wir immer Öffnungen, die uns dabei eine besondere Hilfe sein können.
Bei Teilen, die keine wesentliche Stützfunktion erfüllen, können wir zu einem teilweisen Ersetzen von Blechteilen übergehen.
Die 'Audatex'-Schadensberichte zeigen Ihnen deutlich, wann man eine Teilereparatur ausführen darf und kann, da diese in Absprache mit den meisten Fabrikaten erstellt wurden.
Hier folgen eine Reihe von Beispielen für das vollständige Ersetzen und ein teilweises Ersetzen (Teilreparaturen). Beim Ersetzen von Karosserieteilen müssen wir stets die Form des Austauschteils berücksichtigen. Es hängt jeweils von dem Blechsortiment ab, welches der Hersteller des betreffenden Automobils liefert. Daher ist es, jedenfalls für die richtige Paßform, von großer Wichtigkeit, Originalteile zu verwenden. Jede Karosseriereparatur unterscheidet sich doch immer etwas von der vorherigen, auch wenn das gleiche Teil ersetzt wird. Es ist daher nicht möglich, hier alle möglichen Reparaturfälle zu behandeln.

Vorderen Kotflügel vollständig ersetzen

Entfernen Sie folgende Teile: Stoßstange, Beleuchtung rechts und Tür.
Entfernen Sie mit einem Punktschweißfräser oder mit einem flachen pneumatischen Meißel die Punktschweißungen aus der Verbindung zwischen vorderem Kotflügel und Schloßblech, Innenschirm, Türpfosten, Bodenblech und Stütze von der Seitenbefestigung der Stoßstange.
Richten und modellieren Sie die angrenzenden Teile, schleifen Sie die Paßflächen ab und behandeln Sie diese mit einem elektrisch leitfähigen Kitt oder mit einem Korrosionsschutzmittel.
Bringen Sie den Kotflügel an seinem Platz an und spannen Sie ihn mit Greifzangen ein. Verwenden Sie als Passung die Motorhaube, den Scheinwerfer, die vordere Stoßstange und die Tür. Wenn alle Maße und Nähte stimmen, nehmen Sie die Punktschweißung des Kotflügels mit CO_2 Schweißverbindungen vor.
Bearbeiten Sie die Schweißnähte, die Undichtigkeit verursachen können, abschließend mit einem weichen Schmierkitt.
Bearbeiten Sie die Unterseite mit einem Korrosionsschutzmittel.

Vorderen Kotflügel teilweise ersetzen

Entfernen Sie die gleichen Teile mit Ausnahme der Tür, wie es unter 'Vorderen Kotflügel vollständig ersetzen' beschrieben wurde.

Abb. 5.6:
Vorderen Kotflügel vollständig ersetzen

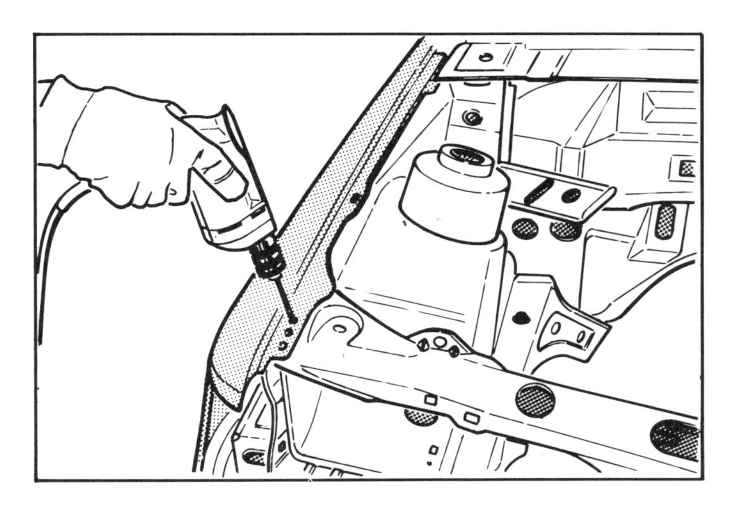

Abb. 5.7:
Punktschweißverbindungen an der Stoßstelle zwischen Kotflügel und Innenschirm sowie Schloßblech ausfräsen

Zeichnen Sie das auszutauschende Teil an und sägen Sie es mit einer Stichsäge oder einem Rundfräser durch.
Entfernen Sie die Punktschweißnähte mit einem Fräsbohrer oder mit einem flachen pneumatischen Meißel. Richten und modellieren Sie die angrenzenden Teile, schleifen Sie die Paßflächen ab und behandeln Sie diese mit einem elektrisch leitfähigen Kitt oder einem Korrosionsschutzmittel.
Um die beiden Teile miteinander zu verbinden, schweißen wir sie kalt aneinander, also ohne Überlappung.

Abb. 5.8:
Punktschweißverbindungen an der Stoßstelle zwischen Kotflügel und Seitenbefestigungsstütze der vorderen Stoßstange ausfräsen

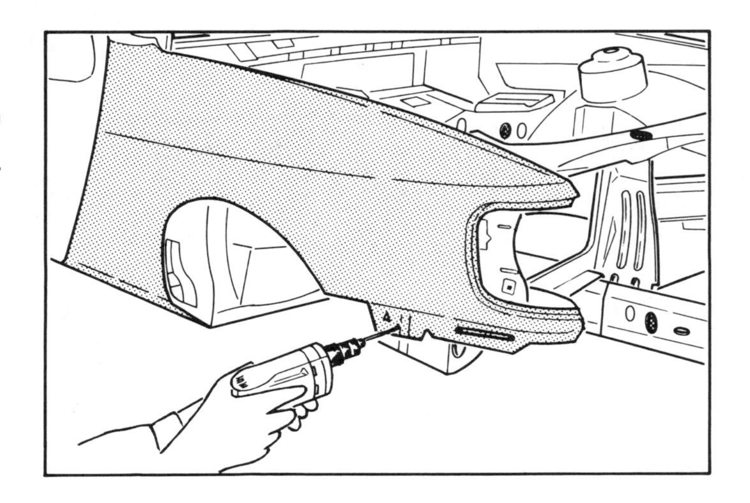

Bringen Sie das auf Maß zugeschnittene Kotflügelteil mit Greifzangen an seinen Platz und verwenden Sie Motorhaube, vordere Stoßstange und Scheinwerfer als Passung.
Wenn alle Maße und Nähte stimmen, schweißen Sie zunächst die Naht zwischen dem alten und dem neuen Teil durchgehend mit CO_2 und bringen Sie anschließend die Punktschweißverbindungen an.
Schleifen und modellieren Sie die durchgehende Schweißnaht glatt und bearbeiten Sie diese mit Schmierzinn. Bearbeiten Sie die Schweißnähte, die eine Undichtigkeit verursachen können, mit einem weichen Schmierkitt.
Bearbeiten Sie die Unterseite mit einem Korrosionsschutzmittel.

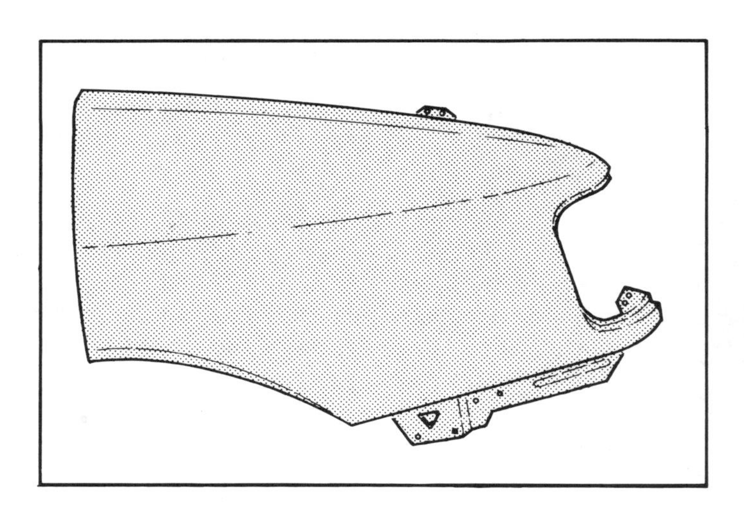

Abb. 5.9:
Vorderen Kotflügel teilweise ersetzen

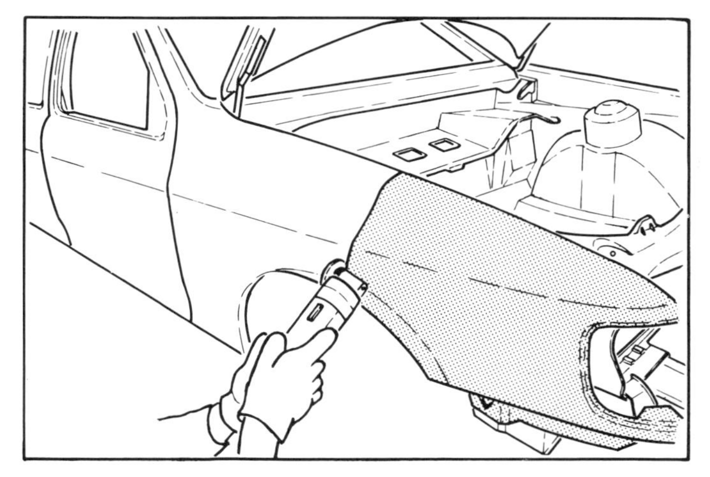

Abb. 5.10:
Durchschneiden der Schneidnaht mit einem Rundfräser

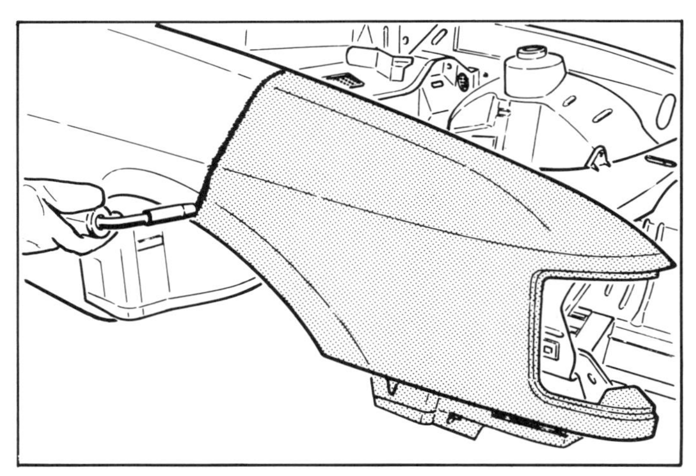

Abb. 5.11:
Durchgehendes CO_2 Schweißen der Schnittlinie

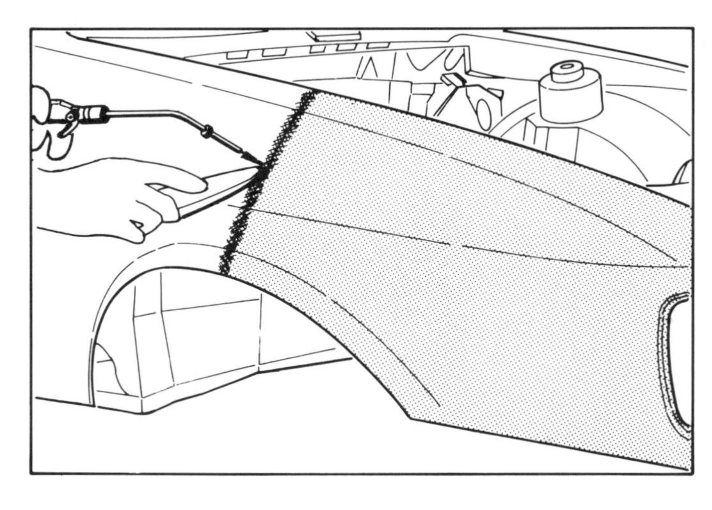

Abb. 5.12:
Verzinnen der Schweißnaht

Allgemeiner Hinweis

Das Ersetzen des Vorderteils eines Fahrgestellträgers kann im allgemeinen ohne Einsatz der Meß-Richtbank stattfinden.

Das Ersetzen vollständiger Fahrgestellträger sowohl auf der Vorder- als auch der Hinterseite muß mittels einer Meß-Richtbank erfolgen.

Zum Ersetzen vollständiger Innenschirme ist es sogar wünschenswert, daß die Meß-Richtbänke mit einem System zur Messung des MacPherson-Federsystems versehen sind.

So gibt es noch viele Teile, die mittels der Meß-Richtbank ersetzt werden müssen. Dies waren nur ein einige Beispiele.

Da der Ford Sierra eine aerodynamische Formgebung besitzt, ist es äußerst wichtig, daß zum Beispiel beim Ersetzen einer Tür mit Türpfosten ebenfalls die Meß-Richtbank eingesetzt wird, denn hier geht es tatsächlich um Millimeterarbeit. Versäumen wir dies, ist es denkbar, daß das Automobil mit pfeifenden Türen leben muß.

Vorderen Fahrgestellträger teilweise ersetzen

Der vordere Teil des Fahrgestellträgers/Längsträgers kann kalt verschweißt werden.

Wenn die Karosserie gerichtet ist, eventuell mit der Meß-Richtbank, zeichnen Sie die Schnittlinie für das zu ersetzende Teil an.

Schneiden Sie die Schnittlinie mit einer Stichsäge oder mit einem Rundfräser durch.

Entfernen Sie mit Hilfe eines flachen pneumatischen Meißels oder mit einem Punktschweißfräser die Punktschweißungen aus der Verbindung des Fahrgestellträgerteils mit dem Innenkotflügel und dem vorderen Zwischenträger/der Traverse.

Richten und modellieren Sie die Paßflächen, behandeln Sie sie mit leitfähigem Kitt oder mit einem Korrosionsschutzmittel.

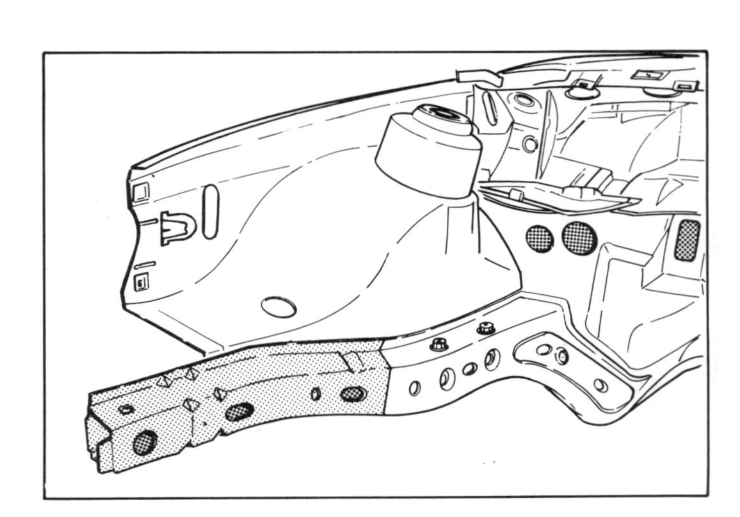

Abb. 5.13:
Anzeichnen der Schnittlinie am Fahrgestellträger/ Längsträger

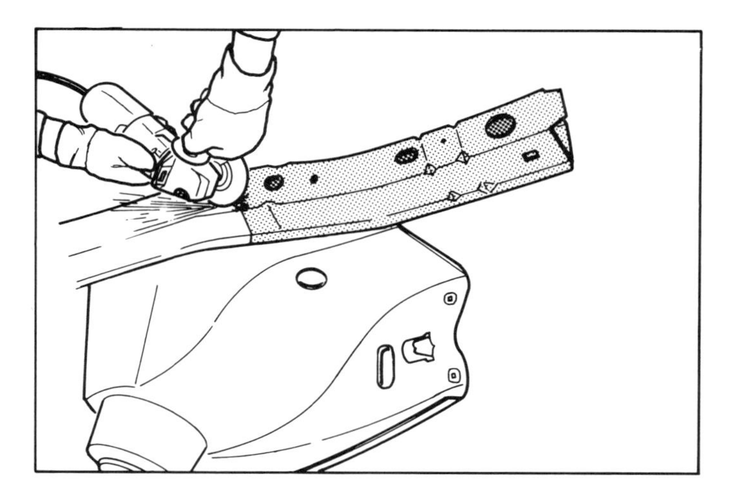

Abb. 5.14:
Das Durchschleifen der Schnittlinie mittels Rundfräsmaschine

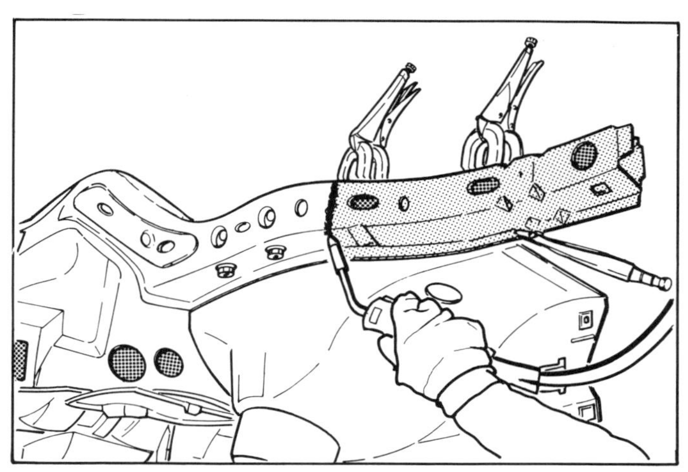

Abb. 5.15:
Kontinuierliches Durchschweißen der Schweißnaht mittels CO_2/ MIG-Schweißung

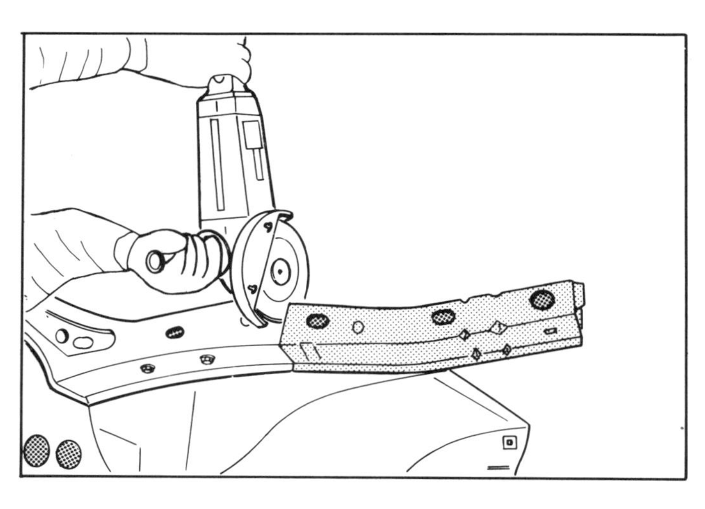

Abb. 5.16:
Abschleifen der Schweißnaht mit der Schleifmaschine

Spannen Sie das auf Maß gebrachte Fahrgestellträgerteil mit Greifzangen an seinem Platz ein.
Kontrollieren Sie die Maße mittels der Meß-Richtbank oder die Bodenmaße mit Hilfe des Meßlineals und der Anzeigevorrichtung (Abbildung 4.16 und 4.17).
Wenn diese Maße stimmen, verschweißen Sie zunächst die Naht zwischen dem alten und dem neuen Teil des Fahrgestellträgers durchgehend nach dem CO_2/ MIG-Verfahren.
Anschließend bringen Sie die Punktschweißungen an.
Schleifen Sie die durchgehende Schweißnaht glatt und bearbeiten Sie sie mit Schmierzinn.
Behandeln Sie Unterseite und Hohlräume mit einem Korrosionsschutzmittel.

Dachblech ersetzen
Nehmen wir als Beispiel die Ford Sierra-Limousine.
Entfernen Sie folgende Teile: Frontscheibe, Heckscheibe, Dachleisten, Innenverkleidung, Hutablage, Vordersitze, Rücksitzbank und eventuell den Bodenbelag.
Entfernen Sie die Dachleisten, die mit Klemmen befestigt sind.
Entfernen Sie anschließend die Dachrand, zwei Bolzen und Ringe und schneiden Sie den Montagekitt zwischen Dachrand und Dachblech durch.
Bohren Sie die Punktschweißverbindungen mit einem Fräsbohrer rund um das Dachblech aus.
Lösen Sie die Lötverbindung zwischen vorderem und hinterem Pfosten, entfernen Sie das flüssige Lot mit einer Stahlbürste.
Reinigen Sie, nachdem das Dachblech entfernt ist, die Paßflächen, richten Sie diese und bringen Sie einen leitfähigen Kitt an.
Bringen Sie anschließend das neue Dachblech, welches rundherum mittels einer Lochzange mit Löchern versehen wurde, an, um eine einwandfreie CO_2 Lochnaht herstellen zu können.
Klemmen Sie das Dachblech nach dem Zentrieren mit Greifzangen fest und verwenden Sie als Passung Front- und Heckscheibe.

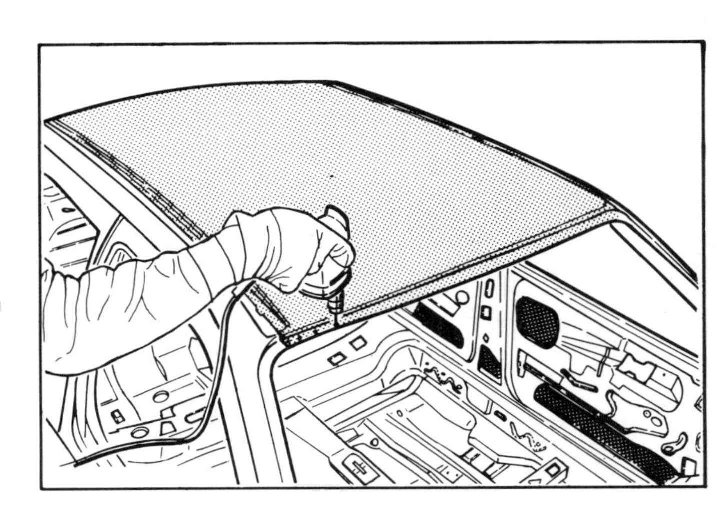

Abb. 5.17:
Ausfräsen der Punktschweißungen aus dem Dachblech

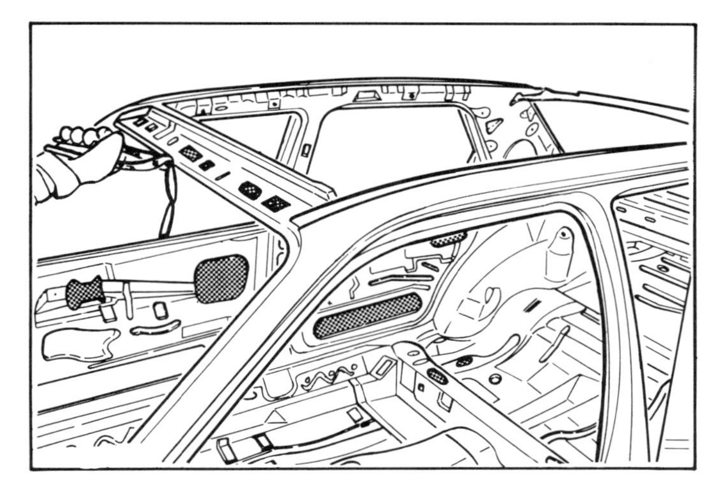

Abb. 5.18:
Dachrahmen ohne Dachblech. Diesen vor Einsetzen des Dachblechs gut reinigen und richten/modellieren und mit einem leitfähigen Kitt versehen, um Undichtigkeiten und Rost zu vermeiden.

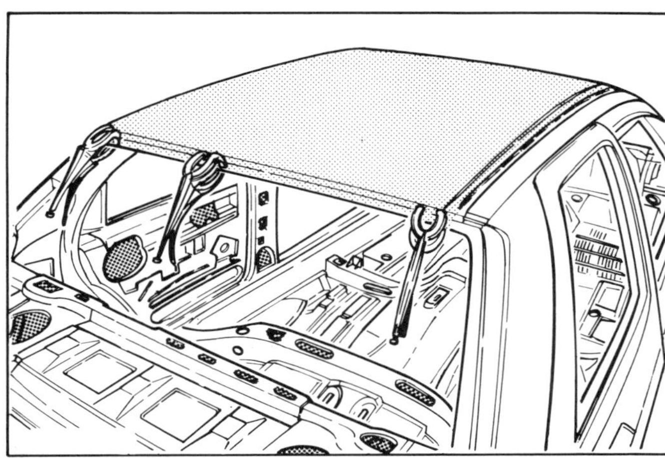

Abb. 5.19:
Fixieren Sie das Dachblech nach dem Zentrieren mit Greifzangen. Beginnen Sie, indem Sie die Greifzangen mitten in der Vorderseite ansetzen und arbeiten Sie von dort zu den Seiten hin.

Wenn sich das Dachblech an seinem Platz befindet, ist rundherum mit CO_2 eine Punktschweißung/Lochschweißung vorzunehmen.
Bearbeiten Sie die Verbindungen zwischen Dachblech und Vorder- sowie Hinterpfosten mit Schmierzinn.
Bringen Sie danach den mit Montagekitt versehenen Dachrand wieder unter dem Dachblech an. Bearbeiten Sie alle Nähte, die Undichtigkeiten verursachen können, mit einem weichen Schmierkitt.

Hinteren Kotflügel vollständig ersetzen
Zeichnen Sie die Schnittlinie vom hinteren Kotflügel zum Dachpfosten an und sägen Sie diese mit einem Rundfräser oder einer Stichsäge durch.
Entfernen Sie mit einer Punktschweißfräsmaschine die Punktschweißungen aus der Verbindung des hinteren Flügels mit dem Türfalz, dem Heckscheibenfalz,

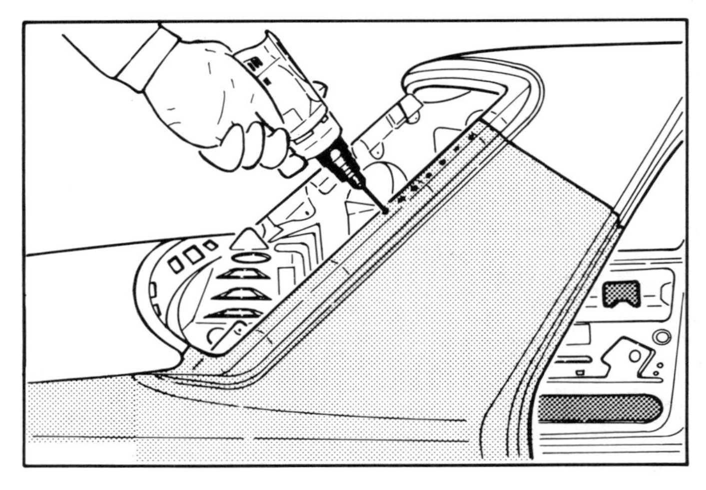

Abb. 5.20:
Punktschweißungen aus der Verbindung des hinteren Kotflügels mit dem Türfalz, dem Heckscheibenfalz und dem Radkasten entfernen

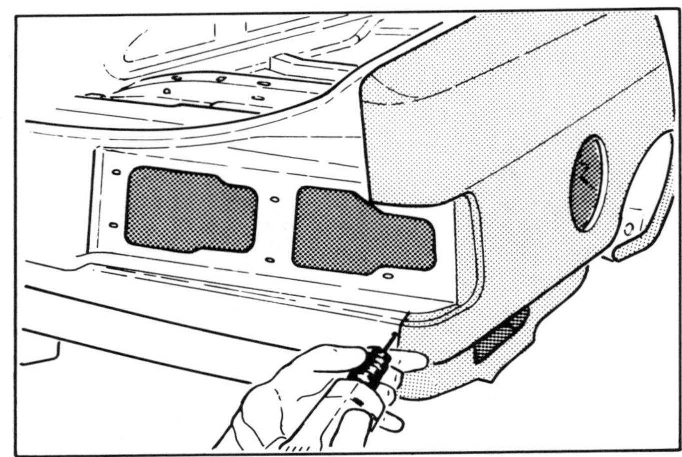

Abb. 5.21:
Punktschweißnähte aus der Verbindung zwischen Heckkotflügel und Heckblech entfernen

dem Radkasten, der Schwelle und dem Heckblech.
Richten und modellieren Sie die angrenzenden Teile, reinigen Sie die Paßflächen und behandeln Sie diese mit einem leitfähigen Kitt.
Machen Sie den neuen Kotflügel passend und spannen Sie ihn mit Greifzangen im Automobil ein, wobei als Passung die Tür, die Schlußleuchte und die Stoßstange zu verwenden sind.
Schweißen Sie die Naht zwischen Kotflügel und Dachpfosten durchgehend mit CO_2 und schweißen Sie den Rest des Kotflügels mit einer CO_2 Lochnaht oder einer Punktschweißzange. Glätten Sie die durchgehende Schweißnaht, reinigen Sie sie und bearbeiten Sie sie mit Schmierzinn.
Bearbeiten Sie die Schweißnähte rundherum mit einem weichen Schmierkitt, um Rostbildung durch Undichtigkeiten zu vermeiden.
Bearbeiten Sie Unterseite und Hohlräume mit einem Korrosionsschutzmittel.

Hinteren Kotflügel teilweise ersetzen

Zeichnen Sie die Schnittlinie an und sägen Sie diese mit einer Eisensäge, Stichsäge oder einer Rundfräsmaschine durch.
Entfernen Sie die Punktschweißungen mittels einer Punktschweißfräsmaschine aus der Verbindung des hinteren Kotflügelteils mit dem Radkasten, der Bodenplatte und dem Heckblech.
Richten und modellieren Sie die angrenzenden Teile und die Paßflächen und behandeln Sie die Paßflächen mit einem leitfähigen Kitt.
Machen Sie den neuen Teil des Kotflügels passend, setzen Sie ihn mit Greifzangen in das Automobil ein und verwenden Sie Kofferraumdeckel, Schlußleuchte und Stoßstange als Passung.

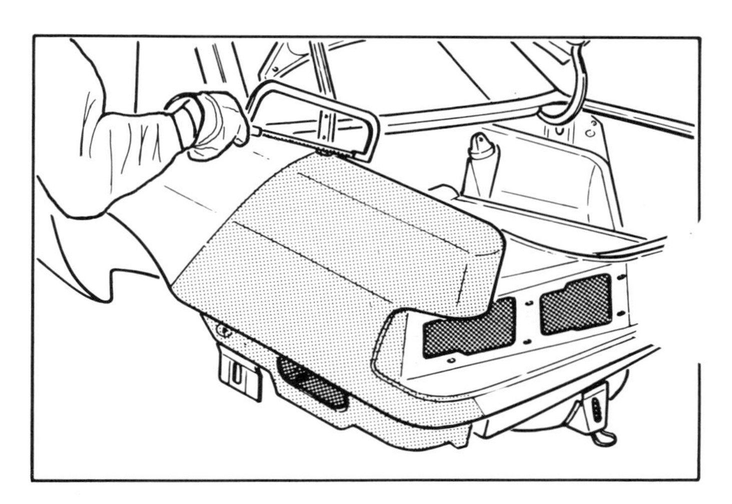

Abb. 5.22:
Die Schneidnaht mit einer Eisensäge, Stichsäge oder einer Rundfräsmaschine durchsägen

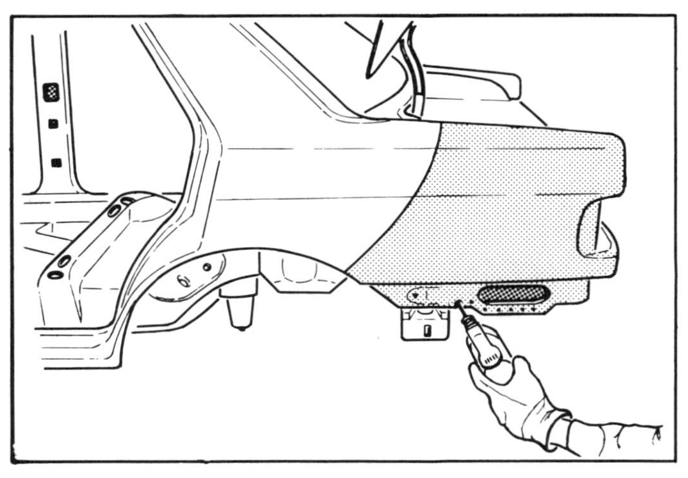

Abb. 5.23:
Entfernung der Punktschweißungen mit einer Rundfräsmaschine

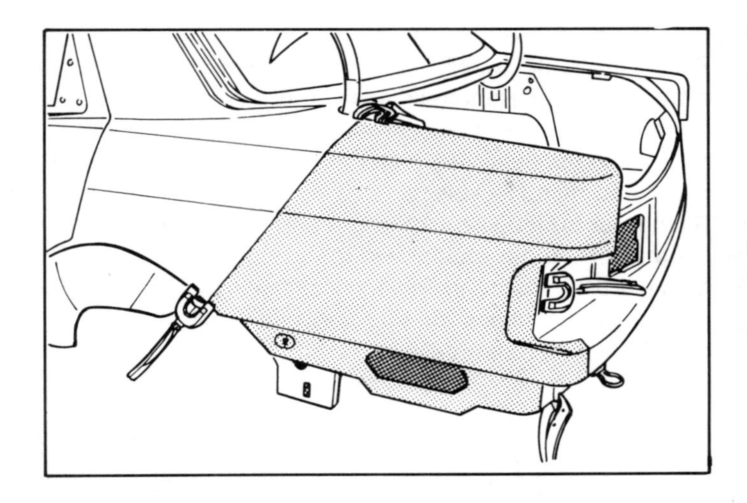

Abb. 5.24:
Befestigen des Kotflügelteils mit Greifzangen

Schweißen Sie die Naht zwischen dem alten und dem neuen Teil durchgehend mit CO_2 und nehmen Sie am übrigen Kotflügelteil eine Punktschweißung mit der Punktschweißzange oder mittels einer CO_2 Lochnahtschweißung vor. Schleifen Sie die durchgehende Schweißnaht gut aus, machen Sie sie flach und bearbeiten Sie sie mit Schmierzinn.

Heckblech vollständig ersetzen

Entfernen Sie die hintere Stoßstange, die Schlußleuchten und die Kofferraumverkleidung.

Entfernen Sie mit Hilfe einer Punktschweißfräsmaschine und eines flachen pneumatischen Meißels die Punktschweißungen aus der Verbindung des Heckblechs mit dem linken und rechten hinteren Kotflügel und dem Kofferraumbodenblech.

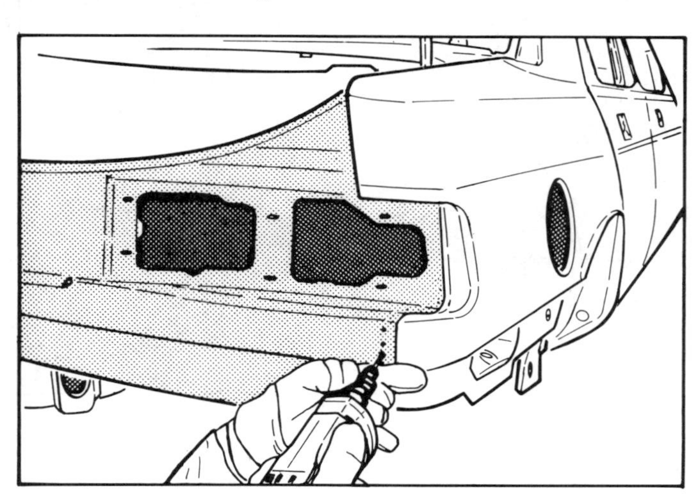

Abb. 5.25:
Ausbohren der Punktschweißungen mit einer Punktschweißfräsmaschine

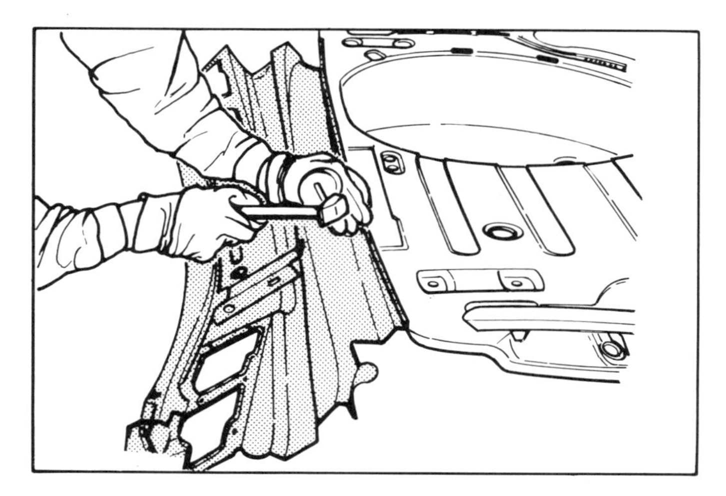

Abb. 5.26:
Verbindung des Heckblechs mit dem Bodenblech mittels eines flachen Meißels lösen, wozu auch ein flacher pneumatischer Meißel zu verwenden ist

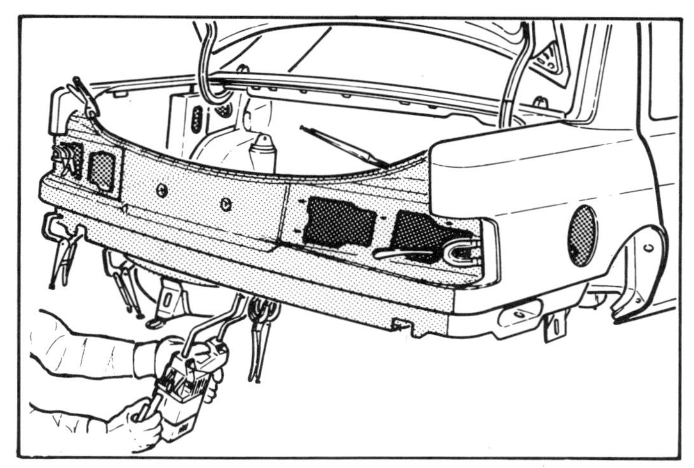

Abb. 5.27:
Heckblech mit Greifzangen zentrieren

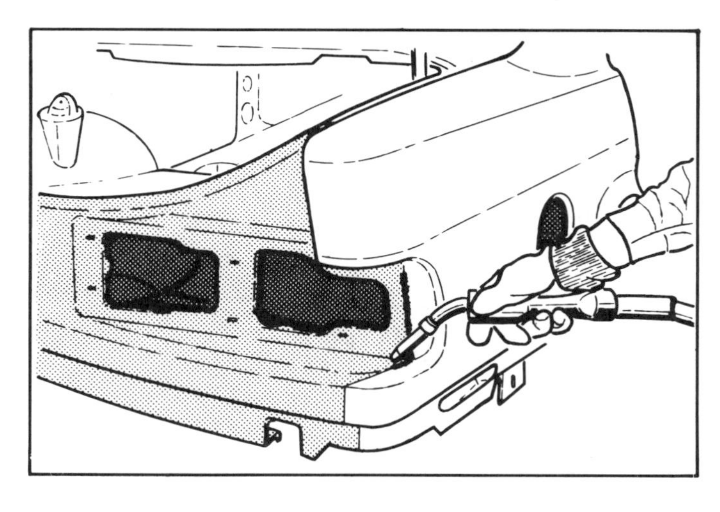

Abb. 5.28:
CO_2/MIG-Schweißung des Heckblechs

Richten und modellieren Sie die angrenzenden Teile und behandeln Sie die Paßflächen mit einem leitfähigen Kitt.
Setzen Sie das neue Heckblech in das Automobil ein und spannen Sie es mit Greifzangen fest.
Benutzen Sie Kofferraumdeckel, Schlußleuchten und Stoßstange als Passung.
Heckblech rundherum mit CO_2 punktschweißen.
Bearbeiten Sie die Schweißnähte mit einem weichen Schmierkitt, um Undichtigkeiten zu vermeiden.

Heckblech teilweise ersetzen
Zeichnen Sie die Schnittlinie des zu ersetzenden Teils an und schneiden Sie diese mit einer Rundfräsmaschine durch.
Machen Sie das neue Teil passend, befestigen Sie es mit Greifzangen an seiner Stelle und verwenden Sie Schlußleuchte und Kofferraumdeckel als Passung.
Schweißen Sie die Naht zwischen dem alten und dem neuen Teil durchgehend mit CO_2 und unterziehen Sie den Rest der Platte einer CO_2 Punktschweißung.
Bearbeiten Sie die durchgehende Schweißnaht mit Schmierzinn.

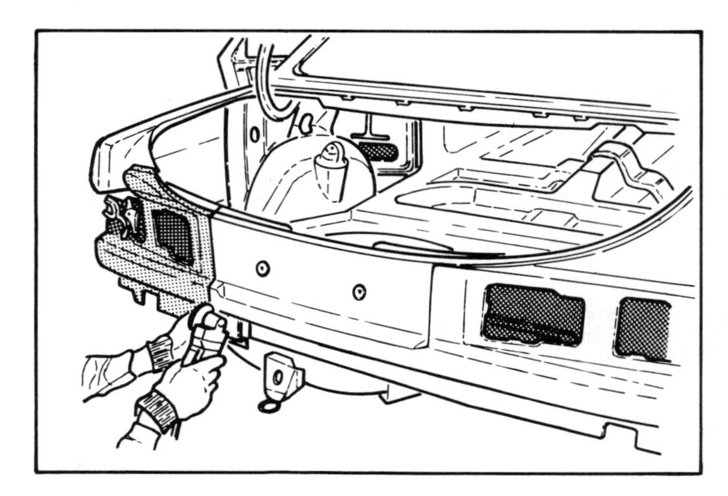

Abb. 5.29:
Schneiden Sie die Schnittlinie mit einer Stichsäge oder einer Rundfräsmaschine durch

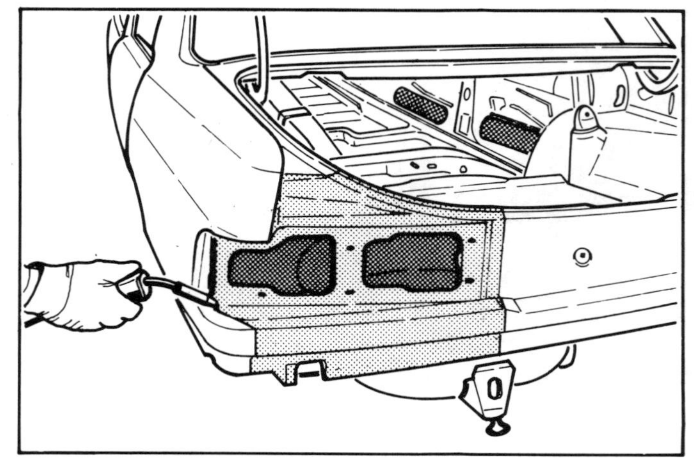

Abb. 5.30:
Schweißen Sie die Naht zwischen altem und neuem Teil kontinuierlich durch und bearbeiten Sie sie mit Schmierzinn

Fertigstellen

Schweiß- und Lötverbindungen werden mit einer Schleifscheibe flachgeschliffen. Die Nähte sollten aber möglichst wenig bearbeitet werden, damit die Stabilität erhalten bleibt.

Der nächste Schritt besteht aus dem Verzinnen der Nahtstellen. Dazu müssen wir die betreffenden Teile mit größter Sorgfalt reinigen. Lack und Schmutzreste werden abgeschliffen; Unebenheiten und Punktschweißnähte bearbeiten wir mit der Stahlbürste. Anschließend werden die Oberflächen mit Lötpaste eingerieben. Beim Löten bewegen wir den Brenner von außen nach innen. um einem Einsinken der Zinnschicht vorzubeugen. Die Reste der Lötpaste werden mit einem Lappen entfernt. Beim Aufschwemmen des Zinns ist darauf zu achten, daß dieses gut streichbar bleibt und daß keine Luftblasen entstehen. Dadurch kann es nämlich nach dem Spritzen zu Kratern im Lack kommen. Das Verzinnen bietet viele Möglichkeiten, wie Auffüllen von Unebenheiten und Anbringen von Rändern und Umrahmungen.

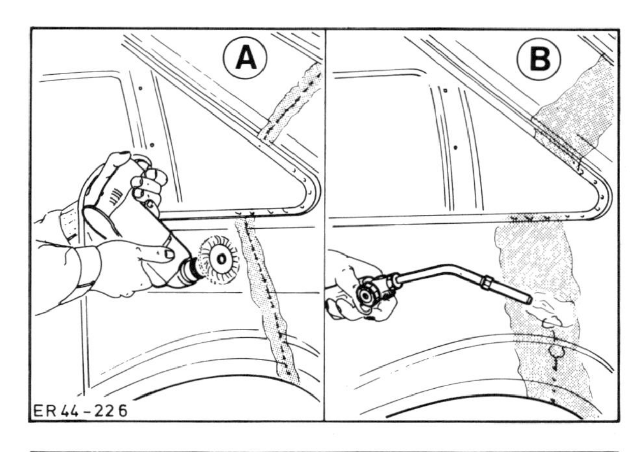

Abb. 5.31:
A) Verbindungsnaht mit runder Stahlbürste reinigen;
B) Verzinnen mit dem Gasbrenner.

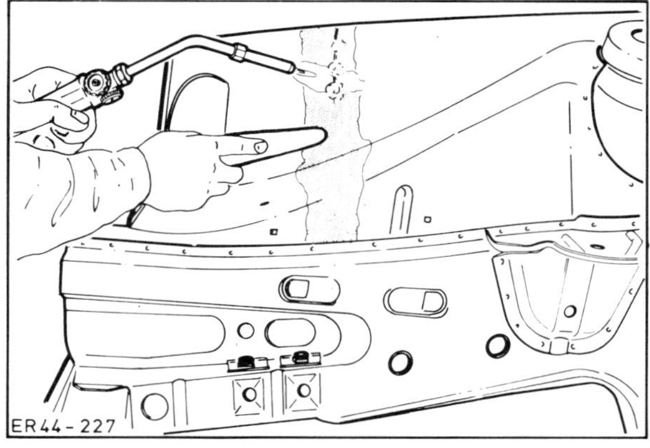

Abb. 5.32: **Mit Hilfe eines Spachtels wird die Naht mit Zinn ausgefüllt**

Die verzinnten Nahtstellen können auf verschiedene Weise verarbeitet werden. Schleifen, schmirgeln, feilen und fräsen, je nach der Stelle und der Oberfläche. Man achte immer darauf, daß kein Ansatz entsteht.
Nahtstellen und Punktschweißverbindungen müssen abgedichtet werden. Dazu bringen wir zuerst einen Untergrund an. Dichtmittel gibt es in vielerlei Arten, vom Abdichtband bis zum Kitt. Prüfen Sie nach dem Abdichten immer, ob die Stelle auch wasserdicht ist (Wassertest).
Schließlich müssen wir die neuen Teile und Schweißränder mit einem Rostschutzmittel behandeln. Das kann mit dem Pinsel oder der Spritzpistole geschehen.

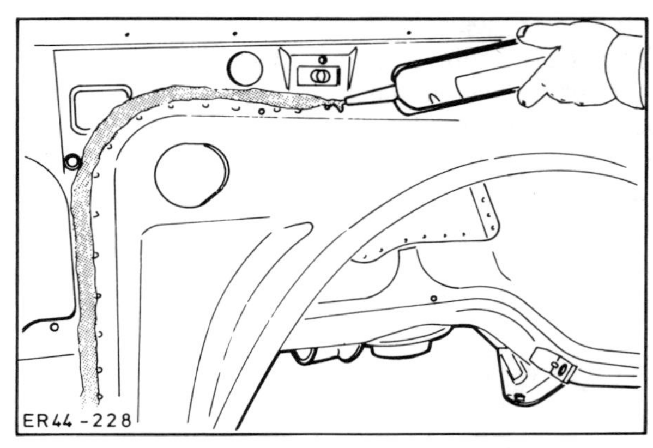

Abb. 5.33: **Abkitten einer Verbindungsnaht**

Abb. 5.34: **Rostschutzmittel auftragen**

6 Messen und Richten

6.1 EINLEITUNG

Die Zeit, in der das Chassis noch das Rückgrat der Karosserie darstellte, ist schon lange vorüber. Nur in Ausnahmefällen begegnet uns noch so ein Auto, jedenfalls bei den Personenwagen. Bei einer solchen Konstruktion aus Fahrgestell mit aufgesetzter Karosserie spielt der Aufbau zum Funktionieren des Autos deutlich eine untergeordnete Rolle. Alle wichtigen Teile sind auf dem Fahrgestell oder daran befestigt; wir denken hierbei u. a. an die Radaufhängung, die Lenkung, den Motor und das Getriebe. Ein Karroserieschaden brauchte sich bei so einem Automobil nicht unbedingt nachteilig auf die Fahreigenschaften und die Betriebssicherheit auszuwirken. Jedenfalls solange das Fahrgestell unbeschädigt blieb.
Die »selbsttragende Karosserie«, wie wir sie heute kennen, kam bereits 1935 auf, als es dank der größeren Pressen möglich wurde, größere Karosserieteile aus einem Stück zu stanzen und zu formen. Anfang der fünfziger Jahre setzte sich diese Konstruktionsweise in Europa endgültig durch.
Die selbsttragende Karosserie ist stark und verwindungsfrei genug, um die schweren Fahrgestellrahmen überflüssig zu machen. Aber zwangsläufig müssen jetzt natürlich alle mechanischen Teile an der Karosserie aufgehängt und befestigt werden. Ein Karosserieschaden kann daher leicht einen großen Einfluß auf die Funktionstüchtigkeit des Automobils ausüben.
Daher ist es von großer Wichtigkeit, daß Schäden, bei denen Bodenblech, Fahrgestellträger, Innenschirme und Gestell durch einen Zusammenstoß verformt wurden, auf den Meß-Richtbänken, die mit Datenblättern versehen sind, instandgesetzt werden. Meß-Richtbänke, die mit dem System zur Messung des MacPherson-Federsystems ausgerüstet sind, haben dabei Vorrang.
Noch immer fordert der Verkehr zahlreiche Opfer. Auf allen möglichen Gebieten versucht man, dies zu ändern. Das Resultat aller dieser Bemühungen – eine sinkende Unfalltendenz zu bewirken – hängt von entsprechend vielen Faktoren ab. Ein großer Teil ist aber jedenfalls der *aktiven bzw. passiven Sicherheit* des modernen Automobils zu danken. Der Deutlichkeit halber seien hier ein paar Beispiele aus beiden Kategorien aufgeführt.
Die *aktive Sicherheit* eines Autos hängt von dem Maß ab, in dem seine Ausrüstung darauf abzielt, Unfällen nach Möglichkeit vorzubeugen.

Die folgenden Faktoren spielen dabei eine wesentliche Rolle:

- Das Verhalten des Fahrzeuges: Straßenlage, Bremseigenschaften, Beschleunigung, Kurvenverhalten, Seitenwindempfindlichkeit u. ä.
- Der Komfort des Fahrzeuges, um der Ermüdung des Fahrers entgegenzuwirken: Lüftung, Lärmpegel, Sitzqualität, Bedienungsbequemlichkeit, Federung u. ä.
- Das Ausmaß der Sichtbehinderung: Fensterfläche, tote Blickwinkel, Spiegel u. ä.
- Die Qualität der Beleuchtung.
- Die Farbe des Automobils (ein gelbes Auto fällt eher auf als ein dunkelgraues).

Die *passive Sicherheit* eines Automobils ist abhängig von seiner Eigenschaft, die Folgen eines Unfalls nach Möglichkeit zu *begrenzen.*
Wesentlich sind dabei:
- Die Form des Automobils: keine scharfen Ecken und herausragenden Teile (Handgriffe, Spiegel, Markenzeichen, Antennen, Tankdeckel). Man spricht hier auch von Außensicherheit; durch sie soll verhindert werden, daß Personen außerhalb des Fahrzeuges verletzt werden.
- Die Konstruktion des Automobils: Käfigkonstruktion, Knautschzonen, energieabsorbierende Werkstoffe, Sicherheits-Lenkvorrichtung, Sicherheitsgurte, Sicherheitsglas, Kopfstützen u. ä. Hier spricht man auch von Innensicherheit; mit ihr sollen die Fahrzeuginsassen nach bester Möglichkeit geschützt werden.

Aus alledem geht auch hervor, wie wichtig die sachgemäße Reparatur eines Fahrzeugschadens ist. Natürlich auch aus der Sicht der Lebensdauer und Zuverlässigkeit des Fahrzeuges, aber vor allem – und das ist noch wichtiger – aus der Sicht der Verkehrssicherheit.
Bei größeren Reparaturen müssen die Karosseriemaße deshalb immer überprüft werden. Dazu gibt es im Prinzip drei Möglichkeiten:
a) die ermittelten Werte mit den Daten des Herstellers vergleichen;
b) die ermittelten Werte mit denen eines unbeschädigten Fahrzeuges derselben Marke und desselben Typs vergleichen;
c) die Symmetrie des Autos überprüfen.

Dabei ist aber zu bedenken, daß die erstgenannte Möglichkeit bei weitem als die beste zu bezeichnen ist. Wir haben viele Methoden und Werkzeuge zur Verfügung, die im weiteren Verlauf dieses Kapitels noch ausführlich behandelt werden. Anhand des Meßresultats können wir dann gezielte und vertretbare Reparaturen durchführen, die eine korrekte Wiederherstellung der Karosserieform sichern.

6.2 KAROSSERIE-ABMESSUNGEN

Damit die Karosserie korrekt und einwandfrei repariert werden kann, geben die Hersteller alle wichtigen Maße an. Solche Maßzeichnungen sind praktisch immer in den Werkstattbüchern enthalten, und sie gelten als Richtschnur zur Reparatur (und nicht als Kontrollmaße für ein neues Auto).
In den Abbildungen 6.1 bis 6.6 bringen wir hier einige Beispiele.

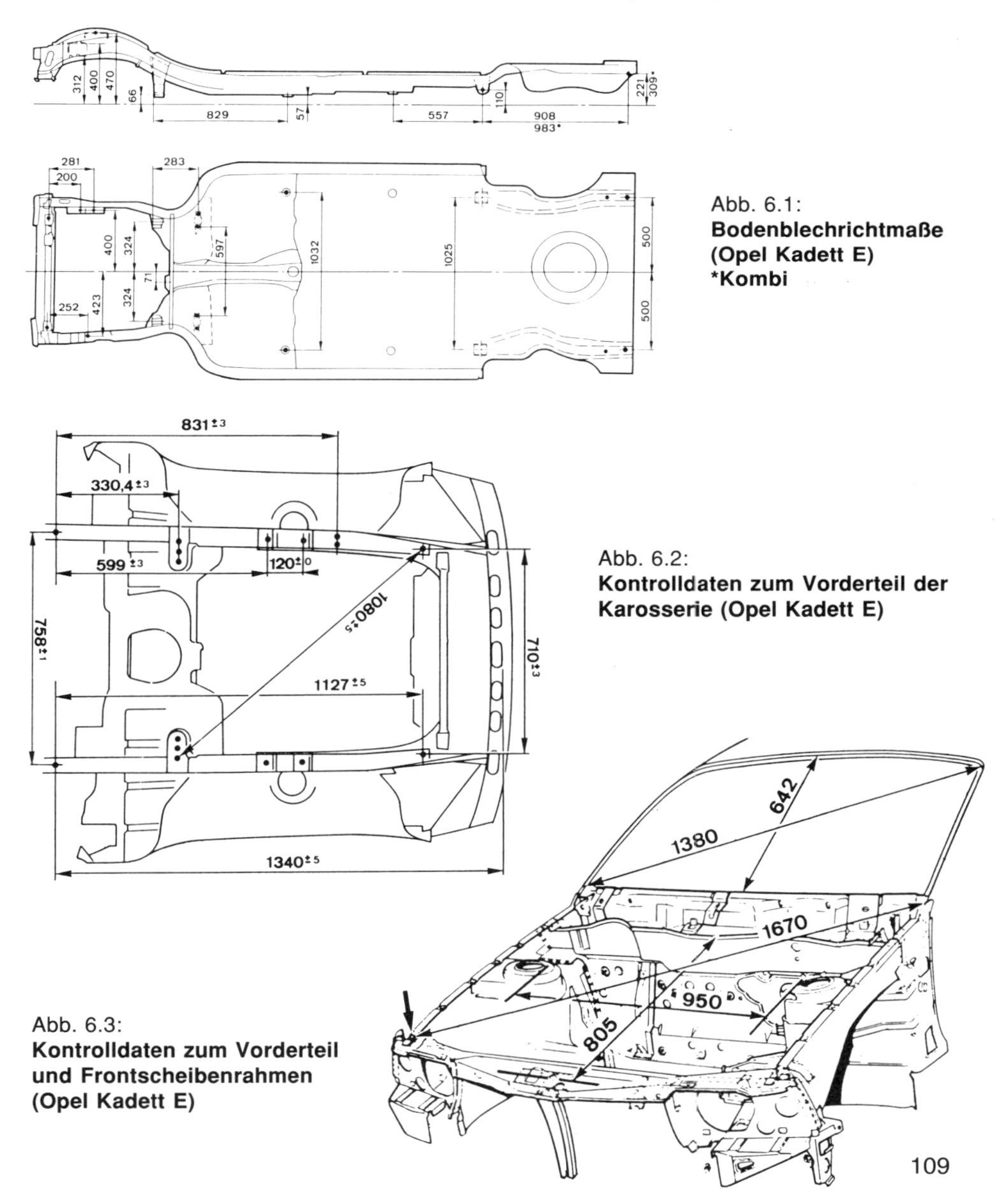

Abb. 6.1:
Bodenblechrichtmaße (Opel Kadett E)
***Kombi**

Abb. 6.2:
Kontrolldaten zum Vorderteil der Karosserie (Opel Kadett E)

Abb. 6.3:
Kontrolldaten zum Vorderteil und Frontscheibenrahmen (Opel Kadett E)

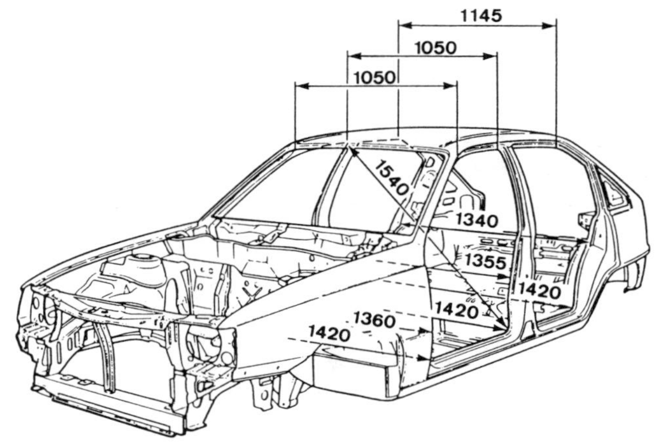

Abb. 6.4:
Kontrolldaten zu den Innenabmessungen (fünftürige Ausführung Opel Kadett E)

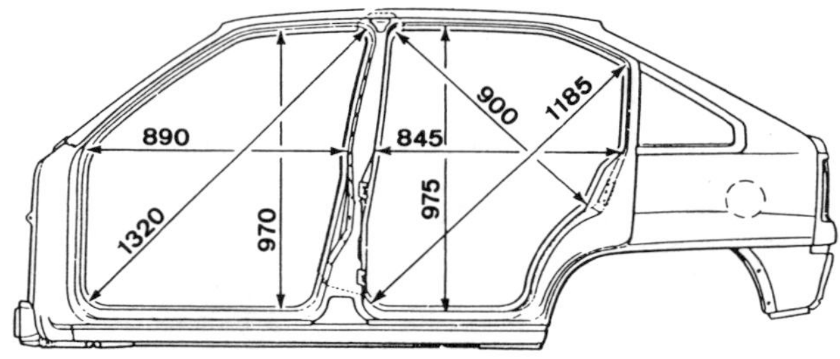

Abb. 6.5:
Kontrolldaten zu den Türöffnungen (fünftürige Ausführung Opel Kadett E)

Abb. 6.6:
Kontrolldaten zur Heckklappenöffnung (fünftürige Ausführung Opel Kadett E)

6.3 REIHENFOLGE DES RICHTENS

Ehe mit der Reparatur einer Karosserie begonnen wird, ist es wichtig zu wissen, in welcher Reihenfolge die Stöße gegen die Karosserie sich beim Zusammenstoß abgespielt haben, damit das Richten und Ausbeulen sachlich richtig im entgegengesetzten Sinn erfolgen kann.

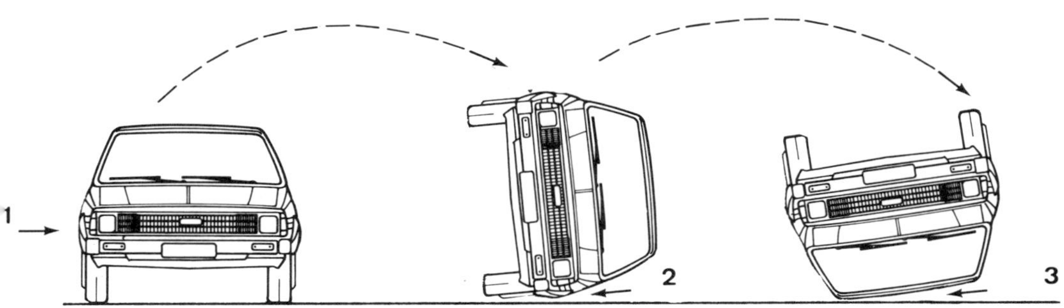

Abb. 6.7: **Ein Unfall, bei dem die Karosserie drei Schläge erhält.**

Die Abb. 6.7 zeigt den Ablauf eines Unfalls mit drei Schlägen. Wir können die »Kastenform« nun folgendermaßen wiederherstellen (Abb. 6.8). Man setzt das Karosserie-Richtgerät am Stützpunkt A an und drückt den Kasten dann, nach Möglichkeit ohne zu erhitzen, zum Punkt 1 hin aus. Das Fußstück in A muß an einer Verstärkung angesetzt werden; falls das Bodenblech nicht stark genug ist, verstärken wir es durch einen Hartholzklotz, der breit genug ist, um den Druck des Richtgerätes über den Rahmen zu verteilen.

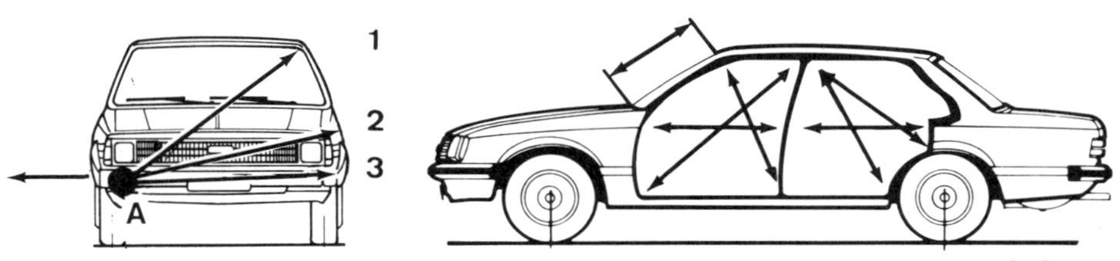

Abb. 6.8: **Ausdrücken in umgekehrter Reihenfolge vom Stützpunkt A aus**

Abb. 6.9: **Die Maße, die zu überprüfen sind**

Das Ausbeulen und Planieren jedes einzelnen Elementes (Dachanschluß und Dach) erfolgt systematisch in dem Verhältnis, in dem der Rahmen wieder auf seine ursprüngliche Stelle gedrückt wird. Dabei wird das Blech so weit wie möglich vollständig wiederhergestellt, ehe man mit Punkt 2 beginnt. Die zweite Operation erfolgt in gleicher Weise, wie die erste. Auch die Türpfosten werden wieder ausgerichtet, d. h. wir beulen sie aus und richten sie. Zum Nachmessen verwendet man eine unbeschädigte Tür. Die Einbeulung Nr. 3 kommt als letzte an die Reihe. Kastenprofile u. ä., die eventuell warmgemacht werden mußten, werden verstärkt Die Abb. 6.9 zeigt die verschiedenen Punkte, die nachzumessen sind. Diese Abstände müssen auch zeitens des Richtens überwacht werden.

6.4 MESSGERÄTE

Prinzip

Hier sei vorausgesetzt, daß wir beim Messen folgendes unterscheiden können:

A. das Prüfen der *Form* einer Karosserie;

B. das Prüfen der *Maße* einer Karosserie.

Obwohl hier ein prinzipieller Unterschied vorliegt, ist das Resultat praktisch gleich: wir stellen fest, wo, wie und um wieviel die Karosserie verformt ist. Hier seien die häufigsten Meßprinzipien genannt.

A. Die Form

A1. Meßstäbe. Diese werden quer unter dem Fahrzeug montiert (siehe Abb. 6.10).

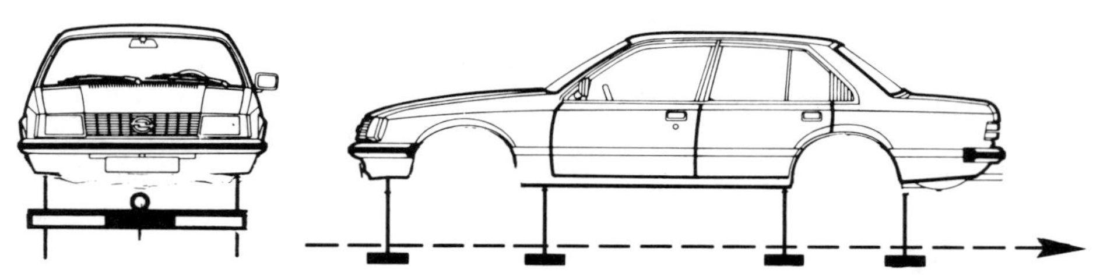

Abb. 6.10: **Indem wir prüfen, ob die Zentrieraugen in einer Linie liegen, können wir feststellen, ob das Auto gerade ist. Die Zentrieraugen können in der vertikalen und in der horizontalen Ebene nicht in einer Linie liegen, auch eine Kombination beider Ebenen ist möglich.**

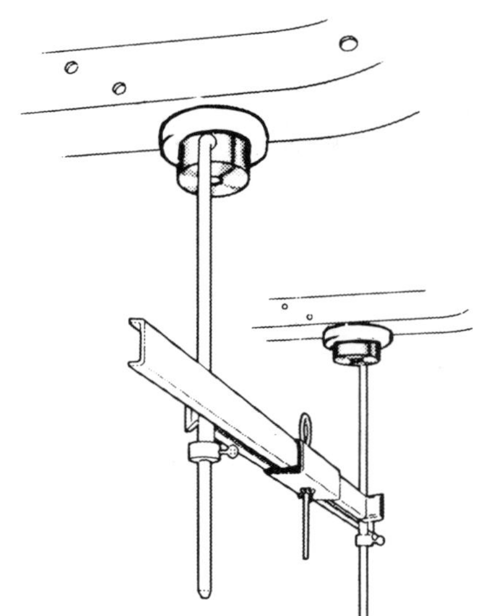

Abb. 6.11: **Hier sehen wir einen Meßstab, der mit Magneten aufgehängt ist**

A2. Schablonen. Mit ihrer Hilfe läßt sich leicht überprüfen, ob das Auto die richtige Form hat. Wenn bestimmte Meßpunkte nicht richtig an der Schablone anliegen, kann auf eine Verformung geschlossen werden.
Schablonen können eingeteilt werden in:

- Herstellerschablonen. Eine hervorragende, aber kostspielige Methode; die Schablone eignet sich meist nur für einen einzigen Typ einer bestimmten Automarke.
- Schablonensatz. Auf einen Grundrahmen können wir die verschiedenen Schablonen montieren. Einen bestimmten Autotyp können wir mit Hilfe einer bestimmten Auswahl aus den unterschiedlichen Schablonen überprüfen. Man kann solche Schablonen auch oftmals gegen geringe Kosten ausleihen.

B. Die Abmessungen

B1. Meßlineal, Senklot und Maßband. Mit Hilfe des Senklots können wir einen Meßpunkt der Karosserie auf den ebenen Boden »projizieren«. Anschließend können wir den Abstand vom Maßband ablesen. Hier ist allerdings äußerste Sorgfalt geboten; ein kleiner Fehler ist schnell gemacht. Das Meßlineal ist eigentlich eine Kombination aus Senklot und Maßband, wobei der wesentliche Unterschied darin besteht, daß wir das Meßlineal in allen Richtungen verwenden können, das Senklot dagegen nur senkrecht zum Fußboden. Die Meßstifte oder -federn sitzen in Gleitstücken. Diese Gleitstücke können über das Meßlineal, das wie ein Lineal eine Skala hat, verschoben werden.

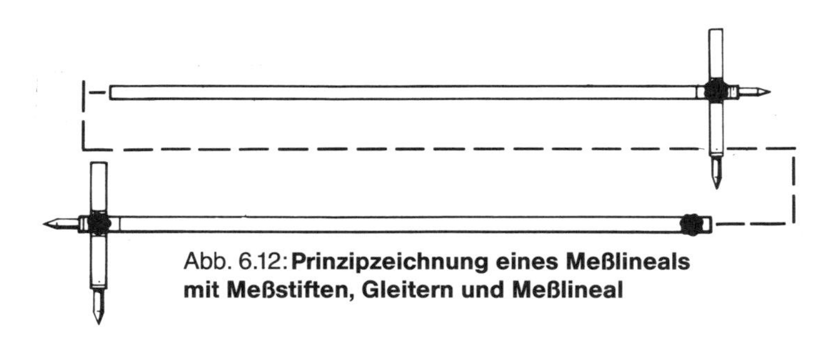

Abb. 6.12: **Prinzipzeichnung eines Meßlineals mit Meßstiften, Gleitern und Meßlineal**

B2. Verstellbarer Maßrahmen. Dieses Gerät macht es möglich, die unterschiedlichen Längen-, Breiten- und Höhenmaße des Fahrzeuges einzustellen. Diese Meßrahmen werden häufig in Kombination mit einem Richtrahmen desselben Fabrikats verwendet.
Ausgehend von diesen Prinzipien haben wir natürlich allerlei Kombinationsmöglichkeiten. Beschäftigen wir uns einmal kurz mit den bekannteren Systemen.

Beispiele von Meßgeräten

Die Celette-Meß-Richtbank

Celette verfügt über zwei Meß-Richtbänke.

- Einen Grundrahmen (MUF 7), der mit vier Schwenkrädern versehen werden kann, so daß ein Einsatz an jedem gewünschten Platz möglich wird (Abb. 6.13). Weiterhin kann der Grundrahmen mit vier Verankerungsklemmen und mit einer Zugeinheit Cobra 3 versehen sein.

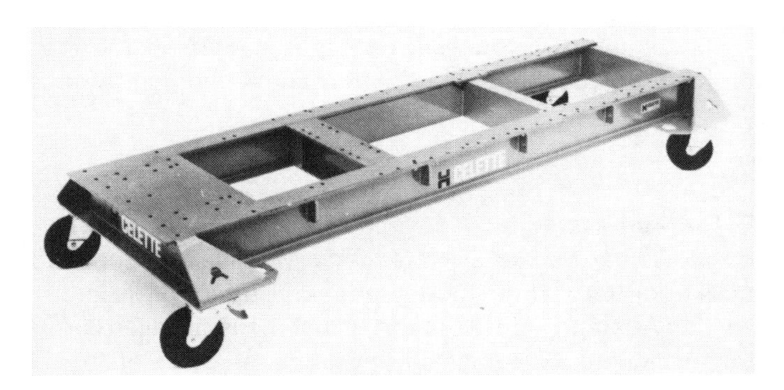

Abb. 6.13: **Celette-Grundrahmen MUF 7, versehen mit vier Schwenkrädern, Zugeinheit und einer Meßbrücke**

- Um Messen zu können, versehen wir den Grundrahmen mit dem Meßsystem Metro 2000 (Abb. 6.14).
  Das System Metro 2000 läßt sich durch ein MacPherson-Meßsystem erweitern, so daß man sowohl die dreidimensionale Position als auch den Winkel eines MacPherson-Federsystems messen kann.
  Außerdem kann die Meßbank noch mit einem Profilvergleichsgerät (Symetro) zur Symmetriekontrolle aller Punkte rund um die Karosserie versehen werden.
  Um nach den Werksdaten richten und messen zu können, muß ein Datenblatt verwendet werden.
  Abbildung 6.15 enthält ein Datenblatt (Meßbericht) für das System Metro 2000 zur Messung mit Meßpunkten für den Audi 100, Baujahr 1983-1988.

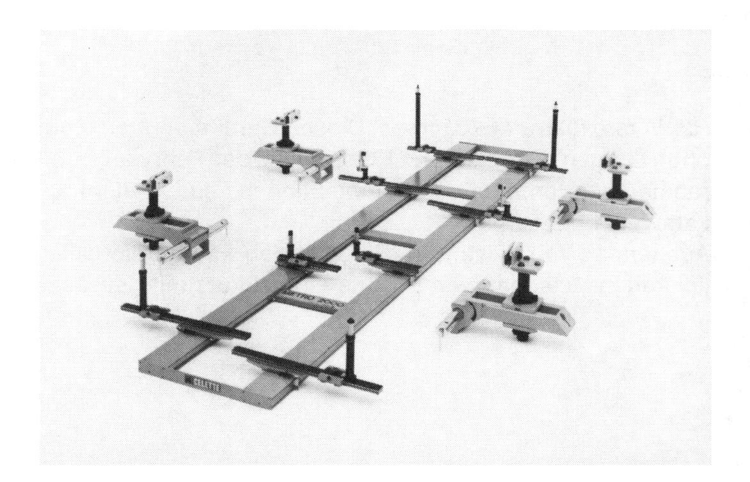

Abb. 6.14: **Celette-Meßpunktsystem Metro 2000 und die vier Verankerungsklemmen**

Das Mini-Schablonensystem

Zum Richten und Messen kann man mit der Celette MUF 7 auch ein Schablonensystem verwenden.

Abb. 6.15: **Datenblatt Metro 2000**

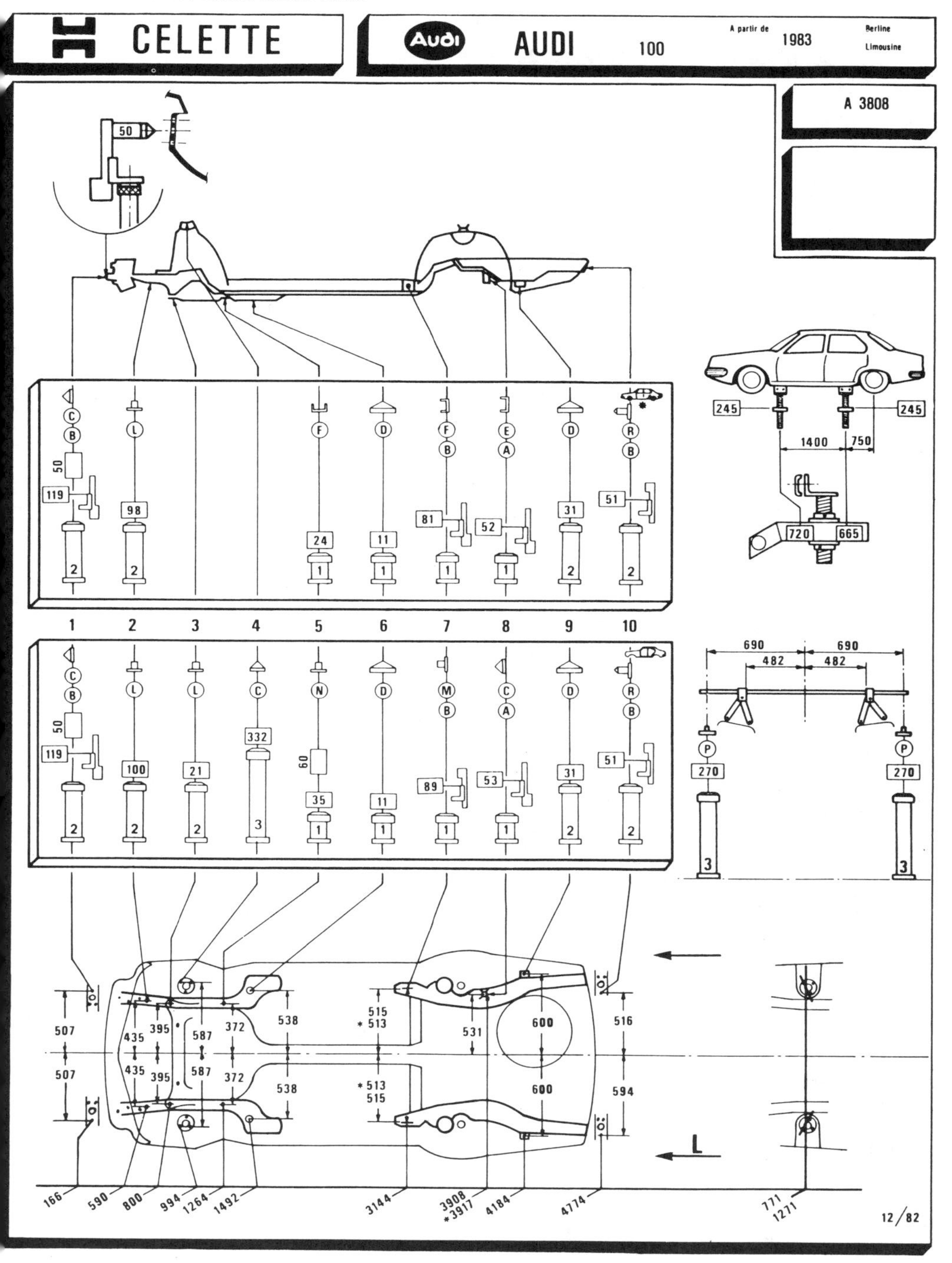

Wenn man Modultraversen auf den Grundrahmen aufsetzt, kann man diesen mit einem MZ-System versehen.
Dabei handelt es sich um ein System von 22 Universal-Türmen, die in Kombination mit den Modultraversen verwendet werden.
Die offene Bauweise der MZ-Türme bietet die Möglichkeit, unter den Kopfstükken 4 t-Böcke anzuordnen, um, wenn dies nötig ist, auf direktem Wege eine vertikale Schubbewegung ausführen zu können.

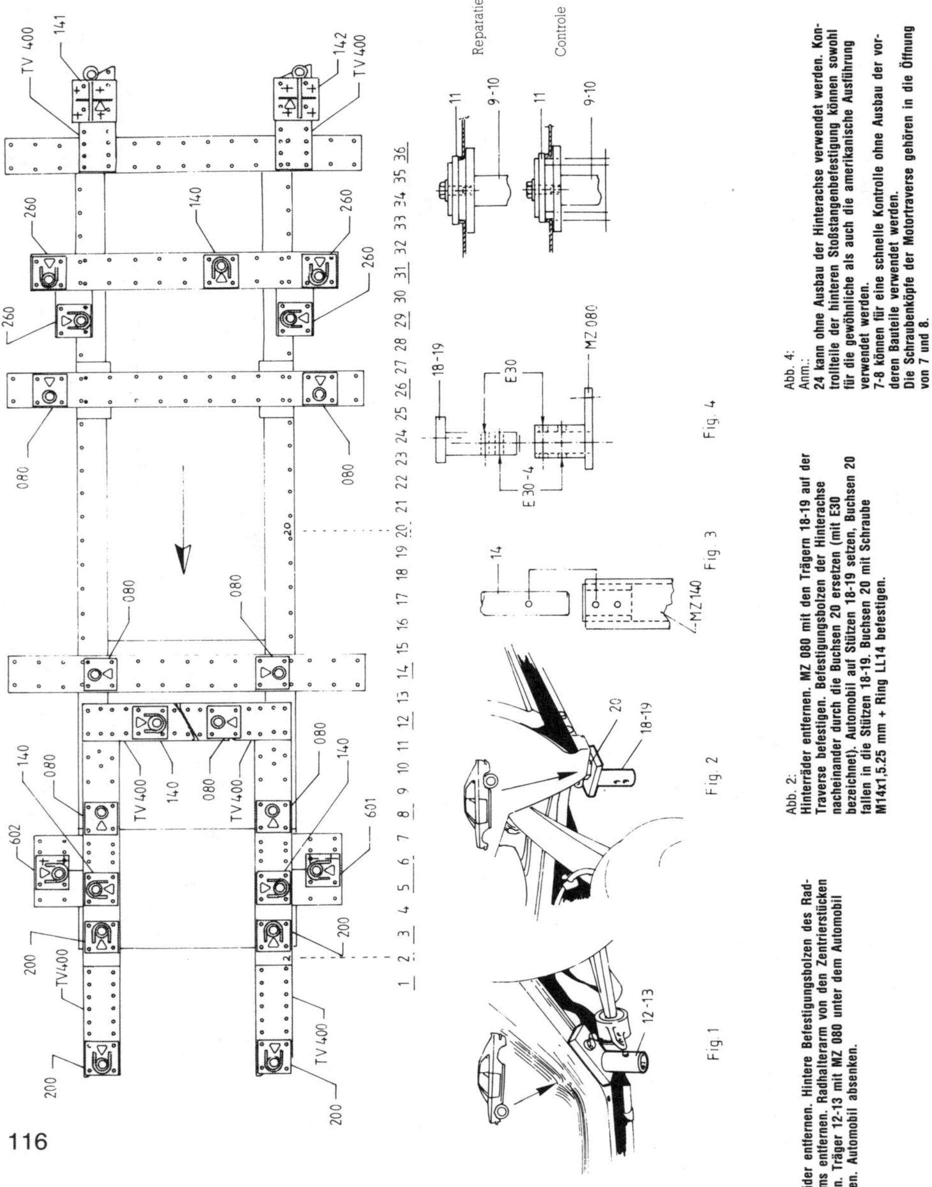

Abb. 1:
Vorderräder entfernen. Hintere Befestigungsbolzen des Radhalterarms entfernen. Radhalterarm von den Zentrierstücken entfernen. Träger 12-13 mit MZ 080 unter dem Automobil befestigen. Automobil absenken.

Abb. 2:
Hinterräder entfernen. MZ 080 mit den Trägern 18-19 auf der Traverse befestigen. Befestigungsbolzen der Hinterachse nacheinander durch die Buchsen 20 ersetzen (mit E30 bezeichnet). Automobil auf Stützen 18-19 setzen, Buchsen 20 fallen in die Stützen 18-19. Buchsen 20 mit Schraube M14x1,5.25 mm + Ring LL14 befestigen.

Abb. 4:
Anm.:
24 kann ohne Ausbau der Hinterachse verwendet werden. Kontrollteile der hinteren Stoßstangenbefestigung können sowohl für die gewöhnliche als auch die amerikanische Ausführung verwendet werden.
7-8 können für eine schnelle Kontrolle ohne Ausbau der vorderen Bauteile verwendet werden.
Die Schraubenköpfe der Motortraverse gehören in die Öffnung von 7 und 8.

Abb. 6.16:
Datenblatt für das Schablonensystem der Celette

Lfd. No.	Teile-Nr.	PDS.	NB	MZ
–1	454.701	3,1	1	200
–2	454.702	3,1	1	200
–3	454.703	0,4	2	
–4	454.704	4,1	1	140
–5	454.705	4,1	1	140
–6	454.706	0,1	2	
–7	454.707	1,3	1	200
–8	454.708	1,3	1	200
–9	454.709	4,1	1	601
10	454.710	4,1	1	602
11	454.711	1,0	2	
12	454.712	2,4	1	080
13	454.713	2,4	1	080
14	454.714	1,5	1	140
15	454.715	1,9	1	080
16	454.716	1,8	1	080
17	454.717	1,8	1	080
18	454.718	2,1	1	080
19	454.719	2,1	1	080
20	454.720	0,3	2	
21	454.721	2,8	2	
22	454.722	3,9	1	260
23	454.723	3,9	1	260
24	454.724	2,5	1	140
25	454.725	4,0	1	260
26	454.726	4,0	1	260
27	454.727	2,9	1	142
28	454.728	3,0	1	141
29	454.729	0,5	2	
	E31	0,1	1	

MZ 080 18-19-20-21 Befestigung der Hintertraverse
MZ 260 22-23 Hintere Feder
MZ 140 24-E31 Befestigung des Ausgleichgetriebes
MZ 260 25-26 Stoßdämpfer
TV 400 - MZ 142 27 - MZ 141 28-29 Heckstoßstange

TV 400 - MZ 200 1-2-3 Front und Befestigung der vorderen Stoßstange
MZ 140 4-5-6 Motoraufhängung
MZ 200 7-8 Motoraufhängung 'Diagnose'
MZ 601 - MZ 602 9-10-11 Federbein
MZ 080 12-13 Befestigung des vorderen Radhalterarms
TV 400 - MZ 080 15 - MZ 140 14 Getriebeaufhängung (Abb. 4)
MZ 080 16-17 Kontrollöffnung unter der Karosseriemitte

Die Türme werden mit ausziehbaren und drehbaren Kopfstücken versehen, die eine ständige Überwachung jedes einzelnen Punkts während der gesamten Reparaturdauer ermöglichen.
Auch das MZ-System kann um die Kontrolle für das MacPherson- Federsystem erweitert werden.
Mit dem MZ 2452 ist eine Kontrolle der oberen MacPherson-Befestigungspunkte der vorderen Stoßdämpfer ohne Ausbau mechanischer Teile möglich.
Um mit einem Schablonensystem richten und messen zu können, ist auch ein Datenblatt erforderlich.
Abbildung 6.16 enthält ein Datenblatt (Meßbericht) für das Schablonensystem zur BMW 3-Serie 1982-1987.

Caroliner-Meß-Richtbank

Das Caroliner-System enthält derzeit drei Ausführungen von Meß-Richtbänken.

- Caroliner-Grundrahmen MK IV, versehen mit vier Schwenkrädern, die auch durch vier Füße zur festen Aufstellung ersetzt werden können.
- Caroliner-Grundrahmen MK IV, auf Scherenhubbrücke aufgebaut.
  Durch Anbringung des Caroliner MK IV auf einer Scherenhubbrücke kann er mit dem Fahrzeug auf die richtige Arbeitshöhe gebracht werden, was Rücken- und Knieleiden verhindern kann.
- Die neueste Ausführung des Caroliner hat die Bezeichnung "Benchrack". Dieser Typ ist mit Auffahrblechen, einem Laufgang und einer Scherenhubbrücke versehen.

Diese drei Systeme können sämtlich mit dem gleichen Meßsystem ausgerüstet werden. Die Meßbrücke/der Meßrahmen besteht aus nahtlos gespritztem Aluminium. Im linken und rechten Rahmenteil der Meßbrücke befindet sich eine gut ablesbare bewegliche Meßskala mit Millimeterteilung und mit dem Nullpunkt in

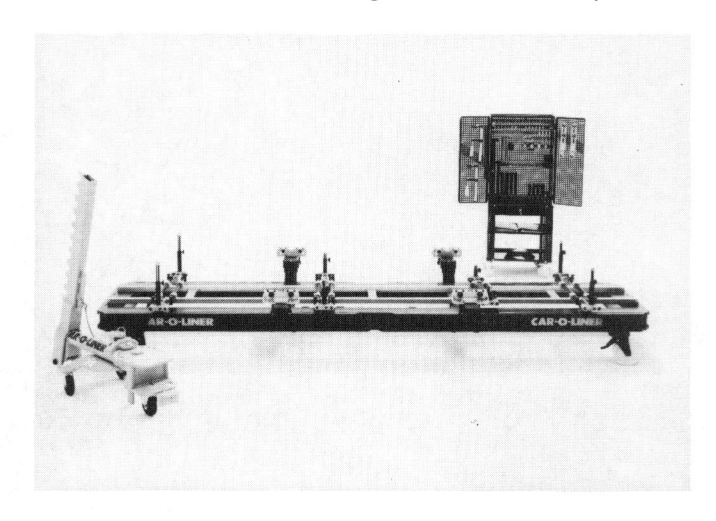

Abb. 6.17:
Caroliner-Meß-Richtbank. Der Basisrahmen MK IV ist mit vier Schwenkrädern versehen.

der Mitte der Skala/des Meßbandes. Auf diese Meßbrücke werden Meßschlitten aufgesetzt. Die Schlitten sind längs- und seitenbeweglich.
Für die Höhenmessungen werden austauschbare Meß-Hilfselemente auf dem Meßschlitten montiert und dann werden sowohl Meßschlitten als auch Höhenmeßpunkte mit Meßbändern versehen.
Man kann gleichzeitig in drei Abmessungen an den wesentlichen Punkten des Automobils messen. Durch zusätzliche Anbringung des M234-Set läßt sich auch der Winkel des MacPherson-Federsystems messen.
Caroliner hat seine Meß-Richtbänke nur mit Meßpunktsystem und nicht mit Mini-Schablonensystem ausgerüstet. Dies bedeutet für das Richten und Messen des Automobils keinerlei Probleme, da es sich um ein gut durchdachtes Meßsystem handelt.

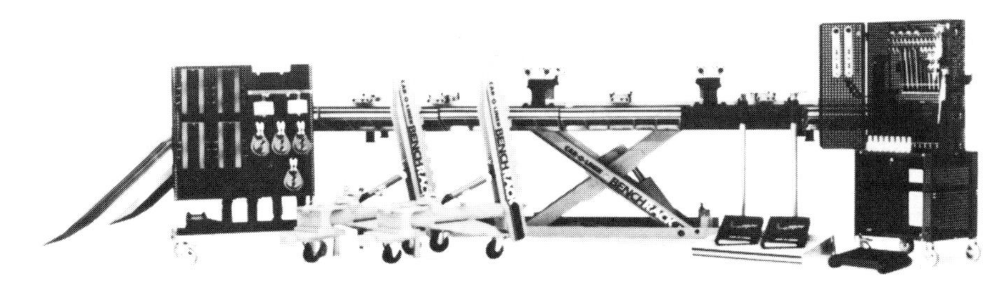

Abb. 6.18: **Caroliner Benchrack mit Zubehör**

Auch die Datenblätter des Caroliner vermitteln einen guten Überblick über die zu verwendenden Meßstifte mit Zubehör, sowohl bei ausgebauten mechanischen Teilen als auch bei nicht ausgebauten mechanischen Teilen.

Die Fotos und Datenblätter zur Caroliner-Meß-Richtbank wurden von der Saarloos Garage-uitrusting B.V. in Overloon zur Verfügung gestellt.

Blackhawk-Meß-Richtbank
Auch Blackhawk verfügt für seine Meß-Richtbänke über zwei Systeme: das Meßpunkt- und das Schablonensystem.
Blackhawk hat beim Meß- und Richtsystem eine ganze Reihe von Ausführungen; hier stellen wir das Meßsystem P-188 MK2 und das Mini-Schablonensystem vor.

Aufstellung der Meßbrücke P-188 MK2
Längsträger: Dieser verläuft parallel zur Ausgangsebene entsprechend den Werksmaßen und genau auf der Mittellinie (Symmetrieachse).
Transportbahn: Auf der Transportbahn kann die Meßbrücke P-188 MK2 mittels Lagern aus rostfreiem Stahl unter das Fahrzeug bewegt werden.

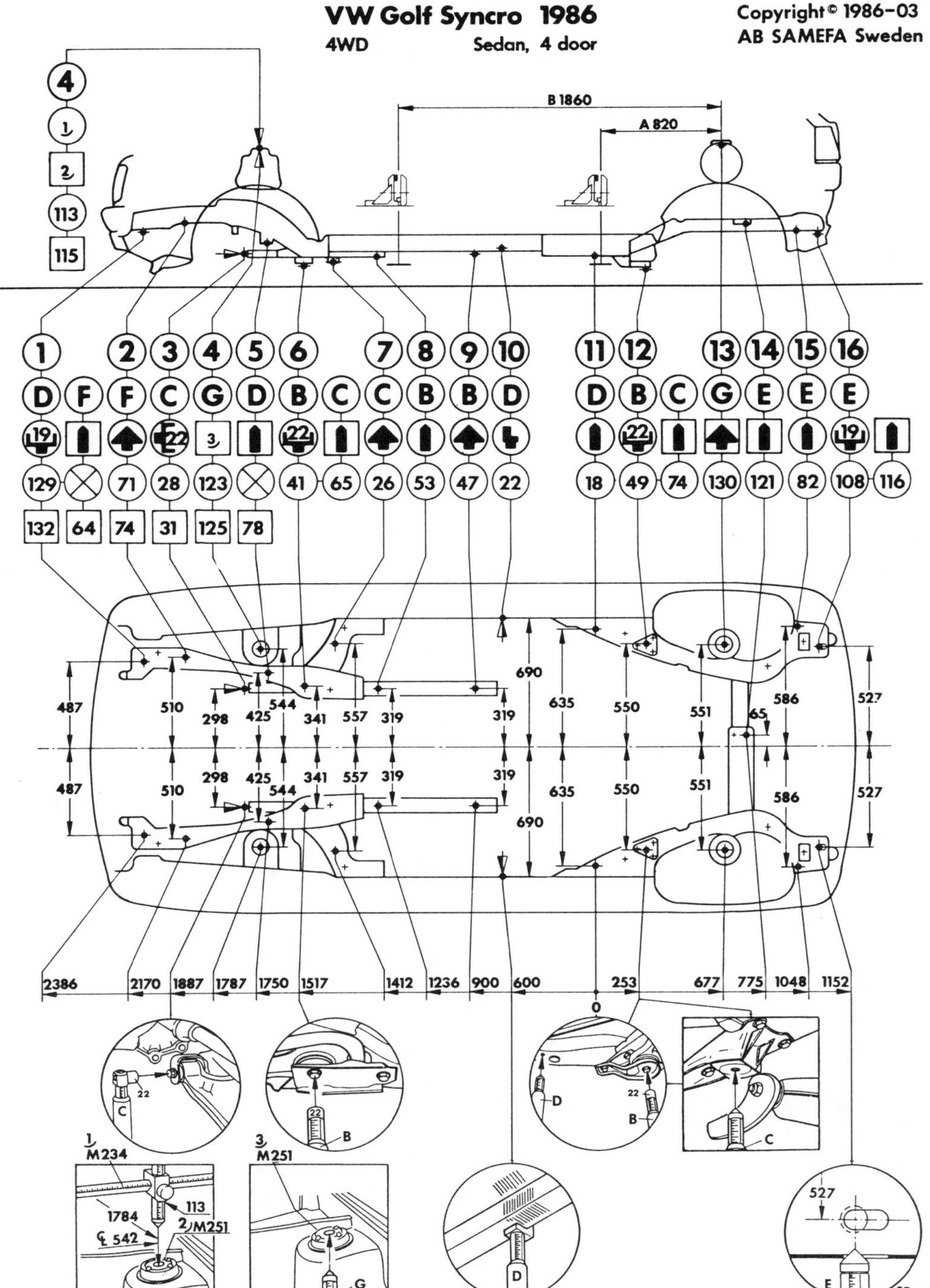

Abb. 6.19: **Caroliner-Datenblatt zum viertürigen Volkswagen Golf Syncro 1986-1989**

Abb. 6.20: **Blackhawk-Meß-Richtbank, ausgerüstet mit Mini-Schablonensystem**

Abb. 6.21: **Blackhawk-Universalmeßbrücke, ausgerüstet mit acht Teleskopschlitten**

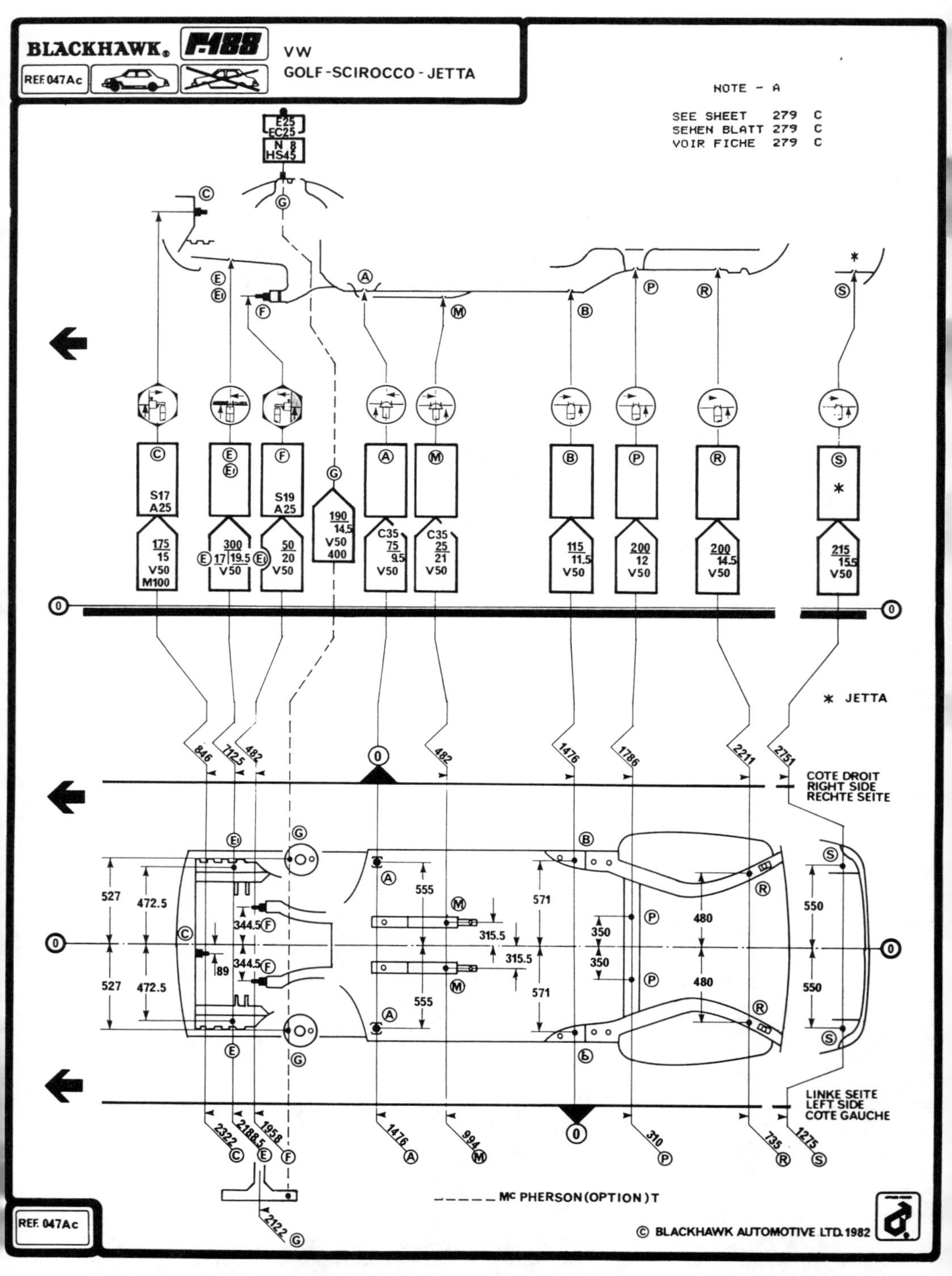

Abb. 6.22: **Blackhawk-Meßbericht für Messungen am Volkswagen Golf, Jetta, Scirocco, mit eingebauten mechanischen Teilen**

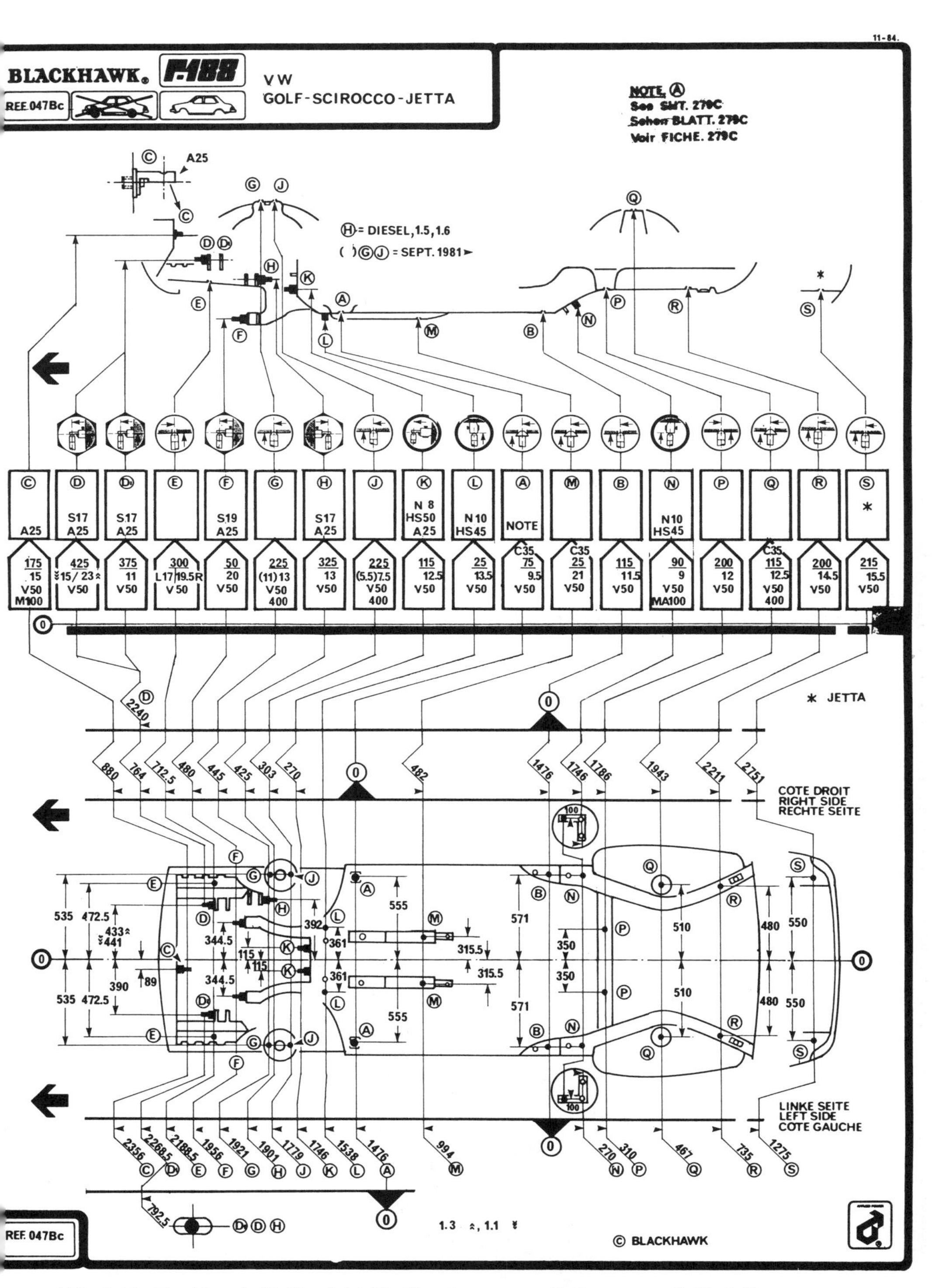

Abb. 6.23: **Blackhawk-Meßbericht für Messungen am Volkswagen Golf, Jetta, Scirocco, mit ausgebauten mechanischen Teilen**

Teleskopschlitten: Diese werden gebraucht, um die Meßbrücke P-188 MK2 im Verhältnis zu den vom Automobilhersteller angegebenen Bezugspunkten auszurichten, die sich im unbeschädigten Teil des Automobils befinden. Von dort kann man über das Datenblatt die Abweichungen messen und später Korrekturen vornehmen.

Präzision: Die Meßgenauigkeit des Typs P-188 MK2 im Hinblick auf Höhe, Breite und Tiefe beträgt 0,5 mm.

Pneumatischer Balg: Der Typ P-188 MK2 ist mit einem pneumatischen Balg versehen. Dieser drückt die Meßbrücke nach oben, bis sie mit der Unterseite des Automobils fluchtet. Diese Bälge dienen im Falle eines Bedienungsfehlers auch als Stoßdämpfer.

Datenblätter: Für die Meßbrücke P-188 MK2 gibt es zumeist zwei Datenblätter je Modell:
- Datenblatt für das Messen mit eingebauten Teilen;
- Datenblatt für das Messen mit ausgebauten Teilen.

Diese Datenblätter sind dann für das Messen mit Meßpunkten bestimmt.
Für das Messen und Richten mit Mini-Schablonen gibt es ebenfalls ein Datenblatt.
Fotos und Datenblätter wurden von der Auto Techniek Nederland B.V. in Maarssen zur Verfügung gestellt.

Car Bench-Meß-Richtbank
Car Bench hat die Möglichkeit, seine Meß-(Richt)bänke in vier Ausführungen aufzustellen:
- Meßbank auf vier Schwenkrädern (Typ BT12);
- Meßbank auf Vier-Säulen-Hubbrücke (Typ CB27);
- Meßbank auf Scherenhubbrücke (Typ SF22);
- Meßbank auf einer hydraulischen Ein-Säulen-Hubbrücke.

Abb. 6.24:
BMW auf Car Bench-Meß-Richtbank, ausgerüstet mit dem Mini-Schablonensystem C 200

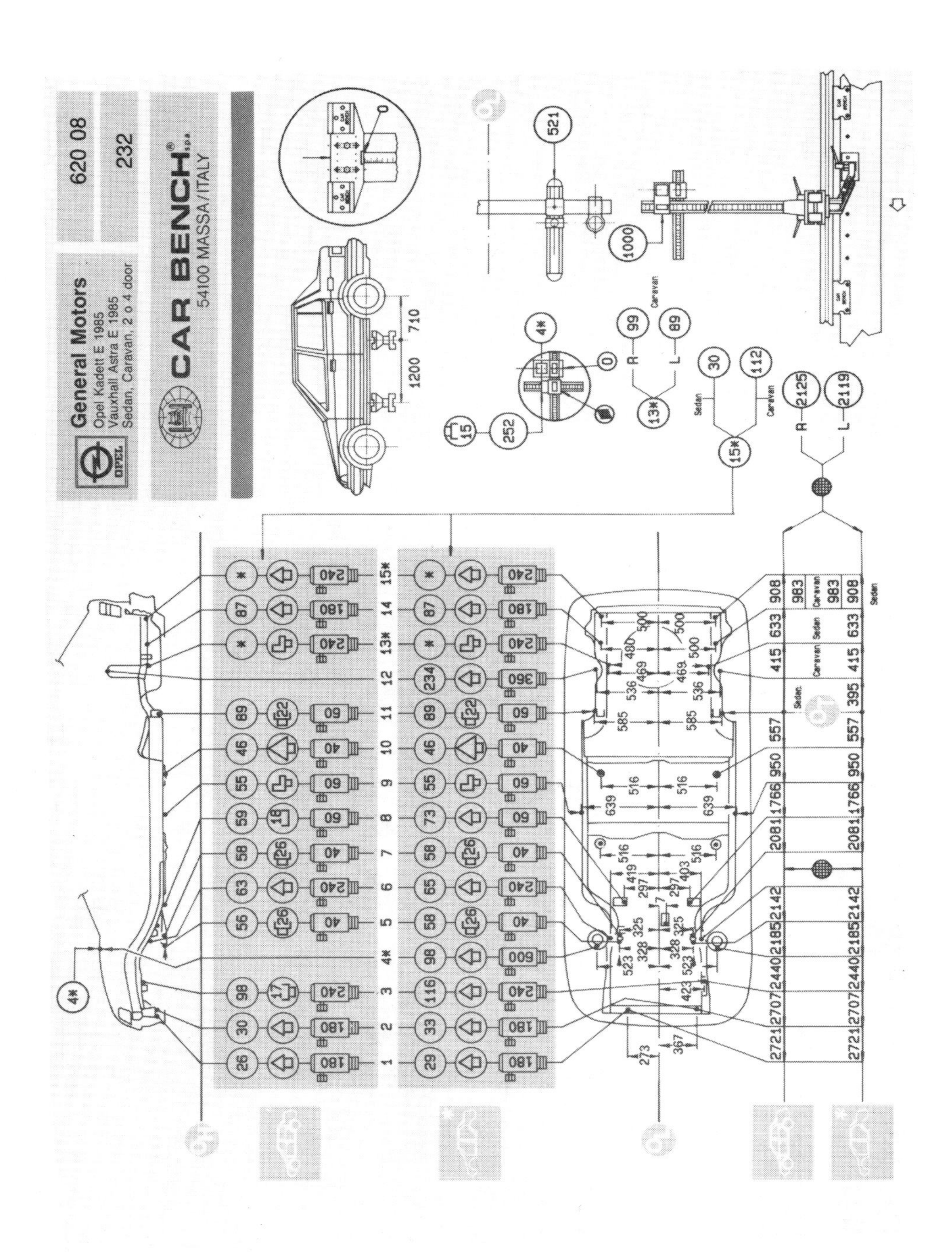

Abb. 6.25: **Datenblatt 620 08 Opel Kadett E 1984-1988 von Car Bench. Mit diesem Datenblatt sind Messungen mit ausgebauten und nicht ausgebauten mechanischen Teilen möglich.**

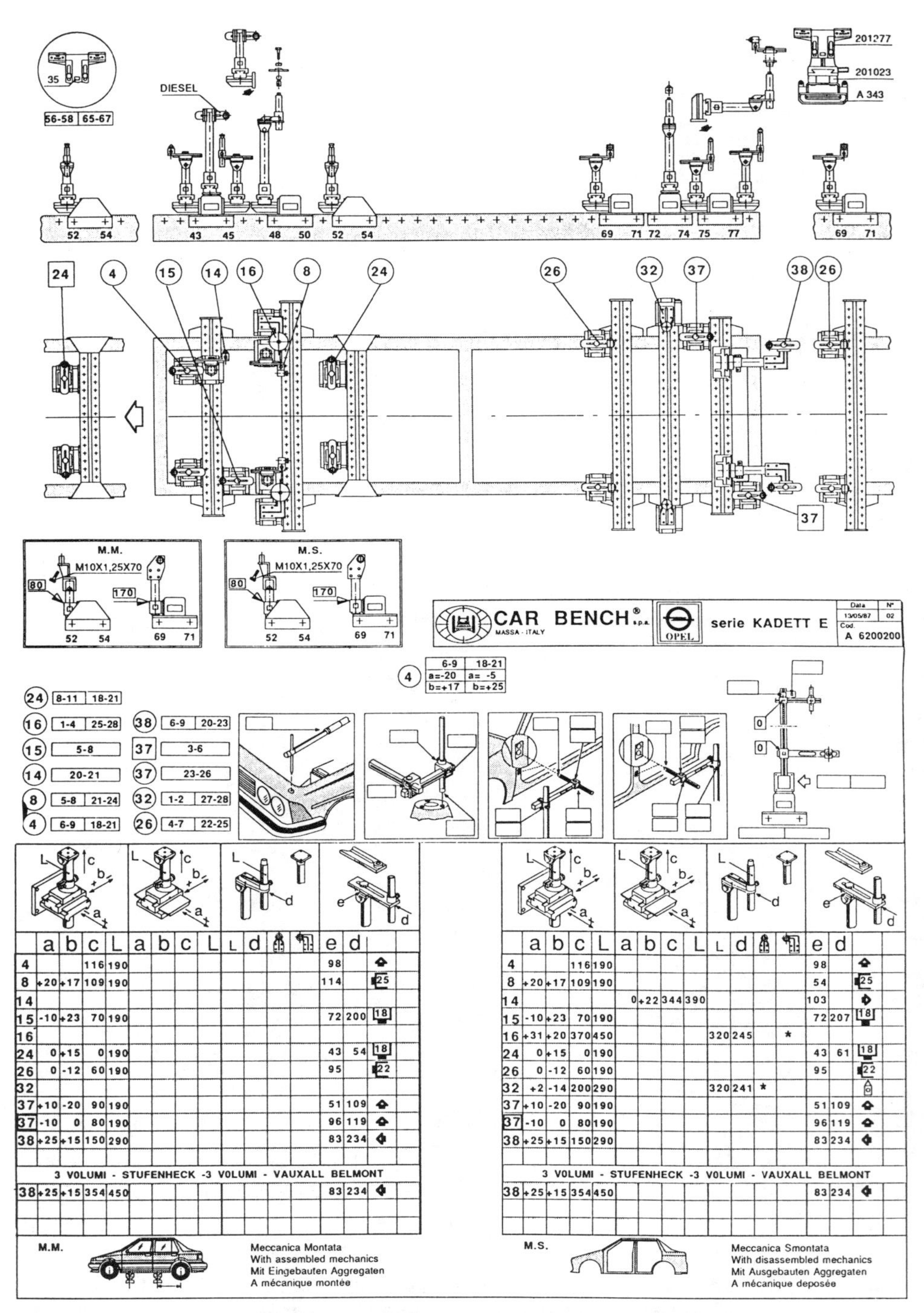

M.M.

	a	b	c	L	a	b	c	L	L	d			e	d	
4			116	190									98		
8	+20	+17	109	190									114		25
14															
15	-10	+23	70	190									72	200	18
16															
24	0	+15	0	190									43	54	18
26	0	-12	60	190									95		22
32															
37	+10	-20	90	190									51	109	
37	-10	0	80	190									96	119	
38	+25	+15	150	290									83	234	
3 VOLUMI - STUFENHECK -3 VOLUMI - VAUXALL BELMONT															
38	+25	+15	354	450									83	234	

M.S.

	a	b	c	L	a	b	c	L	L	d			e	d	
4			116	190									98		
8	+20	+17	109	190									54		25
14					0	+22	344	390					103		
15	-10	+23	70	190									72	207	18
16	+31	+20	370	450					320	245		*			
24	0	+15	0	190									43	61	18
26	0	-12	60	190									95		22
32	+2	-14	200	290					320	241	*				
37	+10	-20	90	190									51	109	
37	-10	0	80	190									96	119	
38	+25	+15	150	290									83	234	
3 VOLUMI - STUFENHECK -3 VOLUMI - VAUXALL BELMONT															
38	+25	+15	354	450									83	234	

Abb. 6.26: **Datenblatt A 6200200 Opel Kadett E 1984-1988 von Car Bench. Dieses Datenblatt muß verwendet werden, wenn mit dem Mini-Schablonensystem gerichtet und gemessen werden soll.**

Der Rahmen ist so konstruiert, daß die Möglichkeit besteht, alle Typen mit Schwenkrädern zu versehen und an den verschiedenen Typen Hubbrücken anzubringen.

Die Meßbank: Versieht man den Rahmen mit dem Meßsystem und den Zubehörteilen SC + A296 + C200/1 + A354 + A350/1, so erhält man die vollständigste Meßbank von Car Bench. Diese kann dann auch mit der Meßbrücke 'Europa', einem Meßsystem zur Messung von MacPherson-Federsystemen, versehen werden. Mit dieser Meßbrücke können auch die Befestigungspunkte von Türscharnieren u. dgl. gemessen werden. Für das nach aerodynamischen Gesichtspunkten gebaute Automobil ist dies von großer Wichtigkeit.

Die Richtbank: Versieht man den Rahmen mit dem Mini-Schablonensystem und Zubehörteilen A296 + C200/1 + A353 + A350/1, so erhält man eine komplette Meß-Richtbank, die auch wieder mit der 'EUROPA'-Meßbrücke versehen ist.

Datenblätter: Zur Feststellung der Bodenabmessungen hat Car Bench ein Datenblatt entwickelt, mit dem man sowohl bei ausgebauten mechanischen Teilen als auch eingebauten mechanischen Teilen messen kann.

Foto und Datenblätter zur Car Bench-Meß-Richtbank wurden von Leeuwen Techniek Etten-Leur zur Verfügung gestellt.

Dataliner-Meß-Richtbank

Bei Dataliner hat man die Wahl zwischen 2 Ausführungen von Meß-Richtbänken.

Dataliner 800

Diese Ausführung besteht aus einem Rahmenteil und zwei Querträgern, die jeweils mit zwei Schwenkrädern versehen sind.

Die Querträger sind jeweils mit zwei starren Verankerungsklemmen versehen, wodurch das Automobil gut am Richtrahmen verankert werden kann. Ordnet man das Ganze auf vier Stützböcken an, erhält man eine gute Arbeitshöhe. Der Dataliner 800 kann auch auf eine Scherenhubbrücke aufgesetzt werden, so daß man in jeder gewünschten Höhe arbeiten kann.

Dataliner 9000

Diese Ausführung besteht aus einem starren Rahmenteil mit Auffahrrampe und ist mit einer Zugwinde versehen, um das beschädigte Fahrzeug hochzuziehen. Das Ganze kann hydraulisch auf jede gewünschte Höhe gebracht werden. Der Richtrahmen ist mit vier starren Verankerungsklemmen versehen, so daß das Automobil rundherum fest verankert werden kann.

Der Meßteil des Dataliner arbeitet nicht wie bei den weiter oben besprochenen Meß-Richtbänken mit Meßstiften oder mit einem Schablonensystem, sondern mit einem Lichtstrahl/-bündel, also durch *optische Messung.*

Dataliner CM 600-Universalmeßsystem

Durch das System zur optischen Messung mit dem Meßsystem CM 600 von Dataliner kann man jeden gewünschten Punkt am Fahrzeug messen und kontrol-

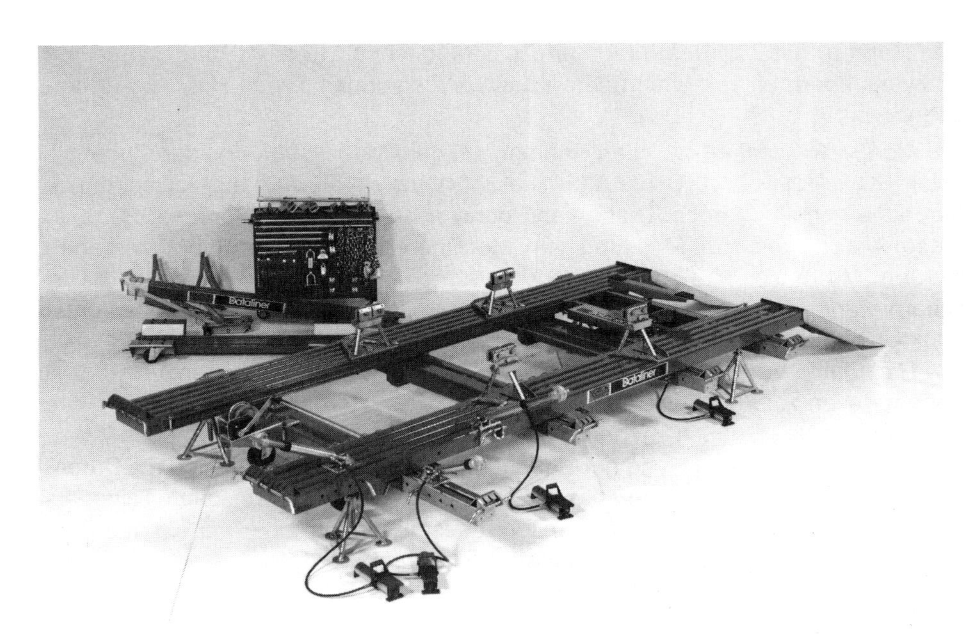

Abb. 6.27: **Dataliner 9000**

Abb. 6.28: **Dataliner 800 mit Meßsystem CM 600 (Universalmeßsystem)**

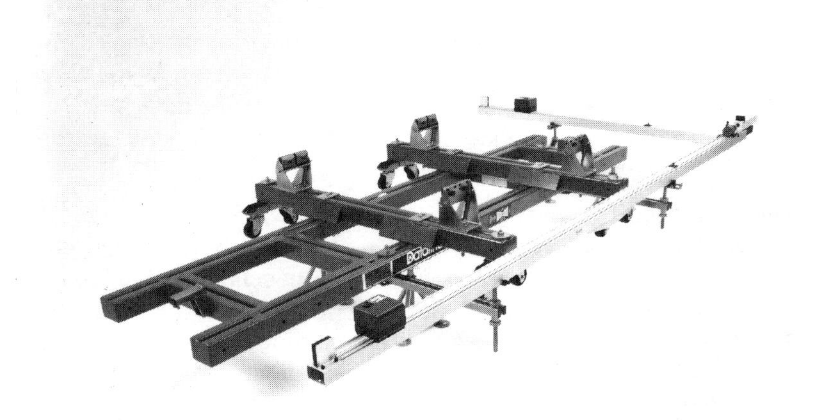

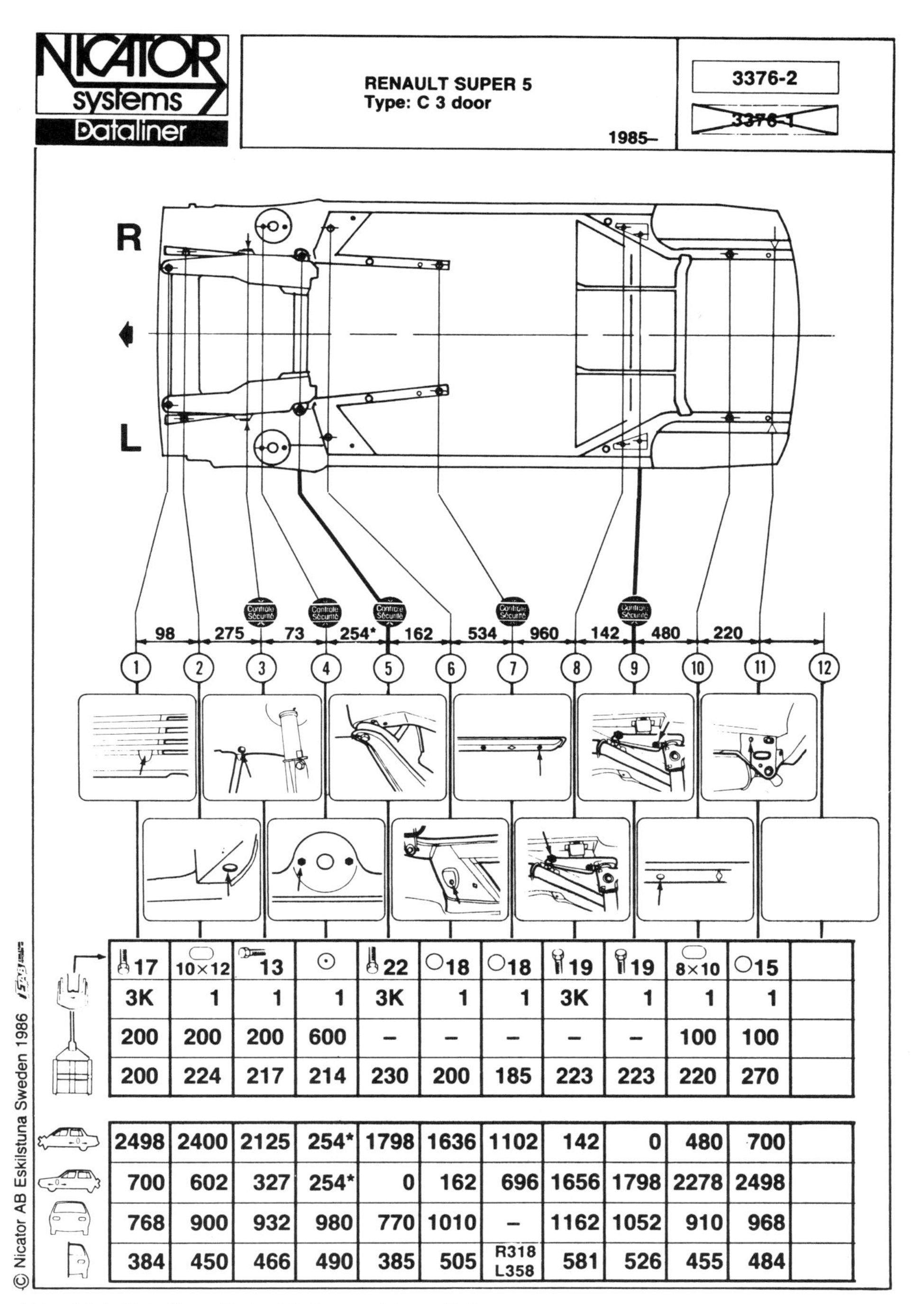

1	2	3	4	5	6	7	8	9	10	11	12
17	10×12	13	⊙	22	○18	○18	19	19	8×10	○15	
3K	1	1	1	3K	1	1	3K	1	1	1	
200	200	200	600	–	–	–	–	–	100	100	
200	224	217	214	230	200	185	223	223	220	270	

1	2	3	4	5	6	7	8	9	10	11	12
2498	2400	2125	254*	1798	1636	1102	142	0	480	700	
700	602	327	254*	0	162	696	1656	1798	2278	2498	
768	900	932	980	770	1010	–	1162	1052	910	968	
384	450	466	490	385	505	R318 L358	581	526	455	484	

Abb. 6.29: **Dataliner-Datenblatt zum Renault 5**

lieren. Man legt oder hängt die transparenten Meßplättchen, die mit einer verstellbaren Skalenteilung versehen sind, auf die zu messenden Punkte. Man kann sich verschiedener Arten von Meßplättchen bedienen (470H-060U - 470H-061C - 670H-001), je nach den zu messenden Punkten. Der optische Meßteil kann auch in der Weise computergesteuert werden, daß man über einen Bildschirm die Werksabmessungen und Abweichungen ablesen kann. Das Ganze kann ausgedruckt und bei Lieferung dem Kunden ausgehändigt werden.
Außerdem kann dieses Meßsystem mit der Meßbrücke 470H-066C zum Messen und Kontrollieren von MacPherson-Federsystemen ausgerüstet werden.
Daneben besteht die Möglichkeit, zum Beispiel in Kombination mit den Zubehörteilen 670H-050 und 670H-067 das Automobil optisch auswuchten zu können.
Dataliner ist ein Produkt der Firma Nicator, Schweden.
Fotos und Datenblatt wurden von Kool garage-apparatuur, Rotterdam, zur Verfügung gestellt.

6.5 RICHTGERÄT

Bei einer leichten Beschädigung ohne Verformung wichtiger Teile, die unter Zuhilfenahme nicht zu großer hydraulischer Kräfte gerichtet werden kann, ist der Einsatz folgender Hilfswerkzeuge und -geräte möglich:
- unabhängige hydraulische Werkzeuge;
- Richt- oder Zugbalken;
- Bodenrahmen (zum Beispiel das Korek-System).

Unabhängige hydraulische Werkzeuge

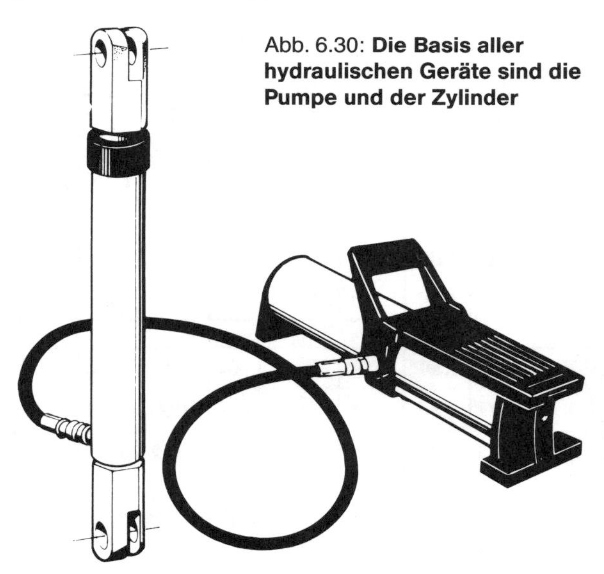

Abb. 6.30: **Die Basis aller hydraulischen Geräte sind die Pumpe und der Zylinder**

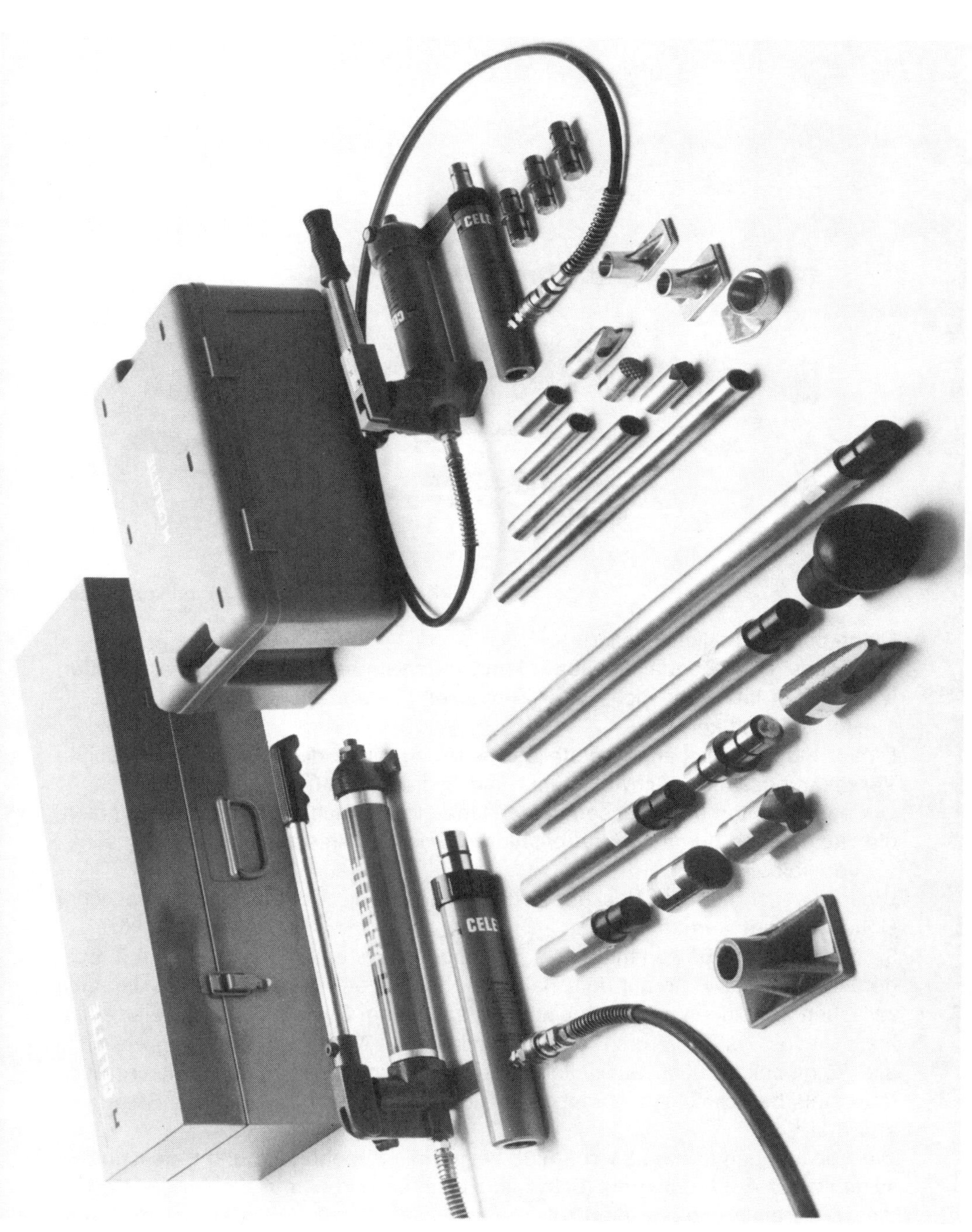

Abb. 6.31: **Hydraulische Werkzeuge (Celette)**

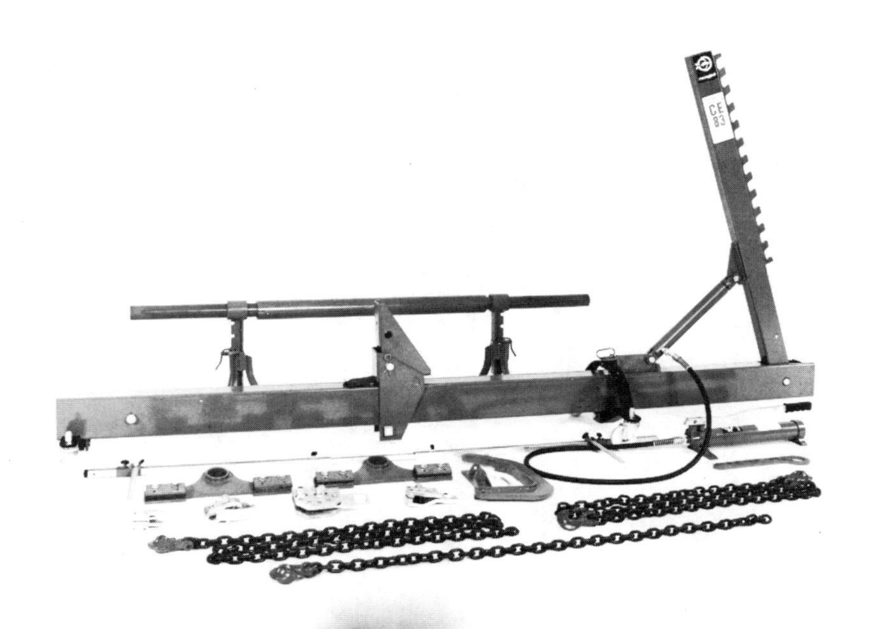

Abb. 6.32: **Richt- oder Zugbalken (Dozer)**

Richt- oder Zugbalken (Dozer)
Der Richt- oder Zugbalken/Dozer kann durch mehrere Zubehörteile erweitert werden. Ein fahrbarer Richt- oder Zugbalken besteht aus folgenden Teilen:
1. Horizontalbalken
Dieser muß in der Länge verstellbar sein und bildet die Verbindung zwischen Verankerungsstütze, Schwenkpunkt und hydraulischem Zylinder.
Um beim Richten und Pressen beide Hände frei zu haben, ist es zu empfehlen, die Handpumpe durch eine fußbetätigte Pumpe zu ersetzen.
2. Vertikalbalken
Dieser besitzt mehrere Nocken, zwischen denen die Kette in unterschiedlicher Höhe befestigt werden kann.
3. Ferner ist der Balken mit einem Befestigungssystem und mit Ketten u.ä. ausgerüstet, um das Auto mit dem Balken zu verbinden. Die Verbindungsklemmen zwischen Zugbalken und Auto bestehen aus einem System von Schwellenklemmen. Dieses System verursacht bei verschiedenen Autotypen Probleme, weil nicht alle Automobile an den Schwellen aufrecht stehende Falzränder besitzen. Auch muß stets berücksichtigt werden, daß sich die Knautschzone auf die Schwellen auswirkt.
Die Abbildungen 6.33, 6.34 und 6.35 zeigen die Zubehörteile und Befestigungssysteme zur Anbringung der Schwellenklemmen und zum Auflegen der Ketten, die die Verankerung bewirken sollen. Eine Hand-/Fußpumpe oder eine druckluftbetätigte hydraulische Pumpe liefert die Energie.

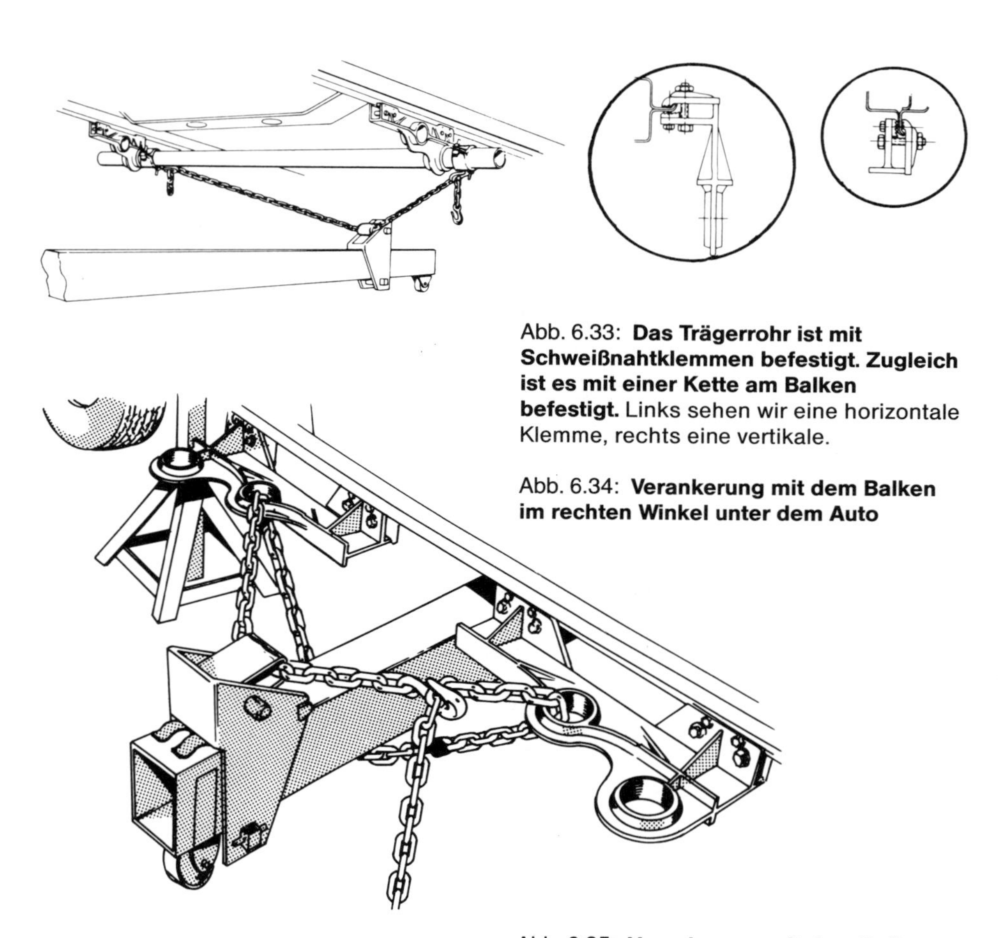

Abb. 6.33: **Das Trägerrohr ist mit Schweißnahtklemmen befestigt. Zugleich ist es mit einer Kette am Balken befestigt.** Links sehen wir eine horizontale Klemme, rechts eine vertikale.

Abb. 6.34: **Verankerung mit dem Balken im rechten Winkel unter dem Auto**

Abb. 6.35: **Verankerung mit dem Balken diagonal unter dem Auto**

Abb. 6.36: **Verankerung mit Schweißnahtklemmen**

Sorgen Sie stets dafür, daß das Automobil horizontal steht. Abbildung 6.36 enthält ein Beispiel dafür, wie es nicht stehen darf.

Richtsystem mit Bodenverankerung

Als Beispiel nehmen wir das Korek-Bodenrichtsystem.
Abbildung 6.37 zeigt den Richtrahmen samt mitgelieferten Zubehörteilen von oben. Indem das Auto mit vier Schweißnahtklemmen versehen ist und an jeweils zwei Schweißnahtklemmen ein rundes Rohr angebracht und dieses dann auf vier Böcke aufgelegt wird, können wir den Wagen auf richtige Höhe bringen, so daß wir unter dem Auto, welches durch Ketten fest mit dem Bodensystem verankert ist, einen Meßrahmen anbringen können. Indem wir am Bodensystem Druckzylinder und Ziehklemmen anbringen und diese durch Ketten miteinander verbinden, kann der Wagen über das Bodensystem herausgezogen werden.
Der Verankerungsrahmen (Abbildung 6.37) ist im Boden angebracht. Alle Zubehörteile können mit Spezialstangen in den Schlitzen des Rahmens verankert werden. Die hydraulischen Druckzylinder besitzen einen kegelförmigen Fuß, so daß sie in alle Stellungen/Richtungen gebracht werden können. Je nach Art und Größe des Schadens und dem somit benötigten Raum und Zubehör können mehrere Autos gleichzeitig repariert werden.

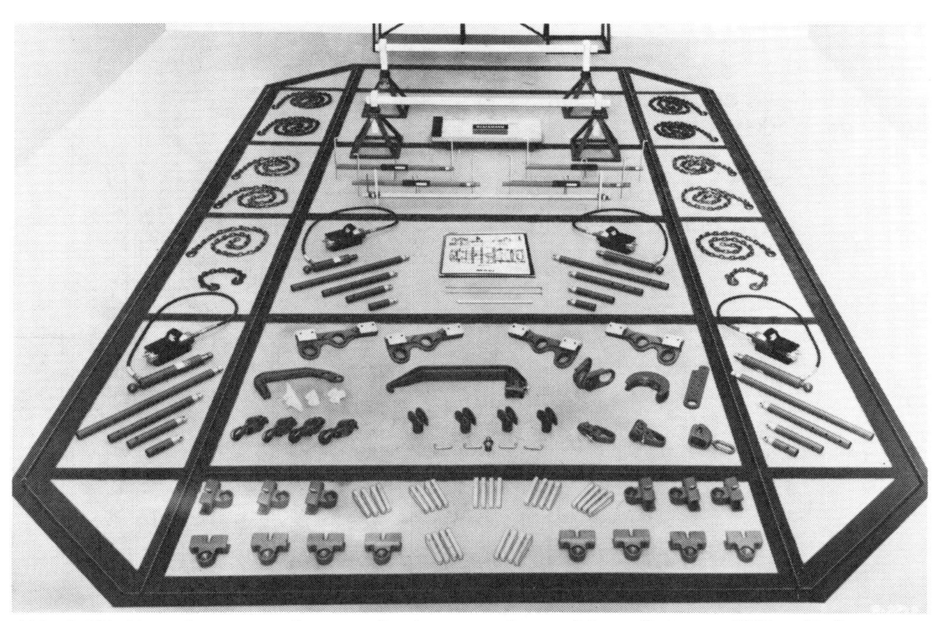

Abb. 6.37: **Verankerungsrahmen mit einem umfangreichen Satz von Hilfsmitteln.**

Abb. 6.38: **Hier sehen wir ein beschädigtes Auto, das stabil verankert ist. Mit einem Zylinder wird gezogen. Unter dem Auto der Meßrahmen.**

Abb. 6.39:
Der Richtrahmen BPL 520, auf dem Boden der Werkstatt aufgestellt

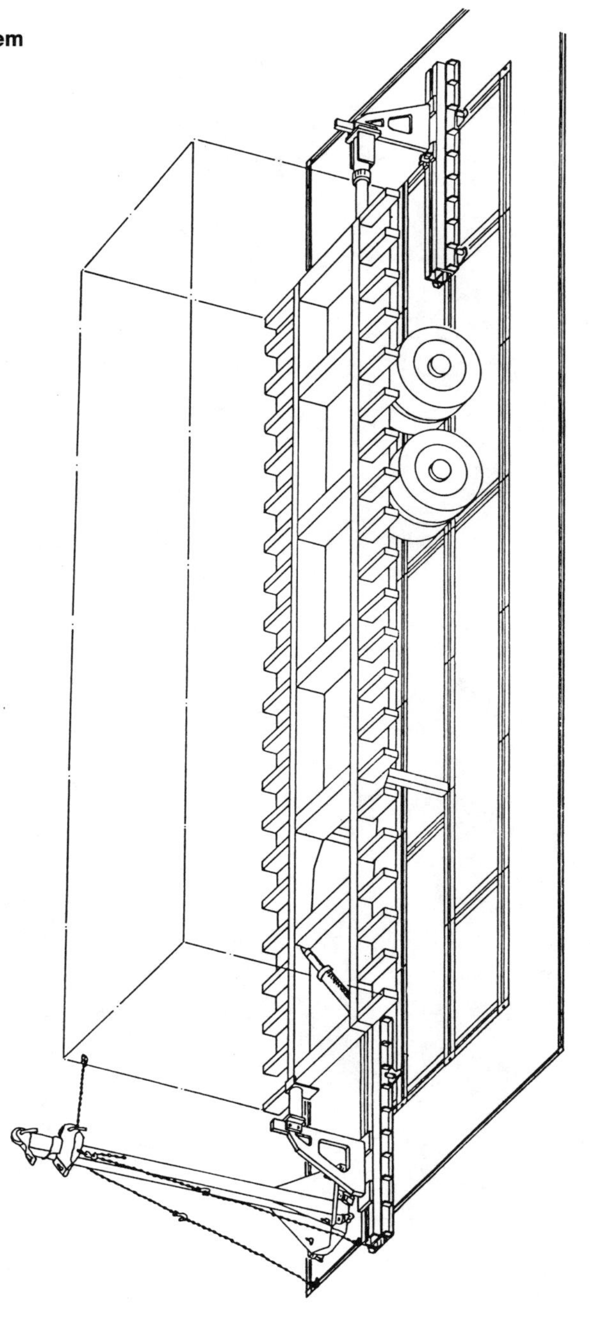

Abb. 6.40:
LKW, auf dem Celette-Richtrahmen BPL 520 aufgestellt

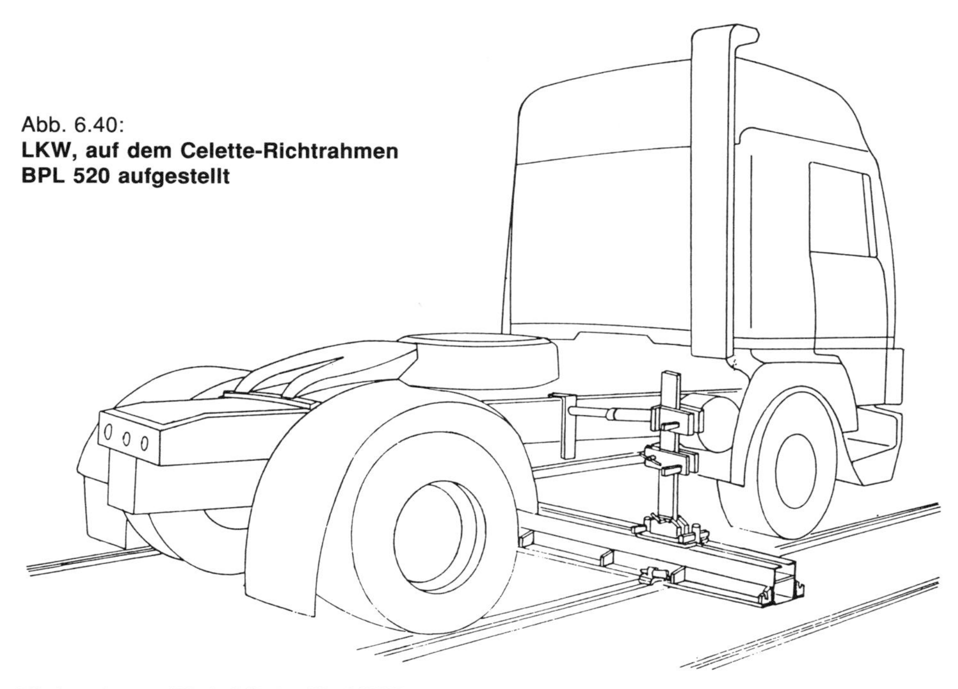

Richtrahmen/Richtbänke für LKWs

Ein Richtsystem für LKWs ist beispielsweise das BPL 520-System von Celette. Dieser Richtrahmen ist vollständig mit Aussparungen und Schlitzen zum Anbringen diverser Zubehörteile und Verankerungen versehen.
Durch Einsatz des Systems PL 780 können die Richtarbeiten anhand der Standardabmessungen kontrolliert werden.

6.6 GRUNDLAGEN DER LENKGEOMETRIE UND DEREN ANWENDUNGEN UND EINFLÜSSE AUF DIE FAHREIGENSCHAFTEN

Spurbreite und Radstand

Es gibt zwei grundlegende Maße, die einer Erläuterung bedürfen, und zwar: die *Spurbreite* ist der Breitenabstand der Räder einer Achse, der vom einen Radmittelpunkt zum anderen gemessen wird, sowie den *Radstand,* auch als Achs-

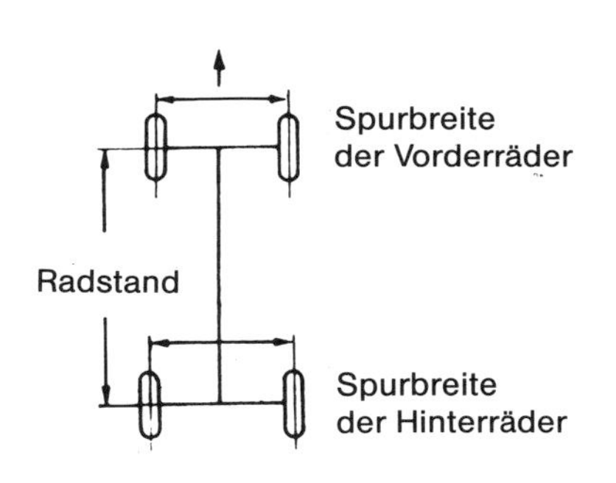

Abb. 6.41: **Spurbreite und Radstand**

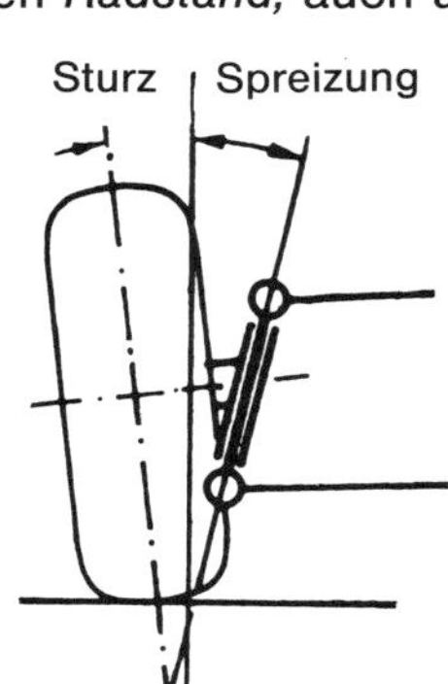

Abb. 6.42: **Sturz und Spreizung**

stand bezeichnet, mit dem der Abstand von Vorder- und Hinterachse, jeweils in der Achsmitte gemessen, bezeichnet wird (Abb. 6.41 und 6.42).

Sturz

Unter Sturz versteht man die Neigung eines Rades zur Seite oder anders gesagt: den Winkel zwischen der Radebene und der Senkrechten zur Straßenebene (Abb. 6.42, 6.52, 6.53 und 6.54).

Bei einem positiven Sturz steht das Rad an der Oberseite weiter nach außen als unten, bei einem negativen Sturz steht es oben weiter nach innen als unten (Abb. 6.43). Ist der Sturz eines Rades ±0°, dann steht das Rad genau senkrecht auf der Straße (Abb. 6.44).

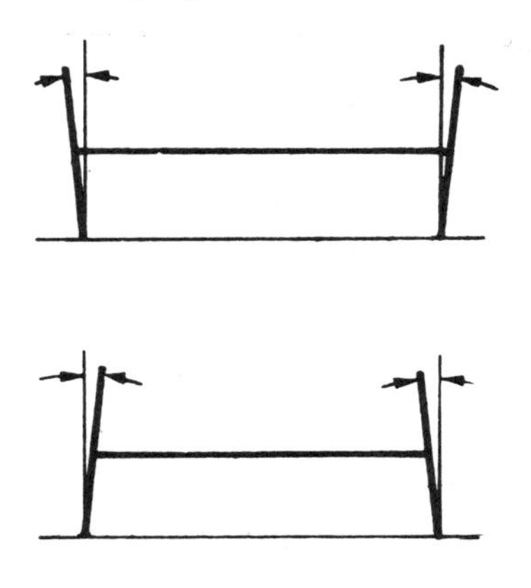

Abb. 6.43: **Achse mit positivem (oben) und mit negativem (unten) Sturz**

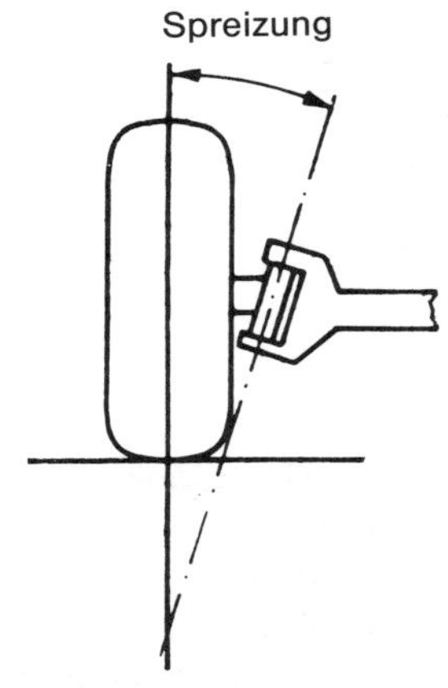

Abb. 6.44: **Vorderrad mit Sturz ±0°.** Das Rad steht senkrecht zur Fahrbahn

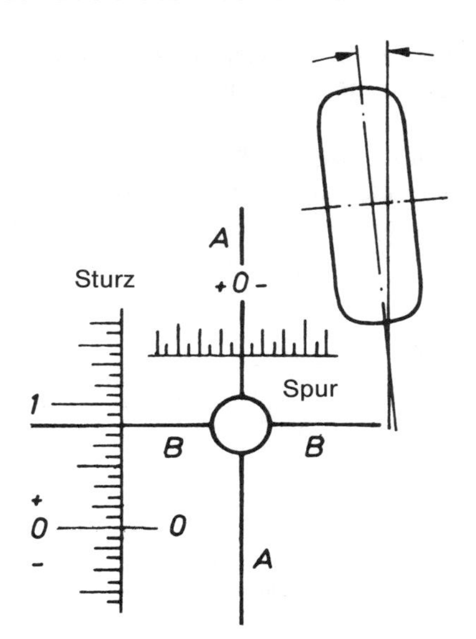

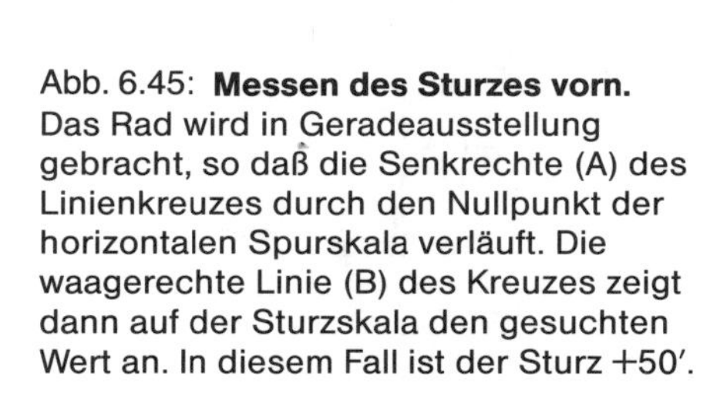

Abb. 6.45: **Messen des Sturzes vorn.** Das Rad wird in Geradeausstellung gebracht, so daß die Senkrechte (A) des Linienkreuzes durch den Nullpunkt der horizontalen Spurskala verläuft. Die waagerechte Linie (B) des Kreuzes zeigt dann auf der Sturzskala den gesuchten Wert an. In diesem Fall ist der Sturz +50′.

Der Sturz wird in Grad gemessen. Ob das Vermessen bei belastetem oder unbelastetem Fahrzeug erfolgen muß, hängt von den Vorschriften des Herstellers ab. Zum richtigen Ablesen des Wertes muß das betreffende Rad zunächst in Geradeaus-Stellung gebracht werden (Abb. 6.45).
Normalerweise liegt der Wert des Sturzes zwischen $\pm 0°$ und $+3°$. Die Vorderräder von Personenwagen haben in der Regel einen Sturz, der leicht positiv oder null ist, aber in einzelnen Fällen ist auch ein negativer Wert vorgeschrieben. Hinterräder, die durch eine starre Achse miteinander verbunden sind, haben im allgemeinen einen Sturz von null. Bei Einzelradaufhängung der Hinterräder mit Schräglenkern kommt auch ein negativer Sturz vor, bei der Ausführung mit Pendelachsen ein geringer positiver oder negativer Sturz.
Moderne Formel-1-Rennwagen haben im Zusammenhang mit den besonders breiten Reifen sowohl vorn als auch hinten einen Sturz von null. Früher war das anders: damals mußten alle Räder einen negativen Sturz haben.

Effekt des Sturzes
Bei positivem Sturz wird das Rad beim Fahren gegen das innere Lager gedrückt. Das Außenlager und die Achsmutter werden dadurch entlastet. Ferner führt der nach innen gerichtete Druck auf das Rad zu einer geringeren Neigung zum Flattern (Abb. 6.46). Eine weitere Folge des positiven Sturzes ist es, daß die Räder kegelförmig abrollen, was dazu führt, daß sie – in Fahrtrichtung vorn – ein wenig auseinanderstreben Abb. 6.47).

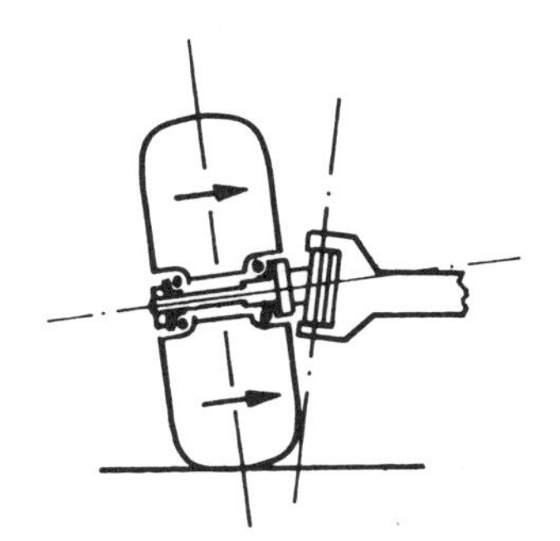

Abb. 6.46: **Effekt eines positiven Sturzes.** Das Rad wird während der Fahrt in Pfeilrichtung gegen das innere Lager gedrückt.

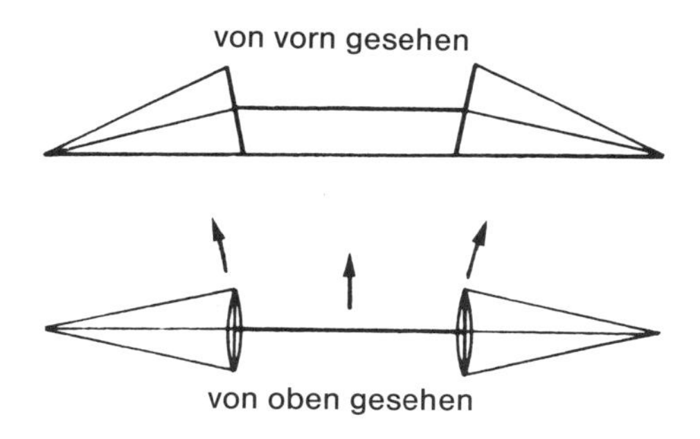

Abb. 6.47: **Kegelförmige Abrollkörper von Rädern mit großem positivem Sturz.** Sie streben an der Vorderseite in Fahrtrichtung auseinander.

Als allgemeine Regel läßt sich sagen:
Vorderräder mit einem starken positiven Sturz haben auch eine große Vorspur. Der Effekt des kegelförmigen Abrollens der Räder ist dem der großen Vorspur genau entgegengesetzt, wodurch sie beim Geradeausfahren parallel zueinander

stehen. Vorderräder mit einem geringen oder gar auf null gebrachten Sturz haben dementsprechend eine geringe oder gar keine Vorspur. Der negative Sturz führt zu einer größeren, nach innen gerichteten, Reaktionskraft, die beim schnellen Kurvenfahren den Vorteil hat, daß der Zentrifugalkraft am Radäußern entgegengewirkt wird.

Änderungen des Sturzes
Wir beschreiben hier drei Methoden, durch die wir – je nach der Konstruktion – den Sturz ändern (verstellen) können:

1. Mit Hilfe von Exzenterbolzen in den Querlenkern. Die Abb. 6.48 zeigt dies in schematischer Darstellung. Es kann auch vorkommen, daß der Achsschenkel mit Kugelgelenken in zwei Querträgerarmen aufgehängt ist.
   Hier können wir den Sturz nur in Kombination mit dem Nachlauf (darüber später mehr) verstellen. Dies ist in der Abb. 6.49 gezeigt. Wir müssen dann mit dem vorderen Exzenter (V) einen Zwischenwert für den Sturz einstellen. Anschließend richten wir mit dem hinteren Exzenter (A) aus, bis der gewünschte Sturz erreicht ist; der Nachlauf kommt dann automatisch auf den richtigen Wert.
2. Mittels exzentrisch verstellbarer Kugelgelenke. Dies wird in der Abb. 6.50 verdeutlicht.

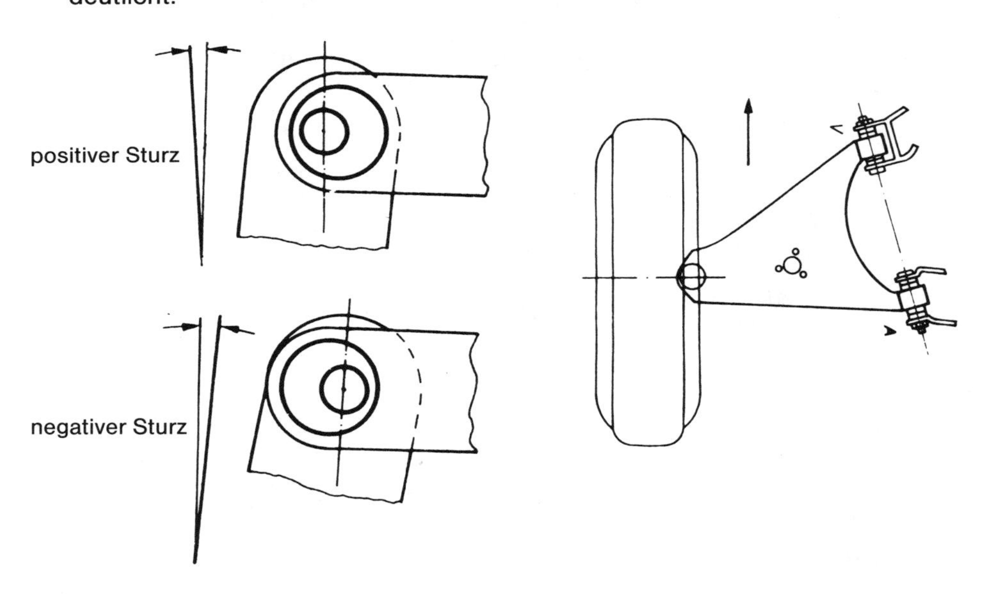

Abb. 6.48: **Veränderung des Sturzes mit Hilfe eines Exzenterbolzens im oberen Lager der oberen Radaufhängung.**

Abb. 6.49: **Lagerung der unteren Radaufhängung bei einer Mercedes-Benz-Aufhängung mit zwei exzentrischen Schwenkpunkten.**
V = vorderer Exzenter, A = hinterer Exzenter (Beschreibung im Text).

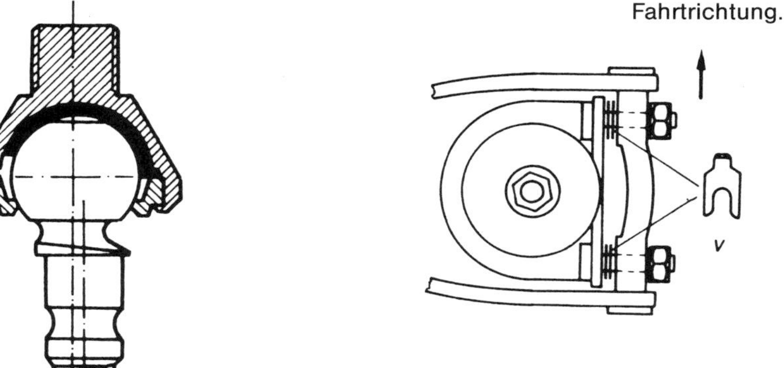

Abb. 6.50: **Vorderradaufhängung mit Kugelgelenken.**
Der Sturz wird eingestellt, indem der Exzenterbolzen im Achsschenkel verdreht wird.

Abb. 6.51: **Einstellung von Sturz und Nachlauf.**
Der Sturz wird nachgestellt, indem gabelförmige Einschiebbleche (V) zwischengeschoben oder herausgenommen werden (beiderseits gleichmäßig viele). Der Nachlauf wird eingestellt, indem die Anzahl der Bleche unter der einen Befestigungsschraube vermindert und unter der anderen vergrößert wird. Wiedergegeben sind hier die Schwenkpunkte des oberen Trägerarms.

3. Sturzeinstellung an Querträgerarmen unten und oben: mit Hilfe von U-förmigen Einschiebblechen, in der Regel am inneren Gelenkbolzen des oberen Querträgerarms angebracht (Abb. 6.51). Von diesen müssen wir dann eines oder mehrere entfernen bzw. hinzufügen. Beim Einstellen des Sturzes ist zu berücksichtigen, daß sich dadurch automatisch auch die Spreizung ändert.

Wichtig: nach jeder Änderung des Sturzes ist die (gesamte) Spur zu überprüfen, weil auch diese im allgemeinen durch eine Änderung des Sturzes beeinfluß wird.

Spreizung

Diese ist der Winkel zwischen dem Achsschenkelbolzen (bzw. der Schwenkachse des Rades und der Ebene der Fahrbahn, und zwar gemessen in einer Ebene, die senkrecht zur Fahrtrichtung steht (Abb. 6.42). Hier wird die Spreizung also als der Winkel zwischen der gedachten Geraden durch beide Kugelgelenke und der Senkrechten zur Fahrbahn definiert (Abb. 6.52). Bei McPherson-Federbeinen ist die Spreizung der Winkel zwischen der gedachten Geraden durch das Kugelgelenk am Ende des Radführungsarms unten und dem festen Schwenkpunkt des Rades einerseits und der Senkrechten zur Fahrebene andererseits (Abb. 6.53). Ebenso wie der Sturz, wird auch die Spreizung in Grad angegeben. In allen Fällen wird ein nach innen gerichteter Winkel als positiv bezeichnet.
Gängige Werte sind 5° bis 8°. Bei Automobilen mit Vorderradantrieb liegt der Wert

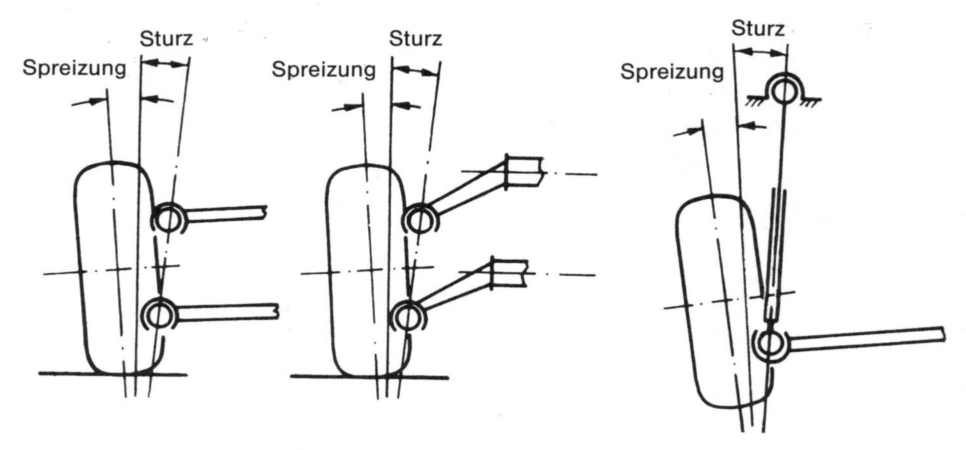

Abb. 6.52: **Sturz und Spreizung bei einer Radaufhängung mittels zweier Kugelgelenke**

Abb. 6.53: **Sturz und Spreizung bei einer Radaufhängung mittels Mc-Pherson-Federung**

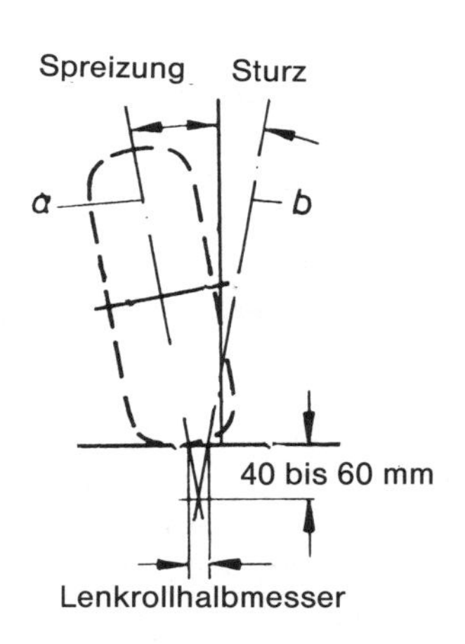

Abb. 6.54 a: **Lenkrollhalbmesser.**
Der Schnittpunkt der Sturzlinie (a) und der Achse durch den Achsschenkelbolzen (b) liegt 40 bis 60 mm unterhalb der Fahrbahn.

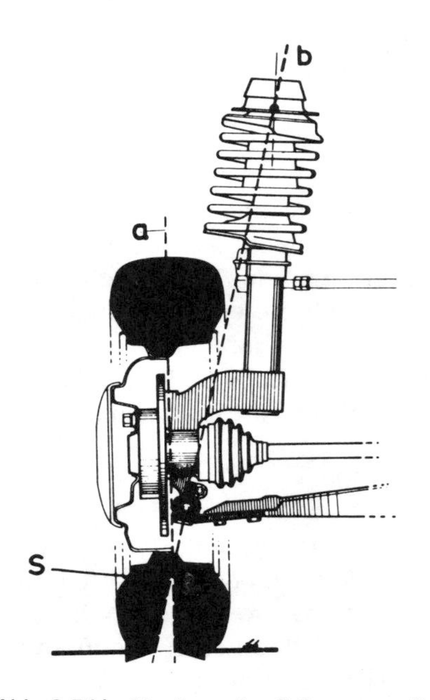

Abb. 6.54 b: **Vorderradaufhängung mit »negativem« Lenkrollhalbmesser.**
Der Schnittpunkt S der Sturzlinie (a) und der gedachten Geraden durch die beiden Schwenkpunkte (b) liegt oberhalb der Fahrbahn.

häufig über 8°, weil diese im allgemeinen nur einen geringen oder gar keinen Nachlauf haben.
Sturz und Spreizung werden von den Fahrzeugkonstrukteuren im allgemeinen so gewählt, daß der Schnittpunkt der Sturzgeraden und der Schwenkachse ein wenig unterhalb der Fahrbahn liegt (Abb. 6.54a). Auf diese Weise kommt es zu einer gewissen Hebelwirkung, die Stöße infolge von Unebenheiten in der Fahrbahn dämpft. Der Hebelarm wird hierbei durch den sog. Lenkrollhalbmesser gebildet, das ist der Abstand zwischen dem Schnittpunkt der beiden schrägen Geraden (a und b in der Abb. 6.54a) mit der Fahrbahn.
Aber auch ein »negativer« Lenkrollhalbmesser kommt vor. Dieser tritt auf, wenn der Schnittpunkt der Sturzgeraden und der Schwenkachse oberhalb der Fahrbahn liegt (Abb. 6.54b)

Effekt der Spreizung

1. Durch die Kombination von Sturz und Lenkrollhalbmesser wird der Wagen bei einem Ausschlag der Vorderräder vorn leicht angehoben. Das hat zur Folge, daß das Lenkrad nach einer Kurvenfahrt »von sich aus«, nämlich durch das Fahrzeuggewicht, das auf die Vorderräder drückt, wieder in die Geradeausstellung zurückkehren will (die Hebelwirkung drückt die Räder wieder in die Geradeausstellung).
2. Die Fahrwiderstände greifen am Lenkrollhalbmesser an, der gegenüber der Fahrbahn einen kurzen Hebel bildet. Die Räder werden nicht nur nach hinten gedrückt, sondern das Spiel wird auch in den Spurstangengelenken auf diese Weise aufgehoben. Die Neigung zum Flattern wird hierdurch weitgehend zurückgedrängt (Abb. 6.55).
   Die Werte von Spur, Sturz, Spreizung und Lenkrollhalbmesser sind vom Fahrzeughersteller so gewählt, daß die Vorderräder beim Geradeausfahren im Verhältnis zueinander parallel abrollen.

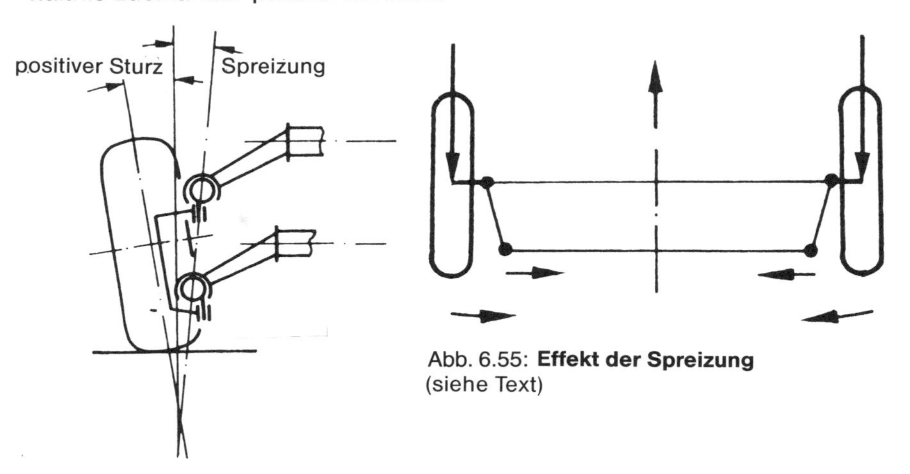

Abb. 6.55: **Effekt der Spreizung**
(siehe Text)

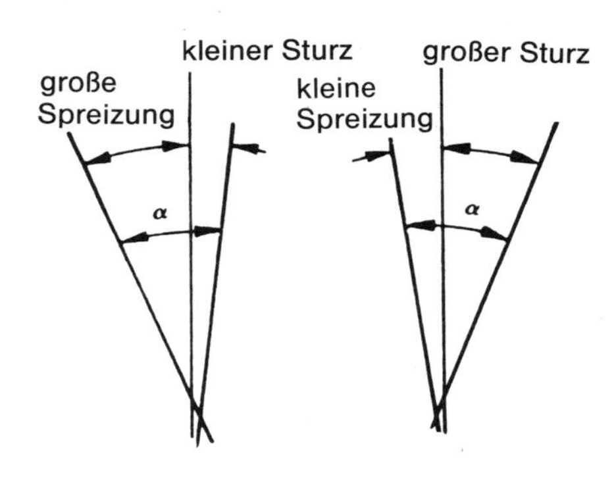

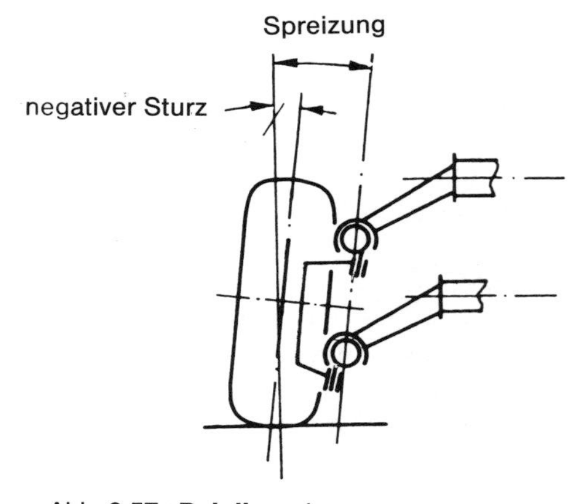

Abb. 6.56: **Zusammenhang zwischen Spreizung und Sturz.**
Der Gesamtwinkel α bleibt unverändert (siehe Text)

Abb. 6.57: **Bei dieser* Vorderradaufhängung mit zwei Kugelgelenken bleibt die Spreizung beim Einstellen des Sturzes unverändert.**

**Aufgepaßt!* Im Gegensatz zur gezeichneten Situation muß man den Sturz ausschließlich am oberen Gelenk einstellen und nicht am unteren. Sonst würde nämlich der Nachlauf einer spürbaren Veränderung unterzogen.

Sturz und Spreizung sind voneinander abhängig. Eine Änderung des Sturzes führt automatisch zu einer Veränderung der Spreizung (Abb. 6.56). Ein positiverer Sturz verkleinert die Spreizung, ein weniger positiver Sturz oder der Übergang zum negativen Sturz erbringt eine Zunahme der Spreizung.

Faustregel: Stimmt der Sturz, dann stimmt auch die Spreizung.
Ist der Sturz falsch eingestellt, dann ist auch die Spreizung falsch.
Eine Ausnahme bilden hier die Radaufhängungen mittels zweier Kugelgelenke. Bei der Sturzeinstellung ändert sich in diesem Fall der Winkel durch die Mitte der beiden Kugelschwenkpunkte im Verhältnis zur Senkrechten zur Fahrbahn nicht, so daß die Spreizung stets gleich bleibt (Abb. 6.57). Bei diesen Fahrzeugen erweist sich das Messen der Spreizung beim Vermessen der Lenkung deshalb als nützlich.

Nachlauf
Unter Nachlauf versteht man den Winkel zwischen dem Achsschenkelbolzen und der Senkrechten zur Fahrbahn, und zwar von der Seite gesehen. Der Wert wird als positiv bezeichnet, wenn der Achsschenkelbolzen an der Oberseite nach hinten geneigt ist (Abb. 6.58). Bei der Radaufhängung mittels zweier Kugelgelenke ist der Nachlauf definiert als der Winkel zwischen der Geraden durch die beiden Gelenke und der Senkrechten zur Fahrbahn (Abb. 6.59). Bei einer Aufhängung mit Hilfe von

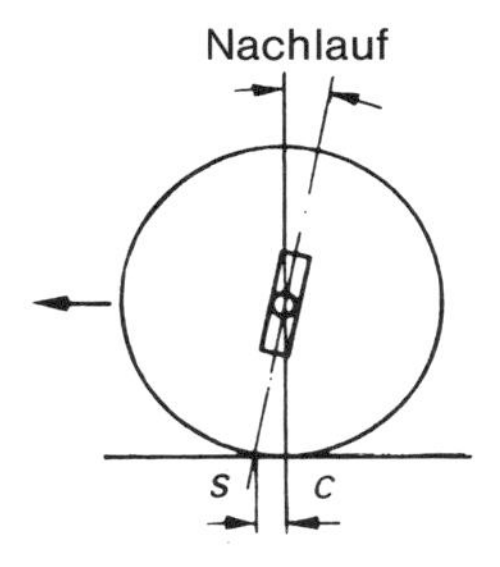

Abb. 6.58: **Nachlaufwinkel**

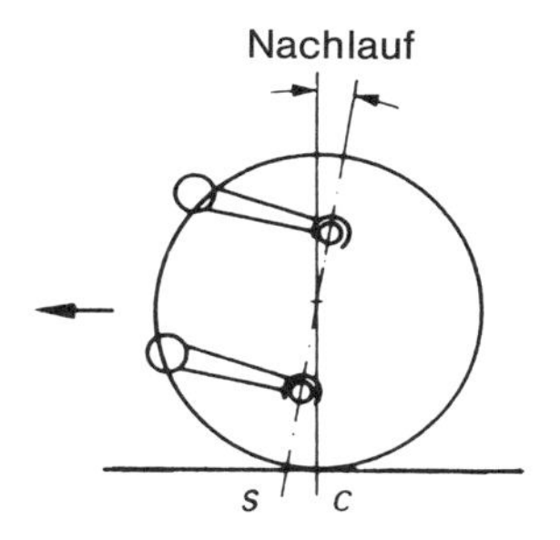

Abb. 6.59: **Nachlaufwinkel bei einer Vorderradaufhängung mit zwei Kugelgelenken**

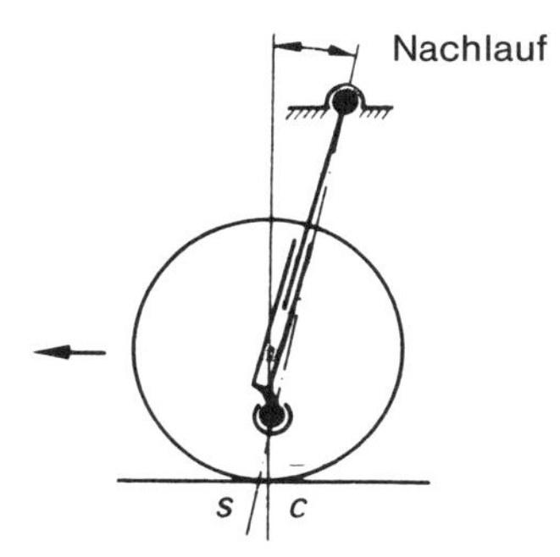

Abb. 6.60: **Nachlaufwinkel bei einer Vorderradaufhängung mit McPherson-Federung**

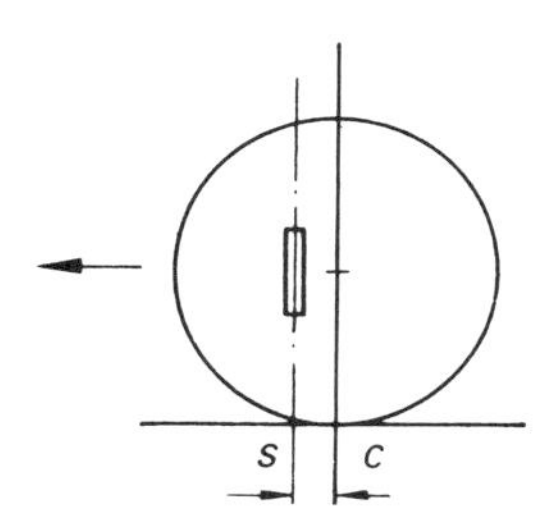

Abb. 6.61: **Nachlauf, weil der Achsschenkelbolzen** *vor* **dem Achsschenkel liegt**

McPherson-Federelementen handelt es sich um den Winkel zwischen der Geraden durch das untere Kugelgelenk und dem oberen Stützlager und der Senkrechten zur Fahrbahn (Abb. 6.55). Wir bezeichnen den Nachlauf stets als positiv, wenn die Gerade oben nach hinten zeigt.

Messen des Nachlaufs (Abb. 6.58 bis 6.61)
Das Zentrum der Kontaktfläche Reifen/Fahrbahn (c in der Abb. 6.61) liegt, in Fahrtrichtung gesehen, hinter dem Schnittpunkt der Geraden zwischen dem Achsschenkelbolzen und der Fahrbahn (s in der Abb. 6.61). In der Regel erreicht man diesen Effekt, indem man den Achsschenkelbolzen ein wenig nach hinten neigt, aber eine weitere Möglichkeit besteht darin, die Konstruktion so auszuführen, daß der Achsschenkelbolzen vor dem Achsschenkel selbst liegt. Ein Beispiel hierzu zeigt die Abb. 6.61.
Wenn der Achsschenkelbolzen an der Oberseite nach vorn geneigt ist, hat das Rad einen negativen Nachlauf; in dem Fall handelt es sich eigentlich nicht um einen »Nachlauf«, sondern um »Vorlauf«. Üblich ist das nicht. In Ausnahmefällen ist ein geringfügiger negativer Nachlauf vorgeschrieben.

Der Nachlauf wird in Winkelgraden angegeben. In den technischen Daten der Automobilhersteller finden sich daher Angaben über den Nachlaufwinkel. Gängige Werte sind 1° bis 3°.
Bei Fahrzeugen mit Servolenkung ist der Nachlauf ungefähr um 1° größer, als bei der mechanischen Lenkung. Das hat den Zweck, die Kraft zu vergrößern, die die Räder nach der Kurvenfahrt wieder in die Geradeausstellung drückt. Das Lenkrad dreht sich dann schneller »von selbst« wieder zurück. Ausnahme: leichte Automobile mit Heckmotor und -getriebe, bei denen die Vorderachsbelastung aufgrund dieser Bauart sehr gering ist. Diese Fahrzeuge haben einen Nachlauf, der mehr als 10° betragen kann.
Sehr schnelle Fahrzeuge können ebenfalls einen besonders großen Nachlauf haben, damit sie im hohen Geschwindigkeitsbereich eine bessere Richtungsstabilität bekommen.

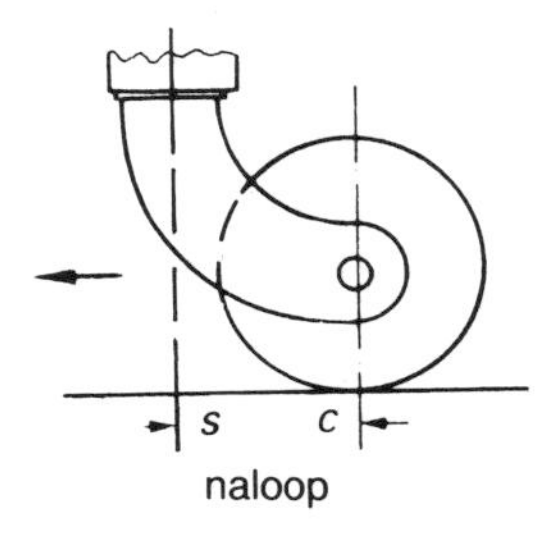

Abb. 6.62: **Schwenkrolle eines Servierwagens zur Verdeutlichung des Begriffs »Nachlauf«.**
Wenn die Rolle in Pfeilrichtung gezogen wird, folgt der Punkt *C* dem Punkt *S*.

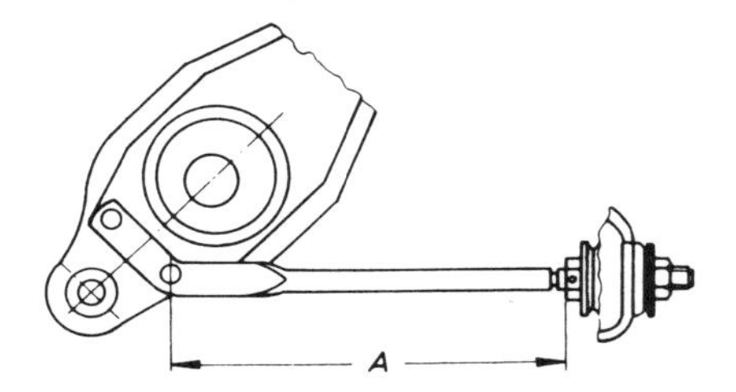

Abb. 6.63: **Einstellung des Nachlaufs mit Hilfe einer Zugstange am unteren Radträgerarm.**
Die bei Lieferung des Fahrzeuges eingestellte Länge A = 290 mm darf in diesem Fall um höchstens 5 mm verkleinert bzw. vergrößert werden, um den Nachlauf zu vergrößern oder zu verkleinern.

Effekt des Nachlaufs

Der Nachlauf hat zur Folge, daß die Räder gezogen (und nicht geschoben) werden (Schwenkrollenprinzip, Abb. 6.62). Nach einer Kurve neigen sie automatisch dazu, in die Mittelstellung zurückzukehren und diese einzuhalten (selbstzentrierender Effekt). Die Kräfte, die die Räder in die Mittelstellung drücken, werden sowohl durch die Spreizung als auch durch den Nachlauf erzeugt. Gemeinsam bestimmen sie die Größe der selbstzentrierenden Kraft.

Einstellen des Nachlaufs

In der Praxis können uns verschiedene Konstruktionen begegnen:

1. Einstellung mittels eines Exzenters, siehe Abb. 6.49. Hier darf der Nachlauf nur in Kombination mit dem Sturz verändert werden. Dabei können wir dieselbe Arbeitsweise anwenden, wie sie beim Sturz beschrieben wurde.

2. Einstellung mit Hilfe von Zugstangen. Bei bestimmten Autos ist die Zugstange in der Länge verstellbar, siehe Abb. 6.63. Aber bei vielen Automobilen (insbesondere solchen mit Federbeinen) wird der Nachlauf durch eine Reihe fester Maße der Radaufhängung bestimmt. Änderung und/oder Einstellung ist dann nicht möglich.

Vorspur/Nachspur

Darunter versteht man den Unterschied zwischen dem hinteren *(b)* und dem vorderen *(a)* Abstand der beiden Räder, gemessen von Felgenrand zu Felgenrand in Höhe der Radmitte (Abb. 6.64).

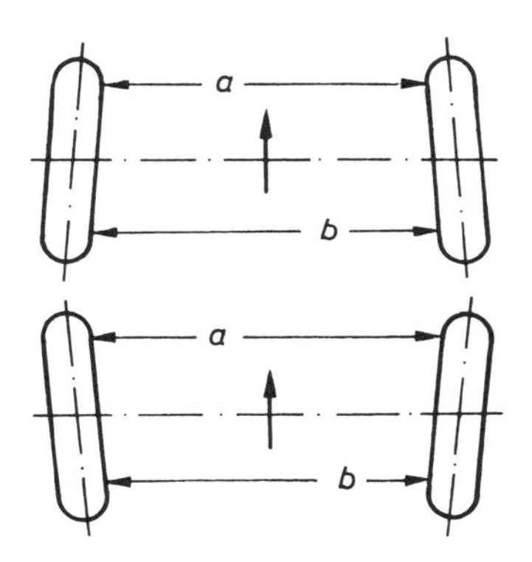

Abb. 6.64: **Vorspur oben, Nachspur unten** (siehe Text)

Ist *b* größer als *a*, dann bezeichnet man die (gesamte) Spur als positiv (+). Die Räder haben dann Vorspur. Wenn *b* aber kleiner als *a* ist, dann ist die (gesamte) Spur negativ, und dann spricht man von Nachspur. Da diese Spur im allgemeinen in Grad ausgedrückt wird, ist es eigentlich besser, wenn man die (gesamte) Spur definiert als den Winkel zwischen den beiden Rädern einer Achse, gemessen in der horizontalen Ebene.

Früher, als alle Automobile noch eine beachtliche Vorspur hatten, wurde deren Wert im Prinzip nur in mm gemessen. Heutzutage wird die Spur in Einzelfällen noch in mm angegeben, aber meist doch in Grad.

Viele Hersteller geben die Spur sowohl in Grad als auch in mm an.

Beim Messen der Spur muß man sich genau nach den Vorschriften des Fahrzeugherstellers richten:

1. Messen bei unbelastetem Fahrzeug (fahrbereites Gewicht) oder bei einer vorgeschriebenen Belastung.
2. Messen bei Rädern, die an der Vorderseite auseinandergedrückt oder an der Hinterseite zusammengezogen sind, um die Situation, die während des Fahrens auftritt, möglichst genau nachzuahmen.

Manche Hersteller geben an, wie groß das Grundspiel beim Messen sein muß, z. B. indem sie den Abstand zwischen der Fahrbahn und den inneren Schwenkpunk-

ten der unteren Querträgerarme vorschreiben oder ähnlich. Das Fahrzeug muß dann während des Messens mit dem entsprechenden Wert belastet werden. Man kann diesen Belastungszustand auch mit einem speziellen Zusatz erreichen. Prinzipiell muß die Vermessung der Spur sowohl mit als auch ohne »gedrückte« Räder erfolgen, damit man so das Spiel in den Einzelteilen der Steuerung (vor allem den Spurstangengelenken) und in der Radaufhängung bestimmen kann.
Die Werte der Gesamtspur liegen im Durchschnitt:
bei Personenwagen zwischen –1 und +3 mm oder –10′ und +30′;
bei Lastkraftwagen zwischen –3 und +3 mm oder –40′ und +40′.
Die geringste Wahrscheinlichkeit zu Fehlern beim Spurvermessen ergibt sich, wenn man das eine Rad (nach Möglichkeit das linke) in Geradeausstellung versetzt und das andere (normalerweise das rechte) verwendet, um die gesamte Spur abzulesen (Abb. 6.65).

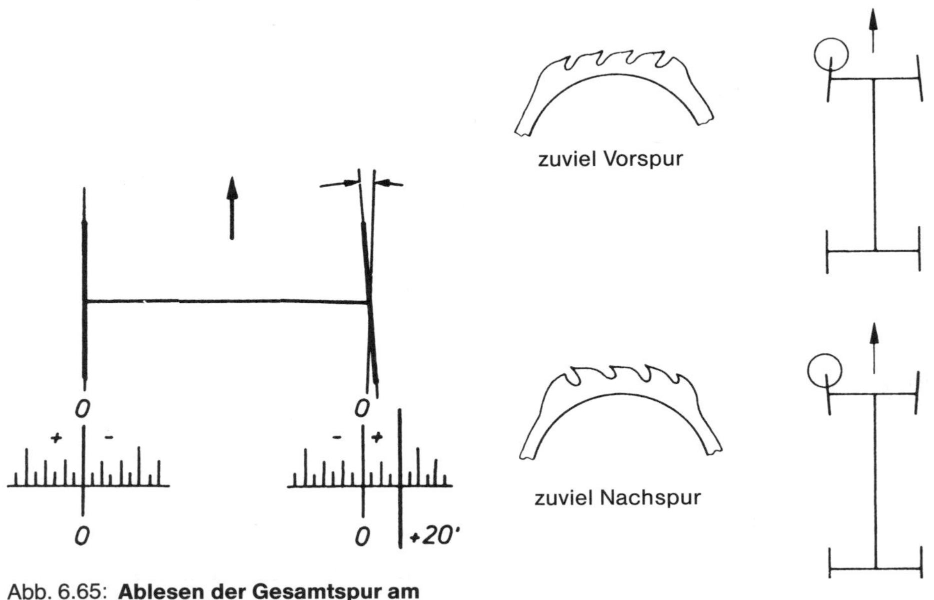

Abb. 6.65: **Ablesen der Gesamtspur am rechten Vorderrad.**
Das linke Rad ist genau in Geradeausstellung gebracht (im gezeichneten Beispiel ist die Gesamtspur +20′).

Abb. 6.66: **Abnormaler Reifenverschleiß bei falscher Spureinstellung**

Effekt der Spur

Die Größe der Spur ist vom Hersteller so gewählt, daß die Vorderräder (im Zusammenhang mit den zugehörigen Werten des Sturzes, der Spreizung und des Nachlaufs) bei der Geradeausfahrt parallel zueinander abrollen. Eine falsche Einstellung der Spur führt zu einem abnormalen Laufflächenverschleiß, der sich schon nach einer Strecke von z. B. 2000 km deutlich bemerkbar macht (siehe Abb. 6.66).

Einstellung der Spur

Die Spur ist erst dann richtig eingestellt, wenn beide Vorderräder in der Geradeausstellung (Mittelstellung der Lenkung) beim Messen die Hälfte der gesamten Spur anzeigen. Anders gesagt: die Abweichung gegenüber der Geradeausstellung muß bei beiden Rädern gleich sein und genau die Hälfte der gesamten Spur betragen.

Die richtige Einstellung der Gesamtspur muß also prinzipiell immer in der Lenkmittelstellung (Geradeausstellung) erfolgen. Nur so erreicht man, daß das Fahrverhalten des Automobils in linken und rechten Kurven jeweils gleich ist. Leider ist die Lenkmittelstellung nicht bei allen Fahrzeugmarken auf gleiche Weise markiert. Wenn die Räder richtig eingestellt sind, muß das Fahrzeug genau geradeaus fahren. Zum einwandfreien Lenken des Autos bei Kurvenfahrten (vor allem zum gleichen Verhalten bei Links- und Rechtskurven) ist aber mehr erforderlich, und zwar eine fehlerfreie Funktion des Lenktrapezes. Das Vermessen und das eventuelle Einstellen der gesamten Spur muß deshalb immer mit einem Kontrollmessen des Lenktrapezes kombiniert werden. Dessen vier Seiten werden gebildet durch die Vorderachse (die Verbindungslinie zwischen den Mittelpunkten der beiden Vorderräder), die Spurstange einteilig oder nicht geteilt) und die beiden Achsschenkel (Abb. 6.68).

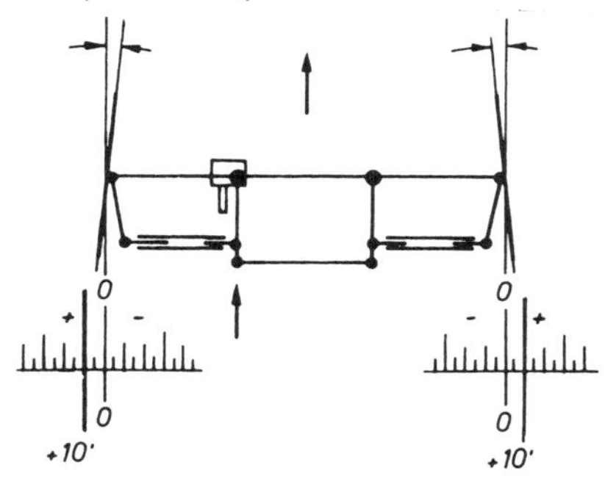

Abb. 6.67: **Richtig eingestellte Gesamtspur.**
Der vorgeschriebene Wert beträgt +20′. Jedes Rad hat bei einer Lenkmittelstellung genau die Hälfte der Gesamtspur, nämlich 10′ Vorspur ('+'-Spur).

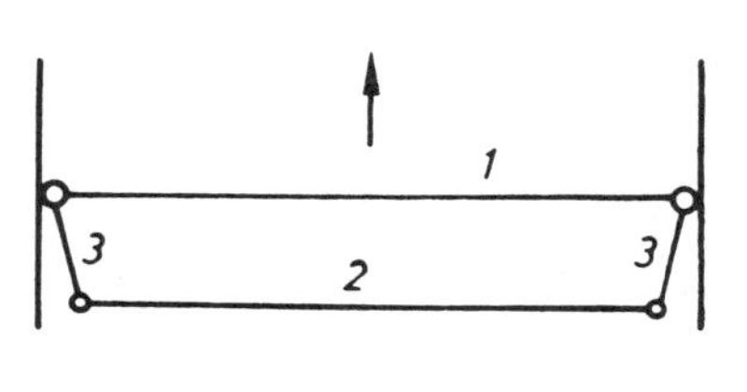

Abb. 6.68: **Bestandteile des Lenktrapezes.**
1. Vorderachse
2. Spurstange
3. Spurstangenhebel.

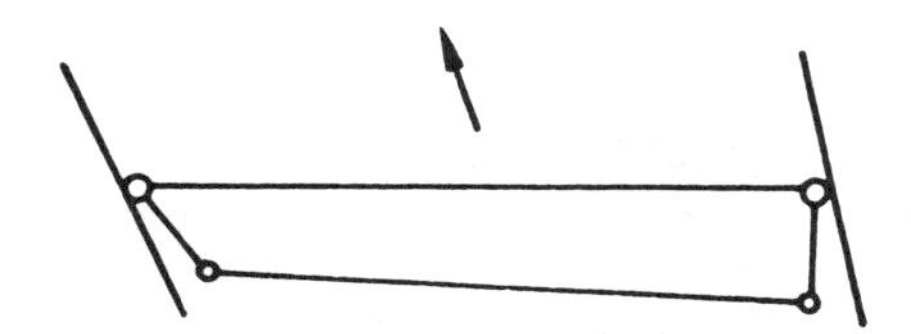

Abb. 6.69: **»Verformung« des Trapezes bei der Kurvenfahrt**

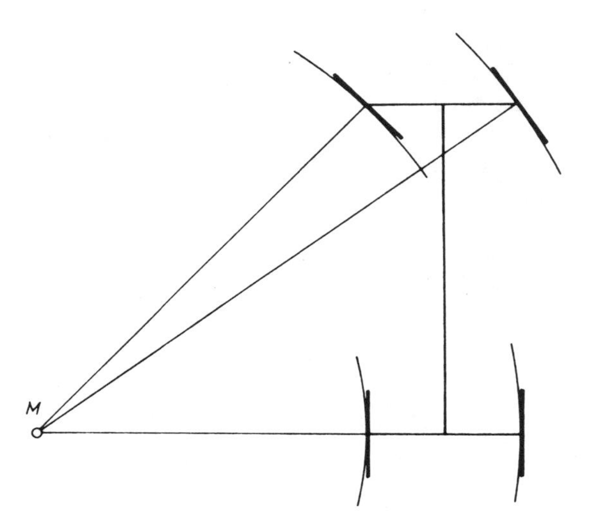

Abb. 6.70: **Optimale Radstellung bei der Fahrt durch eine Kurve mit der Lenkung im Ackermannprinzip.**
Alle Räder stehen so, daß die Mittelsenkrechten durch einen gemeinsamen Punkt M gehen.

Aufgabe des Lenktrapezes ist es, dafür zu sorgen, daß beide Vorderräder bei Kurvenfahrten jeweils die richtige Stellung einnehmen. Die Vorderräder von Automobilen haben immer einen eigenen Lenkdrehpunkt, was dazu führt, daß das Innenrad einen schärferen (kleineren) Bogen beschreiben muß, als das Außenrad. Das bedeutet, daß die Vorderräder bei Kurvenfahrten einen unterschiedlichen Lenkungseinschlag brauchen. Die Abb. 6.69 zeigt, wie das Lenktrapez in einer Linkskurve »verformt« wird, um dies zu ermöglichen.
Das Lenktrapez funktioniert richtig, wenn alle Räder und Radflächen bei langsamer Kurvenfahrt so gerichtet sind, daß die gedachten Geraden durch die Radachsen einander auf der Verlängerung der Hinterachse schneiden. Jedes Rad beschreibt dann einen Kreisabschnitt um diesen Schnittpunkt und läuft verwindungsfrei, so daß der Reifenverschleiß minimal ist. Man spricht hier von »statischem Abrollen in der Kurve nach dem Ackermann-Prinzip« (Abb. 6.70).
Damit dieser Effekt erreicht wird, ist das Lenktrapez so konstruiert, daß die gedachten Verlängerungen der beiden Spurstangenhebel einander in einem Punkt schneiden, der bei Geradeausstellung der Lenkung auf der Längsachse des Fahrzeuges ein wenig *vor* der Hinterachse liegen (Abb. 6.71). Auch komplizierter konstruierte Lenktrapeze von Personenwagen mit dreiteiliger Spurstange und einem Hilfslenkhebel arbeiten nach diesem Prinzip. Im übrigen ist es kein Unterschied, ob die Spurstangen (wie üblich) hinter oder (wie in Ausnahmefällen) vor der Vorderachse angebracht sind.
Eine Einsparung von Material- und Fertigungskosten erbringt die Verwendung einer Lenkung mit Zahnstange, da das Lenkgehäuse dann als Bestandteil des Lenktrapezes dienen kann. Die Zahnstange wird beiderseits einfach mit einer kurzen, verstellbaren Spurstange verlängert. Für das Trapez werden dann insgesamt nur vier Kugelgelenke benötigt, während dies bei einer dreiteiligen Spurstange immer sechs sein müssen (Abb. 6.72).

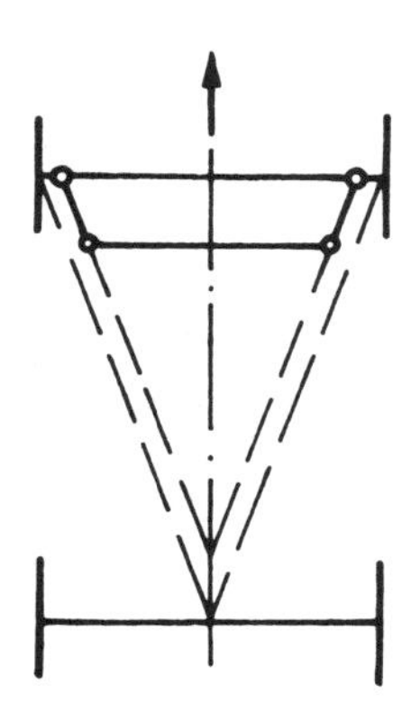

Abb. 6.71: **Entwurf des Lenktrapezes**

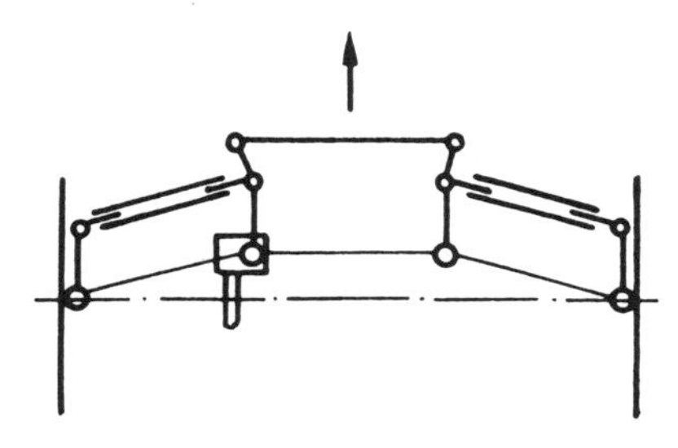

Abb. 6.72: **Ein vor der Vorderachse angebrachtes Lenktrapez**

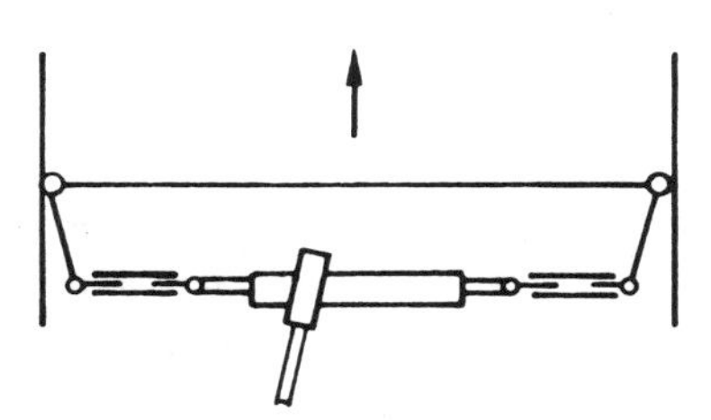

Abb. 6.73: **Zahnstangenlenkgehäuse als Bestandteil des Lenktrapezes**

Das Lenktrapez arbeitet fehlerfrei, wenn die Differenz im Lenkausschlag von Innen- und Außenrad in Linkskurven ebenso groß ist, wie in den entsprechenden Rechtskurven. Ein Unterschied von maximal 40′ ist im übrigen noch zulässig. Damit die beiden Seiten miteinander verglichen werden können, wird dieser Unterschied im Lenkausschlag gemessen, indem man dem einen Rad einen Lenkausschlag von 20° gibt und dann den Ausschlagwinkel des anderen Rades bestimmt.

6.7 VERMESSUNGSGERÄTE

Der Fachhandel bietet ein großes Sortiment an Vermessungsgeräten an. Meist bestehen die besseren Geräte aus einer Meßbrücke, die in der Werkstatt einen festen Platz hat.

Im Prinzip lassen sich die Vermessungsgeräte unterteilen in:

1. mechanische (Wasserwaagengerät, Spurstab);
2. optische mit Projektoren und Radspiegeln;
3. optische mit engen Lichtbündeln oder -strahlen und speziellen Projektionsflächen;
4. optisch/elektronische;
5. elektronische.

Es würde zu weit führen, alle diese Geräte hier zu beschreiben. Daß es sich aber um einen besonders wichtigen Teilbereich der Karosseriereparatur handelt, geht

Bilder von oben nach unten:

Abb. 6.74: **Optisches Achsvermessungsgerät für Lkw, Busse, mehrere Lenkachsen, Anhänger und Auflieger.**

Abb. 6.75: **Optisches Achsvermessungsgerät**

Abb. 6.76: **Optisch-elektronisches Achsvermessungssystem**

Abb. 6.77: **Elektronisches Achsvermessungssystem**

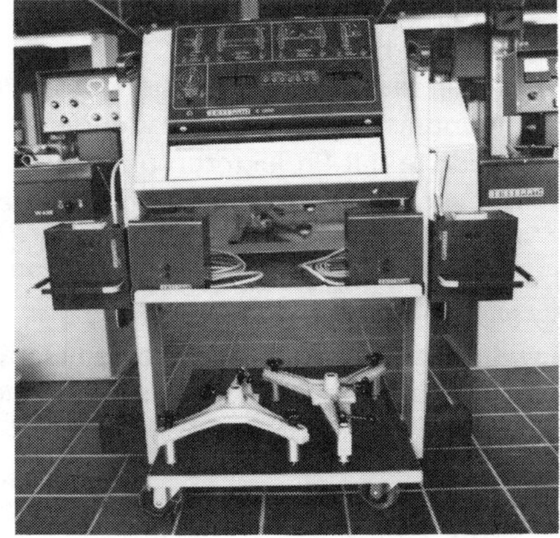

aus der Präzision hervor, mit der die modernen Geräte arbeiten. Schließlich mag ein Karosserieschaden noch so gründlich behoben sein, das Auto wird seine ursprünglichen Fahreigenschaften nur dann wiedererlangen, wenn es auch wieder »richtig« auf den Rädern steht.

6.8 UNWUCHT DER RÄDER

Bei allen Teilen, die um eine Achse rotieren, ist es Voraussetzung zum ruhigen Lauf, daß die Masse vom Mittelpunkt (dem Rotationszentrum) aus in allen Richtungen gleichmäßig verteilt ist.
Da bei der Herstellung von Felgen und Reifen nun einmal bestimmte Toleranzen notwendig sind, entsprechen diese Teile im Grunde niemals ganz den Anforderungen – es ist nicht möglich, absolut kreisrunde und gleichmäßige Felgen und Reifen zu produzieren.
In der Praxis ergibt sich daraus, daß Felgen und Reifen eine gewisse radiale oder seitliche Abweichung zeigen und daß die Materialdicke nicht überall gleich ist. Die Folge dessen ist es, daß das Rad sich nicht völlig ruhig dreht, sondern daß sein Mittelpunkt bei jeder Umdrehung auch selbst zu einer gewissen Bewegung neigt, und das bezeichnet man als die Unwucht des Rades.
Im allgemeinen kann man hier zwischen statischer und dynamischer Unwucht unterscheiden.

Statische Unwucht

Betrachten wir das Autorad der Einfachheit halber einmal einfach als eine mehr oder weniger flache Scheibe.
Nehmen wir ferner an, daß diese Scheibe zwar genau rund ist, daß sie aber, vom Mittelpunkt aus gesehen, nicht überall die gleiche Materialdicke hat.

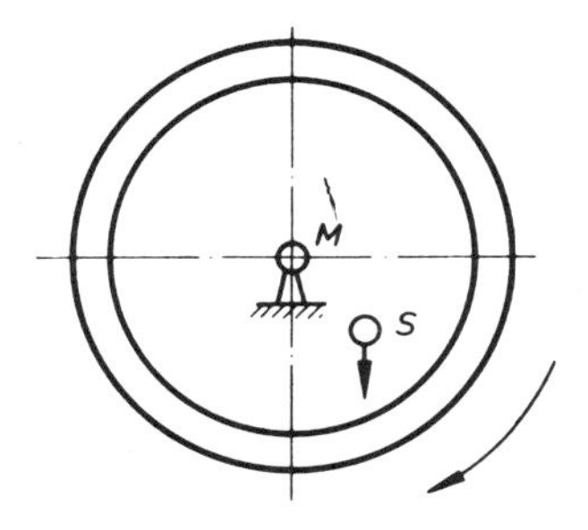

Abb. 6.78: **Der Schwerpunkt liegt rechts vom zentralen Rotationspunkt. Das Rad wird sich rechts herum drehen.**

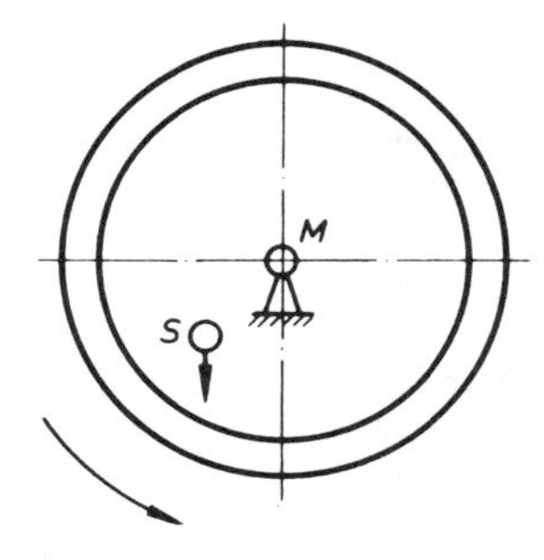

Abb. 6.79: **Der Schwerpunkt liegt links vom zentralen Rotationspunkt. Das Rad wird sich links herum drehen.**

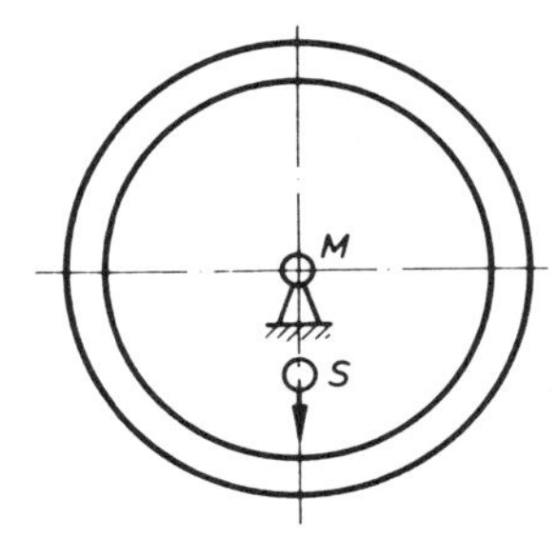

Abb. 6.80: **Der Schwerpunkt liegt genau unter dem Rotationspunkt. Das Rad bleibt stehen.**

Heben wir die Vorderradgabel eines Fahrrades hoch, dann sehen wir, daß das Rad sich langsam nach vorn oder hinten dreht. Ohne Krafteinwirkung von außen, ohne Fremdeinwirkung also, pendelt das Rad hin und her, bis das Ventil schließlich genau unter der Vorderachse zum Stillstand kommt. Dies ist nur ein einfaches Beispiel, das die Regel bestätigt, nach sich ein drehbar gelagertes Objekt von sich aus bewegt, bis der Schwerpunkt genau unter dem Drehpunkt liegt. Da diese Bewegung ohne Einfluß von außen erfolgt, bezeichnet man diesen Effekt als statische Unwucht (siehe Abb. 6.78, 6.79 und 6.80).
Die statischen Kräfte führen dazu, daß das rotierende Rad eine Pendelbewegung um die Achse machen will. Bei Automobilen kann sich ein Rad aber nur in der Richtung hin und her bewegen, die mit der Federung bzw. Radführung, übereinstimmt, also auf und ab. In allen anderen Richtungen läßt die Radaufhängung keine Radbewegung zu. In der Praxis erkennen wir eine statische Unwucht des Rades an der Neigung, während der Fahrt auf und ab, bzw. vertikal zu schwingen. Nach oben, wenn die statische Unwucht oberhalb des zentralen Drehpunktes liegt, nach unten, wenn die statische Unwucht sich unterhalb des Drehpunktes befindet, also während der anderen Hälfte der Umdrehung (siehe Abb. 6.81, 6.82 und 6.83). Eine statische Unwucht kann sich sowohl bei Vorder- als auch bei Hinterrädern ergeben; schließlich sind alle Räder gefedert und deshalb zu vertikalen Bewegungen imstande. Das statische Auswuchten ist also bei allen Rädern erforderlich, sowohl vorn wie hinten.

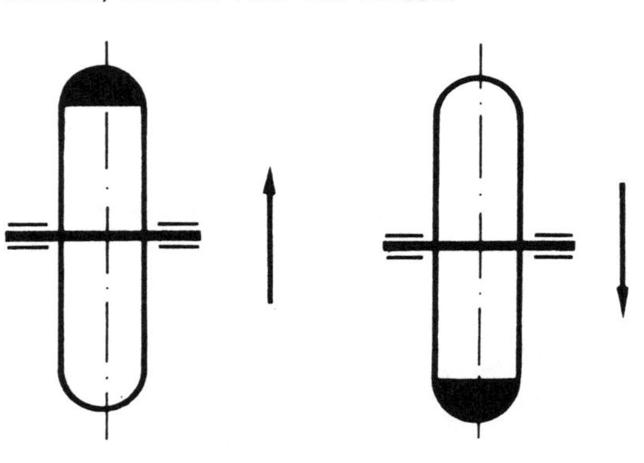

Abb. 6.81: **Der Schwerpunkt liegt oben. Das Rad will sich nach oben bewegen.**

Abb. 6.82: **Das sich drehende Rad bewegt sich unter dem Einfluß der statischen Unwucht auf und ab.**

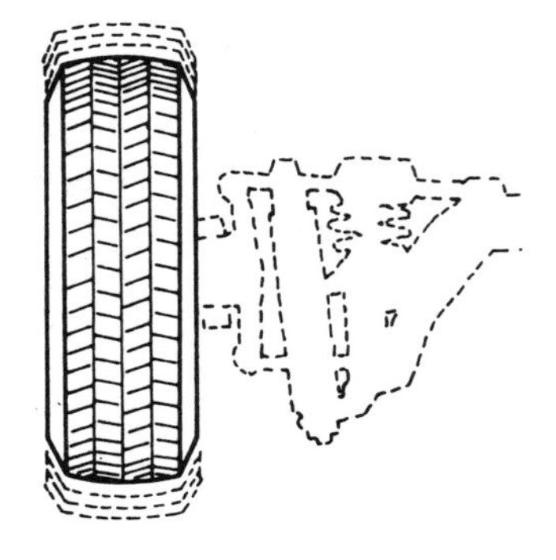

Abb. 6.83: **Nach einer halben Umdrehung liegt der Schwerpunkt unten. Das Rad will sich nach unten bewegen.**

Zum Glück läßt sich die statische Unwucht sehr leicht beheben. Indem man das Rad frei drehbar lagert, untersucht man, auf welcher seiner Seiten sich der »Schwerpunkt« befindet. Das Rad wird sich dann schließlich so drehen, daß diese Stelle nach unten gelangt. Genau gegenüber bringt man soviel Gegengewicht an, daß das Rad genau ausbalanciert ist und in jeder beliebigen Stellung stehenbleibt. Die Gegengewichte müssen, wenn irgend möglich, an der Innenseite der Felge befestigt werden. Ein statisch richtig ausgewuchtetes Rad bleibt in jeder beliebigen Stellung stehen und beginnt sich nicht von selbst zu drehen, egal welcher Teil gerade oben oder unten ist.

Dynamische Unwucht

In Wirklichkeit ist ein Rad keine Scheibe, sondern eine Rolle mit einer bestimmten Breite. Da der Drehpunkt von gelenkten Rädern sich auf der Achse in einem bestimmten Abstand vom Rad befindet, entstehen um diesen Drehpunkt Fliehkräfte, wenn das Rad über den genannten Abstand durch ungleiche Massenverteilung eine Unwucht zeigt (siehe Abb. 6.84 und 6.85). Diese Fliehkräfte wirken während der ganzen Umdrehung auf den Achsschenkel ein, so daß die Rotationsfläche des Rades ständig zu kippen versucht. Die Größe dessen ist gleich der Unwucht *P* mal dem Abstand *1* zwischen der Rotationsfläche der Unwucht und dem Drehpunkt des Achsschenkels *M*.

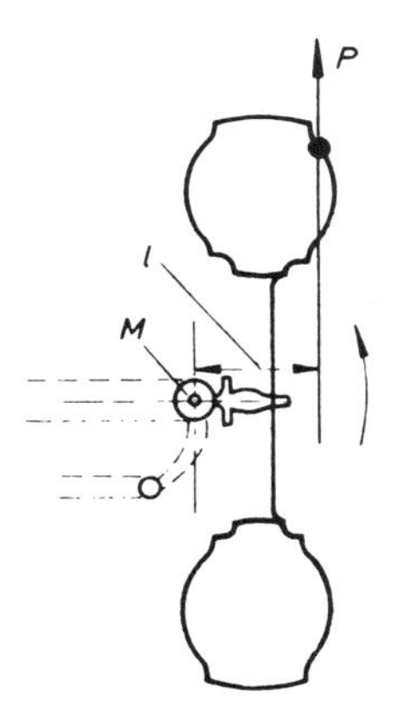

Abb. 6.84: **Die Unwucht P liegt vor dem Mittelpunkt des Rades, das sich infolgedessen links um den Drehpunkt M drehen will.**

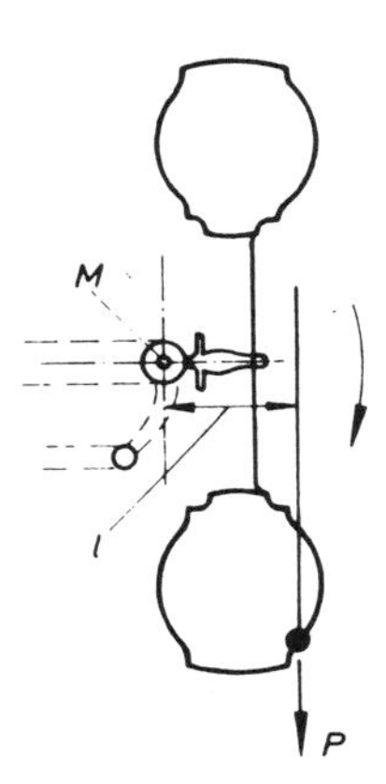

Abb. 6.85: **Die Unwucht befindet sich nach einer halben Radumdrehung hinter dem Mittelpunkt, wodurch das Rad sich jetzt rechts um M drehen will.**

Da die Radbewegung bei gelenkten Rädern nur in der horizontalen Ebene um M möglich ist, fühlt man die Fliehkräfte nur an den Schwingungen, die das Lenkgehäuse durchgibt (Abb. 6.86), am sogen. Flattern. Das Vorderrad flattert, weil die Fliehkräfte im einen Augenblick die Vorderseite des Rades nach innen ziehen, während gleich darauf – eine halbe Umdrehung später – die hintere Seite nach innen gezogen wird.

(Inwiefern die dynamische Unwucht eine Bewegung in Richtung der Federung verursachen kann, wollen wir hier außer Betracht lassen.)

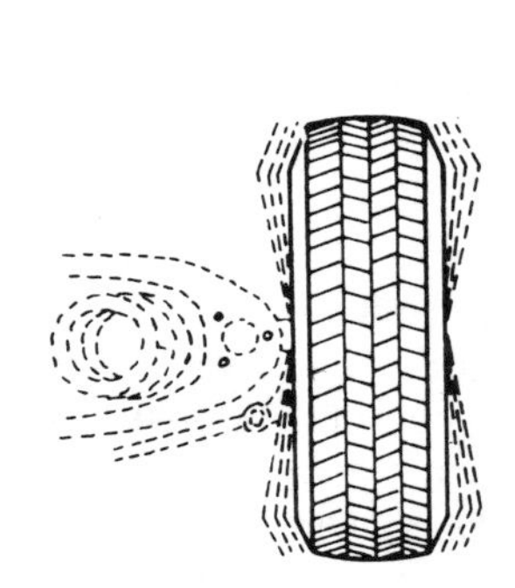

Abb. 6.86: **Unter Einfluß der dynamischen Unwucht bewegt sich das Rad in der Horizontalen hin und her (Flattern.)**

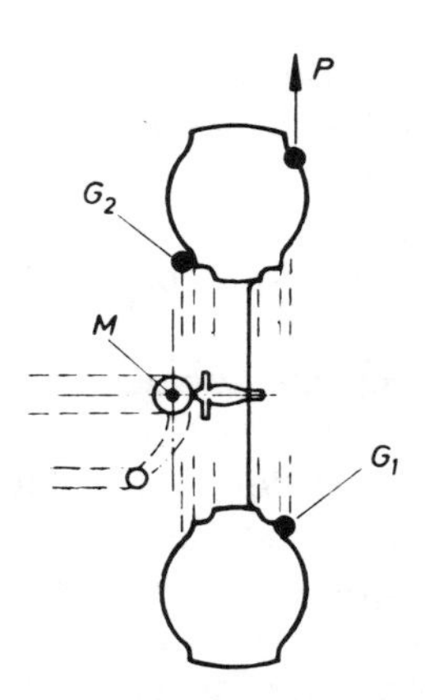

Abb. 6.87: **Statisches Auswuchten durch Anbringen eines Gegengewichtes G_2 gegenüber von G_1.**

Da dieser Effekt in der Praxis nur an sich drehenden Rädern festgestellt werden kann, spricht man hier von dynamischer Unwucht oder auch vom dynamischen Teil der gesamten Unwucht. Diese Erscheinung kann sowohl bei den Vorder- als auch bei den Hinterrädern auftreten und muß in beiden Fällen kompensiert werden. Da die durch dynamische Unwucht verursachte Flatterneigung an den Hinterrädern aber nicht zu kontrollieren und demzufolge auch nicht zu beheben ist, können Hinterräder nur dynamisch ausgewuchtet werden, indem sie vom Auto abgezogen werden. Das Auswuchten ist nur auf der Auswuchtmaschine möglich, wobei jedes Rad einzeln und frei vom Wagen ausgewuchtet wird (auch wenn manche Hersteller behaupten, daß das dynamische Auswuchten der Hinterräder am Fahrzeug mit ihren Geräten wohl möglich sei).
Die dynamische Unwucht wird ausgeglichen, indem an der gegenüberliegenden Felgenseite außen ein ebensogroßes Gewicht G_1 angebracht wird, und zwar mit demselben Abstand vom Drehpunkt *M,* wie ihn die Masse *P* hat, die die Unwucht verursacht (Abb. 6.87).
Dadurch wird die dynamische Unwucht aufgehoben, denn jetzt entstehen zwei gleiche, aber entgegengesetzt gerichtete Fliehkräfte an M, und zwar $P \cdot 1 = G_1 \cdot 1$.
Damit die eventuell zuvor durchgeführte statische Auswuchtung nicht gestört wird, muß gegenüber dem Ausgleichsgewicht G_1 *an* der Innenseite der Felge ein ungefähr um 20% schwereres Gegengewicht G_2 angebracht werden. Da dieses letztere in derselben Ebene liegt, wie der Drehpunkt M, führt G_2 nicht zu neuen Fliehkräften gegenüber M, so daß das dynamische Gleichgewicht nicht gestört wird. Zur Bestimmung und zum Ausgleich der statischen und dynamischen Unwucht wurden spezielle Auswuchtmaschinen entwickelt. Diese Geräte gibt es in zwei Ausführungen, und zwar zur Verwendung beim:

1. vom Auto gelösten Rad (stationär) und
2. beim Rad am Auto.

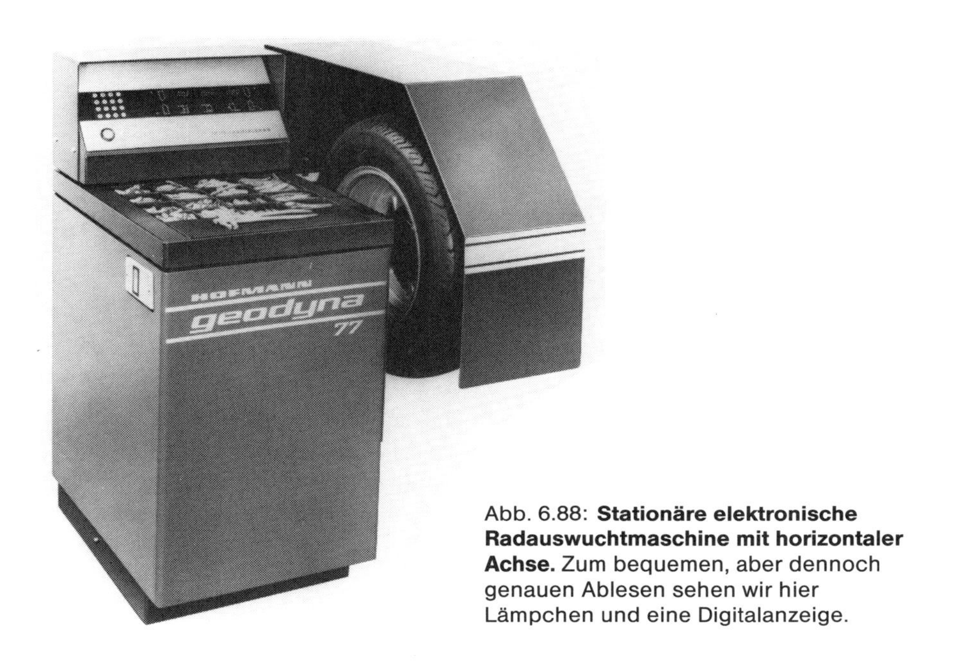

Abb. 6.88: **Stationäre elektronische Radauswuchtmaschine mit horizontaler Achse.** Zum bequemen, aber dennoch genauen Ablesen sehen wir hier Lämpchen und eine Digitalanzeige.

Abb. 6.89: **Geräte zum Messen von Unwucht am Fahrzeug.** Man sieht hier zwei Meßgeräte: eines in schwerer und eines in leichter Ausführung. Der Meßwagen ist ausgerüstet mit einem elektronischen Meßsystem mit Zeigern, einem Stroboskop und einem Antriebsrad für das auszuwuchtende Rad.

7 Fenster, Türen und bewegliche Karosserieteile

7.1 DIE GLASSCHEIBEN

Glas wird aus Sand, Kalk und Soda hergestellt. Das Autofenster muß einige spezielle Eigenschaften haben, und deshalb kann man dazu kein normales Glas verwenden. Fensterglas ist zwar hart und durchsichtig, aber es ist sehr zerbrechlich, und beim Zerbrechen entstehen große und scharfkantige Scherben, die für die Insassen gefährlich sind. Dies ist der Hauptgrund, aus dem die Hersteller von Autofenstern ihre Produktionsprozesse auf die speziellen Bedürfnisse des Autos abgestimmt haben. Ferner ist zu berücksichtigen, daß es ein Unterschied ist, ob das Glas als Windschutzscheibe oderr als Seitenfenster dienen soll. Wir wollen im Nachfolgenden eine Reihe verschiedener Qualitäten besprechen.

Gehärtetes Glas
Dieses Glas kennen wir auch unter der Bezeichnung »Sekurit« oder »Sicherheitsglas«. Bei der Herstellung geht man von Fensterglas in besonders guter Qualität aus. Daraus macht der Hersteller ein Fenster mit der benötigten Form in den entsprechenden Abmessungen. Damit die Eigenschaften sich nun im beabsichtigten Sinne ändern, wird das Glas einer thermischen »Abschreckprozedur« unterzogen: das Glas wird erhitzt, bis es einigermaßen weich ist, um gleich darauf mit kalter Luft abgekühlt zu werden. Dadurch entstehen im Glas Spannungen. Die Oberflächen stehen unter Druckspannung, der Kern hat eine Zugspannung. Das Resultat ist es, daß das Glas bis zu fünfmal so stark wird, und beim Bruch entstehen keine Scherben, sondern die wohlbekannten Krümel (»Sicherheitsglas«). Aber durch (lokale) Anpassung der thermischen Abschreckungsprozedur gibt es doch noch einige Unterschiede. Die Abb. 7.1 zeigt die Bruchstrukturen von Scheiben aus gehärtetem Glas, die unterschiedlich behandelt wurden. Eine weitere sehr wichtige Eigenschaft dieses Glases besteht darin, daß es infolge eines Aufpralls zerbrechen wird, ehe dieser Aufprall eine schwere Kopfverletzung verursachen kann.

Beheiztes Heckfenster (gehärtetes Glas)
Auf die Glasplatte wird die »Verdrahtung« aus Silberpaste aufgedrückt. Durch thermische Behandlung der Scheibe verschmilzt der Drahtaufdruck mit dem

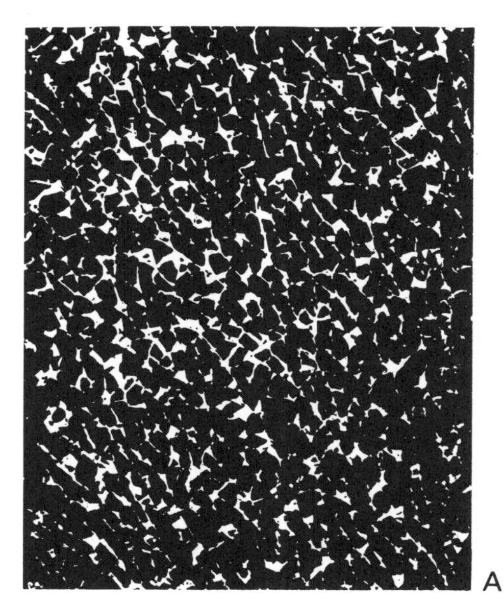
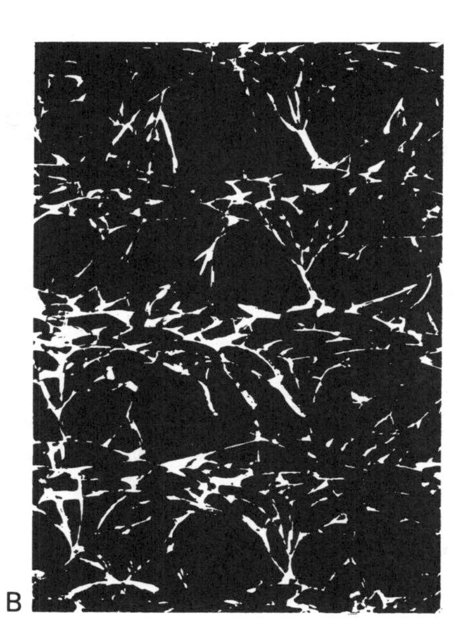
A B

Abb. 7.1: **Bruchstrukturen.**
A. Standardmäßig gehärtetes Glas. Wir sehen Tausende von runden Körnchen (keine Sicht).
B. Speziell gehärtetes Glas. Dies ist der Teil der Windschutzscheibe, durch den der Fahrer blickt. Aufgrund der größeren Fläche kann er noch etwas sehen.

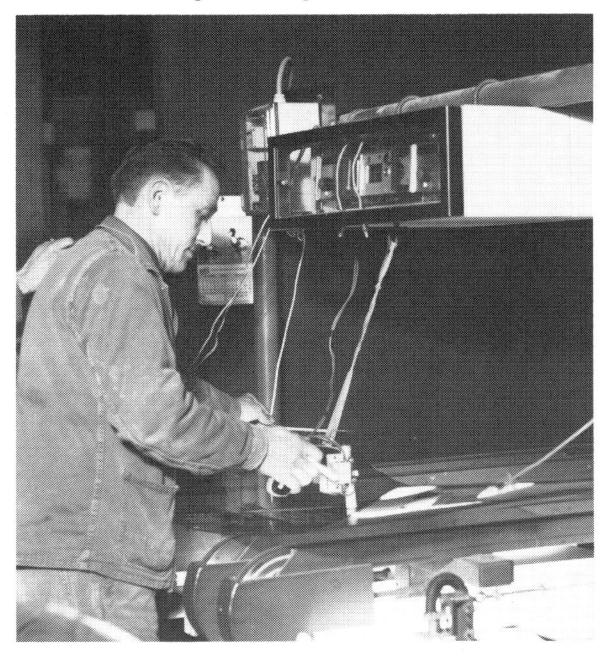

Abb. 7.2: **Hier wird der Zustand einer heizbaren Heckscheibe geprüft.**

Glas. Anschließend erfolgt noch eine galvanische Prozedur, durch die die Verdrahtung gegen Korrosion und mechanische Belastungen geschützt wird.
Die Galvanisierung kann überdies so gesteuert werden, daß die maximale Heizleistung in der Mitte der Scheibe liegt.

Schichtglas

Geschichtetes Glas besteht aus (wenigstens) zwei Glasplatten und einer Zwischenschicht: einer Klebefolie aus PVB (Polyvinylbutyral). Bei einem Schlag oder Stoß entsteht ein Bruch in der Form eines Spinnengewebes. Aufgrund der Elastizität der Klebefolie bleibt die Verbindung zwischen den Glasplatten und den »Scherben« erhalten, so daß es dennoch eine Einheit bleibt. Die Sicht um die Bruchstelle herum bleibt erhalten. Die ersten Vorteile sind damit bereits genannt: der Fahrer kann noch etwas sehen, und zugleich ist er vor Wind und Wetter geschützt. Ein dritter Vorteil – vielleicht wohl der wichtigste – besteht darin, daß die Scheibe verformbar und elastisch ist, eine erhebliche Energiemenge kann absorbiert werden (Knautschzonen-Effekt).

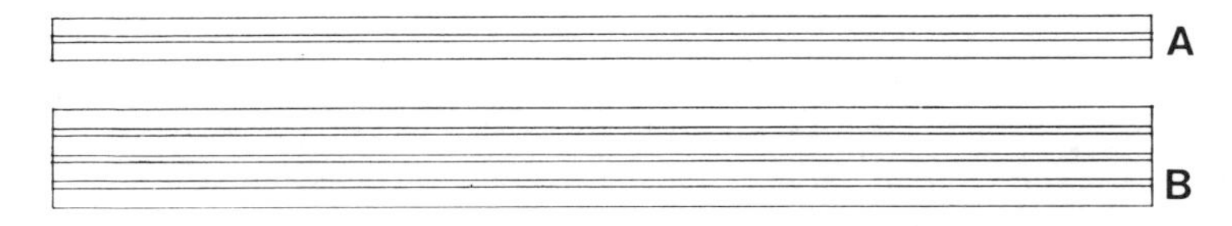

Abb. 7.3: **Zwei Beispiele von Schichtglas.**
A. eine Scheibe aus zwei Glasplatten und einer PVB-Schicht;
B. eine Scheibe aus vier Glasplatten und drei PVB-Schichten.

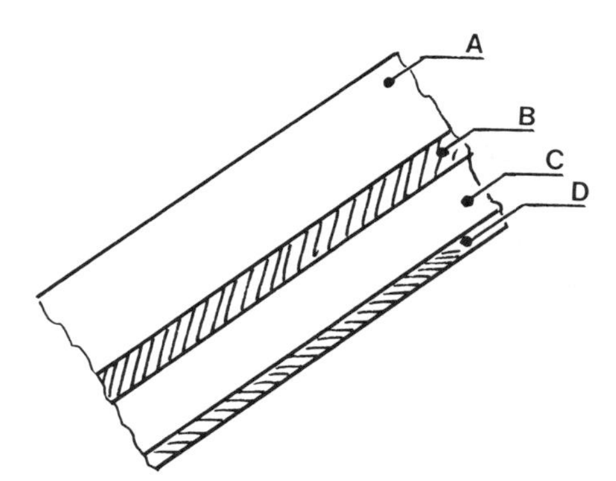

Abb. 7.4: **Querschnitt durch ein Schichtglas mit zusätzlicher Schutzschicht.**
A. Außenglas (ca. 2.6 mm stark);
B. Zwischenfolie (ca. 0,76 mm);
C. Innenglas (ca. 1,7 mm);
D. Schutzschicht (ca. 0,5 mm).

Dadurch wird die Verzögerung, wenn z. B. Insassen mit dem Kopf gegen die Windschutzscheibe stoßen, weniger groß sein, so daß die Gefahr einer ernsthaften Verletzung verringert ist.
Auch Autoscheiben aus Schichtglas können in beheizter Ausführung geliefert

werden. Die Heizdrähte sind dann in der Folie angebracht. Diese Drähte sind nur 0,01 mm dick (zum Vergleich: ein Menschenhaar ist zehnmal so dick!), so daß sie die Sicht absolut nicht behindern. Ferner sind die Drähte in einem Abstand von nur 1 bis 4 mm voneinander angebracht, wodurch die Beheizung besonders gleichmäßig erfolgt. Das beugt dem vor, daß beim Entfrosten oder Entdunsten der Scheibe Streifen entstehen, wie das bei den konventionellen beheizten Heckscheiben der Fall ist. Alles in allem eignen sich beheizte Schichtglasscheiben sehr gut als beheizte Windschutzscheiben. In manchen Automobilen werden sie daher auch eingesetzt, wenngleich oftmals nur teilweise beheizt: nur vor dem Fahrer.

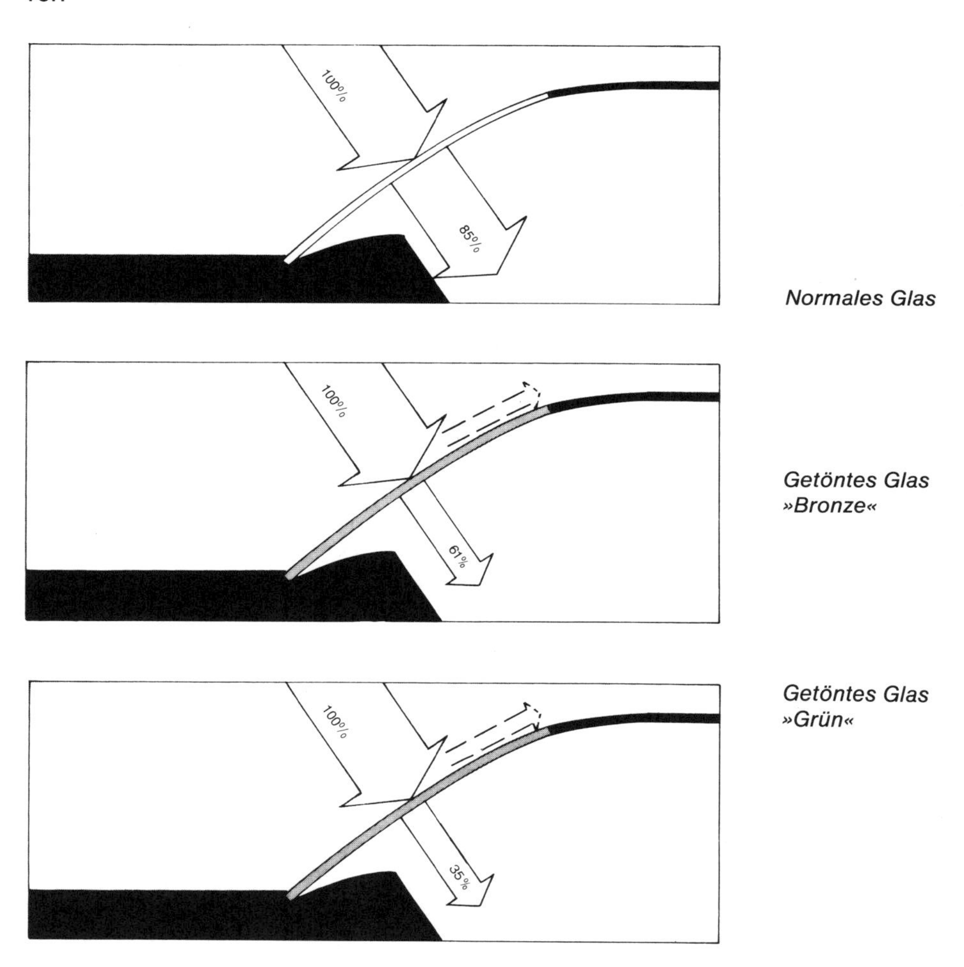

Abb. 7.5: **Getöntes Glas läßt weniger IR-Strahlen in das Wageninnere durch. Die angegebenen Prozentverhältnisse beziehen sich auf die Infrarot-Strahlen.**

Schichtglas mit zusätzlicher Schutzschicht
Der nächste Schritt in der Richtung der Sicherung von Autofenstern ist die Anwendung einer zusätzlichen Schutzfolie aus Kunststoff an der Innenseite. Dadurch wird die Gefahr einer Verletzung durch Glassplitter drastisch reduziert.

Getöntes Glas
Das Sonnenlicht besteht u. a. aus ultravioletten (UV-)Strahlen, sichtbaren Strahlen und infraroten (IR-)Strahlen. Die IR-Strahlen sind die wichtigsten »Wärmeträger«. Getöntes Glas hat mehr oder weniger die Eigenschaft, IR-Strahlen teilweise zu absorbieren. Dadurch gelangt weniger Wärme in das Innere des Fahrzeugs. Außerdem hat getöntes Glas einen gewissen aesthetischen Effekt, aber darüber gehen die Ansichten auseinander.

Doppelglas
Als komfortables Zubehör wird Doppelglas vor allem in Reisebussen u. ä. verwendet. Große Vorteile bestehen natürlich darin, daß die Fenster praktisch nicht beschlagen und eine stark reduzierte Kälteabstrahlung haben. Dies alles wird durch die Luftschicht zwischen den beiden Glasplatten verursacht. Solche doppeltverglasten Fenster sind oftmals noch zusätzlich getönt.
Die Kombination dieser beiden Eigenschaften führt zu einer erheblichen »Klimaverbesserung« im Innern des Fahrzeugs.

Fenster mit eingebauter Antenne
Auf die Innenseite des Fensters wird hauchdünner Draht aus Silbermaterial angebracht. Durch einen thermischen Prozeß verschmilzt man dann die Oberfläche der Glasplatte mit der Antenne. Dadurch wird die Antenne zu einem Bestandteil des Glases, und sie hat demzufolge auch die gleiche Stärke. Überdies ist die Antenne Kratzern und Korrosion gegenüber praktisch unempfindlich.

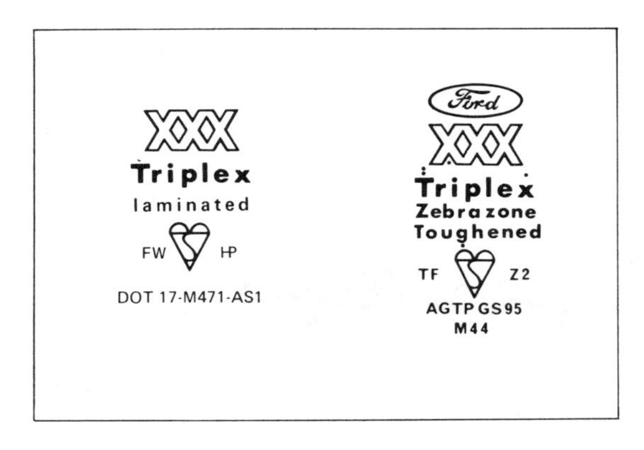

Abb. 7.6: **Zwei Beispiele zu Markenzeichen im Glas.**
Triplex bedeutet hier: drei Schichten (zwei von Glas und eine Zwischenfolie).
Laminated = geschichtet;
Toughened = gehärtet.
Oft wird dies nur durch »L« oder »T« angedeutet.

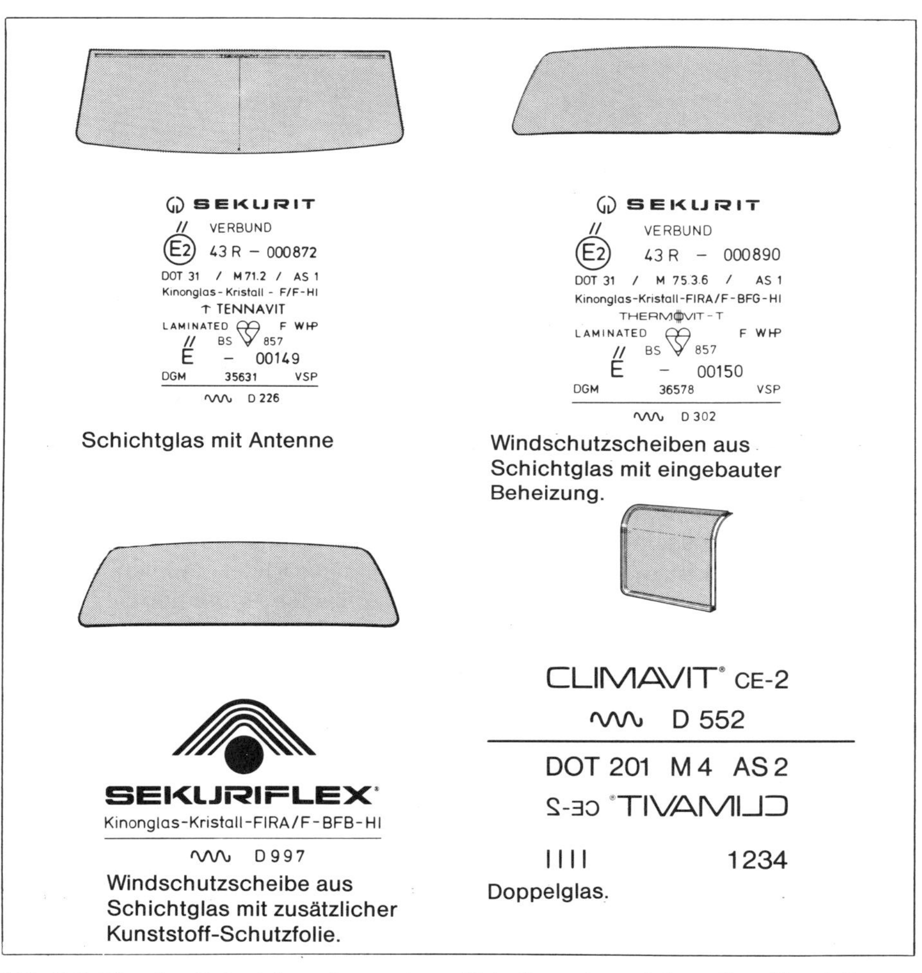

Schichtglas mit Antenne

Windschutzscheiben aus Schichtglas mit eingebauter Beheizung.

Windschutzscheibe aus Schichtglas mit zusätzlicher Kunststoff-Schutzfolie.

Doppelglas.

Abb. 7.7: **Einzelne Beispiele zu besonderen Scheiben ein und desselben Herstellers.**

7.2 BEFESTIGUNG DES FENSTERGLASES IN DER KAROSSERIE

Fenster müssen in der Karosserie luft- und wasserdicht angebracht werden. Hier gibt es einen Unterschied zwischen feststehenden und beweglichen Fenstern.

Feststehende Scheiben
Bei den starren Scheiben gibt es im Prinzip zwei Möglichkeiten: Anbringung durch Gummiprofil und geklebte Scheiben. Wir werden das Demontieren und Montieren kurz beschreiben.

Abb. 7.8: **Windschutzscheibe mit Profilgummi.**

a) Scheibe mit Profilgummi

Bei der Arbeit an Glasscheiben ist es wichtig, die Lackierung immer durch Schutzüberzüge und Decken zu schützen. Vor allem gilt diese Regel natürlich, wenn wir es mit zerbrochenen Scheiben zu tun haben. Anschließend entfernen wir die Teile, die die Arbeiten behindern (könnten), wie z. B. Spiegel und Scheibenwischer. Bei der Entfernung der Scheibe muß man von innen her die Lippe des Profilgummis über den Falzrand ziehen. Dazu gibt es Spezialwerkzeuge.

Mit einem solchen Werkzeug (das löffelartig aussieht) wird der Gummi über den Rand der Karosserie gedrückt. Indem man nun gleichzeitig gegen das Glas drückt, löst man die Scheibe.

Im Prinzip gilt die gleiche Methode für Schichtglas, aber dieses darf absolut *nicht an der Rundung belastet werden;* es würde unwiderruflich zerbrechen! Man muß

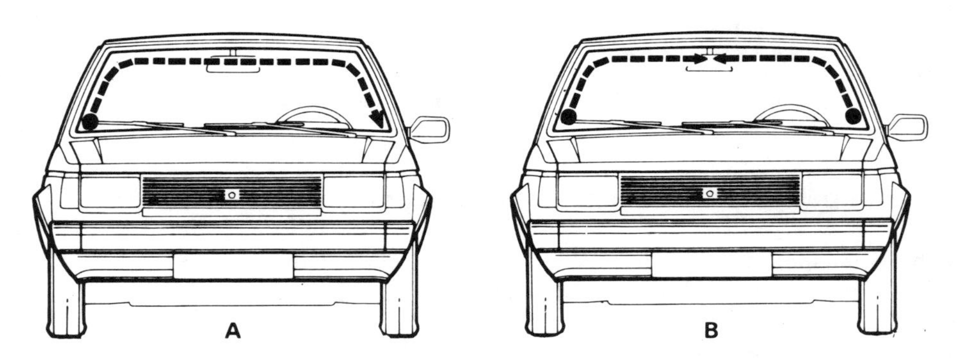

Abb. 7.9: **Bei A sehen Sie, wie der Fenstergummi bei einer Scheibe aus Schichtglas abgelöst wird. Die Methode B eignet sich dazu nicht; wenn Sie mit der einen Hälfte fertig sind und dann in der anderen unteren Ecke beginnen, entstehen Biegespannungen in der Scheibe.**

daher äußerst vorsichtig zu Werke gehen. Arbeiten Sie immer so, daß die Glasplatte keine Biegespannung bekommt. Beginnen Sie auf der einen Seite, und arbeiten Sie weiter zur anderen Seite hin. Also keinesfalls von der einen Seite bloß bis zur Mitte, und dann von der anderen Seite bis zur Mitte vorgehen (siehe auch Abb. 7.9).
Eine andere, bei gehärtetem Glas (also nicht bei Schichtglas!) angewandte Methode besteht darin, von innen her mit den Füßen zu drücken. Setzen Sie sich dazu ins Auto, und setzen Sie die Füße in einer oberen Ecke des Glases an (Schuhe ausziehen oder ein Tuch zwischen Sohle und Glas!). Drücken Sie nun kräftig gegen die Scheibe, so daß sich der Gummi aus dem Falz löst. Dabei sollte immer jemand von der anderen Seite gegenhalten, dies für den Fall, daß die Scheibe plötzlich herausspringt. Verschieben Sie Ihre Füße langsam unter gleichmäßigem Druck entlang des Umrisses der Scheibe, bis der Gummi an den Seiten und oben frei ist. Jetzt können Sie die Scheibe mit dem Profilgummi aus dem unteren Falz herausheben. Dann wird der Gummi abgelöst und, ebenso wie der Falz der Karosserie, gereinigt. Eventuelle Reste von Fensterkitt werden beseitigt. Zum Reinigen des Profilgummis dürfen keine Lösungsmittel, wie Benzin, Terpentin oder Verdünner verwendet werden, denn diese greifen den Gummi an! Spiritus dagegen schadet nicht (er enthält Alkohol).
Nachdem der Profilgummi wieder um die Scheibe gelegt wurde, legen wir in seine Nut eine Schnur ein. Wird diese Schnur anschließend herausgezogen, dann kann man den Profilgummi dadurch über den Falzrand ziehen. Die Abb. 7.10 zeigt, wie dies auf einfache Weise geschieht. Die Schnur sollte so eingelegt werden, daß ihre beiden Enden in der Mitte der Unterseite aus dem Gummi heraushängen (siehe Abb. 7.11) und einander um etwa 10–20 cm überlappen. Es kann vorkommen, daß der Gummi nicht so recht auf der Scheibe sitzenbleiben will. Dem läßt sich leicht abhelfen, indem ein paar Stückchen Klebestreifen über den Gummi geklebt werden.

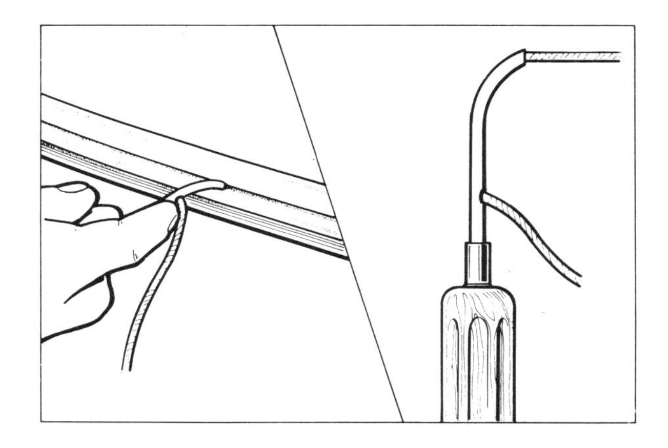

Abb. 7.10: **Rechts sehen wir ein aus dünnem Stahlrohr gefertigtes Werkzeug, mit dem sich die Schnur bequem einführen läßt.**

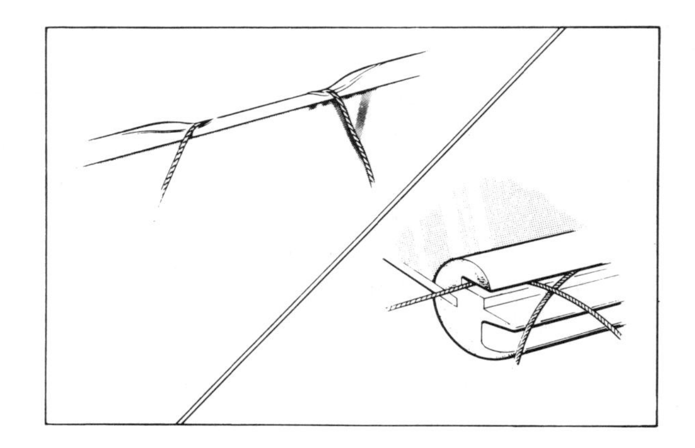

Abb. 7.11: **So ziehen Sie die Lippe mit Hilfe der Schnur über den Falzrand. Rechts sehen Sie die beiden, einander überlappenden Schnurenden.**

Anschließend wird die Scheibe auf die vorgesehene Stelle gesetzt und nach oben gedrückt, so daß der obere Rand des Gummis sich gut über den Falzrand zieht. Die Enden der Schnur werden nach innen gehängt, und die Scheibe wird kräftig gegen den Falzrand gedrückt. Wird jetzt vom Wageninnern aus an einem der Enden der Schnur gezogen, dann legt sich die Profillippe über den Falzrand. Dabei muß immer im rechten Winkel zum Falz gezogen werden, also auf die Mitte der Scheibe zu! Während dieser Arbeiten muß ein Gehilfe die Scheibe von der Außenseite her andrücken oder anklopfen.

Bei einer Scheibe aus Schichtglas spielt die Biegespannung bei diesen Arbeiten natürlich wieder eine große Rolle. Arbeiten Sie also auch hier wieder nach dem Prinzip der Abb. 7.9.
Zuweilen wird sich die Verwendung von Abdichtkitt als notwendig erweisen, damit die Scheibe völlig abgedichtet wird. Die Abb. 7.12 zeigt hierzu ein Beispiel.

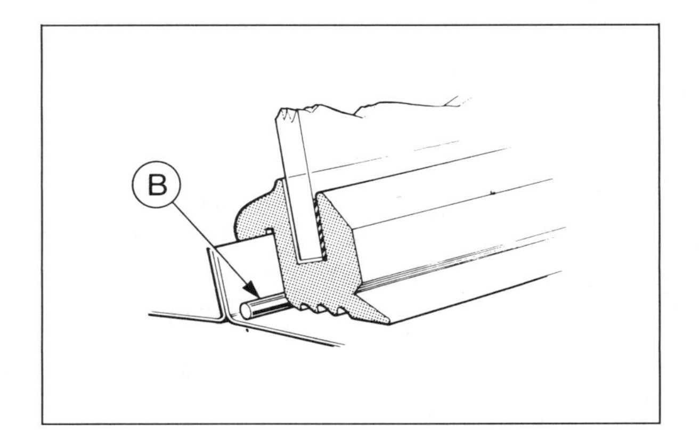

Abb. 7.12: **Querschnittzeichnung eines Seitenscheibengummis auf dem Falzrand. Wenn die Scheibe montiert ist, kann man zwischen Gummi und Scheibe noch Kitt anbringen (gestrichelt angedeutet).**

b) Geklebte Scheibe

Die geklebten Scheiben kommen immer häufiger zur Anwendung. Mit Hilfe eines Spezialkitts (z. B. Polyurethan) wird die Scheibe ganz einfach auf die Karosserie geklebt. Es versteht sich, daß dieser Klebekitt besonders gute Eigenschaften haben muß. Bei einem fahrenden Auto wirken nämlich ganz erhebliche Kräfte auf die Scheibe ein. Zur Entfernung einer solchen Scheibe wird die Klebeschicht durchgesägt. Das geht recht gut mit einem Nylonfaden oder einem Spanndraht. Wenn Sie die Scheibe wieder montieren wollen, zeichnen Sie die Stellung an, indem Sie Klebestreifen halb über die Scheibe, halb über die Karosserie kleben. Stechen Sie ein kleines Loch in die Leimschicht, um den Faden oder den Draht hindurchzuziehen. Verwenden Sie Holzklötzchen o. ä., um die Scheibe gut festhalten zu können. Eine kombinierte Bewegung von Sägen und Ziehen reicht zum Lösen der Scheibe aus (diese Arbeit muß von zwei Personen gemacht werden). Zum Festhalten der Scheibe verwendet man die bekannten Saugnäpfe mit Handgriff. Sämtliche Leimreste werden von der Scheibe und vom Falz entfernt. Zum Kleber werden die zugehörigen Entfetter und Vorbearbeitungsmittel mitgeliefert. Es versteht sich, daß man die Vorschriften des Herstellers genau befolgen muß, will man ein optimales Resultat erreichen.

Der neue Kleber wird ganz einfach mit einer Kittpresse aufgetragen. Zur Kleber-

Abb. 7.13: **Geklebte Windschutzscheibe. Hier wurde Klebestreifen als Merkzeichen verwendet.**

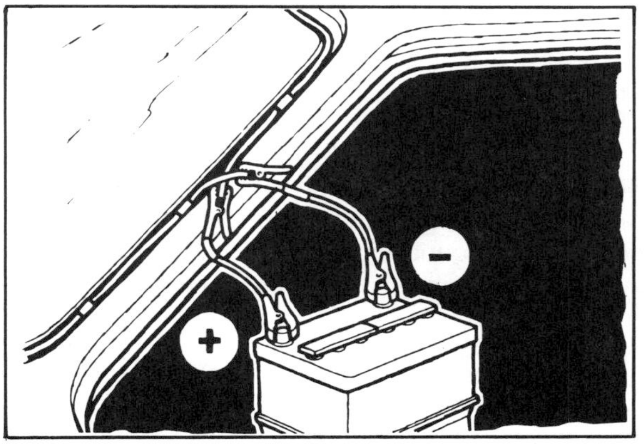

Abb. 7.14: **Abdichtband mit Stromdraht, an einer Spannungsquelle angeschlossen.**

patrone wird ein spezielles Mundstück mitgeliefert, das so geformt ist, daß der Scheibenrand als Führung dienen kann. So erhält man eine gerade Leimschicht, genau entlang dem Umriß. Mit Hilfe von Klötzchen kann die Scheibe zentriert werden. Die Scheibe wird (unter Berücksichtigung eventueller Merkzeichen) aufgesetzt und entlang des Umrisses angedrückt, so daß der Leim Kontakt zur Karosserie bekommt. Danach muß der Kleber gemäß Vorschrift entsprechende Zeit trocknen.
An dieser Stelle sei auch auf eine Besonderheit bei der geklebten Scheibe hingewiesen. Es handelt sich dabei um ein Abdichtband, das mit einem Kleber versehen ist, so daß es gut an der Scheibe und an der Karosserie haftet. Aber innerhalb des Bandes ist ein isolierter Stromleiterdraht angebracht. Wird dieser Draht an eine (niedrige) Spannung angeschlossen, dann fließt ein Strom durch ihn. Der Widerstand des Drahtes führt zu einer Wärmeentwicklung, durch die das Band aufgeweicht wird. Damit werden alle Unebenheiten von Glas und Falz ausgeglichen, so daß die Abdichtung nicht leidet.

Bewegliche Scheiben
Im Grunde können wir die beweglichen Scheiben unterteilen in Ausstellfenster, auf- und niedergehende Scheiben und Schiebefenster.

Ausstellfenster
Ausstellfenster sind auf der einen Seite mit Scharnieren an der Karosserie befestigt, an der anderen Seite haben sie einen Verschlußhebel. Durch diesen Hebel kann das Fenster in geschlossener Stellung blockiert werden, es kann geöffnet und auch in offener Stellung festgesetzt werden. Als Abdichtung dient ein Profilgummi. Bei geschlossenem Ausstellfenster dichtet der Gummi luft- und wasserdicht ab.

Schiebefenster
Schiebefenster sind zwischen einem doppelten Führungsprofil befestigt. Die Möglichkeit zum Öffnen und Schließen ergibt sich daraus, daß das Fenster aus zwei Hälften besteht, die übereinander geschoben werden können. Ein gesondertes Abdichtprofil sorgt für die Abdichtung zwischen den beiden Fensterteilen. Durch diese Art der Konstruktion kann das Fenster niemals ganz, sondern nur etwa zur Hälfte geöffnet werden.

Vertikal gehende Fenster
Diese werden im allgemeinen durch ein Profil im Vorder- oder Hintertürrahmen geführt. Dieses Profil hat also zwei Aufgaben: einerseits muß es das Fenster führen, so daß es auf und ab bewegt werden kann, und andererseits muß es für die Abdichtung sorgen. Natürlich gibt es auch Autos, die keinen solchen Türrahmen haben; man denke an die verschiedenen Coupé-Modelle und an die Cabriolets. Das Fenster übernimmt hier die Rolle des Rahmens, indem es gegen die Karosserie abdichtet.

Abb. 7.15 a: **Normaler Türrahmen mit auf- und niedergehender Scheibe in Führungsprofilen. Hinten ein Klappfenster mit Chrom-Umleistung.**

Abb. 7.15 b: **Auto mit vorderen und hinteren Schiebefenstern. Die Führungsprofile sind doppelt ausgeführt, so daß die Scheiben sich aneinander vorbeischieben.**

Abb. 7.15 c: **Diese »Luftwiderstandsstudie« hat einen Türrahmen, der eigentlich ein Bestandteil der A-Säule und des Dachblechs geworden ist. An der Seite der B-Säule ist der Rahmen von außen nicht sichtbar. Die Scheibe schiebt sich davor.**

Abb. 7.15 d: **Dieses Auto hat »halbe« Rahmen über der Tür. Die Scheibe schiebt sich davor und ist nur durch Leitstifte mit dem Rahmen verbunden.**

Abb. 7.15 e: **Ein Spider ohne Fensterrahmen über den Türen. Die Abdichtung gegen die Säule der Windschutzscheibe erfolgt durch den kleinen Rahmen des dreieckigen Ausstellfensters, das nicht versenkbar ist. Dieses Ausstellfenster soll, gemeinsam mit der Windschutzscheibe, verhindern, daß zuviel Fahrtwind ins Wageninnere gelangt.**

Das Fehlen des Tür-Fensterrahmens kann sich für den Luftwiderstand des Autos günstig auswirken. Aus diesem Grunde wird auf diesem Gebiet, vor allem in den letzten Jahren, experimentiert. Daher fand man auch eine dritte Möglichkeit, bei welcher der Tür-Fensterrahmen nur »halb« ausgeführt ist. Das heißt, daß der Tür-Fensterrahmen nur an der Innenseite angebracht ist. Die Scheibe schiebt sich davor und ist nur mittels Führungsstiften mit dem Rahmen verbunden. Der Außenrand des Tür-Fensterrahmens entfällt hier, so daß die Oberfläche insgesamt glatter ist.

7.3 TÜREN

Die Tür hat in der Karosserie eigentlich eine Doppelfunktion. Einerseits ist sie ein wesentlicher Bestandteil der Karosserie und der »Käfigkonstruktion« zum Schutz der Insassen. Deshalb muß sie stabil konstruiert sein. Andererseits muß die Tür vielen Teilen zur Bedienung des Fensters und dem Schloßmechanismus Raum geben, so daß eine relativ voluminöse Konstruktion erforderlich ist. Bei alledem muß der Konstrukteur auch noch die Gesamtabmessungen berücksichtigen.
Es ist daher nicht verwunderlich, daß die Tür die Merkmale des »Selbsttragenden« bekommen hat. Innenblech und senkrechte Ränder werden aus einem einzigen Blech gepreßt und profiliert. Darauf wird dann das Außenblech geschweißt oder gefalzt, so daß eine starre Kastenform entsteht. Zum besseren Schutz der Insassen bringen viele Konstrukteure noch einen Querbalken an. Die Abb. 7.16 zeigt dazu ein Beispiel.

Abb. 7.16: **In dieser fünftürigen Karosserie ist der Querbalken in der Vordertür deutlich zu erkennen.**

Bei einer ernsthaften Beschädigung wird die Tür in vielen Fällen durch eine neue ersetzt werden müssen, dies aus dem einfachen Grund, daß nicht alle Hersteller Außenbleche als Ersatzteile liefern. Ist der Schaden dagegen geringfügig, so kann er repariert werden.
Aber auch in diesem Fall wird man doch meist bestimmte Einzelteile, die in der Tür untergebracht sind, ausbauen müssen. Diese Arbeiten erfordern dann, vor allem bei komfortableren Wagen, entsprechende Aufmerksamkeit.

Türscharniere
Die Türen sind mit Scharnieren an der Karosserie befestigt und sie müssen auf irgendeine Weise verstellbar sein, damit die Tür präzise eingesetzt werden kann. Die Scharniere sind an der Tür und an der Karosserie durch Schrauben und/oder Schweißverbindung befestigt. Beispiele dazu: an der Karosserie geschweißt und an der Tür verschraubt; an der Tür geschweißt und an der Karosserie verschraubt; sowohl an der Tür als auch an der Karosserie verschraubt oder auf beiden Seiten verschweißt. Im letzteren Fall kann man die Tür ausbauen, indem man den Scharnierstift entfernt, z. B. mit Hilfe eines Schlagschraubers.
Wenn die Scharniere abgenommen werden, sollte man immer die Stellung an der Karosserie und/oder der Tür anzeichnen; dadurch wird die spätere Montage erheblich erleichtert.

Abb. 7.17: **Vordertür eines Mittelklassewagens. Die einzelnen Teile müssen mit großer Sorgfalt ausgebaut werden.**

Abb. 7.18: **Beispiel einer Scharnierbefestigung.**
Hier ist das Scharnier an der Tür angeschweißt und mit Schrauben an der Karosserie befestigt. Die Muttern der Schrauben sind unter einer Verkleidung versteckt.

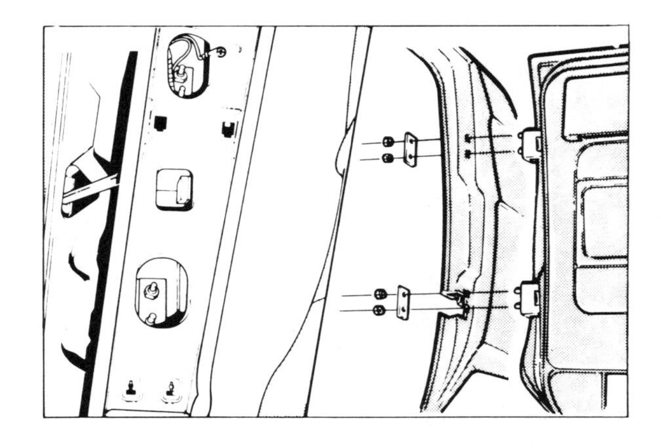

Türfänger

Der Türfänger und der Offenhalter sind meist zu einem einzigen Teil kombiniert. Sie hindern die Tür daran, sich zu weit zu öffnen, was zu einer Beschädigung führen könnte. Einmal in geöffneter Stellung, hält der Offenhalter die Tür fest.
Der Offenhalter ist in manchen Fällen auch mit einem Scharnier vereinigt.

Türführung

Der Name sagt es schon: die Türführung muß die Tür führen, so daß das Schloß genau in das Schließblech fällt. Infolge ihrer Masse wird die Tür immer ein wenig durchhängen, wodurch das richtige Einrasten des Schlosses verhindert werden könnte. Eine weitere Aufgabe der Führung besteht darin, den vertikalen Bewegungsspielraum zu begrenzen, so daß das Schloß entlastet wird und die Tür nicht klappern kann. Die Türführung ist in vielen Fällen im Schließblech integriert.

Schließblech

Das Schließblech ist die eigentliche Verbindung zwischen dem Schloß und der Karosseriesäule. Es muß verstellbar sein, damit sich die Tür bei geschlossenem Türschloß in der richtigen Stellung befindet und der Verschluß einwandfrei funktionieren kann.

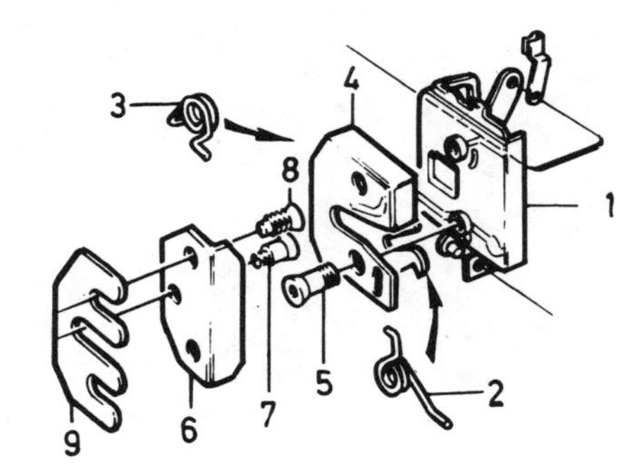

Abb. 7.19: **Ein Türschloß mit Schließblech.**
Letzteres kann durch Verschieben und Zwischenbleche verstellt werden.
1. Inneres Schloß;
2. Feder;
3. Feder;
4. äußeres Schloß;
5. Halteschraube;
6. Schließblech;
7. Schloßbolzen;
8. Halteschraube;
9. Zwischenblech.

Das Einstellen erfolgt im allgemeinen so, daß das Blech im Verhältnis zu den Schrauben verschoben wird und eventuell Zwischenbleche hinter das Schließblech geschoben oder von dort herausgenommen werden.

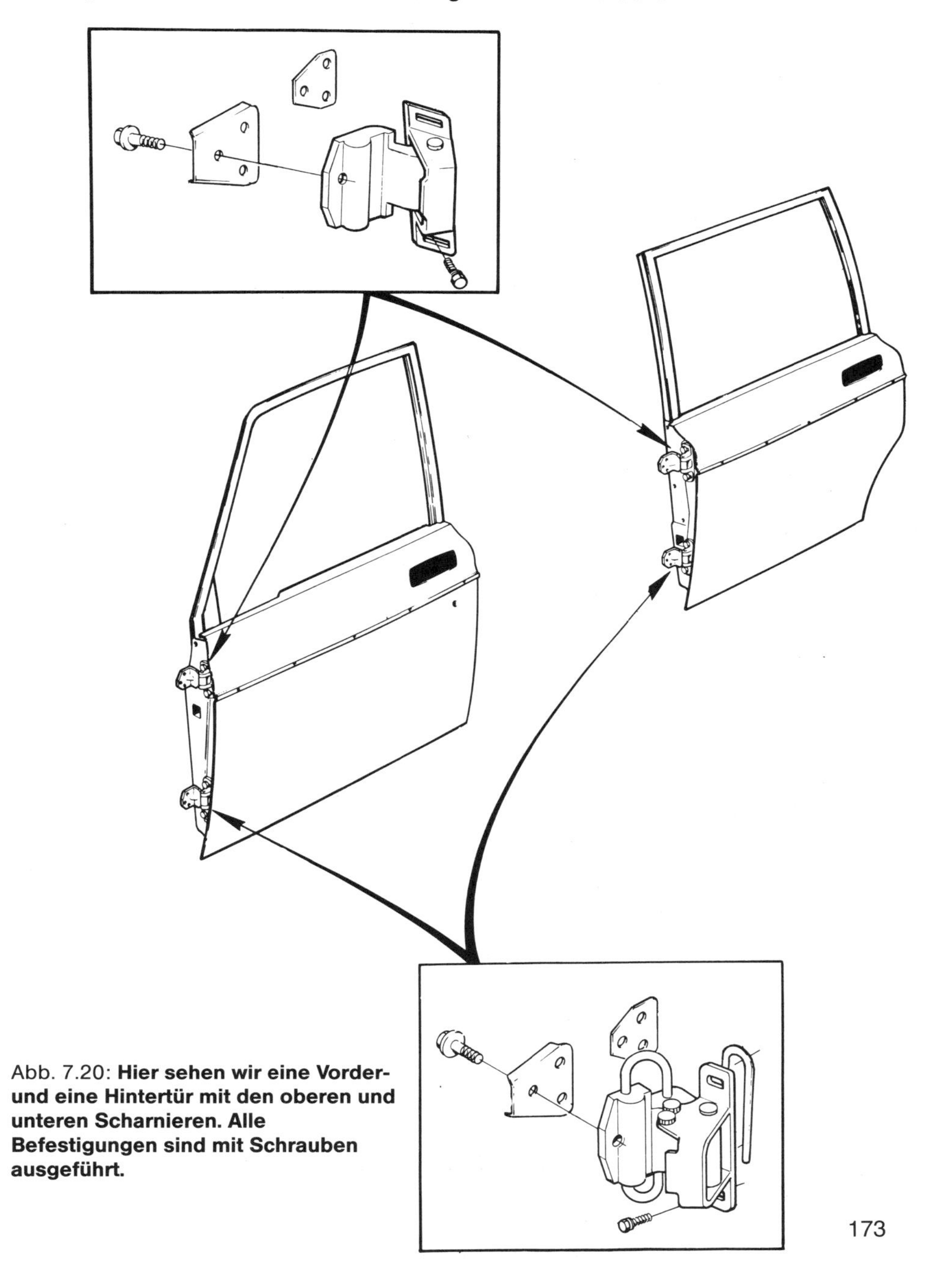

Abb. 7.20: **Hier sehen wir eine Vorder- und eine Hintertür mit den oberen und unteren Scharnieren. Alle Befestigungen sind mit Schrauben ausgeführt.**

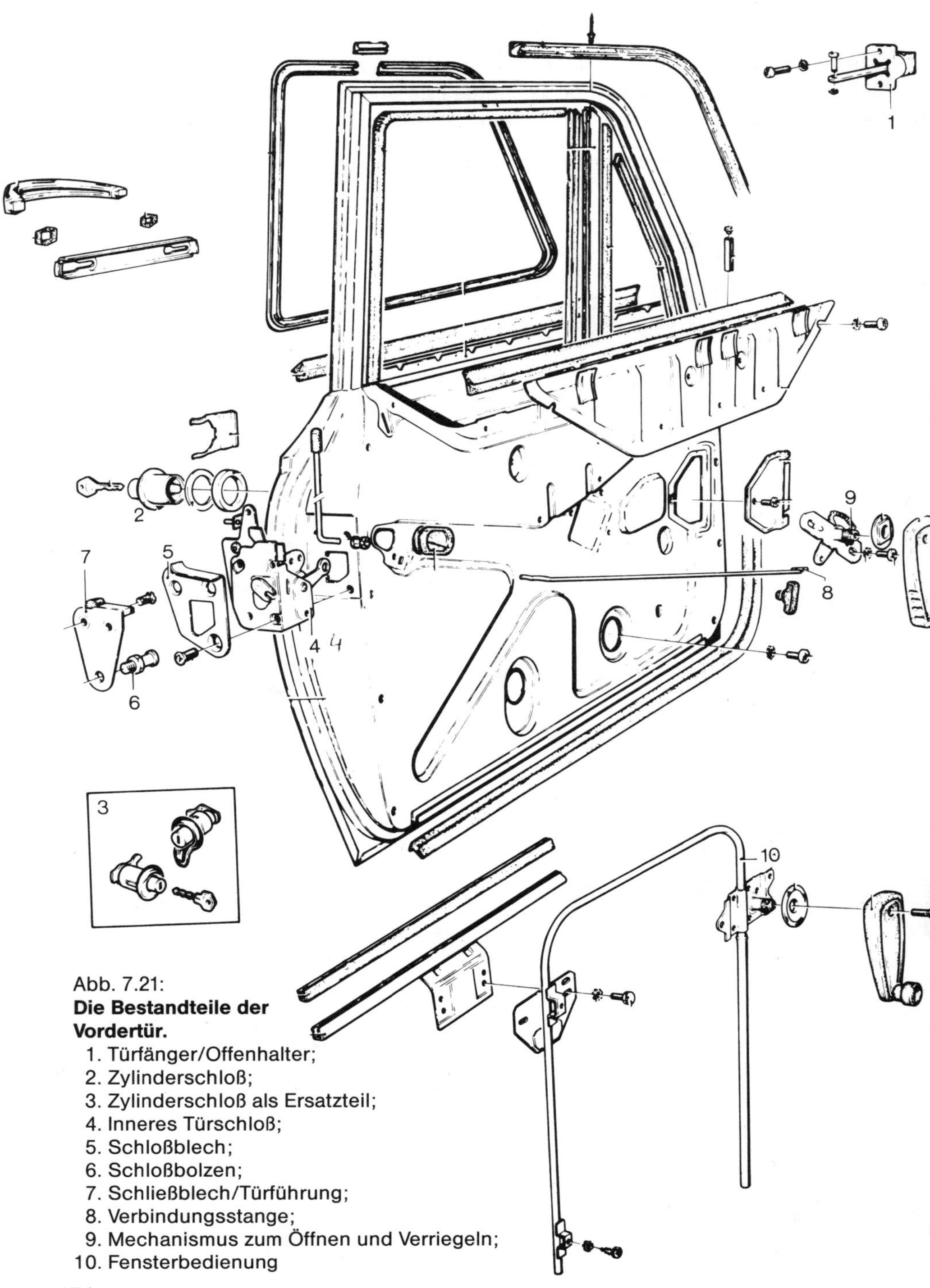

Abb. 7.21:
Die Bestandteile der Vordertür.
1. Türfänger/Offenhalter;
2. Zylinderschloß;
3. Zylinderschloß als Ersatzteil;
4. Inneres Türschloß;
5. Schloßblech;
6. Schloßbolzen;
7. Schließblech/Türführung;
8. Verbindungsstange;
9. Mechanismus zum Öffnen und Verriegeln;
10. Fensterbedienung

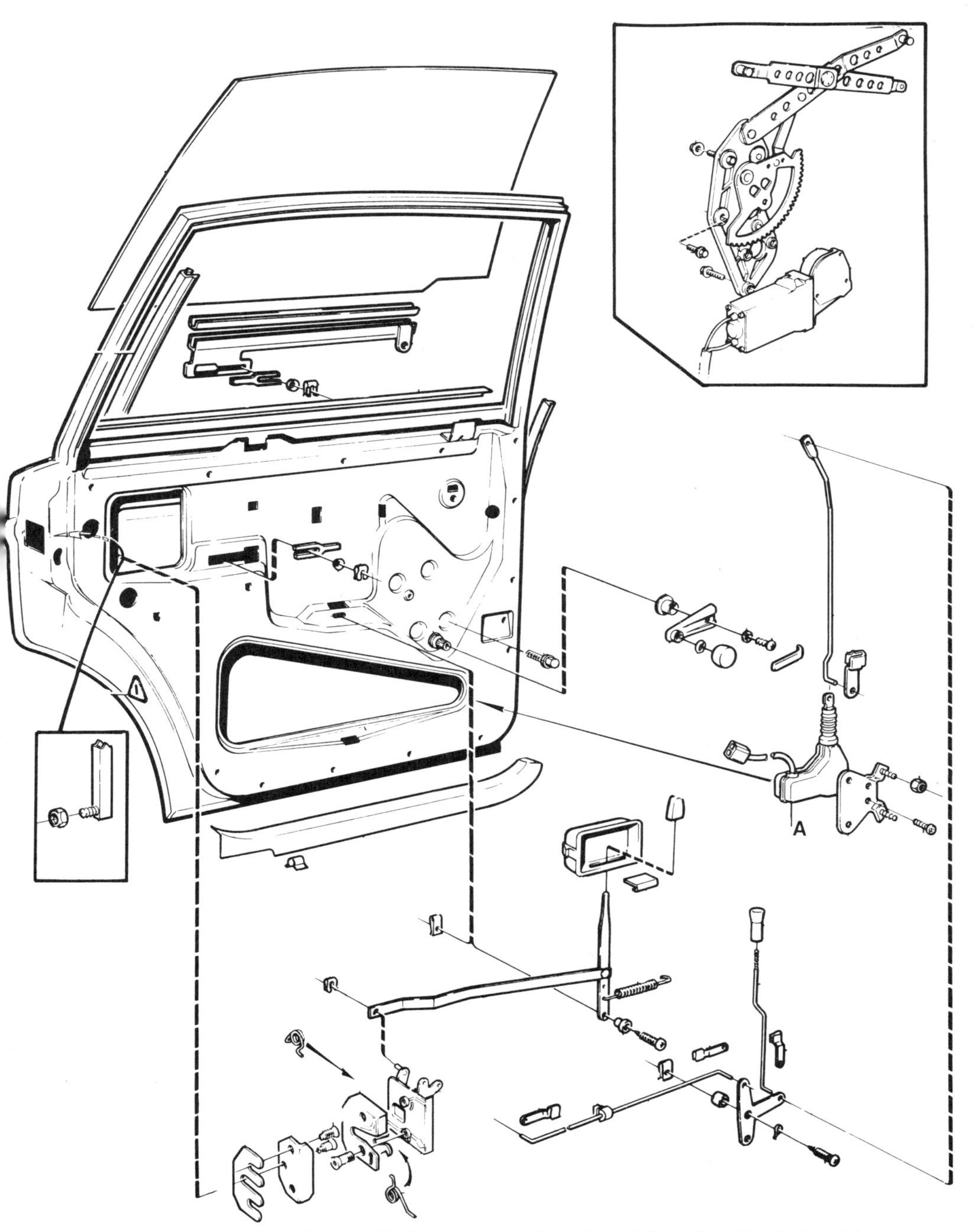

Abb. 7.22: **Tür mit den Teilen zur Bedienung von Schloß und Scheibe.** Der Solenoid (Elektromagnet) des zentralen Verriegelungssystems ist mit A bezeichnet. Rechts oben im Rahmen sehen Sie den Elektromotor mit Bedienungsteilen für das Fenster.

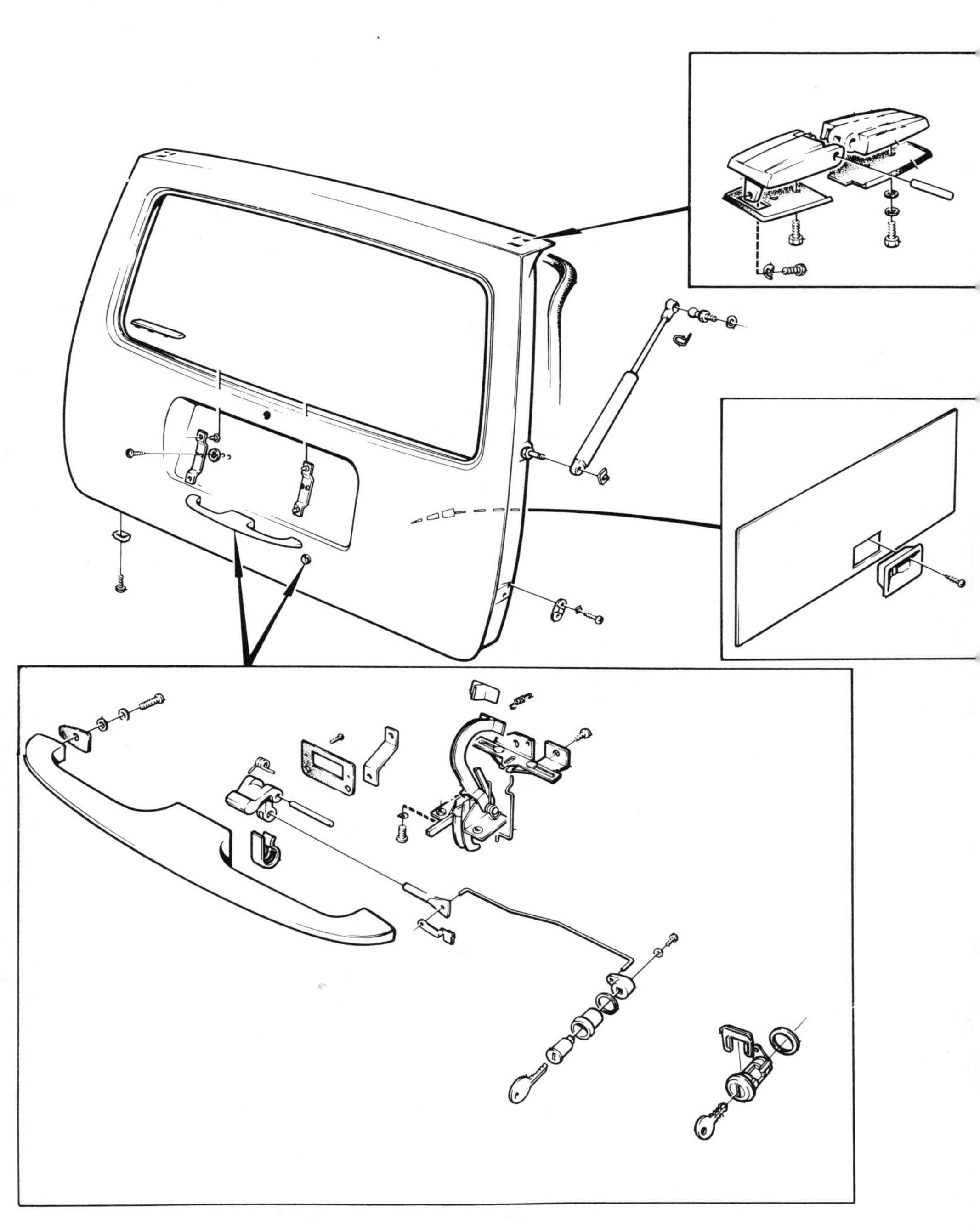

Abb. 7.23: **Die »fünfte Tür« oder hintere Klappe eines Kombis. Die Tür wird von einem Gasdämpfer in geöffneter Stellung gehalten**

Türschloß

Das Schloß der Wagentür hat nicht nur die Aufgabe, das Fahrzeug abschließbar zu machen, sondern es muß die Tür auch in der Karosserie verriegeln. Sie darf sich niemals von selbst öffnen, nicht einmal bei einer schweren Beschädigung der Karosserie infolge eines Unfalls. Deshalb ist die Schließvorrichtung bei geschlossener Tür immer in allen Richtungen gesperrt.

Heutzutage hat sich die »Zentralverriegelung« allgemein durchgesetzt. Auch mit ihr werden wir es also bei der Arbeit zu tun haben.

Im Prinzip ist das System der Zentralverriegelung recht einfach. Das Verriegeln und Entriegeln des Schlosses, das sonst über einen Knopf erfolgt, geschieht jetzt mittels eines Elektromagneten (Solenoid). Die Solenoide (einer für jede Tür plus evtl. für die fünfte Tür, die Kofferraumhaube, die Tankdeckelhaube usw.) sind so geschaltet, daß sie beim Öffnen oder Schließen einer vorderen Tür mit dem Schlüssel ganz kurz unter Spannung zu stehen kommen und das Schloß dadurch ver- oder entriegeln. Auch Vakuumbetätigung gibt es. Die logische Folgerung dessen ist es, daß bei diesen Systemen immer sämtliche Schlösser entweder verriegelt oder entriegelt sind.

Dem steht gegenüber, daß alle Schlösser auch auf »normale« Weise von innen aus betätigt werden können; dies u. a. für den Fall von Störungen, z. B. wenn die Batterie leer ist. Ferner sind immer Sicherungsvorkehrungen getroffen, die dafür sorgen müssen, daß ein verriegeltes System bei Unfällen o. ä. entriegelt werden kann. Das ist besonders wichtig, denn sonst könnten Personen, die helfen wollten, »vor geschlossenen Türen« stehen, und die Folgen könnten dann fatal sein.

Fensterbetätigung

Zum Öffnen und Schließen der Türfenster ist ein Mechanismus erforderlich, der die Drehbewegung der Kurbel oder eines Elektromotors in eine auf- und niedergehende Bewegung des Fensters umsetzt.

1. Bei elektrischer Fensterbetätigung ist der Fenstermechanismus mit einem Elektromotor versehen und die Betätigung erfolgt über einen Schalter.
2. Bei einem mechanischen Fenstermechanismus bedient man sich im allgemeinen drei verschiedener Systeme:
   a. Das System, bei dem ein Seil auf einer mit der Kurbel verbundenen Haspel

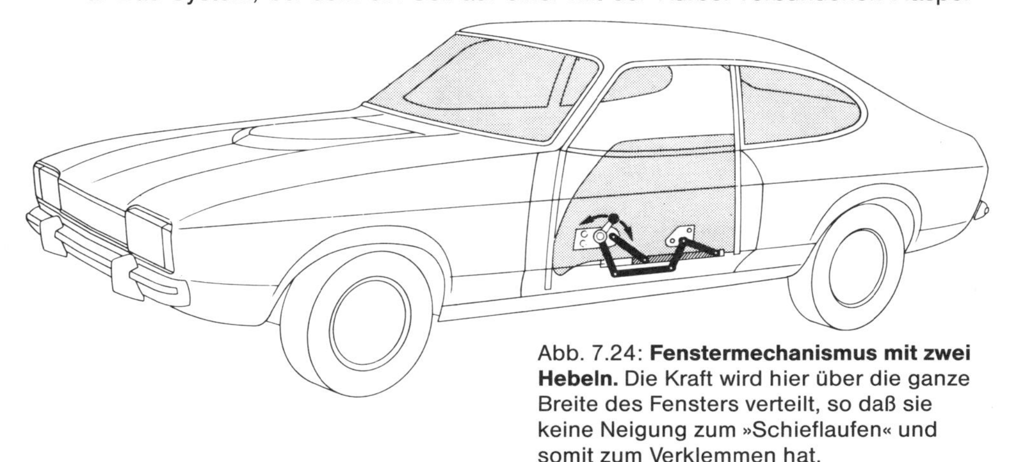

Abb. 7.24: **Fenstermechanismus mit zwei Hebeln.** Die Kraft wird hier über die ganze Breite des Fensters verteilt, so daß sie keine Neigung zum »Schieflaufen« und somit zum Verklemmen hat.

aufgerollt ist. Das Seil läuft dann über drei Hohlräder und ist mit dem Türfenster verbunden.

b. Das System, bestehend aus einer hohlen Rohrkonstruktion, die mit einem Schlitz versehen ist, worin ein Kerbseil läuft, das auch mit der Kurbel und dem Türfenster verbunden ist.

c. Das System nach Abbildung 7.24. Ein mechanischer Fenstermechanismus, versehen mit einer Kurbel zum Herauf- und Herabdrehen des Fensters und mit zwei Hebeln, die an der Unterseite der Fenstersprosse angebracht werden. Dieses ist das gebräuchlichste System.

Von diesem System gibt es wieder zwei Ausführungen, eine Ausführung mit einem Hebel, der an der Fenstersprosse angebracht wird, und eine Ausführung mit zwei Hebeln. Der Vorteil des Zweihebelsystems liegt darin, daß das Fenster nicht so schnell verklemmt.

3. Es gibt auch die Fensterbetätigung in Form von Schiebe- oder Klappfenstern (der Renault 4 beispielsweise besitzt noch ein Schiebefenstersystem und der Citroën 2CV hat zum Beispiel noch ein Türfenster, welches man nach oben klappen kann).

7.4 MOTORHAUBE UND KOFFERRAUMDECKEL

An sich ist der Gedanke verführerisch, beim Begriff »Motorhaube« nur an die Haube zu denken, die auf der Vorderseite des Automobils angebracht ist. Natürlich ist das nicht richtig, denn es gibt ja auch sehr viele Autos mit Heckmotor. Deshalb machen wir die folgende Unterteilung:

a) Motorhaube an der Vorderseite:
   1. nach vorn klappbar;
   2. nach hinten klappbar.

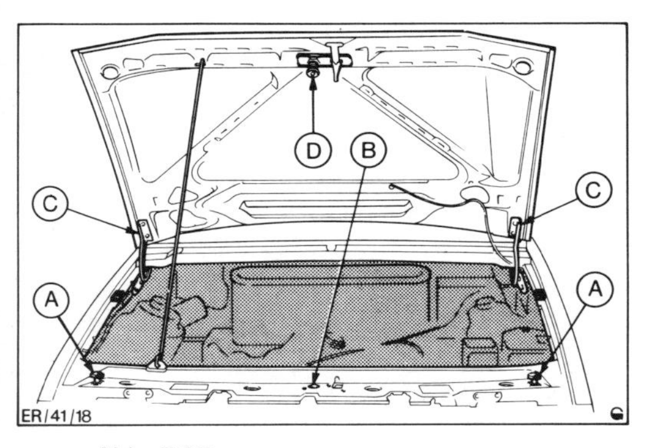

Abb. 7.25:
A. Gummipuffer, höhenverstellbar;
B. Motorhauben-Verschluß;
C. Scharnierbefestigung, verstellbar links/rechts und vorn/ hinten;
D. Sperrbolzen, in Längsrichtung verstellbar.

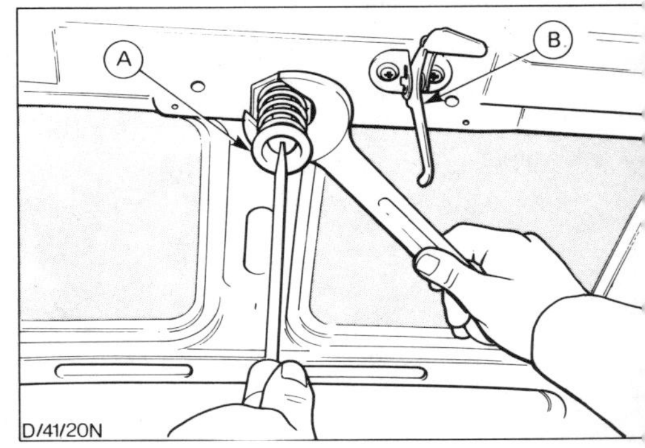

Abb. 7.26: **Methode zum Einstellen des Schloßstiftes an der Motorhaube.**
A. Schloßstift mit Sicherungsmutter;
B. Sicherungssperre

Aus konstruktiver Sicht ist es aber nicht einmal so sehr verwunderlich, daß die Begriffe »Motorhaube« und »Kofferraumdeckel« miteinander verwechselt werden. Die Ausführungen der Scharniere, Schlösser, Verriegelungen usw. hängen weit mehr von der Stelle und den Abmessungen der Haube (bzw. des Deckels) ab, als von dem, was sich darunter befindet. So unterscheidet sich der Kofferraumdeckel eines Autos mit Frontmotor kaum von der Motorhaube eines Autos mit Heckmotor, und umgekehrt.

Machen wir nunmehr eine Unterteilung der Kofferraumdeckel, dann ergibt sich folgendes:

a) Kofferraumdeckel vorn am Auto:
   1. nach vorn klappbar;
   2. nach hinten klappbar.

b) Kofferraumdeckel hinten am Auto:
   nach vorn klappbar.

Hier sei noch auf das folgende hingewiesen. Wenn die Motorhaube eines Autos mit Frontmotor nach vorn oder hinten klappbar ist, dann hat der Konstrukteur diese Entscheidung bewußt getroffen.

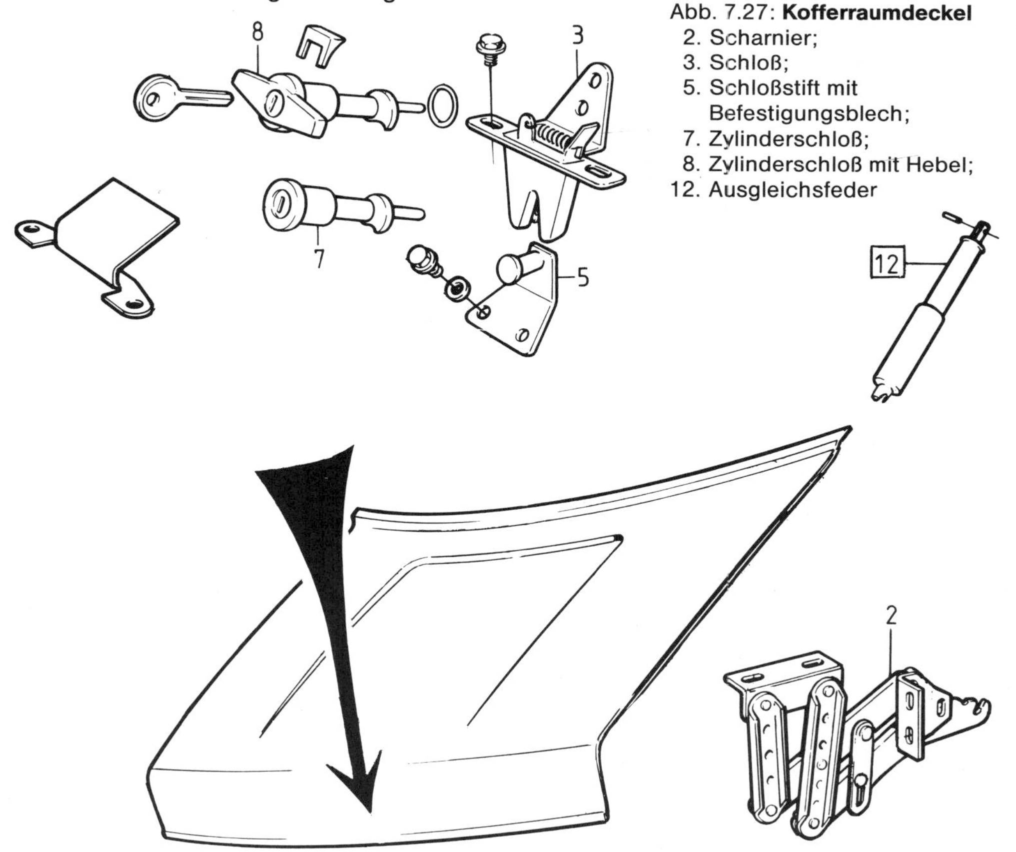

Abb. 7.27: **Kofferraumdeckel**
2. Scharnier;
3. Schloß;
5. Schloßstift mit Befestigungsblech;
7. Zylinderschloß;
8. Zylinderschloß mit Hebel;
12. Ausgleichsfeder

Beide Möglichkeiten haben sowohl Vor- als auch Nachteile. Eine nach vorn aufklappbare Haube wird bei einem Defekt oder im Falle nicht richtigen Schließens niemals vom Fahrtwind geöffnet werden können. Das ist ein wesentlicher Sicherheitsaspekt. Überdies erübrigt sich dadurch eine zusätzliche Sperrklinke.
Aber der Monteur kann durch diese Art der Anbringung erheblich bei der Arbeit behindert werden, obwohl das natürlich von der Lage der Teile und deren Zugänglichkeit abhängt. Sollte das Fahrzeug aber einen Heckmotor haben, dann machen diese Nachteile sich nicht bemerkbar. Deshalb haben auch die meisten Autos mit Heckmotor einen Kofferraumdeckel, der sich nach vorn öffnen läßt. Eine Ausnahme bildet hier der VW-Käfer. Infolge der Form des Kofferraumdeckels ist es praktisch unmöglich, die Scharniere vorn anzubringen und dabei gleichzeitig eine solide Konstruktion zu erhalten.

7.5 SCHIEBEDACH UND SONNENDACH

Wenn man ganz allgemein von einem offenen Dach spricht, so kann man sich darunter alles mögliche vorstellen. Dennoch sollte man unterscheiden zwischen »Autos mit offenem Dach« und »offenen Autos«. Das nachfolgende Schema zeigt, daß es dabei doch einige wesentliche Unterschiede gibt.

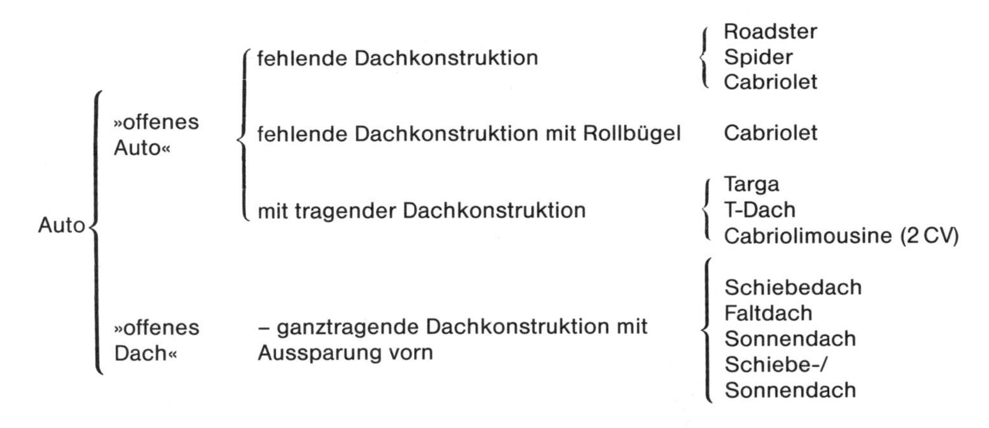

Es versteht sich, daß dem Auto ohne Dachkonstruktion ein wesentlicher Bestandteil der selbsttragenden Karosserie fehlt. Ein Umstand, der von den Konstrukteuren zu berücksichtigen ist, wenn von einem vorhandenen Modell eine Cabrio-Ausführung entwickelt werden soll. Für einen Targa oder ein T-Dach gilt das zwar in minderem Maße, ist aber dennoch zu beachten!
Im Rahmen dieses Buches wollen wir uns auf die offenen Dächer beschränken; häufig werden diese noch nachträglich »eingebaut«, so daß die damit verbundenen Probleme auf die Werkstatt abgewälzt werden.

Wie aus dem Schema ersichtlich, gibt es eigentlich vier Arten: das Schiebedach, das Faltdach, das Sonnendach und das Schiebe-/Sonnendach.
Betrachten wir sie einmal etwas näher.

Schiebedach
Ein Schiebedach besteht aus einem Rechteck aus Stahlblech oder Kunststoff, das in Führungsschlitten aufgehängt ist. Drehen wir an der zugehörigen Kurbel, dann können wir dieses Rechteck unter das Dachblech schieben und so das Dach »öffnen«. Häufig geschieht das auch mit Hilfe eines Elektromotors, aber damit ändert sich das eigentliche Prinzip nicht.
Ein solches Schiebedach muß mit der größten Sorgfalt eingesetzt und die Einbauvorschriften müssen strikt berücksichtigt werden. Vor allem unter den Bedingungen des europäischen Klimas sind die Eigenschaften in geschlossener Stellung ebenso wichtig (wenn nicht gar wichtiger), als die in geöffneter Stellung. Das Schiebedach muß absolut luft- und wasserdicht sein.

Abb. 7.28: **Einige Beispiele von offenen Automobilen und solchen mit einem offenen Dach.**

Ein Spider mit aerodynamisch günstiger Form

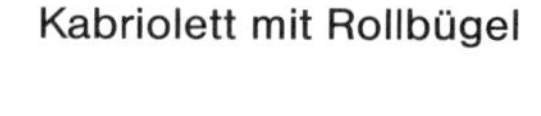
Kabriolett mit Rollbügel

Fünftürige Karosserie mit Schiebedach

Falt-Schiebedach

Das Falt-Schiebedach ist im Grunde nur eine Variante des Schiebedachs. Beim Öffnen schieben wir das Dach ebenfalls von vorn nach hinten, aber es wird nicht unter das Dachblech geschoben, sondern wie ein Harmonikabalg gefaltet. Deshalb besteht es auch aus einem flexiblen Stoff. Das hat den Nachteil, daß es leicht aufgeschnitten werden kann, so daß das Auto weniger »einbruchsicher« ist. Solche Falt-Schiebedächer werden in den letzten Jahren nicht mehr so oft eingebaut.

Fünftürige Karosserie mit Schiebe-Sonnendach

T-Dach; die beiden Dachteile können unabhängig voneinander heruntergenommen werden

Die Kabriolimousine; eine Bezeichnung, die eigentlich nur noch für die »Ente« von Citroën zutrifft

Sonnendach

Das Sonnendach hat sich eigentlich erst seit dem Beginn der achtziger Jahre richtig durchgesetzt. Die relativ leichte Montage und der niedrige Preis haben dazu natürlich wesentlich beigetragen.
Das Sonnendach besteht aus einem Dachpaneel aus durchsichtigem Kunststoff, so daß man auch bei geschlossenem Dach den Effekt eines »offenen Wagens« hat. Um allzu grelle Sonnenstrahlen abzuschwächen, ist der Kunststoff getönt. Zum Öffnen wird das Sonnendach hinten aufgeklappt oder es wird ganz herausgenommen.

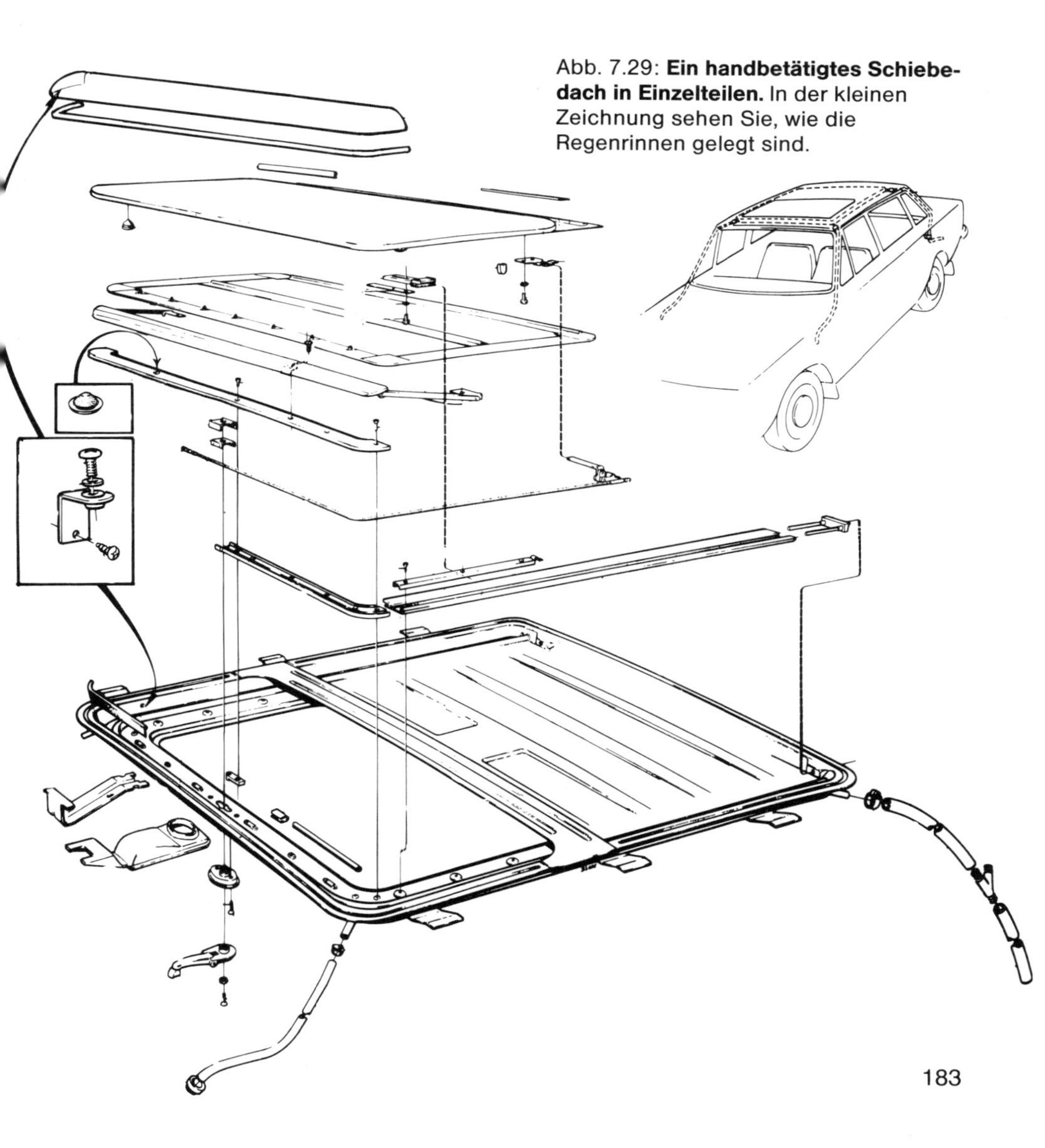

Abb. 7.29: **Ein handbetätigtes Schiebedach in Einzelteilen.** In der kleinen Zeichnung sehen Sie, wie die Regenrinnen gelegt sind.

Ausführungen und Modelle gibt es in großer Vielzahl, und zur Montage muß man sich deshalb genau nach den Einbauvorschriften richten. Aber im Prinzip kommt es in allen Fällen vornehmlich darauf an, an der richtigen Stelle einen Ausschnitt mit den erforderlichen Abmessungen in das Dachblech zu machen. Entlang dem Rand wird dann der Rahmen *(wasserdicht)* eingesetzt.
Übrigens kann auch die spezifische Konstruktion einer bestimmten Karosserie dafür ausschlaggebend sein, ob bestimmte Sonnendächer (oder offene Dächer im allgemeinen) montiert werden können.
Es kann vorkommen, daß ein tragendes Profil unterhalb des Dachblechs bei der Montage eines Sonnendaches im Wege ist. Natürlich darf solch ein Profil nicht durchgesägt werden; die Karosserie würde dadurch erheblich an Stabilität einbüßen.

Schiebe-/Sonnendach
Das Schiebe-/Sonnendach ist eine Kombination von Schiebedach und Sonnendach. Es bietet die Möglichkeit, das Dach (durchsichtig und strahlendämpfend beschichtet) aufzuschieben oder hinten hochzuklappen.
Eventuell ist auch noch eine gesondert zu betätigende Jalousie lieferbar. Diese Kombinationsdächer können den Komfort erheblich erhöhen.

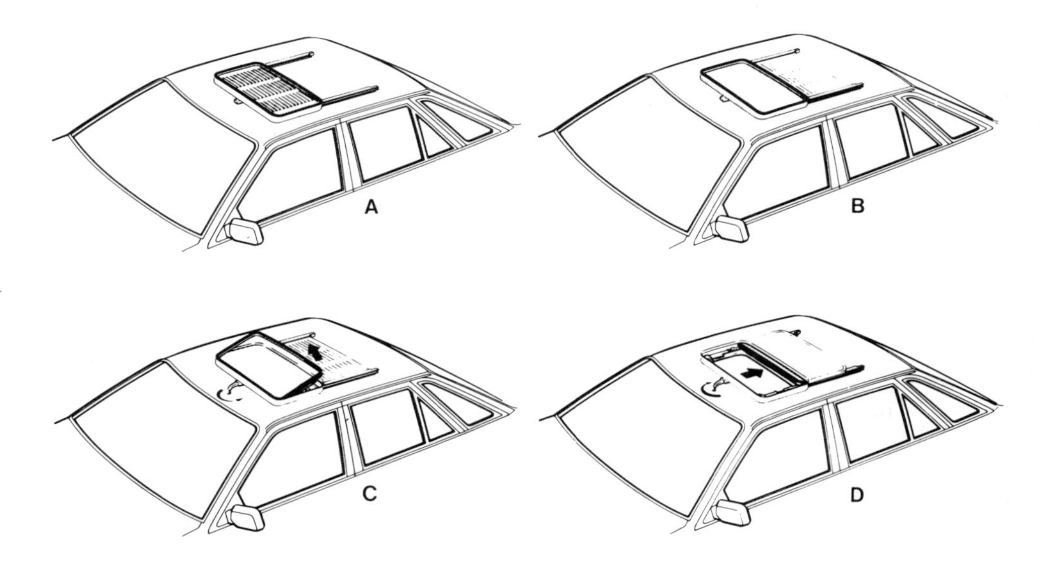

Abb. 7.30: **Vier Möglichkeiten eines Schiebe-/Sonnendaches.**
A. geschlossenes Dach mit geschlossener Jalousie;
B. geschlossenes Dach mit zurückgeschobener Jalousie;
C. aufgeklapptes Sonnendach;
D. zurückgeschobenes Sonnendach.

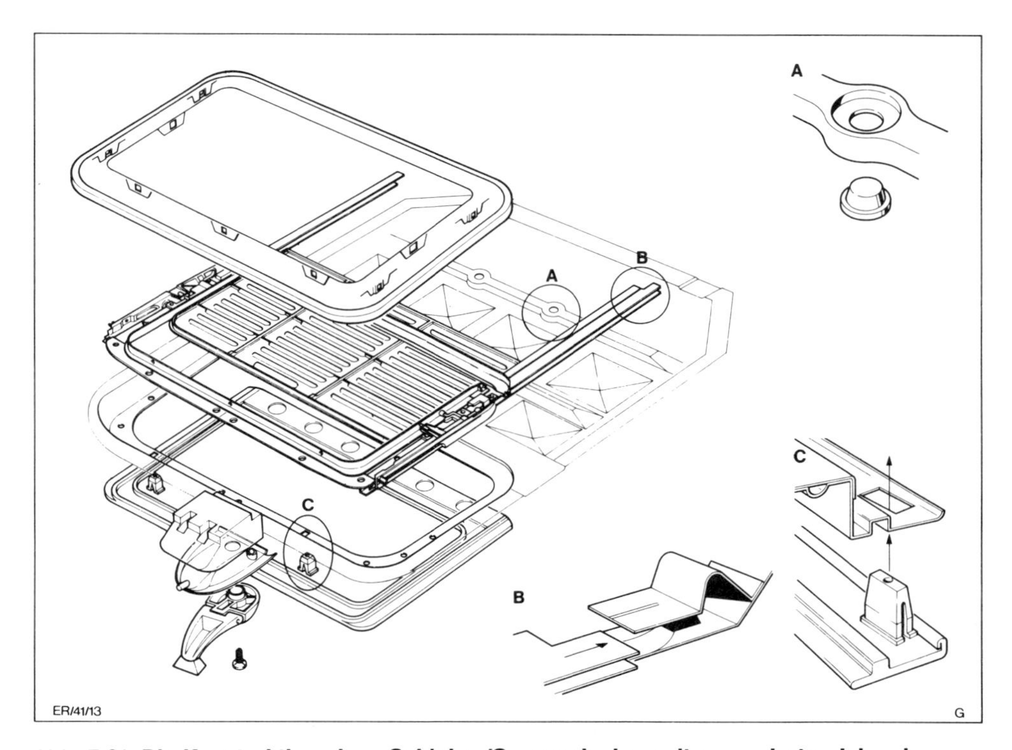

Abb. 7.31: **Die Konstruktion eines Schiebe-/Sonnendaches mit gesonderter Jalousie.**

8 Das Löten

Allgemeines
Man unterscheidet beim Löten das Weich- und Hartlöten. Will man Metalle durch Löten verbinden, dann verwendet man Legierungen aus Blei, Zinn, Messing, Bronze und Silber. Die Schmelztemperaturen des verwendeten Lötmaterials sind immer niedriger, als die der zu verbindenen Metalle, weil diese nicht auf Schmelztemperatur kommen dürfen. Messing ist eine Legierung aus Zink und Kupfer, Bronze eine aus Zinn und Kupfer. Das verflüssigte Lot muß stark an den zu verbindenden Metallen anhaften, wobei die Stücke der Naht von der Art des verwendeten Lots abhängt.

8.1 WEICHLOT

Weichlot, auch einfach Lötzinn genannt, besteht aus einer Legierung von Zinn und Blei, dem zur Herabsetzung der Schmelztemperatur zuweilen auch noch ein wenig Wismut zugesetzt ist.
Lötzinn hat die Eigenschaft, beim Übergang von flüssig nach hart teigartig zu werden. In diesem Zustand läßt es sich leicht ausschmieren, so daß man auch von »Schmierzinn« spricht.
Je mehr Zinn die Legierung enthält, desto niedriger ist der Schmelzpunkt, desto größer die Dünnflüssigkeit, desto teurer ist es, aber desto schneller ist auch der Übergang von flüssig nach fest. Der Einfluß des Bleis ist dem des Zinns entgegengesetzt. Blei schmilzt bei 327° C, Zinn bei 232° C.

Beispiele
a) Lötzinn 40/60*, Schmelztemperatur 238° C
b) Lötzinn 50/50 , Schmelztemperatur 212° C
c) Lötzinn 65/35 , Schmelztemperatur 183° C

Verwendung
65/35 In der Elektrotechnik und Elektronik, weil die Erstarrung relativ rasch ohne Übergang in knetbarem Zustand erfolgt; dies infolge des hohen Zinngehalts.

* Anteile Zinn/Blei

50/50 Schmierzinn. Der teigartige Zustand geht erst allmählich in fest oder flüssig über.
40/60 Verwendung im Karosseriebetrieb als erstes Heftmaterial.
30/70 Verwendung im Karosseriebetrieb zum Auftragen der zweiten Haft- und Füllschicht. Diese Legierung bleibt innerhalb gewisser Grenzen knetbar, nämlich zwischen 181° C und 265° C. Sie kann bequem in jede Form gebracht werden.
Hier sei noch auf Kapitel 4 verwiesen. Im Abschnitt »Verzinnen« wird hierüber mehr gesagt.

8.2 HARTLÖTEN

Vorbereitung der Lötnaht

Die Vorbehandlung muß mit äußerster Sorgfalt vonstatten gehen.
Zumeist lautet die Reihenfolge:

- Oxidschichten (bei Stahl, Rost, Hammerschlag), Farbe, Schmutz, Fett und Öl vollständig entfernen.
- Entfetten (Achtung: Brandgefahr).
- Lötflächen nach dem Entfetten nicht mehr mit Händen oder Schweißerhandschuhen anfassen.
- Lötflächen (oder Kanten) mit Flußmittelpaste oder mit Lötpulver und einem mit destilliertem Wasser hergestellten Brei einschmieren, in vielen Fällen ist auch der Lötstab einzuschmieren.
- Die zu lötenden Teile eventuell befestigen.
- Achten Sie auf eine über die gesamte Länge der Naht gleichbleibende Schlitzbreite.
- Achten Sie auf die für die Verbindung und das gewählte Lot erforderliche Schlitzbreite.

Einige Lotarten

Messinglot (Poro-super)

Das in den Niederlanden, in Belgien und Deutschland gebräuchlichste Lot.
Die Schweißbronze enthält ± 60 % Kupfer und 40 % Zink.

Silberlot (Poro-nickel)

Vom Messinglot wurde ein Teil des Kupfers durch Nickel ersetzt.
Zusammensetzung des neuen Silberlots:
± 50 % Kupfer, 10 % Nickel und 40 % Zink.

Kupfer-Phosphor-Lot

Das Lot enthält ± 90 % Kupfer und 8 % Phosphor.
Die Kupfer-Phosphor-Verbindung hat die Eigenschaft eines Flußmittels. Daher ist kein Flußmittel nötig. Anwendung nur bei Kupfer.
Silbralloy mit 2 % Silber und Silfos mit 15 % Silber sind ebenfalls Kupfer-Phosphor-Lotarten. Sie gehören daher nicht zur Gruppe der Silberlote.

Silberlot

Vier wichtige Silberlottypen.
Vier-Komponenten-Silberlot:
Easy-Flo 2: 42 % Silber, Arbeitstemperatur 608 °C, Schmelzbereich 608-617 °C.
Argo-Swift: 30 % Silber, Arbeitstemperatur 607 °C, Schmelzbereich 607-685 °C.
Legierungsbestandteile: Kupfer-Kadmium-Zink.
Wenn kein kadmiumhaltiges Silberlot verwendet werden darf (Lebensmittelindustrie), muß man sich eines Drei-Komponenten- Silberlots bedienen, zum Beispiel:
Silver-Flo 55: 44 % Silber, Arbeitstemperatur 630-660 °C.
Silver-Flo 45: 25 % Silber, Arbeitstemperatur 670-700 °C.

Wärmeübertragung und Flammeneinstellung

Der Schweißbrenner wird mit einer ruhigen Hin- und Herbewegung über die gesamte Lötzone und längs derselben geführt.
Dabei achtet man nicht in erster Linie auf die Hartlötnaht und auch nicht auf den Lötstab, sondern auf das an den Gegenseiten der Naht angrenzende Grundmaterial. Die erforderliche Arbeitstemperatur wird durch Erwärmung mit der Sekundärflammenhülle erzielt, jedenfalls nicht mit dem starken Primärflammenkegel, wie etwa beim Schweißen.

Flammeneinstellung

Nullstellung	im allgemeinen
Leichter Acetylenüberschuß	für Aluminium und seine Legierungen
Sehr geringer Acetylenüberschuß (leichter Schleier auf dem Flammenkegel)	Hartmetallplatte auf Meißelschaft
Deutlicher Sauerstoffüberschuß	für Kupfer (außer dem mit Phosphor desoxidiertem Typ (neutrale Flamme)) und seine Legierungen: zinkhaltige Kupferlegierungen: bei Verwendung des Kupfer-Zink-Hartlots (Messing-'Schweißbronze')

8.3 FLUSSMITTEL

Wann kommt ein Flußmittel in Frage?
Wenn die Schmelztemperatur der Oxide höher ist als die des Metalls.
Wie wirkt ein Flußmittel?
Die meisten Metalloxide sind basisch. Dafür ist ein saures Flußmittel erforderlich. Das anfallende Salz ist eine Schlacke.

Formel

Säure + Base -> Laugenoxide -> Schlacke + Temperatur -> saubere Oberfläche

Zweck eines Flußmittels

Ein Flußmittel muß folgenden Anforderungen gerecht werden:

A. Schnelles Auflösen von Oxiden u. dgl.
B. Auflösen verschiedener Oxide und Verunreinigungen.
C. Wirksam bei richtiger Temperatur.
D. Gute Ausbreitung bei richtiger Temperatur.
E. Die Schlacke muß gelöst bleiben.
F. Die Schlacke muß ein geringes spezifisches Gewicht haben.
G. Bildung eines neuen Oxidfilms beim Löten verhindern.

Aluminium und Aluminiumlegierungen haben feste Oxide. Für das Schweißen und Löten sind daher andere Flußmittel erforderlich.

Hygroskopische Flußmittel

Die hygroskopischen Flußmittel sind wasseranziehend und aggressiv und müssen daher durch gründliches Bürsten mit warmem Wasser, Eintauchen in oder Beizen mit 10 %iger Salpetersäure, Nachspülen mit reichlich warmem Wasser gründlich entfernt werden.

Geschieht dies nicht auf die beschriebene Weise, werden wahrscheinlich nach Tagen oder Wochen wieder Spuren von Flußmitteln und Schlacke zutage treten.

Nicht-hygroskopische Flußmittel

Nicht-hygroskopische Flußmittel verursachen später keine Korrosionsprobleme, brauchen nicht entfernt zu werden und können demzufolge bei jeder Verbindung Anwendung finden. Ihre Wirksamkeit ist jedoch zumeist etwas geringer als die der hygroskopischen Flußmittel.

Nachbearbeitung

Sorgen Sie dafür, daß nach dem Löten ein eventuell verwendetes Flußmittel entfernt wird, möglichst im Anschluß an den Lötvorgang.

Flußmittelreste fördern im allgemeinen die Korrosion. Die Fluoride und Chloride können starke Loch- und Spannungskorrosion verursachen.

Flußmittel auf Fluoridgrundlage können im allgemeinen durch Abschrecken in Wasser beseitigt werden.

Flußmittel auf der Grundlage von Borverbindungen sind schwieriger zu entfernen. Dies kann eventuell geschehen durch:

- Abschrecken in Wasser;
- mechanische Reinigung, zum Beispiel durch Bürsten, Abklopfen, Scheuern;
- chemische Reinigung, zum Beispiel in Beizbädern.

Weichlötwerkzeuge

Abb. 8.1: **Lötkolben.**
a) Hammerkolben

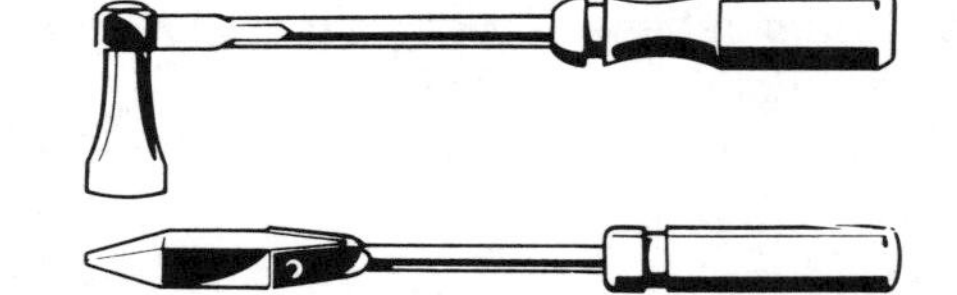

b) Spitzkolben

c)elektrischer Lötkolben

Hartlötwerkzeuge

Abb. 8.2: **Lötbrenner.**
a) Gasbrenner für Butan oder Propan

b) Bunsenbrenner

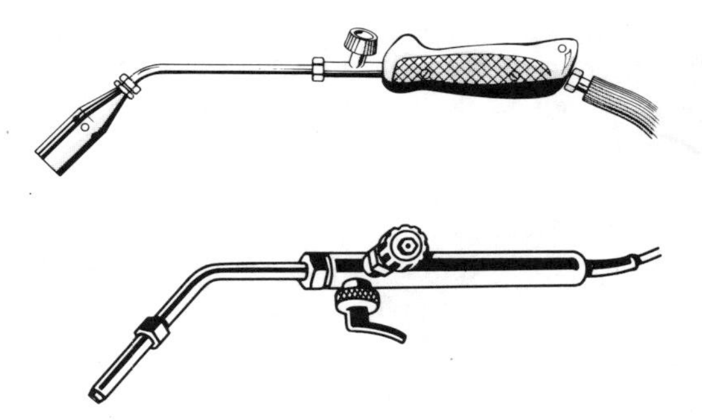

9 Schweißtechnik

9.1 AUTOGENSCHWEISSEN

Die Geschichte des Autogenschweißens

Sauerstoff wurde bereits 1776 von Priestly erstmals hergestellt, Acetylen 1837 von Davy. Lavoisier hatte einige Jahre nach Priestly in seinem klassisch gewordenen Versuch (wichtig für das Brennschneiden!) glühendes Eisen in Sauerstoff verbrannt. Broke hatte einen Luft-/Wasserstoffbrenner und Sainte Claire Deville im Jahre 1850 einen Sauerstoff-/Wasserstoffbrenner entwickelt. Dabei stellte er gleichzeitig fest, daß diese Flamme, mit sehr hohem Wasserstoffüberschuß eingestellt, das Eisen glühend in einem Funkenregen verbrannte.
1884 gelang es Wroblewski, Luft zu verflüssigen, Stickstoff daraus verdampfen zu lassen und auf diese Weise beträchtliche Mengen Sauerstoff - wenn auch noch nicht sehr rein - herzustellen.

Im Jahre 1895 führte Le Chatelier Versuche mit Acetylen durch. Wichtig war, daß bei der Verbrennung eines Volumens Acetylen und eines Volumens Sauerstoff eine Temperatur von über 3.100 °C erreicht wurde.
Diese Flamme versprach, die Lösung zu bringen, insbesondere für das Problem der sehr lokalen, um nicht zu sagen punktförmigen Erwärmung eines Schmelzbads zum Beispiel von einem Metallblech.
Die Möglichkeit eines lokalen Schmelzvorgangs eröffnete neue Perspektiven, u.a. die Möglichkeit zum Schweißen.

Was ist Autogenschweißen?

Unter Schweißen versteht man eine Arbeitsweise, bei der Metallteile einer Konstruktion unter Einwirkung von Wärme miteinander verbunden werden. Beim Autogenschweißen wird diese Wärme durch Verbrennung von Acetylen mit Sauerstoff erzeugt. Zwei Metallstücke werden aneinander gelegt und beide Schweißkanten werden mit Hilfe der Acetylen-/Sauerstoff-Flamme zum Schmelzen gebracht. Das Material der zwei Metallstücke wird zum Schmelzen gebracht und durch einen Zusatzwerkstoff verbunden oder auch nicht. Das so entstehende Schmelzbad wird allmählich verdrängt. Auf diese Weise entsteht die Schweißverbindung. Das Autogenschweißen ist somit ein Schmelzprozeß.

Was wird für das Autogenschweißen benötigt?

Zusatzwerkstoff - Schweißstäbe

Während des Schweißens kann dem Schmelzbad Metall hinzugefügt werden. Man benutzt dann Schweißstäbe der gleichen (oder etwa der gleichen, dann jedoch etwas besseren) Zusammensetzung wie der Mutterwerkstoff. Vom Ende des Schweißstabs wird durch dieselbe Acetylen-/Sauerstoff-Flamme nach Bedarf wiederholt etwas Metall in das Schmelzbad abgeschmolzen.

Schweißflamme - Schweißbrenner

Beim Autogenschweißen wird die Wärme durch Verbrennung von Acetylen mit Sauerstoff erzeugt. Diese beiden Gase gelangen durch zwei separate Schläuche in den Schweißbrenner und werden dort vermischt. Dieses Gasgemisch strömt aus dem Mundstück des Schweißbrenners aus, wird entzündet und bildet so die Schweißflamme.

Indem man die beiden Gase in ein bestimmtes Verhältnis zueinander bringt, entsteht eine Flamme, die eine sichere Wirkung auf die Metalle der zu schweißenden Teile hat.

Gasversorgung

Sauerstoff

In den meisten Fällen wurde der gasförmige Sauerstoff unter Druck in Stahlflaschen bei einem Fülldruck von 200 bar abgefüllt. Bei großen Abnahmemengen werden Sauerstoffbatterien oder Flüssigsauerstoff verwendet.

Acetylen

In den meisten Fällen befindet sich Acetylen in Stahlflaschen. Man spricht von Acetylendissous. Die Acetylenflasche ist vollständig mit einer porösen Masse gefüllt. Die Flüssigkeit in der Flasche löst das Acetylen auf und wird in der porösen Masse fein verteilt. Der Fülldruck beträgt $\pm$ 15 bar.

Bei großen Abnahmemengen werden, wie beim Sauerstoff, Acetylenbatterien verwendet.

Das Anzünden

Wenn die Schläuche angeschlossen sind, werden die Drücke richtig eingestellt, d.h. Sauerstoff auf 3 bar und Acetylendissous auf max. 0,2 bar. Dann wird zunächst das Sauerstoffabsperrventil am Griff geöffnet, anschließend wird das Acetylenabsperrventil am Griff geöffnet.

Danach kann die Flamme angezündet werden und muß der Acetylenhahn am Brennergriff soweit zurückgedreht werden, daß die gewünschte neutrale Flammeneinstellung am Brennermund zustandekommt. Beim Sperren der Flamme dreht man zunächst das Gasabsperrventil und dann das Sauerstoffabsperrventil zu.

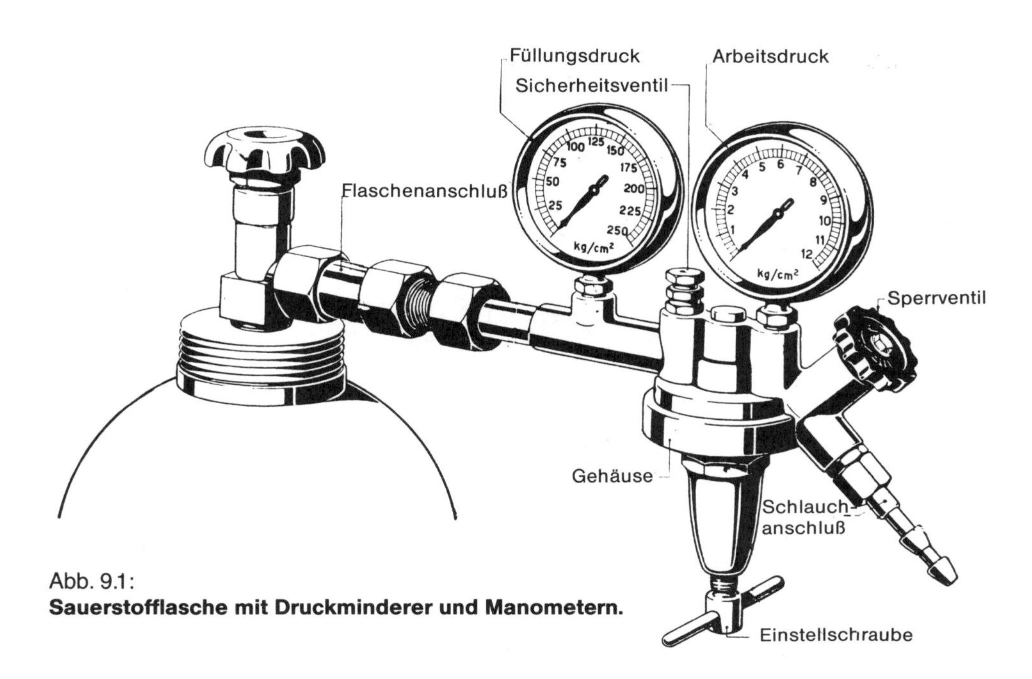

Abb. 9.1:
Sauerstofflasche mit Druckminderer und Manometern.

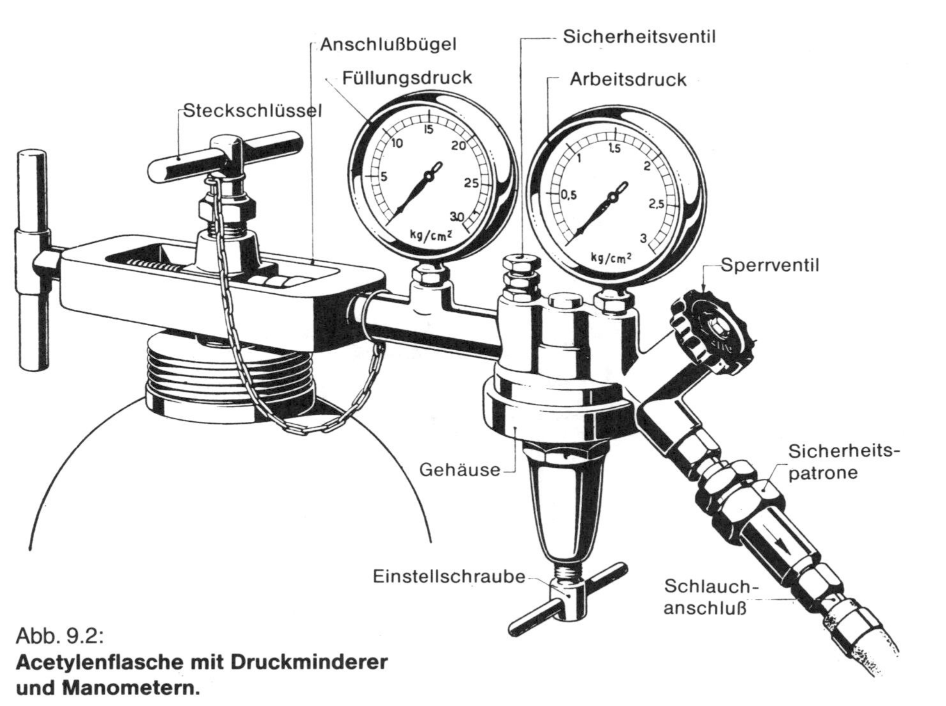

Abb. 9.2:
Acetylenflasche mit Druckminderer und Manometern.

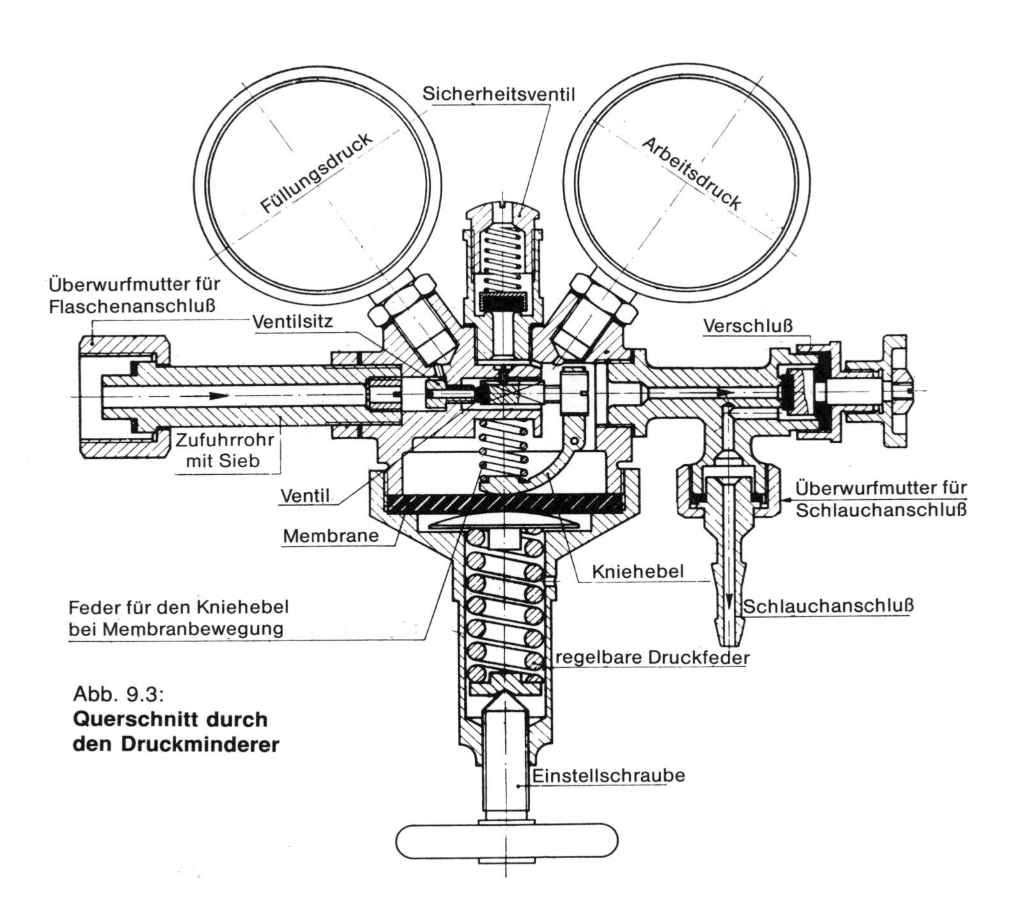

Abb. 9.3:
Querschnitt durch den Druckminderer

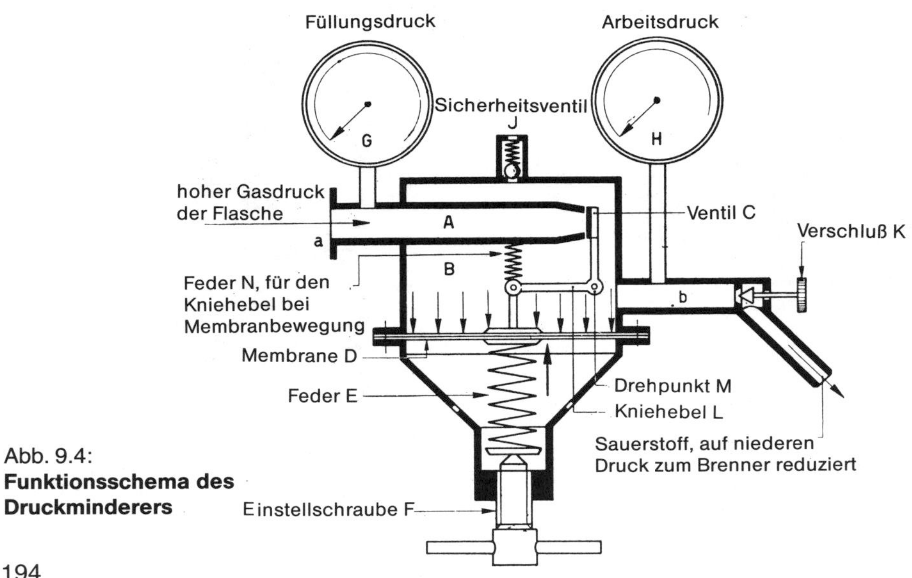

Abb. 9.4:
Funktionsschema des Druckminderers

Kurzzeitige Unterbrechung der Schweißarbeiten

1. Acetylenabsperrventil am Griff zudrehen.
2. Sauerstoffabsperrventil am Griff zudrehen.

Das Reduzierventil

Das Reduzierventil, auch als Druckregler bezeichnet, verändert den hohen Druck der Gase aus der Flasche oder Leitung zu einem geringeren Druck, der für die einwandfreie Arbeitsweise des Schweißbrenners geeignet ist. Darüber hinaus hält diese Vorrichtung den Arbeitsdruck konstant, auch wenn der Druck in der Flasche oder Leitung abnimmt. Am Druckmesser des Acetylenreduzierventils muß die Aufschrift 'für Acetylen' angebracht sein. Dies hängt damit zusammen, daß die Rohrfeder des Manometers für Acetylen nicht aus Kupfer oder Kupferlegierungen bestehen kann, wie es bei anderen Gasen zumeist der Fall ist.

Der Schweißbrenner

Der Schweißbrenner hat die Aufgabe, Acetylen und Sauerstoff in einer speziellen Mischkammer zu vermischen und dieses Gemisch mit beträchtlicher Geschwindigkeit aus dem Brennermundstück ausströmen zu lassen, so daß es vor diesem Mundstück in konzentrierter Flamme verbrennen kann. Bei uns werden im allgemeinen Injektorbrenner benutzt. Dabei wird das Acetylen unter geringem Druck zugeführt und durch die Saugwirkung des Sauerstoffs angesaugt. Dies geschieht durch den Injektor. Der Sauerstoff strömt mit großer Geschwindigkeit durch die kleine Öffnung des Injektors in die sogenannte Mischkammer. Dadurch entsteht rund um die Austrittsöffnung des Injektors ein Unterdruck. Dieser Unterdruck läßt das Acetylen, welches sich in dem Raum (kleine Kanäle) rund um dem Injektor befindet, einströmen und sich mit dem Sauerstoff in der Mischkammer vermischen und verschwinden. Das Acetylen wird somit angesaugt. Entfernt man den Acetylenschlauch vom Brenner, kann man mit einem nassen Finger diese ziemlich starke Saugwirkung kontrollieren.

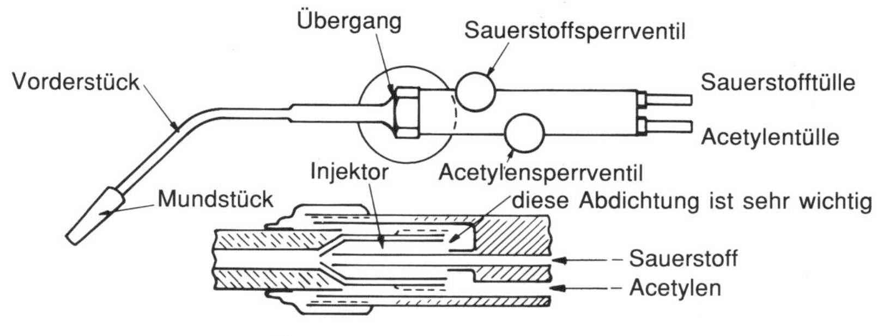

Abb. 9.5: **Der Schweißbrenner**

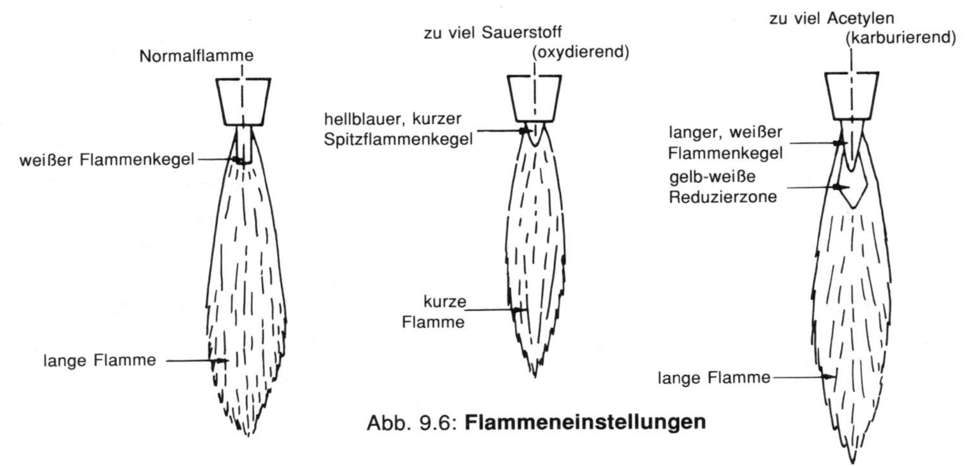

Abb. 9.6: **Flammeneinstellungen**

Flamme und Flammeneinstellungen

Wird die Acetylenzufuhr vermindert, so wird die gelb-weiße Reduzierzone kleiner. In dem Moment, wo die gelb-weiße Reduzierzone verschwindet, ist die Normalflamme vorhanden.

Man unterscheidet bei allen Flammeneinstellungen:

A. den Flammenkegel, unmittelbar am Brennermundstück;
B. rund um den Flammenkegel und vor allem davor die große, nahezu farblose Flammenhülle.

Die möglichen Flammeneinstellungen ergeben sich aus Größe, Form und Farbe des Flammenkegels und seiner Umgebung. Diese sind daher bei der Schweißflamme deutlich zu erkennen.

Acetylenüberschuß

Voller weißer Flammenkegel und davor eine zwei- bis dreimal so lange gelbweiße Hülle in der großen Flammenhülle. Durch diese charakteristische gelbweiße Hülle ist vor allem das Ende des weißen Flammenkegels weniger scharf zu sehen.

Normalflamme

Voller und scharf abgegrenzter weißer Flammenkegel und darum herum sowie davor nur die große, nahezu farblose Flammenhülle.

Sauerstoffüberschuß

Kleinerer, spitzer Flammenkegel, etwas weniger grellweiß, mit blauer Tönung und darum herum sowie davor nur die große, nahezu farblose Flammenhülle.

Achtung! Stahl wird mit Normalflamme geschweißt.

Unregelmäßigkeiten, die zu Flammenrückschlag führen

Ursachen

1. Zu langsames Ausströmen des Gasgemischs durch zu niedrigen Sauerstoffdruck (zum Beispiel 1 bar anstelle von 2,5-3 bar).

Abhilfe: Sauerstoffdruck erhöhen.

2. Aufspritzendes Material verschließt teilweise die Mundstückbohrung.

Abhilfe: An Holz abstreichen oder Bohrung mit einem geeichten Draht reinigen (keine Pappe).

3. Brennermundstück wurde zu stark erhitzt.

Abhilfe: Abkühlen in Wasser (nur Sauerstoffsperrventil öffnen).

4. Die Mundstückbohrung ist durch häufiges Reinigen mit Pappe (anstelle eines geeichten Drahts) zu groß geworden.

Abhilfe: Neues Mundstück.

5. Zu wenig Acetylen im Gasgemisch.

Abhilfe: Acetylensperrventil weiter öffnen (eventuell Saugwirkung kontrollieren).

Was geschieht bei Flammenrückschlag?

Die Flamme schlägt bis vor den Injektor zurück, denn dahinter sind Sauerstoff und Acetylen getrennt.

Absicherung durch Flammensperre

Um zu vermeiden, daß die Flamme bei einem Rückschlag in das Reduzierventil der Acetylenflasche oder sogar in die Flasche selbst eindringt, muß zwischen dem Reduzierventil und dem Schweißbrenner eine zuverlässige Flammensperre angebracht sein. Die poröse Masse der Flammensperre muß aus Sintermetall bestehen. Die meisten Flammensperren werden unmittelbar hinter dem Acetylenreduzierventil angebracht.

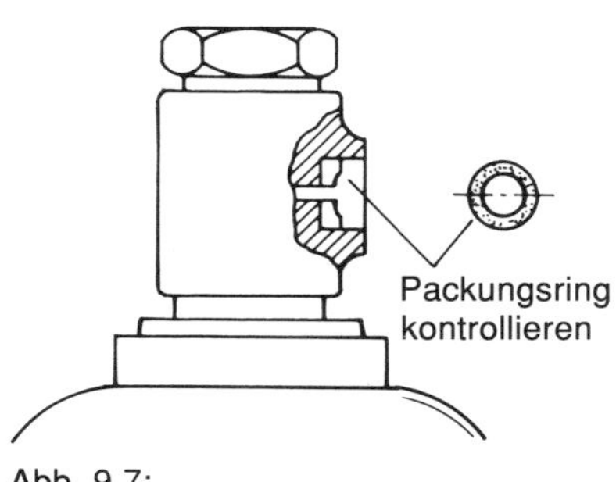

Abb. 9.7:
Packungsring kontrollieren

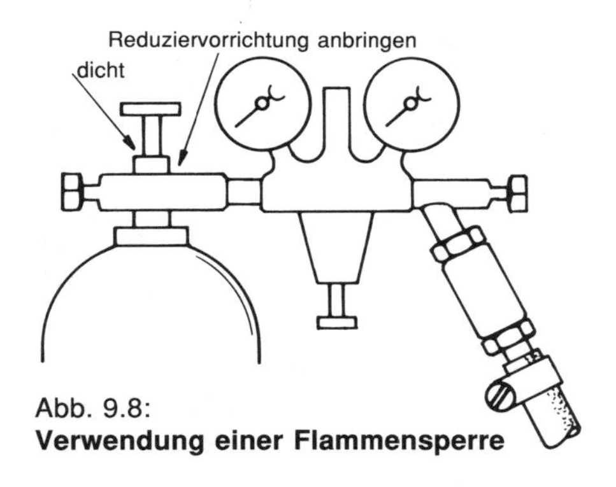

Abb. 9.8:
Verwendung einer Flammensperre

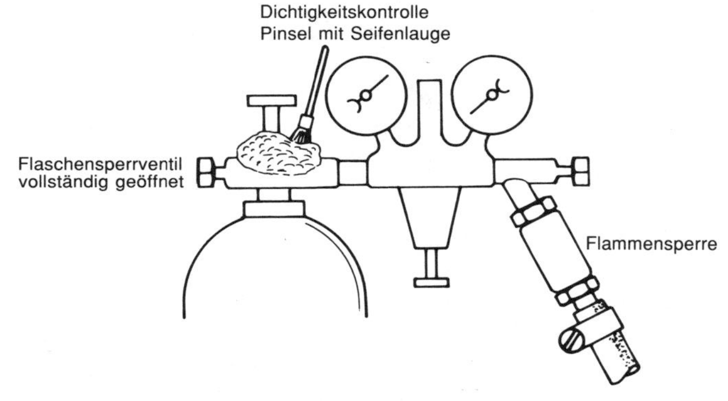

Abb. 9.9:
Flaschensperrventil und Reduzierventilanschluß mit Seifenlauge auf Dichtigkeit kontrollieren

Acetylen ist ein brennbares Gas. Wie bei allen feuergefährlichen Gasen bedeutet eine Leckage daher Brandgefahr und vielleicht sogar Explosionsgefahr.

Leckage ist der große Feind
Jedes Leck muß vermieden bzw. (mit Seifenlauge) gefunden werden. Daher sollte man mit den Autogenschweißanlagen, von der Gasquelle bis zum Brennermundstück, gut vertraut sein. Erst dann ist sachverständiges Vorgehen und sicheres Arbeiten möglich.

Weshalb kann man mit der Acetylen-/Sauerstoff-Flamme schweißen?
Für die vollständige Verbrennung von Acetylen sind erforderlich:
1 Teil Acetylen und 2½ Teile Sauerstoff.

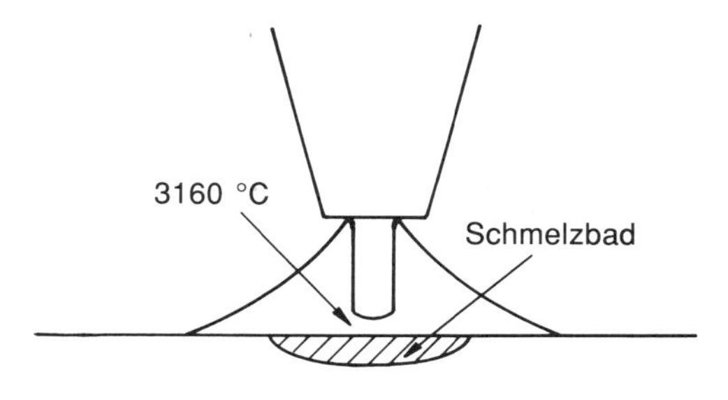

Abb. 9.10:
Normalflamme, abgeschirmt durch unvollständig verbrannte Gase, die selbst mit Sauerstoff aus der Luft vollständig verbrennen und den Sauerstoff nicht an das Schmelzbad herankommen lassen

In Wirklichkeit erhält die Flamme durch den Brenner bei neutraler Flammeneinstellung jedoch nur 1 Teil Acetylen und 1 Teil Sauerstoff, also 1½ Teile Sauerstoff zu wenig.
Dadurch kann das Acetylen nur unvollständig verbrennen. Dies geschieht am Rand des weißen Flammenkegels und wird als erste Verbrennung bezeichnet. Vor dem Flammenkegel (und darum herum) befinden sich dann unvollständig verbrannte Gase, die dem Schmelzbad nicht schaden; im Gegenteil: diese Gase verbrennen vollständig und ziehen dafür Sauerstoff aus der Luft an (zweite, vollständige Verbrennung). Dieser Sauerstoff kann daher das Schmelzbad nicht mehr erreichen und es verbrennen. Das Schmelzbad ist abgeschirmt. Die abschirmende, sauerstoffentziehende Wirkung der Normalflamme wird als reduzierend und die Umgebung des Normalflammenkegels, wo es dazu kommt, als reduzierende Zone bezeichnet. Dies ist gleichzeitig die Schweißzone, weil das Schmelzbad hier nicht durch den aus der Luft stammenden Sauerstoff verbrannt werden kann.

Schweißmethode

Wir unterscheiden zwei Schweißmethoden: Nachlinksschweißen und Nachrechtsschweißen.
Die '3 mm-Grenze' bestimmt in der Regel das Schweißverfahren: bis zu 3 mm wird nach links geschweißt.
Das Nachrechtsschweißen hat gegenüber dem Nachlinksschweißen folgende Vorteile:

- bessere Abschirmung des Schmelzbades;
- bessere Sicht auf die Durchschweißung;
- höhere Geschwindigkeit;
- bessere Kontrolle des Schmelzbades.

Sicherheit beim Autogenschweißen

A. Flammenrückschlag: Wenn der Schweißbrenner beim Schweißen zu nahe an den Werkstoff herangebracht wird, kann es vorkommen, daß die Flamme zurückschlägt und erlischt. Das gleiche passiert, wenn das Brennermundstück zu heiß geworden oder verstopft ist.
   Nach Abkühlung oder Reinigung dieses Teils ist alles wieder in Ordnung.

Schweiß-verfahren	Nachlinks-schweißen	Nachrechts-schweißen	Nachrechts-schweißen
Schweißnaht	 bis 3 mm	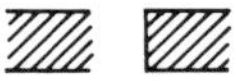 bis 5 mm	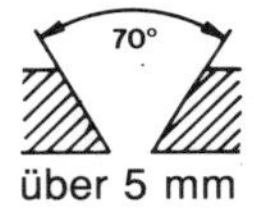 70° über 5 mm
Stellung von Brenner und Schweißstab	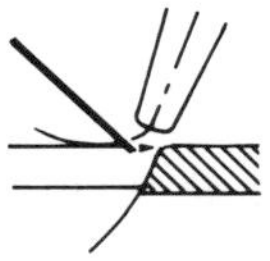	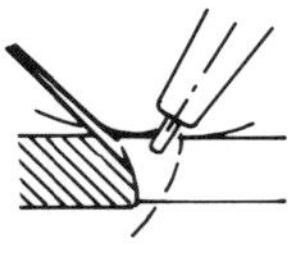	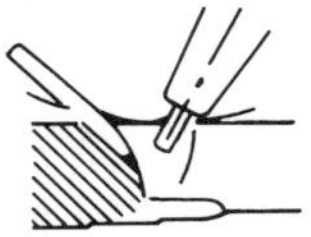
Bewegung des Brenners	←	→	→
Bewegung des Schweißstabs	←		

Abb. 9.11: **Schweißverfahren**

B. Es kann auch vorkommen, daß die Flamme in die Mischkammer zurückschlägt. Dies ist gefährlich! Es kann zu einer Beschädigung des Reduzierventils, der Leitung usw. kommen. In diesem Fall schließen wir sofort die Sauerstoff- und anschließend die Acetylenflasche.
Die Ursache des Flammenrückschlags finden wir gewöhnlich in einem verstopften Mundstück, verstopften Leitungen oder blockierten Schläuchen.

C. Als allgemein geltende Sicherheitsmaßnahme müssen folgende Punkte berücksichtigt werden:
   1. Tragen Sie die richtige Kleidung.
   2. Halten Sie sich beim Schweißen von feuergefährlichen Werkstoffen fern.
   3. Benutzen Sie eine Schweißbrille mit guten Gläsern.
   4. Benutzen Sie einen Anzünder, keine Streichhölzer.
   5. Schweißen Sie nie in unbelüfteten, geschlossenen Räumen wie Behältern, Rohren usw. Die Gase würden sich ansammeln.
   6. Legen Sie heiße Teile an anderer Stelle ab oder treffen Sie die nötigen Maßnahmen, um ein Verbrennen zu verhindern.
   7. Benutzen Sie eine geeignete Schweißbrennerhalterung, wenn Sie Ihren Brenner kurzzeitig nicht benutzen. Verwenden Sie gleichzeitig einen guten, starren Schweißwagen und sorgen Sie dafür, daß die Flaschen vorschriftsmäßig verankert sind. Sorgen Sie dafür, daß der Schweißwagen flach auf dem Arbeitsplatz steht.

8. Reduzierventile und Schweißbrenner sind Präzisionsinstrumente! Behandeln Sie sie vorsichtig.
9. Behandeln Sie Ihr Werkzeug mit Sorgfalt und warten Sie es gut.
10. Sie können zur Wartung Ihres Schweißwerkzeugs bei verschiedenen Firmen ein Wartungsabonnement abschließen.

Schweißbrille
Angesichts der hohen Flammentemperatur beim Schweißen ist es unbedingt erfoderlich, die Augen zu schützen. Eine Schweißbrille mit dunkelgrünen, am besten hochklappbaren Gläsern sowie feststehende weiße Abschirmgläser sind

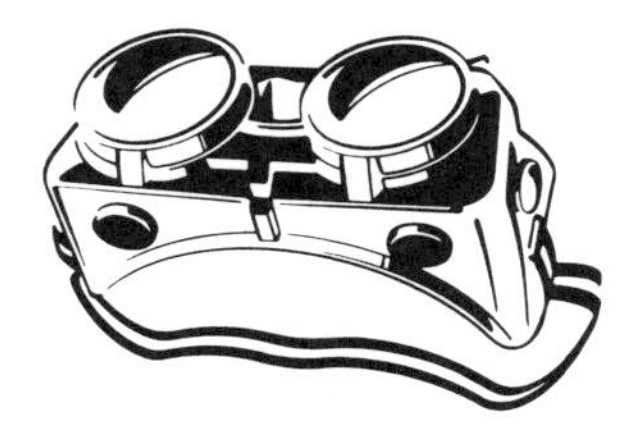

Abb. 9.12: **Schweißbrille**

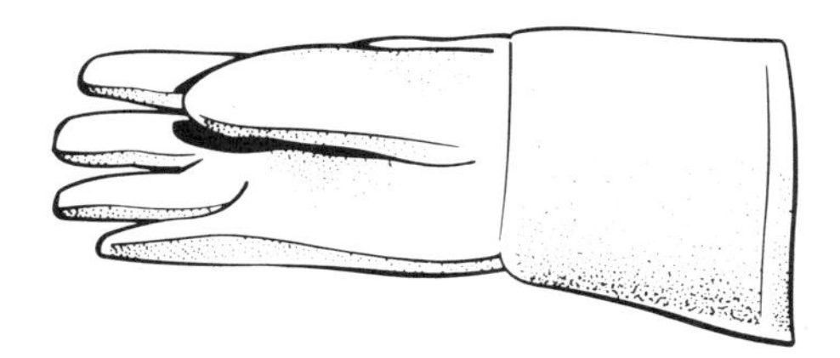

Abb. 9.13: **Feuerfester Handschuh**

daher ebenfalls erforderlich. Es ist auch vernünftig, beim Autogenschweißen feuerfeste Handschuhe zu tragen (keine Asbesthandschuhe).

Umgang mit Acetylen
Reines Acetylen – die chemische Formel ist C_2H_2 – ist an sich ein farb- und geruchloses Gas. Erst der Zusatz von Phosphorwasserstoff oder Schwefelverbindungen machen das Gas riechbar. Acetylen ist überaus leicht brennbar und entzündet sich bei einer Temperatur von 305 Celsius selbst.
Bereits 1906 wurden Acetylen-Sauerstoff-Gebläse zum Schweißen eingeführt. Im Luftgemisch verbrennt Acetylen mit 1900 Grad Celsius heißer Flamme. In der Flamme des Schneid- oder Schweißgerätes, also bei der Verbrennung mit Sauerstoff, entsteht eine Temperatur von etwa 3000 Grad Celsius. Das Acetylen Luftgemisch ist hochexplosiv, Acetylen selbst gilt als explosivstes aller bekannten Gase. Die Gefahr ist noch größer, wenn das Acetylen unter Druck steht, besonders aber im flüssigen Zustand. Dann kann ein Stoß oder Schlag schon zur Katastrophe führen. Daher gelten für Acetylen besondere Sicherheitsvorschriften, die Zentralstelle für Unfallverhütung des Hauptverband der gewerblichen Berufsgenossenschaften hat außerdem ein Merkblatt zur Verhütung von Azetylenflaschen Explosionen herausgegeben. Nebenbei: Fahrzeuge, die Acetylenflasche transportieren, dürfen auf öffentlichem Grund nicht unbeaufsichtigt stehen bleiben.

Sofern die Ladung mehr als 1000 kg beträgt, muß der Lastwagen entsprechend der Gefahrgutverordnung eine orangefarbene Warntafel tragen.
Die heftige chemische Reaktion des Gases, insbesondere seiner Neigung, leicht in seine Elemente Kohlenstoff und Wasserstoff zu zerfallen, begegnet man durch Lösen des Gases in Aceton. Dieses Dissousgas ist eine farblose, feuergefährliche Flüssigkeit und dient auch als Lösungsmittel für Lacke, Fette und Harze. Das Acetylen Acetongemisch befindet sich in der Stahlflasche in einer sogenannten porösen Masse (Kieselgur, Holzkohle und Zement), in deren feinen Haargefäßen die chemische Reaktion der Zersetzung gestoppt wird. In einer Acetylenflasche nimmt die poröse Masse rund 25 % des Raumes ein, 38 % sind Aceton, 29 % sind Acetylen. Als Sicherheitsraum verbleiben 8 %, er verteilt sich auch den gesamten Raum der porösen Masse und ist nicht etwa auf den oberen Flaschenraum konzentriert.

Explosions-Ursachen

Acetylenflaschen müssen auf jeden Fall vor einer übermäßigen Wärmeeinwirkung geschützt werden, da das einen Acetylenzerfall hervorrufen kann. Acetylen hat die unangenehme Eigenschaft, daß es sich bei Erwärmung zersetzt und in seine Bestandteile Kohlenstoff (Ruß) und Wasserstoff (brennbares Gas) zerfällt. Dieser Prozeß geht mit Wärmeentwicklung einher, wodurch die Temperatur in der Flasche steigt und sich schnell ein hoher Druck aufbaut. Die Flasche wird nun von innen heraus warm. Der Temperaturanstieg ist von außen leicht mit der Hand fühlbar. Wird der Druck zu hoch, kommt es zur Explosion. Dabei reißt die Flasche meistens auf, sie kann jedoch auch bersten oder über mehrere hundert Meter weit weggeschleudert werden.
Ein Acetylenzerfall kann auch durch einen Flammenrückschlag vom Brenner her oder einen Brand am Flaschen- oder Druckmindererventil eingeleitet werden.
Ein beginnender Zerfallsprozeß läßt sich an folgenden Symptomen erkennen:

- Die Temperatur der Flaschenwand steigt, das Metall erwärmt sich, beginnend am Flaschenkopf.
- Ruß oder Qualm tritt aus.
- Ein ungewöhnlicher Geruch, ähnlich dem des Petroleums, breitet sich aus.

Bei Flaschen, die von außen durch unmittelbare Einwirkung von Feuer – z.B. bei einem Werkstattbrand – oder strahlende Wärme erhitzt worden sind, besteht in jedem Fall die akute Gefahr einer Acetylenzersetzung.

Vorsichtsmaßnahmen

Der beste Schutz vor einer Explosion ist die Vorsicht. Nach dem voran Gesagten ist es nur zu verständlich, daß eine Acetylenflasche nicht in der Nähe von Heizung, Heizlüftern oder ähnlichen Wärmequellen aufgestellt werden darf. Auch sollte nur mit intakten Brennern gearbeitet werden, ein wiederholt abknallender Brenner kann einen Flammenrückschlag verursachen. Eine grundlegende Sicherheitsregel besagt auch, während der Arbeit Brenner oder Elektrodenhalter nicht an die Flasche zu hängen. Und schließlich muß das Druckmindererventil immer sorgfältig und gasdicht angeschlossen werden.

Verhalten bei Bränden an der Flasche und nach Flammenrückschlägen

Bei Bränden am Druckgasbehälter oder nach Flammenrückschlägen muß sofort das Flaschenventil geschlossen werden. Die Armaturen sind abzuschrauben, dann muß das Ventil wieder geöffnet werden. Erfolgt keine neue Entzündung, tritt kein Ruß oder Qualm aus dem Ventil aus und ist kein abnormer Geruch festzustellen, besteht keine Gefahr. Die Flaschenwandung darf sich nicht erwärmt haben; Kontrolle erfolgt durch wiederholtes Befühlen mit der Hand. Sollte allerdings eine erneute Entzündung erfolgen oder eines der anderen Merkmale festzustellen sein, ist eine Acetylenzersetzung in Gang gekommen.
Kann das Behälterventil aus irgendwelchen Gründen nicht sofort geschlossen werden, so ist die Flamme nur zu löschen, wenn dies innerhalb der ersten Minuten nach Brandausbruch möglich ist. Zum Löschen sind nur Pulver- oder Kohlensäurelöscher mit Gasdüse geeignet.
Druckgasbehälter, in denen eine Acetylenzersetzung begonnen hat, müssen in jedem Fall mit großen Wassermengen aus sicherer Entfernung – und Deckung heraus – andauernd gekühlt werden, nur so kann der Zersetzungsprozeß gestoppt werden. Falls das nicht möglich ist, sofort die Feuerwehr verständigen. Anschließend muß die Umgebung schnell geräumt werden. Acetylenflaschen, in denen der Zersetzungsprozeß begonnen hat, sollen nur ins Freie befördert werden, falls zuvor der Acetylenbrand gelöscht werden konnte und die Flaschenwand noch überall ohne Handschuhe o.ä. angefaßt werden kann.
Im anderen Fall gilt: alle Zündquellen wie offenes Licht, Feuer, glimmender Tabak sofort löschen sowie alle Türen und Fenster öffnen.
Acetylendruckgasbehälter, in denen es zu einer Zersetzung kam, müssen nach Abkühlung auf die Umgebungstemperatur für mindestens 24 Stunden an sicherer Stelle – abseits von Verkehrswegen, Arbeitsplätzen oder Gebäuden – lagern, am besten in mit Wasser gefüllten Wannen, Bassins, Teichen o.ä. Während dieser Zeit muß ständig auf erneute Temperatur kontrolliert werden; auch viele Stunden später kam es immer noch zu einer Erwärmung kommen.
Es versteht sich von selbst, daß diese Flaschen nicht wieder benutzt werden dürfen, sie müssen deutlich gekennzeichnet werden. Lieferant und Füllwerk müssen umgehend informiert werden.

Vorgehen der Feuerwehr

Wie beschrieben, muß bei einem Temperaturanstieg, der nicht gestoppt werden kann, unverzüglich die Feuerwehr informiert werden. In diesem Zusammenhang ist es vielleicht ganz interessant, die Maßnahmen zu betrachten, welche die Feuerwehr ergreift. Je nach den Umständen, die am Einsatzort vorgefunden werden, lassen sich vier Fälle unterscheiden.
In diesem Zusammmenhang sei noch einmal darauf hingewiesen, daß es we-

sentlich ist, das Sperrventil zuzudrehen, weil dadurch der Zersetzungsprozeß verlangsamt wird.
Außerdem muß bei der Verbrennung von Acetylen mit starker, giftiger Rauchentwicklung gerechnet werden, so daß inbesondere beim Einsatz in kleinen, geschlossenen Räumen mit Atemschutzgerät gearbeitet werden muß.

Fall I

Die Flasche ist warm - das Sperrventil geschlossen.
Es liegt *kein* Brand vor.

1. Personal und Öffentlichkeit aus der Umgebung entfernen und angrenzende Gebäude (Wohnungen) *evakuieren.*
2. Unter entsprechender *Abdeckung* die Flasche so lange mit einem gebundenen Strahl rundherum *abkühlen*, bis die Flasche an der Oberfläche feucht bleibt.
3. Wenn sich die Flasche in einem Gebäude befindet und nachdem unter Einhaltung einer Mindestwartezeit von 5 Minuten festgestellt wurde, daß die Flasche naß bleibt, muß diese zur Begrenzung des Wasserschadens, wenn möglich, *schnell* in einen offenen Raum im Freien *transportiert* und dort aufrecht abgestellt werden. Wenn der Transport in Verbindung mit einer zu großen Entfernung nicht zu verantworten ist, soll die Flasche an einen in unmittelbarer Umgebung gelegenen Platz gebracht werden, wo sie mit dem Kopf aus einem Fenster oder durch eine Öffnung gesteckt wird, und zwar so, daß sich die Flasche möglichst weitgehend in der Außenluft befindet.
   NB: Der Transport muß auf einen Abstand von 10 bis 15 m beschränkt bleiben und muß unter *Kühlung* innerhalb einer Zeit von 10 Sekunden vonstatten gehen.
4. Anschließend unter *Abdeckung* und unter Verwendung des Strahls für längere Zeit *weiter kontrollieren*, ob die Flasche kühl bleibt.
   NB: Diese Kontrolle kann *4 bis 5 Stunden* dauern.
5. Erwärmt sich die Flasche anschließend trotzdem wieder, ist das Abkühlen unter Abdeckung mit dem Strahl fortzusetzen.
6. Bleibt die Flasche jedoch kühl, muß die Flasche in vertikaler Stellung und unter weiterer Abkühlung mit dem Strahl *abgeblasen* werden (Sperrventil öffnen).
   NB: Bevor die Flasche abgeblasen wird, sorgen Sie dafür, daß in der Umgebung *nicht* geraucht wird und *kein* offenes Feuer vorhanden ist.
7. Nach einer neuerlichen Kontrolle, ob die Flasche kühl geblieben ist, kann diese transportiert und beim Lieferanten abgeliefert werden.

Fall II

Die Flasche ist warm - das Sperrventil ist offen.
Das ausströmende Gas brennt nicht.

A.
Sperrventil unbeschädigt
(zu schließen)

B.
Sperrventil beschädigt
(nicht zu schließen)

A. und B. 1. Personal und Öffentlichkeit aus der Umgebung *entfernen* und angrenzende Gebäude (Wohnungen) evakuieren.
A. und B. 2. Unter entsprechender *Abdeckung* die Flasche solange mit einem gebundenen Strahl rundherum *abkühlen*, bis die Flasche an der Oberfläche feucht bleibt.
A. und B. 3. Wenn sich die Flasche in einem Gebäude befindet, den betreffenden Raum unmittelbar nach Einsatz des Strahls *gründlich lüften*, wenn nötig durch Einschlagen von Scheiben, damit das (unverbrannte) Acetylengas abgeführt wird.

A.4. Nachdem unter Einhaltung einer *Mindest-Wartezeit* von *5 Minuten* festgestellt wurde, daß die Flasche naß bleibt, ist das *Sperrventil* der Flasche unter Abkühlung mit dem Wasserstrahl *schnell zuzudrehen*. Danach die Flasche, wenn möglich, zur Begrenzung des Wasserschadens *schnell* in einen offenen Raum im Freien *transportieren* und dort aufrecht hinstellen.

B.4. Nachdem unter Einhaltung einer *Mindest-Wartezeit* von *5 Minuten* festgestellt wurde, daß die Flasche naß bleibt, ist diese, wenn möglich, zur Begrenzung des Wasserschadens *schnell* in einen offenen Raum im Freien zu *transportieren* und dort aufrecht hinzustellen.

Wenn der Transport in Verbindung mit einer zu großen Entfernung nicht zu verantworten ist, soll die Flasche an einen in unmittelbarer Umgebung gelegenen Platz gebracht werden, wo sie mit dem Kopf aus einem Fenster oder durch eine Öffnung gesteckt wird, und zwar so, daß sich die Flasche möglichst weitgehend in der Außenluft befindet. NB: Der Transport muß auf einen Abstand von 10 bis 15 Meter beschränkt bleiben und muß unter *Kühlung* innerhalb einer Zeit von *10 Sekunden* vonstatten gehen.

A. und B.5. Anschließend *unter Abdeckung* und unter Verwendung des Strahls für längere Zeit *weiter kontrollieren*, ob die Flasche kühl bleibt.
NB: Diese Kontrolle kann *4 bis 5 Stunden* dauern.

A. und B.6. Erwärmt sich die Flasche anschließend trotzdem wieder, ist das *Abkühlen* unter Abdeckung mit dem Strahl *fortzusetzen*.

A.7.
Bleibt die Flasche jedoch kühl, muß die Flasche in vertikaler Stellung und unter weiterer Abkühlung mit dem Strahl *abgeblasen* werden (Sperrventil öffnen).

B.7.
Bleibt die Flasche jedoch kühl und ist sie *vollständig abgeblasen (leer),* kann sie abtransportiert und beim Lieferanten abgeliefert werden.

A.8.
Nach einer neuerlichen Kontrolle, ob die Flasche kühl geblieben ist, kann diese transportiert und beim Lieferanten abgeliefert werden.
An der Flasche muß ein Etikett mit der Aufschrift: 'In Brand gewesen' befestigt werden.

Fall III
Die Flasche ist warm - das Sperrventil ist geöffnet.
Das ausströmende Gas *brennt*.
Keine Gefahr einer Brandausbreitung und *keine* Erhitzung der Flasche.

A.
Sperrventil unbeschädigt
(zu schließen)

B.
Sperrventil beschädigt
(nicht zu schließen)

A. und B. 1. Personal und Öffentlichkeit aus der Umgebung *entfernen* und angrenzende Gebäude (Wohnungen) *evakuieren*.
A. und B. 2. Unter entsprechender *Abdeckung* die Flasche solange mit einem gebundenen Strahl rundherum *abkühlen*, bis die Flasche an der Oberfläche feucht bleibt. NB: Die Flamme noch *nicht löschen.*

A.3.
Nachdem unter Einhaltung einer *Mindest-Wartezeit* von *5 Minuten* festgestellt wurde, daß die Flasche naß bleibt, ist die *Flamme* mit einem scharfen gebundenen Strahl zu *löschen;* danach *Sperrventil* der Flasche unter Kühlung mit dem Strahl *schnell zudrehen.*

B.3.
Nachdem unter Einhaltung einer *Mindest-Wartezeit* von *5 Minuten* festgestellt wurde, daß die Flasche naß bleibt, ist die Flamme mit einem scharfen gebundenen Strahl zu *löschen.*

A. und B.4. Wenn die Flasche sich in einem Gebäude befindet, ist sie zur Begrenzung des Wasserschadens, wenn möglich, *schnell* in einen offenen Raum im Freien zu transportieren und dort aufrecht abzustellen.
Wenn der Transport in Verbindung mit einer zu großen Entfernung nicht zu verantworten ist, soll die Flasche an einen in unmittelbarer Umgebung gelegenen Platz gebracht werden, wo sie mit dem Kopf aus einem Fenster oder durch eine Öffnung gesteckt wird, und zwar so, daß sich die Flasche möglichst weitgehend in der Außenluft befindet.
NB: Der Transport muß auf einen Abstand von 10 bis 15 Meter beschränkt bleiben und muß unter *Kühlung* innerhalb einer Zeit von *10 Sekunden* vonstatten gehen.

A. und B.5. Anschließend *unter Abdeckung* und unter Verwendung des Strahls für längere Zeit *weiter kontrollieren,* ob die Flasche kühl bleibt.
NB: Diese Kontrolle kann *4 bis 5 Stunden dauern.*
A. und B.6. Erwärmt sich die Flasche anschließend trotzdem wieder, ist das *Abkühlen* unter Abdeckung mit dem Strahl *fortzusetzen.*

A.7.
Bleibt die Flasche jedoch kühl, ist sie in *vertikaler Stellung* unter Kühlung mit dem Strahl *abzublasen* (Sperrventil öffnen).

B.7.
Bleibt die Flasche jedoch kühl und ist sie *vollständig abgeblasen (leer),* kann sie abtransportiert und beim Lieferanten abgeliefert werden.

A.8.
Nach einer neuerlichen Kontrolle, ob die Flasche kühl geblieben ist, kann diese transportiert und beim Lieferanten abgeliefert werden.

Fall IV
Die Flasche ist warm - das Sperrventil ist geöffnet.
Das ausströmende Gas *brennt.*
Gefahr einer Ausbreitung des Brandes und einer Erwärmung der Flasche *besteht.*

A.
Sperrventil unbeschädigt
(zu schließen)

B.
Sperrventil beschädigt
(nicht zu schließen)

A. und B. 1. Personal und Öffentlichkeit aus der Umgebung *entfernen* und angrenzende Gebäude (Wohnungen) *evakuieren.*
A. und B. 2. Unter entsprechender *Abdeckung* ist die Flamme mit einem harten, gebundenen Strahl zu *löschen* und die Flasche ist solange rundherum *abzukühlen,* bis sie an der Oberfläche kühl bleibt.
A. und B.3. Wenn sich die Flasche in einem Gebäude befindet, den betreffenden Raum unmittelbar nach Einsatz des Strahls *gründlich entlüften,* wenn nötig durch Einschlagen von Scheiben, damit das (unverbrannte) Acetylen abgeführt wird.

A.4.
Nachdem unter Einhaltung einer *Mindest-Wartezeit* von *5 Minuten* festgestellt wurde, daß die Flasche naß bleibt, ist das *Sperrventil* der Flasche unter Abkühlung mit dem Strahl *schnell zuzudrehen.* Danach die Flasche, wenn möglich, zur Begrenzung des Wasserschadens *schnell* in einen offenen Raum im Freien *transportieren* und dort aufrecht abstellen.

B.4.
Nachdem unter Einhaltung einer *Mindest-Wartezeit* von *5 Minuten* festgestellt wurde, daß die Flasche naß bleibt, ist diese, wenn möglich, zur Begrenzung des Wasserschadens *schnell* in einen offenen Raum im Freien zu *transportieren* und dort aufrecht hinzustellen.
Wenn der Transport in Verbindung mit einer zu großen Entfernung nicht zu verantworten ist, soll die Flasche an einen in unmittelbarer Umgebung gelegenen Platz gebracht werden, wo sie mit dem Kopf aus einem Fenster oder durch eine Öffnung gesteckt wird, und zwar so, daß sich die Flasche möglichst weitgehend in der Außenluft befindet.
NB: Der Transport muß auf einen Abstand von 10 bis 15 Meter beschränkt bleiben und muß unter *Kühlung* innerhalb einer Zeit von *10 Sekunden* vonstatten gehen.

A. und B.5. Anschließend *unter Abdeckung* und unter Verwendung des Strahls für längere Zeit *weiter kontrollieren,* ob die Flasche kühl bleibt.
NB: Diese Kontrolle kann *4 bis 5 Stunden dauern.*

A. und B.6. Erwärmt sich die Flasche anschließend trotzdem wieder, ist das *Abkühlen* unter Abdeckung mit dem Strahl *fortzusetzen.*

A.7.
Bleibt die Flasche jedoch kühl, ist sie in *vertikaler Stellung* unter Kühlung mit dem Strahl *abzublasen* (Sperrventil öffnen).

B.7.
Bleibt die Flasche jedoch kühl und ist sie *vollständig abgeblasen (leer),* kann sie abtransportiert und beim Lieferanten abgeliefert werden.

A.8.
Nach einer neuerlichen Kontrolle, ob die Flasche kühl geblieben ist, kann diese transportiert und beim Lieferanten abgeliefert werden.

Dieser Maßnahmenkatalog über die Behandlung einer warm gewordenen und eventuell in Brand geratenen Acetylenflasche wurde von der Feuerwehr Deventer in den Niederlanden zur Verfügung gestellt.

9.2 ELEKTROSCHWEISSEN

Einleitung

Das Elektroschweißen kann folgendermaßen unterteilt werden:

1. Lichtbogenschweißen
   a) mit Schutzgas und Schlackenschutz mittels umhüllter Elektroden;
   b) mit Schutzgas durch MIG-, MAG- oder TIG-Prozedur.
2. Widerstandsschweißen
   a) Punktschweißen;
   b) Rollennahtschweißen.

Betrachten wir diese Schweißmethoden im Folgenden etwas näher.

Lichtbogenschweißen mit umhüllten Elektroden

Schweißgeräte

Zum Schweißen brauchen wir eine relativ hohe Stromstärke bei gleichzeitig niedriger Spannung. Deshalb können wir nicht »direkt mit dem Netzstrom« schweißen, sondern wir brauchen dazu ein Schweißgerät. Diese Schweißgeräte können in vier Grundtypen unterteilt werden:

Der Schweißtransformator. Dieser ist ein Wechselstromgerät, das die Spannung reduziert und die Stromstärke erhöht.

Einbaukondensatoren sorgen dafür, daß die Stoßbelastung für das Stromnetz kompensiert wird. Die Schweißstromstärke ist über den Weicheisenkern des Schweißtrafos regelbar, z. B. mit Hilfe eines Handrades. Der Strom richtet sich dabei nach der Stärke der verwendeten Elektroden und nach der zu verrichtenden Arbeit.

Der Schweißgleichrichter. Dabei handelt es sich um ein Gleichstromgerät, das mit Wechselstrom gespeist wird. Er ist also ein Gleichrichter mit regelbarer Schweißstromstärke. Bei der Verwendung von Gleichstrom können wir entweder das Werkstück oder die Elektrode als Pluspol schalten. Am Pluspol ist die Temperatur etwa 500° C höher als am Minuspol. Ist das zu verschweißende Material dick, dann wird die Wärme schnell abgeleitet, und wir können das Werkstück somit an den

Abb. 9.14: **Schema des Schweißtrafos.**
1. Netzstrom; 2. Sicherungen; 3. Schalter; 4. Primärwicklung; 5. Sekundärwicklung; 6. Primärleitung; 7. Sekundärleitung; 8. Schweißklemme; 9. Schweißzange; 10. Elektrode; 11. Schweißtisch.

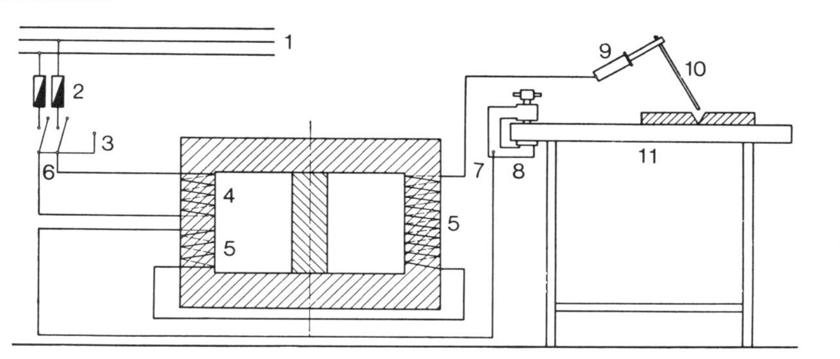

Pluspol anschließen. Ist das Material dünn, dann werden wir den Minuspol damit verbinden. Damit verringert sich die Gefahr des Durchschmelzens.
Überdies gibt Gleichstrom auch bei niedriger Stromstärke einen elastischen Lichtbogen, was für Bleche günstig ist. Gleichstrom ist für alle Elektrodenarten verwendbar und bei nahezu allen Metallen, also auch bei Alu und Nirosta.

Das Doppelstromgerät. Dies ist eine Kombination der beiden zuvor beschriebenen Schweißgeräte. die Stromversorgung erfolgt also mit Wechselstrom, aber das Gerät kann sowohl Gleich- als auch Wechselstrom liefern.

Der Schweiß-Umformer. Hier handelt es sich wieder um ein Gleichstromgerät. Im Innern hat es einen Wechselstrommotor, der einen Gleichstromgenerator antreibt. Letzterer liefert den Schweißstrom. Die Regelung erfolgt durch einen regelbaren Widerstand im Gleichstromkreis.

Das Schweißaggregat. Wenn der zuvor genannte Gleichstromgenerator durch einen Benzin- oder Dieselmotor angetrieben wird, dann handelt es sich um ein Schweißaggregat.

Die Elektrode
Die umhüllte Elektrode hat zwei Aufgaben: erstens muß sie die Schweißnaht schützen und somit als Flußmittel dienen; zweitens muß sie stromleitende Gase entwickeln, die die Arbeit mit Wechselstrom ermöglichen. Der Schutz der Schweißnaht besteht, wie immer, darin, Oxydationserscheinungen zu verhindern, indem dem Schmelzbad Umgebungsluft entzogen wird.
Da die Elektrodenhülle leicht Feuchtigkeit aufnimmt, müssen wir die Elektroden in einem Metallbehälter trocken aufbewahren. In großen Betrieben hat man dazu spezielle Elektrodenkästen, die durch eine kleine Glühspirale trocken und auf einer Temperatur von ca. 40° C gehalten werden. Die Wahl des Elektrodendurchmessers erfolgt anhand von Zahlen, und hierbei ist natürlich die Art der Arbeit maßgebend. Ein Ende der Elektrode ist bis auf einige cm frei von der Umhüllung, und dieses Ende wird in die Schweißzange geklemmt. Die Art der Elektrodenumhüllung erkennen wir an der Farbe des Kopfes. In der Gebrauchsanweisung des Elektrodenherstellers finden wir alle Daten über die Einstellung der Schweißstromstärken. Die nachfolgende Tabelle ist ein Beispiel hierzu:

Blechstärke in mm	*Elektrodendurchmesser in mm*	*Stromstärke in A*
1–1,5	2	35– 50
1,5–2	2,5	60– 80
2–3	3,25	80–125
mehr als 3	4–5	150–200

Das Schweißen

Bei allen zuvor erwähnten Geräten muß das Gehäuse zum Schutz des Schweißenden geerdet werden.

An der Schweißseite hat das Schweißgerät zwei isolierte Kabel mit gleichem Durchmesser:

1. das Schweißkabel, das an der Schweißzange festgelötet wird;
2. das Massekabel, das an der (metallenen) Arbeitsplatte oder am Werkstück selbst befestigt wird.

Steht das Schweißgerät unter Spannung, dann führt der Schweißer die Elektrode an das Werkstück (Schweißnaht). Dadurch entsteht ein geschlossener Stromkreis. Die Stromstärke wird durch das Amperemeßgerät auf dem Schweißgerät angezeigt. Wird die Elektrode nun kurz vom Werkstück abgehoben, dann entsteht zwischen diesem und der Elektrode ein Lichtbogen. Beide werden dadurch auf etwa 4200° C erhitzt, wobei die Elektrode abschmilzt. Deshalb spricht man auch von Schmelzelektrodenschweißen.

Abb. 9.15: **Schweißzange oder Elektrodenhalter und Werkstückklemme**

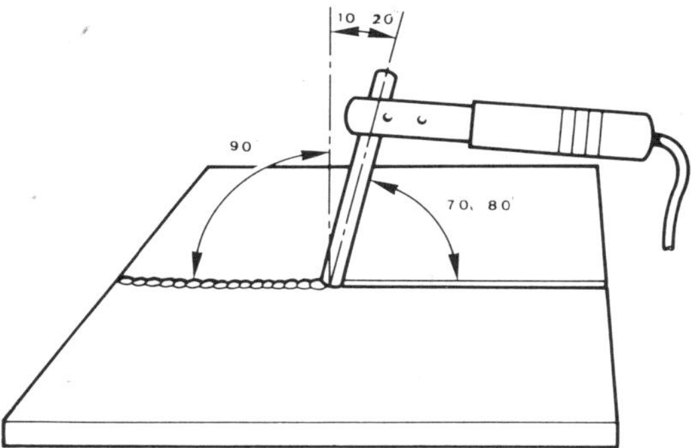

Abb. 9.16: **Haltung der Elektrode**

Die Tropfen der abschmelzenden Elektrode dienen als Füllmaterial. Diese Tropfen müssen einander im Schmelzbad überlappen, damit man eine kräftige Schweißnaht bekommt. Sobald der Abstand zwischen Elektrode und Schweißnaht zu groß wird, ist der Lichtbogen unterbrochen, womit das Schweißen beendet ist. Es setzt daher einige Erfahrung voraus, weil man den richtigen Abstand einhalten und zugleich im richtigen Tempo weiterschweißen. Nach gründlichem Üben kann man nach dieser Methode unter bestimmten Voraussetzungen sogar eine Schweißnaht überkopf anlegen.

Schweißfehler

Die häufigsten Fehler sind:

1. Zu hohe oder zu niedrige Schweißstromstärke.
2. Das Zusatzmaterial wird zu schnell oder zu langsam herangeführt, was auch im Zusammenhang mit der Schweißstromstärke steht.

3. Der Arbeitsrhythmus stimmt nicht. Das Schweißen erfolgt zu schnell oder zu langsam.
4. Die Bewegungen der Elektrode stehen nicht im richtigen Verhältnis zur Fließbarkeit des Schmelzbades.
5. Typ und Durchmesser der Elektrode passen nicht zur vorgesehenen Arbeit.

Der Schweißstrom ist zu schwach. Der Lichtbogen entsteht nur mühsam, und infolge der geringen Wärmeentwicklung brennt die Schweißraupe nicht tief genug ein. Das Zusatzmaterial erstarrt zu schnell, wodurch eine runde und unregelmäßige Schweißraupe entsteht.

Der Schweißstrom ist zu stark. Die Wärmezufuhr ist zu groß, wodurch die Elektrode viel zu rasch abschmelzen und auch zu tief einbrennen wird. Das Material spritzt weg und der Lichtbogen ist unregelmäßig.

Die Zufuhrgeschwindigkeit der Elektrode muß mit dem Tempo des Abschmelzens ständig übereinstimmen! Bei zu langsamer Zufuhr mit langgestrecktem Lichtbogen wird die Einbrenntiefe verringert. Schweißen wir mit einem zu kurzen Lichtbogen, dann erfolgt die Zufuhr zu rasch. Es kann auch passieren, daß die Elektrode das Schmelzbad berührt; dann erlischt der Lichtbogen, und die Elektrode klebt fest.
Auch das Weiterbewegen spielt eine Rolle. Bewegen wir die Elektrode zu rasch, dann sind das Schmelzbad und das Eindringen der Schweißraupe zu klein. Im entgegengesetzten Fall wird das Schweißbad zu breit werden, die Schlacke läuft vor dem Lichtbogen her, wodurch sie durch die Schweißraupe aufgenommen wird, so daß eine unzuverlässige Schweißverbindung entsteht.
Legen Sie den Elektrodenhalter niemals auf leitendes Material. Am Schweißtisch muß eine speziell isolierte Aufhängung angebracht werden, damit es zu keiner Verbindung mit der Masse kommt (Kurzschluß). Der Schweißstrom darf während des Schweißens niemals nachgestellt werden. Falls der Strom ausfällt, müssen zuerst die Sicherungen überprüft werden.
Sollte jemand einen elektrischen Schlag bekommen, dann muß unverzüglich der Strom abgeschaltet werden (ehe Sie den Verletzten berühren). Sofort einen Arzt hinzuziehen, und den Verletzten an die frische Luft bringen. Alle beengenden Kleidungsstücke werden geöffnet, das Opfer wird künstlich beatmet und sein Blutkreislauf wird stimuliert.

Schutzvorrichtungen
Das Gesicht des Schweißers wird vor der schädlichen Strahlung des Lichtbogens

Abb. 9.17: **Schweißerschutzhaube**

geschützt, vor wegspritzendem Material und vor sich entwickelnden Gasen.
Der Schweißer muß eine Schutzhaube tragen oder einen Schutzschild, versehen mit Gammaglas, das seinerseits wieder mit normalem Glas geschützt wird. Jedes beschädigte Glas muß augenblicklich ersetzt werden; die UV- und die IR-Strahlen könnten bleibende Verletzungen und Augenentzündungen verursachen.
Die Hände müssen durch feuerfeste Handschuhe vor einem »Sonnenbrand« durch Schweißstrahlen geschützt werden.
Eine Leder- oder Asbestschürze hinlänglicher Dicke und guter Qualität muß den Körper des Schweißers ebenfalls vor der Strahlung schützen.
Der Schweißraum muß abgeschirmt sein, und die Wände müssen in matter, dunkler Farbe gestrichen sein, damit möglichst wenig Strahlung reflektiert wird.
Ferner müssen die Schweißgeräte regelmäßig überprüft und gewartet werden. Ein Kabel mit schlechter oder gar beschädigter Isolierung muß unverzüglich durch ein neues ersetzt werden. Die Schweißzange muß frei von Rost und Metallspritzern sein; sie muß von Zeit zu Zeit geölt werden.
Sämtliche elektrischen Kontakte müssen durch ein Spezialfett gegen Oxydation geschützt sein.

Schutzgasschweißen (MIG, MAG, WIG)

Damit die Schweißnaht vor Oxydation geschützt wird, müssen wir sie von der Außenluft abschirmen. Das geschieht bei dieser Schweißmethode durch ein Gas, welches das Schmelzbad umschließt.
Wir können die folgende Prinzip-Unterteilung machen:

1. Durch *schmelzende* Elektrode und ein *inertes** Gas (MIG).
2. Durch *schmelzende* Elektrode und *aktives* Gas (MAG).
3. Durch *nichtschmelzende* Elektrode und *inertes* Gas (WIG).

* Inert (Chemie): Eigenschaft reaktionsträger Stoffe.

Abb. 9.18: **MIG/MAG-Schweißgerät, speziell für Reparaturarbeiten**

1. Das MIG-Verfahren

Die Abkürzung MIG bedeutet Metal Inert Gas.

Das Schutzgas ist hier ein inertes Gas, also ein reaktionsträges Edelgas. In der Praxis verwendet man Argon oder Helium, auch mit einem geringen Sauerstoffzusatz.

Das MIG-Verfahren kommt häufig beim Schweißen von Nirosta und Nichteisenmetallen (wie Alu und Kupfer) zur Anwendung.

Die Elektrode schmilzt ab und dient gleichzeitig als Zusatzmaterial. Dieser Zusatz befindet sich auf einer Spule im Schweißgerät und wird während des Schweißens gleichmäßig zugeführt. Die Zusammensetzung des Zusatzmaterials stimmt mit der des zu verschweißenden Materials überein.

2. Das MAG-Verfahren

Die Abkürzung MAG bedeutet Metal Active Gas.

Hier dient das billigere CO_2 (Kohlendioxyd) als Schutzgas, und deshalb spricht man auch vom CO_2-Schweißen. Kohlendioxyd zerfällt beim Schweißen, dies im Gegensatz zu den Edelgasen beim MIG-Verfahren; CO_2 ist also nicht inert.

Beim Zerfall des Kohlendioxyds entstehen am Schmelzbad freie Sauerstoffatome. Diese Atome müssen gebunden werden, ehe sie die Schweißnaht oxydieren. Beim MAG-Schweißen braucht man also Stoffe, die die freien Sauerstoffatome binden. Diese Stoffe werden als Desoxydanten bezeichnet.

In der Karosseriewerkstatt kommt das Schweißen mit reinem CO_2 nicht so oft zur Anwendung, weil dies zu einem tieferen Einbrennen und somit leichter zu einem Durchsacken führt. Es hat sich gezeigt, daß man bei Baustählen, auch in Blechform, mit einer Mischung von Argon und Kohlendioxyd, z. B. im Verhältnis 80 : 20, gute Resultate erzielt.

Abb. 9.19: **MAG-Schweißgerät,** insbesondere zum Schweißen mit Mischgasen geeignet.

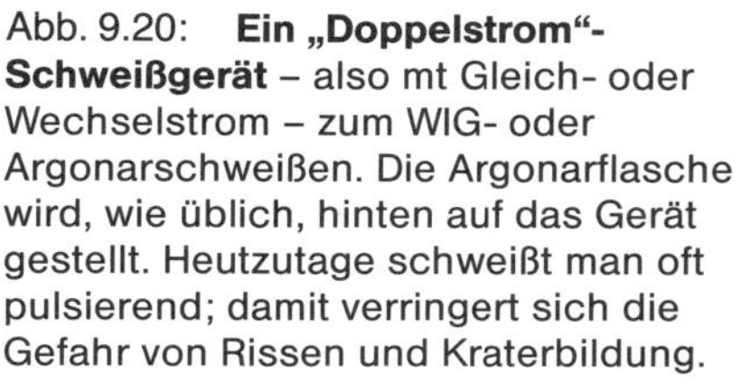

Abb. 9.20: **Ein „Doppelstrom"-Schweißgerät** – also mt Gleich- oder Wechselstrom – zum WIG- oder Argonarschweißen. Die Argonarflasche wird, wie üblich, hinten auf das Gerät gestellt. Heutzutage schweißt man oft pulsierend; damit verringert sich die Gefahr von Rissen und Kraterbildung.

Abb. 9.21: **Das WIG-Schweißen** erfolgt mit einer luft- oder wassergekühlten Elektrode, weil das Wolfram der Elektrode sehr heiß wird. Schweißmaterial fügen wir mit Hilfe des Schweißdrahts selber zu.

In diesem Fall handelt es sich also um ein Mischgas. Der Fachhandel bietet Mischgas in vielerlei Zusammenstellungen an, von denen jede ihren eigenen Anwendungszweck hat (z. B. 90% Ar + 5% CO_2 + 5% O_2 oder 85% Ar + 15% CO_2 oder 80% Ar + 15% CO_2 + 5% O_2).

3. Das WIG-Verfahren

Die Abkürzung WIG bedeutet Wolfram Inert Gas.

Der wesentliche Unterschied zum MIG-Verfahren besteht darin, daß die Elektrode nicht abschmilzt. Sie besteht aus Wolfram und hat nur die Aufgabe, den Lichtbogen überspringen zu lassen. Dieser Lichtbogen wird dann wieder von einem inerten Gas umschlossen. Der Schweißzusatz wird, genau wie beim Autogenschweißen, in der Form eines Schweißdrahtes von Hand zugeführt. Das WIG-Verfahren eignet sich z. B. zum Verschweißen von Nirosta, Aluminium oder Kupfer.

Alu-Schweißen nach dem WIG-Verfahren

Vorbereitung. Die Werkstücke müssen mit Hilfe von Azeton oder Benzin gründlich entfettet werden, da Trichloräthylen und Argon ein sehr gefährliches Gas (Senfgas) erzeugen können.

Die zu verschweißenden Stücke müssen entgratet werden.
Bürsten mit einer rostfreien Drahtbürste, damit das Werkstück einwandfrei sauber wird.
Den Stab des Zusatzmaterials mit Stahl- oder Aluminiumwolle reinigen. Anschließend ist darauf zu achten, daß die zu verschweißenden Teile und das Zusatzmaterial vor der Arbeit nicht mehr durch Schmutz oder Fett verunreinigt werden.

Schweißen. Zum Zünden des Lichtbogens: die Elektrode in einem sehr spitzen Winkel an das Werkstück heranführen, anschließend wird sie langsam geschwenkt um näher an das Metall zu gelangen. Sobald der Abstand klein genug ist, springt der Funken über. Beim Verschweißen von dünnen Blechen empfiehlt es sich, den Lichtbogen auf einem Alu- oder Kupferblock zu zünden, um so die Elektrode anzuwärmen.
Wie beim Autogenschweißen werden die Teile durch Punktverbindungen mit einem Abstand von etwa 20mal der Dicke des zu verschweißenden Materials aneinandergeheftet. Danach wird auch hier nach links und nach rechts geschweißt.
Das Schweißen der Oberraupe erfolgt ungefähr so, wie bei der Technik des Autogenschweißens. Rechtshänder schweißen von rechts nach links (untere Naht um ca. 1 cm überlappen).
Man verwendet Schutzmasken derselben Art, wie beim Lichtbogenschweißen von Stahl, um sich vor der starken UV-Strahlung zu schützen.
Hier sei noch ein praktischer »Tip« gegeben für das Stumpfschweißen von AlMg3-Blechen im WIG-Verfahren.
Bekanntlich empfiehlt es sich, beim Zusammenschweißen von Alu-Magnesiumlegierungen auch die scharfen Ränder an der Unterseite der Schweißstelle abzurunden.
Bei dünnen Blechen, bei denen die Ränder natürlich nicht weit auseinanderliegen, reicht es, die scharfen Ecken beiderseits abzurunden. Im allgemeinen empfiehlt man bei dünnen Blechen (ab 4 mm) das Abschrägen in V-Form. Unter Berücksichtigung der kleinen Abrundung an der Unterseite der Schweißnaht erhalten wir so eine Abschrägung in der Form eines asymmetrischen X. Das durch Zusatzmaterial auszufüllende Volumen befindet sich entlang der Seite des elektrischen Lichtbogens unter der feuerbeständigen Elektrode (Abb. 9.22).
Nun zeigt es sich beim Verschweißen von Blechen mit einer Dicke von 4 bis 6 mm, daß eine gute Verflüssigung und das Eindringen des Zusatzmaterials in die Aushöhlung nur schwer zu erreichen sind. Oftmals treten Mängel an Gleichmäßigkeit auf.
Dem Schweißer gelingt es nicht immer, das Metall an der Basis der Abschrägung vollständig schmelzen zu lassen. Der Abstand zwischen diesem Punkt und der Wärmequelle – der Spitze der feuerfesten Elektrode – spielt hier offenbar eine wesentliche Rolle.
Bei Versuchen wurde festgestellt, daß man beim Schweißen dicker Bleche bes-

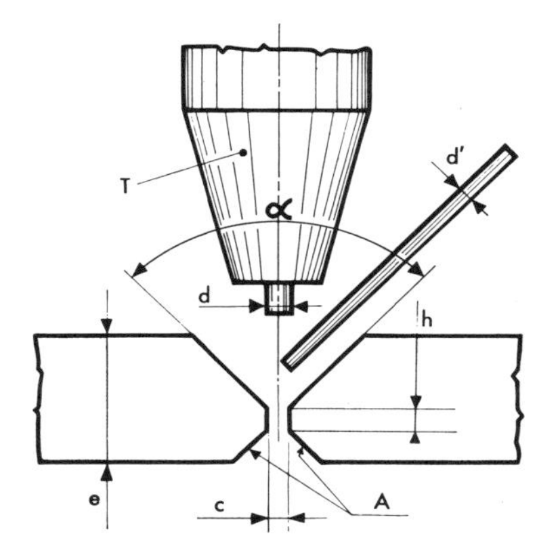

Abb. 9.22: **Schema zum WIG-Schweißen von dicken Blechen**
α Abschrägung um 60°;
e Blechstärke;
h Flachteil von 2 bis 3mm;
c Abstand zwischen den Platten;
A Abrundung;
d' Durchmesser der feuerfesten Elektrode;
d' Durchmesser des Zusatzmaterials;
T Schweißkopf

Abb. 9.23: **WIG-Schweißen von Blechen einer Alu-Magnesium-Legierung**
α Abschrägung um 60°;
e Blechstärke;
h Flachteil von 2 bis 3 mm;
d Durchmesser der feuerfesten Elektrode;
d' Durchmesser des Zusatzmaterials;
T Schweißkopf

sere Resultate erzielt, wenn ein Stückchen von 2 bis 3 mm zwischen den zusammenzufügenden Platten flach blieb und an der Unterseite der Schweißnaht eine Abschrägung von 60° angebracht wurde (Abb. 9.23). Es kommt hier darauf an, statt einer normalen Abrundung der scharfen Ränder eine Abschrägung von 2 bis 3 mm Tiefe zu erhalten.
Beim Schweißen bildet sich sofort ein tiefes Schmelzbad, das durch das Metall der Werkstücke und das Zusatzmaterial gebildet wird. Das schmelzende Material haftet besonders gut an den Seiten der Abschrägung, es sackt nicht durch, und die Schweißnaht ist regelmäßig und gleichmäßig.
Trifft man diese Vorbereitung, dann ist es möglich, AlMg3-Bleche von 5 mm Dicke mit einer schönen, regelmäßigen Schweißraupe auf beiden Seiten zu verschweißen. Der Stab des Zusatzmaterials muß dann auch 5 mm dick sein, die Wolframelektrode 3,2 mm und die Stromstärke 120 A.
Biegeversuche entlang beider Seiten erbringen den Beweis, daß die Qualität der Schweißverbindung hervorragend ist. Das erklärt sich durch die Tatsache, daß der elektrische Lichtbogen kürzer ist, als bei einer tiefen Abschrägung.
Die Stromstärke im Lichtbogen ist auch regelmäßiger und größer, und so bewirken wir ein besseres Eindringen ohne Gefahr des Durchsackens infolge eines unregelmäßigen Lichtbogens unter hoher Spannung.
Die abgerundeten massiven Seitenpartien neigen nicht zum Oxydieren, und ihre

Form hat einen günstigen Einfluß auf das Haften des schmelzenden Metalls, das die kleine V-förmige Abschrägung an der Oberseite der Schweißstelle leicht ausfüllt.
Dieses Arbeitsverfahren empfiehlt sich beim Verschweißen von Blechen, die ihrer Dicke wegen abgeschrägt werden müssen.

Aluminiumschweißen nach dem MIG-Verfahren
Beschreibung. Das MIG-Schweißverfahren ermöglicht Autogenschweißen ohne Verwendung von Flußmitteln. Der Lichtbogen entsteht zwischen dem Werkstück und einer Elektrode, die als Zusatzmaterial dient und für die Wärme sorgt, die benötigt wird, um das Metall schmelzen zu lassen. Dieser Lichtbogen wird durch einen Gleichstrom gespeist (—Pol am Werkstück; +Pol an der Elektrode). Automatisches Schweißen ist möglich. Die Schweißgeschwindigkeit ist drei- bis viermal so hoch, wie bei Stahl derselben Dicke. Die Verformung ist weniger stark, als beim Verschweißen einer gleichartigen Stahlkonstruktion.

Arbeitsweise. Das Werkstück entfetten (kein Trichloräthylen verwenden).
Mit einer rostbeständigen Drahtbürste reinigen.
Punktschweißen, um die zu verschweißenden Teile zusammenzuhalten. Die Elektrode muß in einem Winkel von 80° zum Werkstück stehen. Schweißen von rechts nach links; so erhält man eine gute Schweißnaht.

Punktschweißen von Aluminium nach dem MIG-Verfahren
Durch dieses Verfahren kann man Alu-Bleche, selbst von unterschiedlicher Stärke, aufeinanderschweißen, ohne daß man im oberen Blech Löcher bohren muß.
Wir erhalten das gleiche Resultat, wie bei einer Nietverbindung oder beim Widerstandsschweißen. Der Lichtbogen wird dabei auf die obere Platte gerichtet, und zwar solange, bis die untere Platte mit der daraufliegenden verschmolzen ist.
Man kann die übliche MIG-Schweißanlage verwenden, sofern man die folgende Maßnahme trifft:
a) Anpassen eines speziellen Rohres, das ein rasches und gezieltes Aufsetzen auf dem Blech ermöglicht;
b) ein Taktgerät oder eine Pulseinheit wird am Bedienungsgehäuse angebracht. Das macht es möglich, die Dauer des Lichtbogens zwischen 0,5 und 2 Sekunden, je nach Materialstärke, zu regeln.

Eventuell gibt es noch weitere Möglichkeiten:
- Die genannte Anlage, durch welche der Lichtbogen gezündet werden kann, während der Schweißdraht abrollt. Die Zündung erfolgt dann weniger heftig, und das Aufspringen des Bogens wird vermieden.
- Ein Gerät, das am Ende der Arbeit den Lichtbogen durch Verzögerung der Abrollgeschwindigkeit des Schweißdrahtes erlöschen läßt; dadurch wird der Schweißkrater verbessert.

Bei diesem Schweißverfahren sind die Abmessungen der Schweißarme kein beschränkter Faktor. Dies ist aber beim Widerstandsschweißen der Fall.
Der Widerstand gegen Abschieben ist hervorragend, moderne Geräte machen es möglich, Bleche von 1+1 mm bis zu 4+4 mm aneinanderzuheften.

Widerstandsschweißen
Das Widerstandsverfahren ist dadurch gekennzeichnet, daß Material ohne Zuhilfenahme eines Lichtbogens aufgrund seines eigenen elektrischen Widerstandes soweit erhitzt wird, daß es zähflüssig wird. Dabei werden die Teile kräftig gegeneinander gedrückt. Im Kern entsteht eine Temperatur bis zu etwa 1300° C.
So entsteht die Stauch- oder Stumpfschweißverbindung. Will man das Stauchen vermeiden, dann kann man die zu verschweißenden Stücke ganz kurz auseinanderziehen, bis ein kleiner Lichtbogen entsteht, worauf man die Teile, ohne sie zu stauchen, mit unterbrochenem Stromkreis wieder zusammenfügt. Wenn die zu verbindenden Teile nicht stumpf oder durch Stauchen miteinander verbunden werden sollen, wie bei sich überlappenden Blechen, spricht man von Punktschweißen.
Punktschweißgeräte gibt es in vielerlei Ausführungen. Das Andrücken der Elektroden kann mechanisch, elektrisch oder pneumatisch erfolgen. Zum Schutz der rotkupfernen Spitzen kann man bei Dauerarbeit Wasserkühlung anwenden.
Zweck des *Punktschweißgerätes* ist es, statt einer Nietverbindung eine billige und dennoch einfache Verbindung herzustellen.

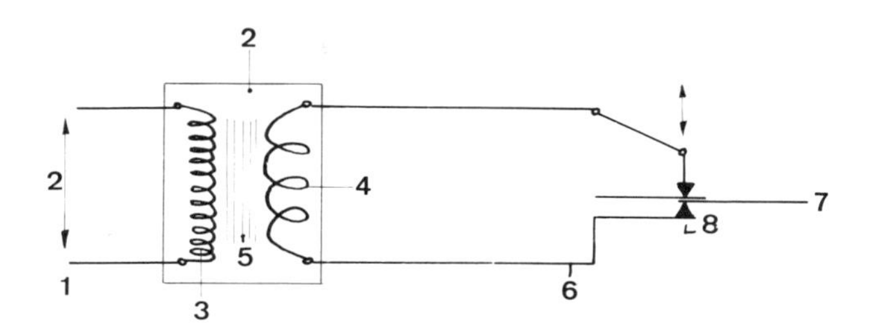

Abb. 9.24: **Prinzip des Punktschweißgeräts**
1. Netzstrom; 2. Schweißtrafo; 3. Primärwicklung; 4. Sekundärwicklung;
5. Weicheisenkern; 6. Stromleitung; 7. Bleche; 8. Schweißpunkte.

Das Prinzip ist relativ einfach (siehe Abb. 9.25). Ein Wechselstromtransformator wird über die Primärwicklung an das Stromnetz mit 220 V/50 Hz angeschlossen. Der aufgenommene Strom hat ungefähr 1 A. Über die Sekundärwicklung liefert der Trafo einen kurzen Stromstoß von ca. 100 A. Zugleich werden die Bleche gegeneinander gedrückt, und es entsteht ein linsenförmiger Schweißpunkt.
Je kühler man die Spitzen halten kann, desto geringer ist die Abflachung und desto größer die Lebensdauer.

Eine weitere Anwendungsmöglichkeit des Widerstandsschweißens bietet das *Rollennahtschweißen.* Dabei werden die spitzen Elektroden durch Andruckrollen ersetzt, die je nach ihrer Form eine Überlapp- oder eine Stumpfschweißverbindung herstellen. Auf diese Weise kann man wasserdichte Schweißnähte herstellen, was beim Punktschweißen schwierig sein dürfte.
Bei der *Handschweißzange* brauchen die Elektroden sich nicht auf beiden Seiten der zu verbindenden Bleche zu befinden, der Strom kann ebensogut auf derselben Seite durch zwei nebeneinanderliegende Elektroden fließen.
Zum Aufschweißen von Gewindebolzen ist es das einfachste, die *Stumpfschweißung* mit zugehöriger Führung anzuwenden. Letztere wird über das Gewindestück oder den Bolzen geschoben und gibt durch seine runde Form den erforderlichen Halt.
In diesem Fall ist die Schweißpistole so ausgeführt, daß sie rechtwinklig auf die Werkstücke aufgesetzt werden kann. Gleichzeitiger Druck und Stromstoß sorgen für eine stabile Verbindung.

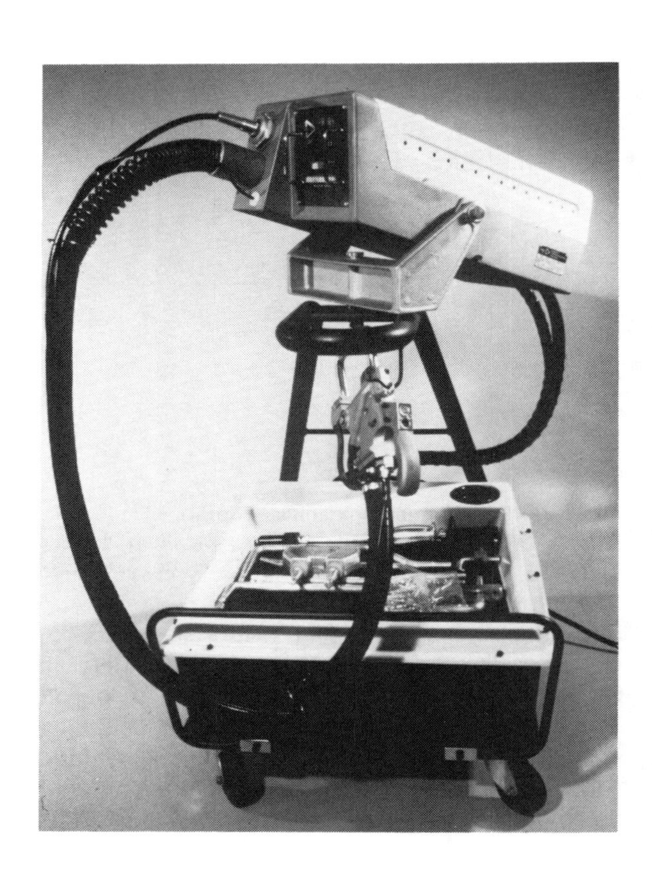

Abb. 9.25:
Hand-Punktschweißgerät

Abb. 9.26: **Punktschweißzange**

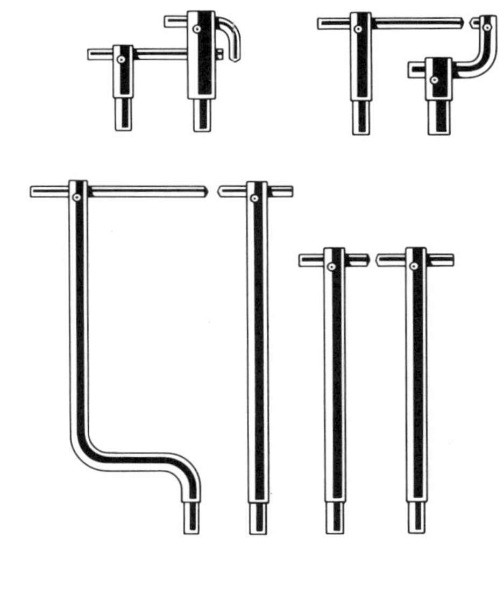

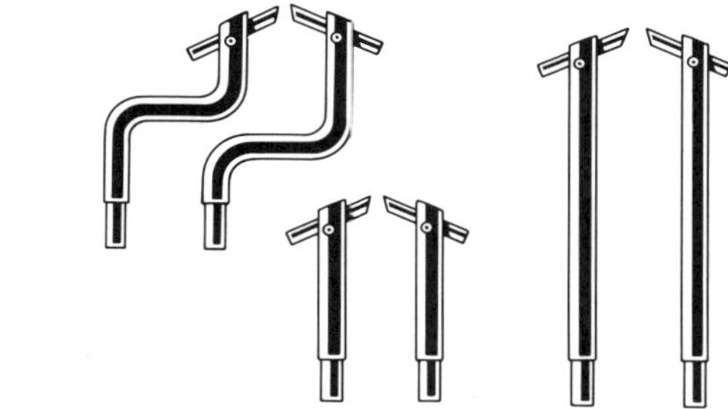

Abb. 9.27: **Austauschbare Elektrodenhalter**

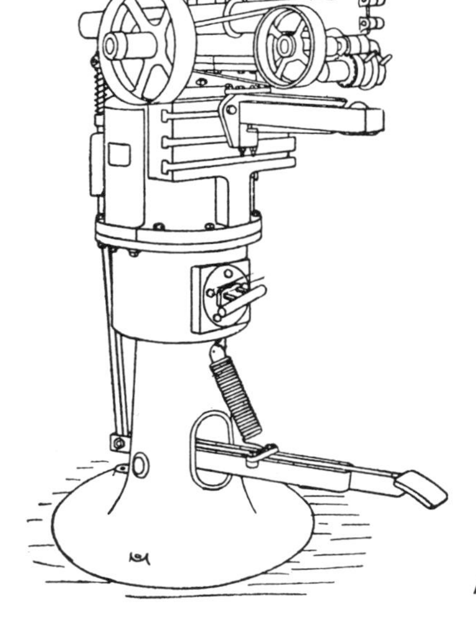

Abb. 9.28: **Rollennahtschweißmaschine**

10 Schutz und Lackierung der Karosserie

10.1 DIE KAROSSERIEBEHANDLUNG BEIM AUTOHERSTELLER

Die Lackindustrie bietet heutzutage etwa 8000 verschiedene Farbtönungen der üblichen oder der metallisierten Lackfarben an. Der Autobesitzer macht sich im allgemeinen keine Gedanken darüber, welche Kosten und wieviel Arbeit notwendig waren, um sein Prachtexemplar so zu kleiden, daß es im Ausstellungsraum zwischen Blumen und bei raffinierter Beleuchtung seine Aufmerksamkeit erregt. Der Konstrukteur mußte sich wohl Gedanken darüber machen, daß das Auto allerlei Wetterbedingungen, wie Regen, Schnee, Hagel, plötzlichen Temperaturwechseln, glühenden Sonnenstrahlen oder der Seeluft ausgesetzt sein würde. Wollte man daran keinen Gedanken verschwenden und die Karosserie nicht mit einer Schutzschicht versehen, dann würde sie schon nach kurzer Frist rosten, die Dichtungen würden austrocknen und das Fahrzeug wäre nicht mehr wasserdicht.
Luftverschmutzung, Wasser, Streusalz, Schlamm und Kies sind weitere Elemente, die eine Autokarosserie angreifen können. Sie dringen bis in die abgelegensten Eckchen und haften unter den Kotflügeln. Allmählich verbreiten sie sich über die ganze Karosserie, deren Blech zu rosten beginnt.
Feuchtigkeit kann ebenfalls großen Schaden anrichten, denn der kondensierte Wasserdampf setzt sich in den hohlen Teilen ab und bedroht die Karosserie von innen her. Zur zweckmäßigen Bekämpfung der Korrosion untersucht man, wie die Umgebung auf die Karosserie einwirkt. Dazu wird die Karosserie so schweren Tests unterworfen, daß diese sich mit einer mehrjährigen Beanspruchung gleichstellen lassen. Während der Tests werden Bedingungen hergestellt, die für die Karosserie besonders bedrohlich sind.
Während der Testfahrten wird das Auto allen möglichen Witterungsbedingungen ausgesetzt: Nässe, Steinschlag, Schlamm, Schnee, Salzen usw. Nach einem solchen Test wird das Auto in warme und feuchte Räume gebracht, in denen die Korrosion beschleunigt wird. Anhand der Testresultate läßt sich feststellen, welche Teile der Karosserie am empfindlichsten sind und somit besonderen Schutz brauchen, welcher Überzug der beste ist, und vor allem kann man aufgrund solcher Tests zielsichere Schutztechniken entwickeln.
Nach dem Auftragen der Lackierung wird ein Polyvinylschutz mit sehr großer Beständigkeit in den Raddurchgang hinter den Kotflügeln und auf den untersten

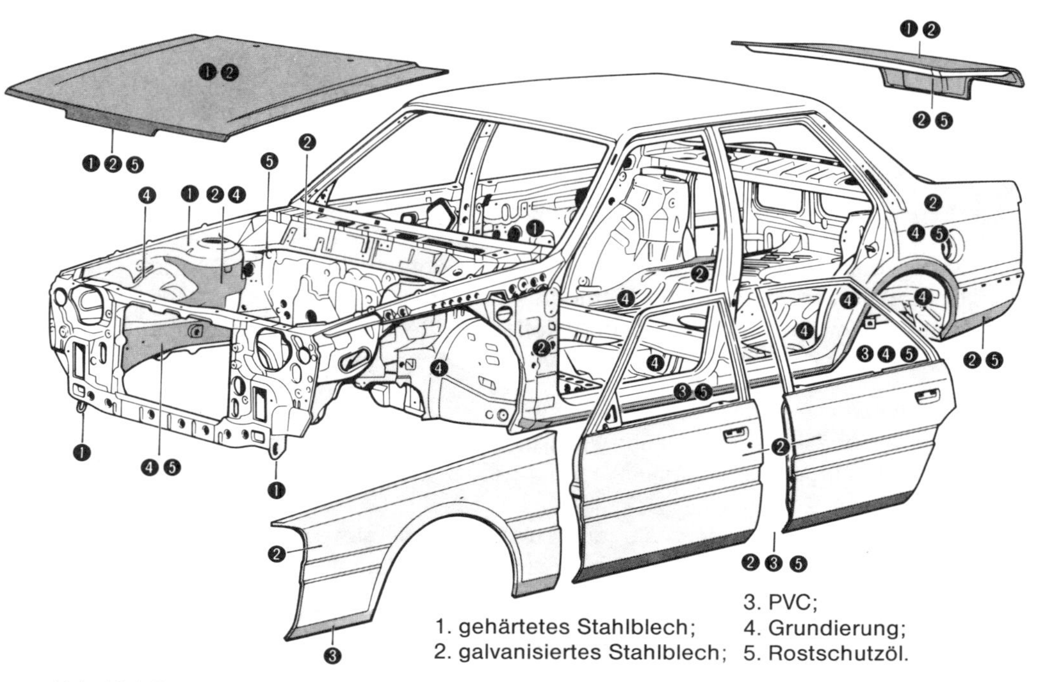

Abb. 10.1: **Das Beispiel eines Autos, bei dem verschiedene Bleche vor, während und nach der Montage behandelt wurden, um der Korrosion nach Möglichkeit vorzubeugen.**

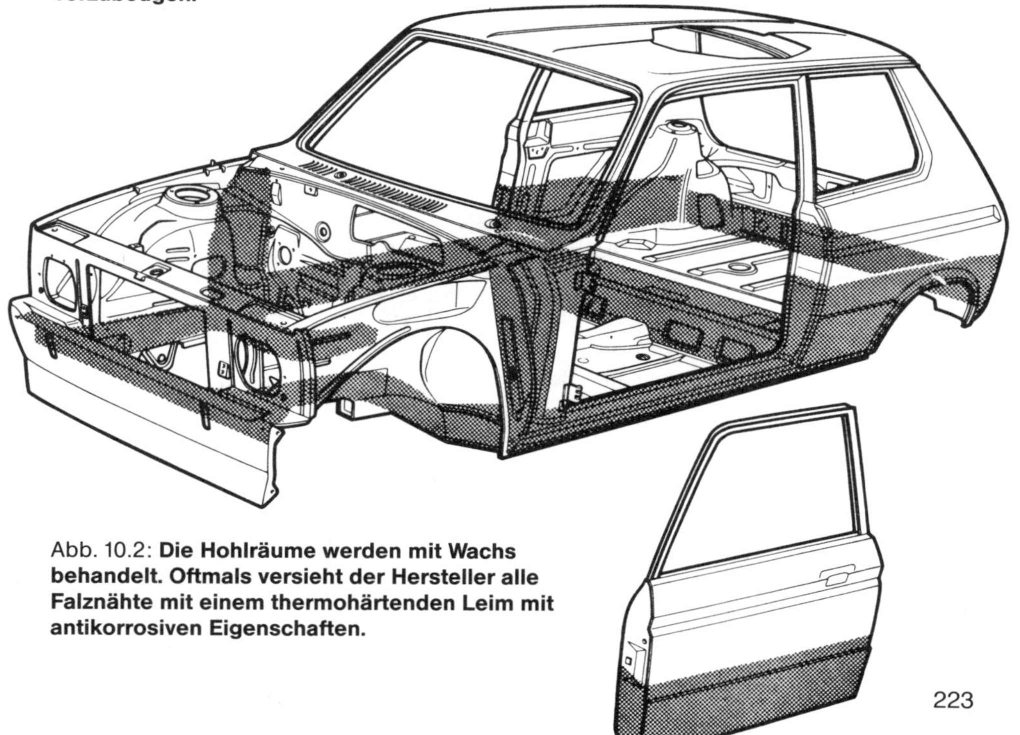

Abb. 10.2: **Die Hohlräume werden mit Wachs behandelt. Oftmals versieht der Hersteller alle Falznähte mit einem thermohärtenden Leim mit antikorrosiven Eigenschaften.**

Teil der Karosserie zerstäubt, um so die Karosserieteile zu schützen, die einem von den Rädern verursachten Steinschlag ausgesetzt sind. Diese zusätzliche Schutzschicht ist besonders wichtig für die Lebensdauer der Karosserie.
Die zweite Schutzmaßnahme besteht darin, eine bestimmte Menge von Schutzwachs unter konstantem Druck einzuspritzen. Diese Wachsschicht haftet dann an der Innenseite der Bleche, die gegenüber Feuchtigkeit aufgrund innerer Kondensation besonders empfindlich sind, wie die hohlen Teile (u. a. Querträger), die Unterseite von Türen, die Querträger unter dem Bodenblech, das Dach, die Verstärkungen von Motorhaube und Kofferraumdeckel sowie ganz allgemein die Stellen, an denen zwei Bleche zusammengeschweißt sind.

Zusätzlicher Schutz

Viele Autobesitzer, die großen Wert darauf legen, ihr Fahrzeug gut zu pflegen, damit es länger »lebt«, lassen noch einen zusätzlichen Schutz anbringen, beispielsweise:

- Die unteren Teile des Fahrzeugs und meist die ganze Unterseite werden mit zusätzlichem Unterbodenschutz beschichtet. Dabei ist darauf zu achten, daß

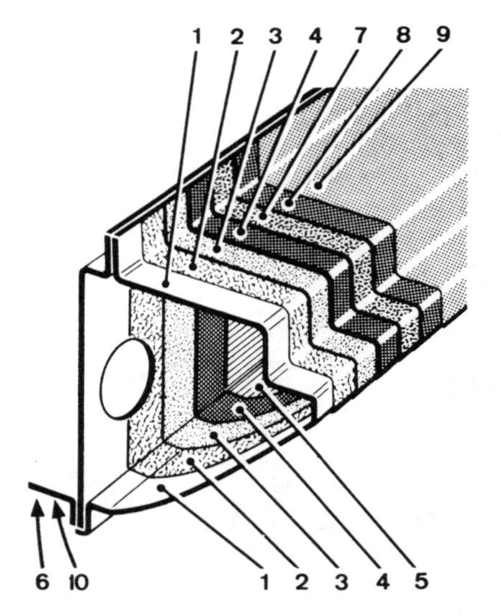

Abb. 10.3: **Hier sehen wir, welchen Bearbeitungen die moderne Karosserie unterzogen wird. Man sieht, daß viele der Behandlungen sowohl an der Innen- als auch an der Außenseite durchgeführt werden.**

1. Stahlblech, Flächen und Profile, die sich nur schwer schützen lassen und deshalb korrosionsempfindlich sind, werden aus verzinktem Blech gefertigt. Beim Verformen dieser Bleche verwendet man Fette, die das Anhaften der Schutzschicht nicht nachteilig beeinflussen; evtl. wird auch überhaupt kein Fett gebraucht.
2. Phosphatieren.
3. Passivieren. Mineralabbau, Verbesserung der Lackhaftung und Schutz des Bleches bei eventueller Beschädigung.
4. Kataphorese.
5. Injektion von Wachs (siehe auch 10.1).
6. Kunststoffbeschichtung; Steinschlagschutz des Unterbodens, der Holme oder der Kotflügel.
7. Grundierung. Diese enthält korrosionshemmende Pigmente und Zinkchromat zur Verbesserung des Korrosionsschutzes. Zugleich schützt sie auch bei Steinschlag.
8. NAD-Acryl-Lack. Dieser wird unter Hitze gehärtet.
9. Klarlack. Diesen finden wir nur bei Metallik-Lacken. Verbessert den Schutz der Pigmentierung der Grundfarbe gegen korrosionverursachende Stoffe aus der Atmosphäre.
10. Unterbodenschutz auf Bitumenbasis. Verhindert Eindringen von Wasser und Feuchtigkeit in die Hohlprofile.

Abb. 10.4: **Unterbodenschutz, in den Radkästen und bei der Radaufhängung.**

auch die Bremsscheiben zuvor abgedeckt werden.

- Alle Hohlteile werden behandelt, wie die Längsholme, die Innenseite der Türbleche, Türsäulen, Verstärkungen von Motorhaube und Kofferraumdeckel, Wagenseite zwischen Radkasten und Kotflügeln. Bei manchen Wagen sind die Hohlteile bereits mit Verschlußstopfen aus Gummi abgedichtet, die man zu dieser Behandlung herausnehmen kann. Beim Anbringen der Schutzschicht müssen Löcher gebohrt werden, in die das Zerstäubermundstück geschoben wird; anschließend werden diese Löcher mit Gummistopfen abgedichtet.
- Eine spezielle Wachsschicht wird unter Druck auf allen Chromteilen angebracht.

Schutz von Hohlräumen

Im Gegensatz zur Meinung vieler Leute wird Rostbildung durch eine Rostschutzbehandlung nicht verhindert, sondern nur verzögert. Logischerweise wird eine Rostbildung durch regelmäßige Nachbehandlung zusätzlich verzögert. In unserem Land (Niederlande) rosten Autos mehr als in fast allen anderen Ländern. Dies ist auf die hohe Feuchtigkeit und die wechselnden Temperaturen zurückzuführen, jedoch auch auf sauren Regen, salzhaltige Seeluft, Streusalz und hochgeschleuderte Steinchen. An den sichtbaren Stellen kann der Rostbildung mit Lack durchaus entgegengewirkt werden. Die Gefahr liegt jedoch an den unsichtbaren Stellen, den Türen, den Kastenträgern, den Fahrgestellträgern, an den Befestigungspunkten der Radaufhängung und den Bremsleitungen.

Rostschutzbehandlung

Da die Automobilhersteller eine immer längerfristige Lackgarantie/Rostschutzgarantie einräumen, ist es von großer Wichtigkeit, daß derjenige, der Karosserieteile repariert oder ausgetauscht hat, den Teilen eine gute Behandlung zukommen läßt. Dazu kann man sich beispielsweise der schematischen Darstellungen aus Abbildung 10.5 bedienen.

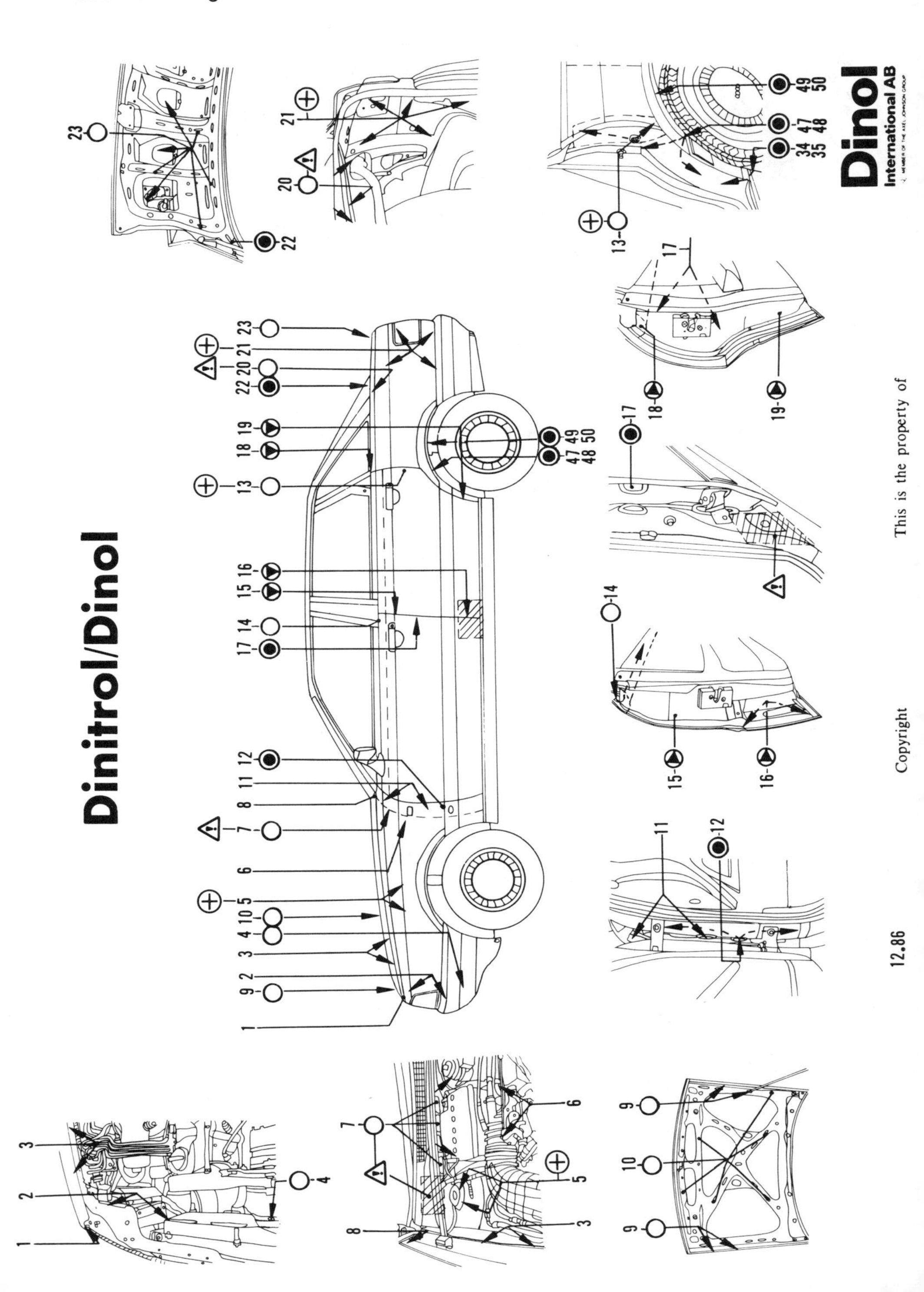

Abb. 10.5A: **Arbeitsschema für die Innenbehandlung des Karosserieaufbaus**

Abb. 10.5: **Arbeitsschema für die Innenbehandlung der Karosserieunterseite**

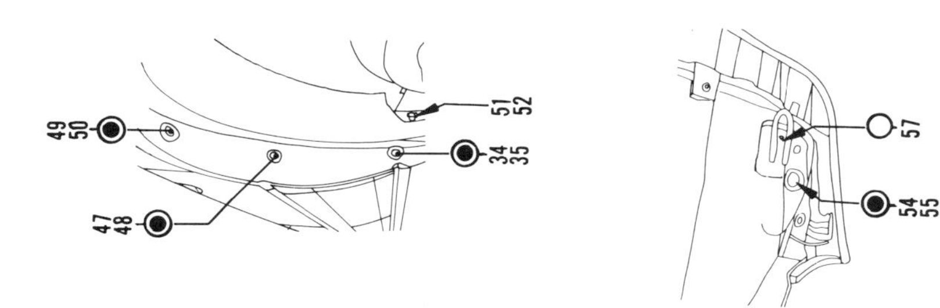

Dinitrol/Dinol

This is the property of

Copyright

12.86

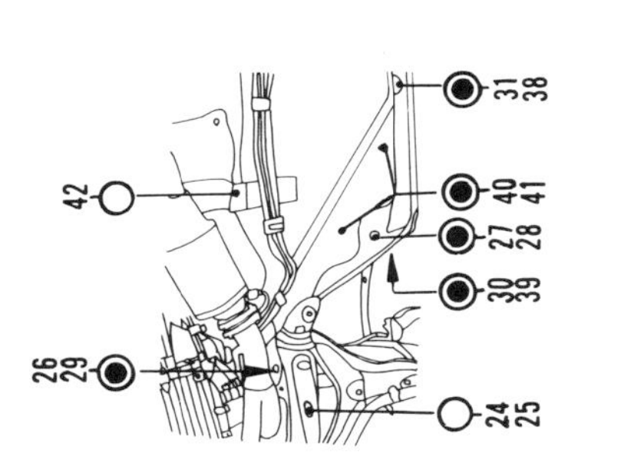

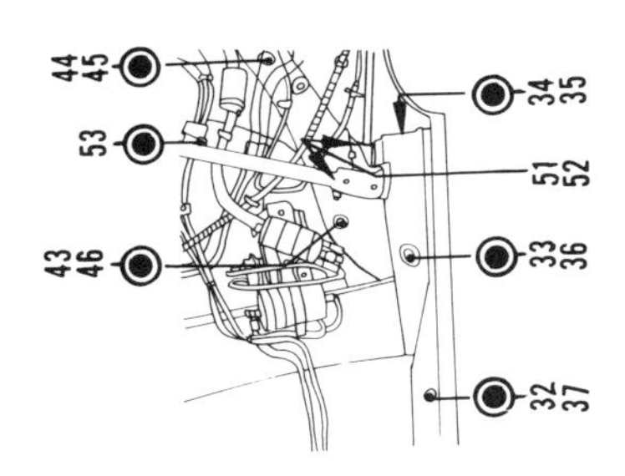

Dinitrol/Dinol

Symbole und Erläuterungen

Aus- und Einbauen
Diese Teile müssen, bevor die Behandlung stattfinden kann, ausgebaut werden. Nach der Behandlung wieder einbauen.

Vorhandene Löcher
Vom Hersteller angebrachte Löcher, durch welche der Wagen behandelt wird.

Vorhandene, mit Stöpsel verschlossene Löcher
Vom Hersteller angebrachte und mit Stöpseln verschlossene Löcher. Die Stöpsel sind vor der Behandlung zu entfernen und anschließend wieder anzubringen.

Löcher bohren
Löcher, die vorsichtig gebohrt werden müssen, um auf diese Weise eine vollständige Behandlung ausführen zu können.

Löcher bohren, mit Stöpsel verschließen
Löcher, welche vorsichtig gebohrt und nach erfolgter Behandlung auch mit Stöpsel verschlossen werden müssen.

Vorsicht!
Einige Teile können beim Bohren oder Spritzen beschädigt werden.

Sehr rostempfindliche Teile
Teile, die besonders rostempfindlich sind. Diese Teile müssen sehr sorgfältig gereinigt und behandelt werden.

Abb. 10.6:
Symbole und Erläuterungen betreffend die schematischen Darstellungen in

Phosphatieren der Karosserie
Die Karosseriebleche können an bestimmten Stellen der Oberfläche Unreinheiten oder Mängel haben, die den Korrosionsprozeß fördern. Zur Vermeidung dessen wendet man gewisse Schutzmaßnahmen an. Dazu gehört das Phosphatieren, das vor dem Spritzen erfolgt.
Tatsächlich ist es so, daß trotz sorgfältigstem Auftragen von Lack auf Metalloberflächen eine elektrochemische Korrosion auftreten kann, weil der Farbfilm Wasser

durchläßt oder weil die Farbe irgendwo einen Riß hat bzw. abblättert. Diese Rostbildung setzt sich dann leicht unterhalb der Lackschicht fort, so daß die Schutzwirkung aufgehoben wird.
Um dem vorzubeugen, werden die Metallteile vor dem Spritzen phosphatiert. Dabei läßt man eine Phosphatlösung auf das zu behandelnde Blech einwirken. Die dabei entstehende Schicht hat bestimmte chemische und mechanische Eigenschaften, durch die die Lackschicht besser am Metall haften wird. Ferner wird diese Phosphatschicht den Korrosionsprozeß unterhalb der Lackschicht verzögern oder ihm entgegenwirken. Bei diesem Verfahren müssen die zu behandelnden Oberflächen allerdings absolut fettfrei sein, damit beim Phosphatieren homogene Schutzschichten gebildet werden.

Problem: das Vorbereiten der Metalloberflächen vor dem Phosphatieren.
Die zu behandelnden Metalle müssen also entfettet und chemisch »aktiviert« werden, damit sie schneller reagieren, wenn sie mit der Phosphatlösung in Berührung kommen. Das Entfetten muß allerdings sehr vorsichtig durchgeführt werden. Bei einer zu starken Entfettung könnte eine lokale Rostbildung auftreten, ehe mit dem Phosphatieren selbst begonnen wird. Andererseits können bei einer zu starken Aktivierung entweder Überphosphatierung oder Unterschiede in der Phosphatierung auftreten; dies führt in jenen Fällen zu Problemen, in denen der Lack im Elektrophorese-Verfahren aufgetragen wird.

Abb. 10.7: **Innenbehandlung von Hohlräumen**

Außerdem kann ein unzulängliches Entfetten Ursache einer Verzögerung oder gar des Ausbleibens des Phosphatierungsprozesses sein. Die Vorbereitung zum Phosphatieren ist also für Autokarosserien äußerst wichtig. Schließlich muß da von den Blechen recht viel Fett (Mineralöle vom Pressen, Fettreste vom Stanzen, Formen usw.) entfernt werden, und ebenso müssen die Stoffe entfernt werden, die vorübergehend als Schutz aufgetragen werden, z. B. beim Transport oder bei der Lagerung.
Außer Fett müssen auch noch andere Verunreinigungen beseitigt werden, die bei der Montage, beim Schweißen, bei der Kontrolle oder der Nacharbeit zurückgeblieben sind, z. B. Feilspäne und sonstiger Staub, sowie Oxyde, die beim Schweißen entstehen.
Zur Bewältigung dieser Probleme verfügt die Automobilindustrie über große Anlagen zur Phosphatierungsvorbereitung.
Das Phosphatieren geschieht häufig mit Lösungen, mit denen die zu behandelnden Flächen *gleichzeitig* entfettet werden. Danach werden die Flächen gereinigt und passiviert. Dieses Verfahren wird nur dann angewandt, wenn der Lack durch Eintauchen aufgetragen wird. Mit dem Aufkommen der Elektrophorese, einem Verfahren, bei dem die Karosserien zwar auch eingetaucht werden, aber nunmehr in einer in Wasser emulgierten Farbe und dies unter Einfluß von elektrischem Strom, mußte man das Vorbereitungsverfahren wesentlich verbessern. Schließlich muß die Entfettung auch deswegen gründlicher erfolgen, damit der Lack besser haftet, vor allem in hohlen und schwer zugänglichen Teilen. Man ging dann zur Verwendung alkalischer (basischer) Entfetter über, was ein gründlicheres Abspülen bedingte. Die Anlagen mußten also vergrößert werden. Bei der Elektrophorese erfolgen das Entfetten und das Phosphatieren gesondert.

Das Prinzip des Phosphatierens: Die Bildung einer Phosphatschicht
Das Phosphatieren basiert auf dem chemischen Prinzip der Oxydreduzierung. Die Grundreaktion erfolgt zwischen dem zu behandelnden Metall und einer Monometallphosphatlösung. Eine warme, wässrige Lösung, die freie Phosphorsäure enthält, wirkt hierbei auf das gereinigte Metall ein, wobei Eisenphosphat gebildet wird und Wasserstoff frei wird. Die behandelte Fläche zeigt anschließend eine kristallartige Schicht, deren Dicke nach dem Maß des Überzugsgewichtes pro m^2 geschätzt werden kann. Die Lösung muß so zusammengestellt sein, daß die Phosphatschicht, die allmählich aus den Kristallen entsteht, zu einem Bestandteil der Oberfläche wird.
Die wesentlichste Aufgabe des Phosphatierens besteht darin, daß der Lack gründlich haften kann. Damit dies möglich ist, muß die kristallartige Schicht recht fein sein. Man bewirkt dies durch Tauchen in Lösungen oder durch deren Zerstäubung, wodurch die Bildung von Kristallen beschleunigt oder geregelt wird. Diese feine, geschmeidige Schicht hält durch ihre porösen und absorbierenden Eigenschaften den Lack sehr gut fest. Überdies breitet Rost sich dank dieser Schicht

nicht weiter aus. Neben Eisen kann man auch Zink, Kadmium und Aluminium phosphatieren.
Ein Beispiel einer Anlage zur Vorbereitung von Karosserieblechen in einer Automobilfabrik: Hier besteht die Anlage aus einem 105 m langen Metalltunnel mit 11 verschiedenen Behandlungsstationen. Darin können alle Modelle einer Behandlung unterzogen werden.
Die Karosseriekörper werden gereinigt und an einem hängenden Transportband befestigt. Dieses Fließband bewegt sich mit einer Geschwindigkeit von 4,65 m/min; pro Stunde können 54 Einheiten bearbeitet werden. Sie gehen in den Tunnel und werden darin automatisch oberflächenbehandelt. Dabei werden die folgenden Etappen durchlaufen (siehe Abb. 10.8):

- Stationen 1, 2 und 3: basisches Entfetten
- Stationen 4, 5 und 6: Spülen in fließendem Wasser
- Station 7: Phosphatieren
- Stationen 8 und 9: Spülen in fließendem Wasser
- Station 10: Chrompassivierung
- Station 11: Spülen in mineralfreiem Wasser, Heißlufttrocknung

Wir sehen in der Abb. 10.8 eine schematische Darstellung der verschiedenen Bearbeitungsstationen. Zwischen jeder Station liegt eine Zone zum Abtropfen; dies um zu vermeiden, daß die verwendeten Stoffe in die nächste Station gelangen. An jeder Station steht eine Wanne mit der benötigten Lösung oder mit Spülwasser. Die Flüssigkeit wird mit Hilfe von ein oder zwei Elektropumpen aus der Wanne herausgepumpt und unter Druck über ein Rohrnetz mit Zerstäubern verteilt. Die Rohre sind so angebracht, daß die Zerstäuber das Fahrzeug ganz umfas-

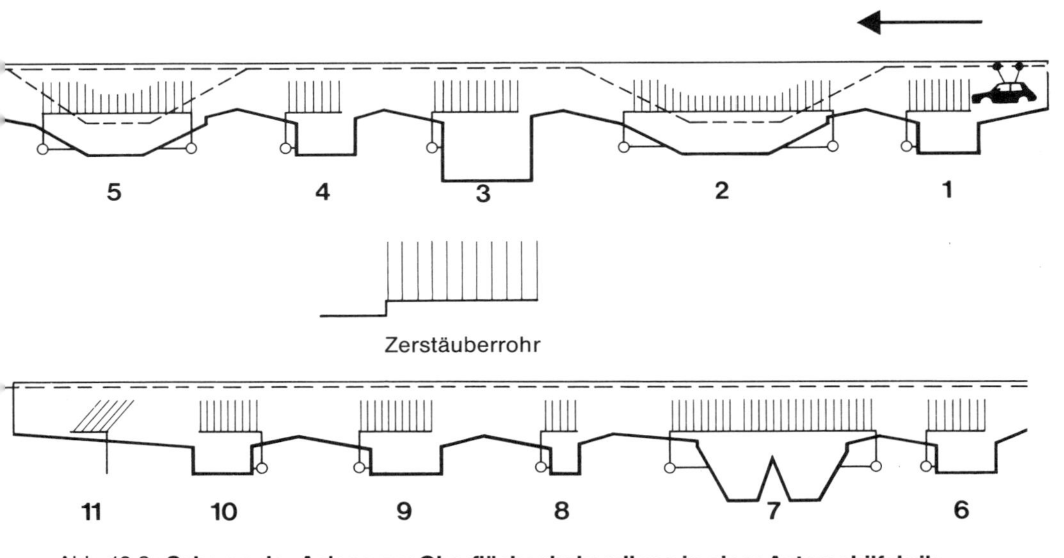

Abb. 10.8: **Schema der Anlage zur Oberflächenbehandlung in einer Automobilfabrik**

sen können. Die Flüssigkeiten werden nach der Verwendung wieder in die Wannen zurückgeleitet. Zum Entfetten, Phosphatieren und Chrompassivieren wird die Flüssigkeit mit Hilfe eines Wärmeaustauschers, der unter Druck mit Dampf gespeist wird, zunächst angewärmt. Ein Regelsystem, verbunden mit einer Sonde, sorgt für konstante Temperatur. Sämtliche Tunnelstationen sind über Laufstege zugänglich, so daß sich leicht überprüfen läßt, ob die Rohre, Zerstäuber, Wannen usw. einwandfrei funktionieren. Außerdem befindet sich in den Wannen ein elektronisches Prüfgerät, durch das die Flüssigkeit vom Laboratorium aus überwacht werden kann.

Basisches Entfetten

Die basische (alkalische) Entfettung hat den Zweck, sämtliche Fettreste von der Karosserie zu entfernen. Dies geschieht bei einer Temperatur von etwa 60° C. Als Entfetter verwendet man alkalische Mineralverbindungen, wie Natriumkarbonat. Diese Produkte verseifen die Fette unter Wärmeeinfluß, so daß sie leicht entfernt werden können.

Wichtigste Aufgaben:

1. Verändern der Oberflächenspannung der wässrigen Lösungen oder der Grenzflächenspannung zwischen Flüssigkeit und Feststoff.
2. Dafür zu sorgen, daß der Schmutz auf den Blechen emulgiert und daß der Wasserfilm sich fein über die Fläche verteilt.

Diese Produkte enthalten ein »polares« Molekül, zusammengestellt aus einer kohlenwasserstoffhaltigen Kette, die hydrophob (wasserabstoßend) ist, und aus hydrophilen (wasseranziehenden) Ketten. Infolge dieser besonderen Eigenschaften können die Moleküle sich senkrecht zur Grenzfläche Wasser/Öl ausrichten. Die basische Entfettung erfolgt in den drei Etappen 1, 2 und 3.

Etappe 1: Entfettung durch Zerstäubung
In diesem Stadium wird der Schmutz oberflächlich entfernt. das Entfetten erfolgt über eine Strecke von zwei Metern und dauert 30 Sekunden; die Temperatur beträgt 60° C.

Etappe 2: Entfettung durch Zerstäubung und Eintauchen
Durch diese gemischte Behandlung kann man hohle und sonst schwer zugängliche Teile entfetten. Dies geschieht über eine Strecke von 15 Metern, und es dauert 8 Minuten. Die Karosserie wird zuerst bespritzt, dann eingetaucht und danach nochmals bespritzt. Die Temperatur beträgt ebenfalls 60° C.

Etappe 3: Entfettung durch Zerstäubung
Mit dieser Behandlung wird die Reinigung der »montierten Karosserien« beendet. Der Vorgang geht über eine Strecke von vier Metern und dauert eine Minute lang. Temperatur 60° C.

Etappe 4: Spülen durch Zerstäubung
Durch dieses Spülen werden basische Stoffe von den entfetteten Flächen entfernt, und zugleich wird dem vorgebeugt, daß sie in das Phosphatierbad gelangen. Das Spülen erfolgt in den Etappen 4, 5 und 6 dreimal. In der 4. Etappe werden die Entfetter erstmals über eine Strecke von 1,3 Metern 15 Sekunden lang abgespült.

Etappe 5: Spülen durch Zerstäuben und Eintauchen
Diese gemischte Spülung macht es möglich, schwer zugängliche Teile abzuspülen, und dies geschieht über eine Strecke von 20 Metern.

Etappe 6: Spülen durch Zerstäuben
Durch diese Spülung werden die letzten Reste des Entfetters entfernt.
Zur Einsparung von Wasser und um zu vermeiden, daß die zu behandelnden Bleche rosten, erfolgt diese Spülung in Stufen: das reine Wasser läuft zuerst in das letzte Bad (Etappe 6); wenn dieses Bad voll ist, geht das überlaufende Wasser in das zweite Bad (Etappe 5) und anschließend in das erste Bad (Etappe 4).

Etappe 7: Das Phosphatieren
Hier wird die Eisenphosphatierung angewandt. Die Karosserie wird drei Minuten lang bei einer Temperatur von 59–61° C bespritzt.

Etappen 8 und 9: Spülen in fließendem Wasser
Diese Spülungen müssen der Überphosphatierung vorbeugen. Die chemischen Reaktionen des Phosphatierbades setzen sich schließlich so lange fort, wie eine Phosphatierlösung auf dem Metall zurückbleibt. Durch diese Spülung wird auch vermieden, daß Reste der Phosphatierlösung in das Passivierungsbad gelangen.

Etappe 10: Chrompassivierung
Aufgabe dieser Behandlung ist es:
- Die kalkhaltigen Salze des industriellen Spülwassers zu entfernen. Diese Salze verursachen eine Korrosion, was zum Abblättern des Lacks führt.
- Der Rostbildung am tiefsten Punkt der porösen Teilchen in der Phosphatierschicht vorzubeugen.
- Das Haften des Lacks zu verbessern und gleichzeitig die Korrosion in Fällen zu beschränken, in denen der Lackfilm evtl. beschädigt wird.

Etappe 11: Spülen in entmineralisiertem Wasser
Diese letzte Spülung sorgt dafür, daß sämtliche Chromteilchen, die in das Elektrolytbad gelangen können, entfernt werden, ebenso wie eventuelle Rückstände von löslichen Salzen, die eine Korrosion verursachen könnten.

Abb. 10.6: **Karosserie beim Verlassen des Elektrophoresbades.**
Das Bad ist positiv, die Karosserie ist negativ geladen. Der Pfeil zeigt auf das Kabel, das die Karosserie mit dem Minuspol verbindet.

Das Trocknen

Nachdem die Karosserie ihre Oberflächenbehandlung im Tunnel erhalten hat, kommt sie in einen acht Meter langen Trockentunnel, in dem sie mit Heißluft von 100° C angeblasen wird. Danach wird sie zur Lackierung in das Elektrophoresebad transportiert.

Lackierung mittels Elektrophorese

Bei der Elektrophorese werden die Karosserie und das Lackbad, in das die Karosserie eingetaucht wird, elektrisch entgegengesetzt aufgeladen. Dadurch werden die Lackteilchen bis in die äußersten Winkel der Karosserie »gesaugt«.
Man unterscheidet die Anaphorese (Karosserie positiv und Lackbad negativ) und die Kataphorese (Karosserie negativ und Lackbad positiv). Beide Prinzipien werden in der Automobilindustrie angewandt.
Die Grundierung dient als Haftschicht für den Lack, und sie wird durch ein Kochverfahren bei ca. 200° C polymerisiert.
Die Endlackierung erfolgt in diesem Beispiel mit einem Acrylatlack, der bei wenigstens 150° C gemuffelt wird.
In einzelnen Fällen kommt noch eine Firnisschicht darauf.

10.2 VERSCHIEDENE SPACHTELSORTEN

Spachtel bringen wir mit einem Spachtelmesser und/oder einem Spachtelgummi an. Große Flächen können mit dem Messer behandelt werden, hohle und gewölbte Teile sind bequemer mit einem Spachtelgummi erreichbar. Zumeist werden zwei oder drei Lagen Polyesterspachtel guter Qualität angebracht. Durch Gebrauch dieser schnelltrocknenden Produkte können wir die Behandlung ziemlich beschleunigen. Um noch mehr Zeit einzusparen, können wir einen Trockner benutzen. Dieser wird dann auf 50 bis 60 cm der behandelten Oberfläche angebracht. Wieviele Spachtelschichten wir verwenden müssen, hängt großenteils von der Qualität der Ausbeularbeiten ab. Die Polyesterspachtelmassen können jedoch gewöhnlich in dicken Lagen aufgebracht werden, so daß wir meistens mit zwei Lagen hinkommen, vor allem auch weil wir an die Aufbringung der Spachtelschichten eine Behandlung mit einer Füllmasse oder einem Oberflächenspachtel anschließen lassen, und zwar um Kratzer und kleine Unebenheiten im Spachtel zu beseitigen.
Ein richtig behandeltes Blech muß glatt sein und darf keine Verdickungen oder Streifen aufweisen. Nach Möglichkeit sollte man die im Handel erhältlichen Schleifblöcke verwenden, die übrigens auch bei Autolackherstellern erhältlich sind. Es gibt davon verschiedene Modelle. Sie sollten in der Ausrüstung einer Autoblechschlosserei nicht fehlen. Die zwei gebräuchlichsten Modelle sind der kleine Block von ca. 20 cm Länge und der große Block von ca. 30 cm Länge. Sie wurden speziell entweder für ein viertel oder ein halbes Blatt Sandpapier konstruiert. Für bestimmte Formen können nötigenfalls spezielle Holzblöcke angefertigt werden.

Spachtelsorten
Der *Nitrozellulosespachtel* wird fast nicht mehr verwendet, außer vielleicht durch einige Handwerker, die die Vergangenheit fortdauern lassen wollen. Der Zellulosespachtel wurde inzwischen durch die Polyesterspachtelmassen ersetzt.

Der *synthetische Spachtel:* Wie das Zellulosematerial werden diese Sorten in der Reparaturwerkstätte mehr und mehr durch Polyesterspachtel oder Kombi-Spachtelmassen ersetzt, vor allem weil sie eine lange Trockenzeit haben. Für bestimmte Spezialarbeiten sind sie noch interessant, aber für die tägliche Arbeit sind sie nicht nötig.

Die *Kombi-Spachtelmassen* wurden entwickelt, um die Reaktion der Spachtelverdünner auf die zu spritzenden Teile zu vermeiden. In einigen Fällen wirken diese Verdünner auf das zu spritzende Blech als Lösungsmittel. Dies gilt vor allem für die thermoplastischen Acrylatlacke für bestimmte Metallfarbtöne. Die Instandsetzung solcher Fahrzeuge bringt gewöhnlich Probleme mit sich. Mit der Kombi- und Oberflächenspachtelmasse besteht bei richtiger Aufbringung keine Gefahr. Ein direktes Überlackieren ist ebenfalls möglich.

Die *Polyester-Spachtelmassen*
Diese nehmen im gegenwärtigen Autoreparatursystem den wichtigsten Platz ein. Wir finden sie an jedem Arbeitsplatz. Das anfängliche Mißtrauen ist vollständig verschwunden; sie sind unverzichtbar geworden. Die Polyester-Spachtelmassen bieten in der Tat viele Vorteile: Sie sind bequem zu verarbeiten, sie trocknen schnell und wir können damit die für den Blechschlosser schwierigen Verformungen erreichen. Darüber hinaus sind Polyester-Spachtelmassen geschmeidig, sie können sowohl mit der Hand als auch mit der Maschine geschliffen werden, sie vertragen Ofenwärme und schrumpfen beim Trocknen fast überhaupt nicht. Den Polyesterspachtel müssen wir auf einem blanken und sauberen Blech aufbringen.

Füller

Polyester-Füller (Spachtelmasse zum Spritzen)
Hier handelt es sich um eine Spachtelmasse, die aufgespritzt werden kann, was vor allem bei großen Flächen oder nicht sehr auffälligen Fehlern im Blech interessant ist (man kann aber auch dicke Schichten aufspritzen). Die Bleche müssen gründlich vorbearbeitet und geschliffen werden, ehe sie gespritzt werden können.

Gebrauchsanweisung:
Der Füller wird mit einer Spritzpistole mit großer Spritzleistung aufgetragen. Die benötigte Menge wird im Farbbecher der Spritzpistole fertiggemacht; Härter hinzufügen und gleichmäßig aufspritzen. Dies muß ohne Unterbrechung geschehen, bis alle Fehler und Verformungen bedeckt sind. Die gespritzten Bleche vor dem Schleifen trocknen lassen. Der Füller wird sehr hart, haftet hervorragend und kann sowohl von Hand als auch mit der Pistole aufgetragen werden, wodurch er sich sehr gleichmäßig verteilt. Damit beugt man einem welligen Aussehen des Bleches vor.

Vorsicht! Ehe man mit dem Spritzen beginnt, muß das Auto zunächst mit Kunststoffolie abgedeckt werden, denn Füller, der auf Flächen gelangt, die nicht überspritzt werden sollen, läßt sich nur schwer wieder entfernen. Auch auf andere in der Nähe stehende Autos achten. Nach dem Spritzen muß die Spritzpistole gründlich gereinigt werden; dazu sollte sie auch regelmäßigt zerlegt werden.

Die Grundierung

Die wichtigste Schicht bei der Autolackierung ist die erste. Dazu gibt es zwei Gründe: die erste Schicht bildet die Basis für die nachfolgende Lackierung, und zum zweiten hängt von ihr die Haftfähigkeit des Ganzen ab. Es ist also logisch, daß die erste Schicht auf den Untergrund und auf den später zu verwendenden Lack abgestimmt sein muß. Der Untergrund kann ganz unterschiedlicher Art sein: z. B. Stahl, Aluminium, Polyester. Der Autolackierer hat die Wahl aus einer ganzen Skala, je nach der vorgesehenen Arbeit. Die unteren Schichten lassen sich leicht mit der Spritzpistole auftragen, und sie haben auch die Aufgabe, Schleifspuren zu verwischen, eventuelle Poren in der Spachtelmasse auszufüllen und, vor allem, ein gutes Haften des Lacks zu garantieren.

10.3 VORSORGE BEIM AUFTRAGEN VERSCHIEDENER LACKARTEN

Der Lackierer muß zunächst einmal prüfen, welche Lackart oder welches Lacksystem ursprünglich verwendet wurde, ehe er mit der Vorbereitung beginnen kann. Er wird die Grundierung je nach der zu verwendenden Lackart wählen. Manche Autohersteller verwenden ein oder mehr verschiedene Systeme, je nachdem, ob es sich um eine Metallikfarbe oder eine normale Farbe handelt, ob das Fahrzeug eine Luxus- oder eine Standardausführung ist.
Zweifelt man an der Lackart, dann läßt diese sich anhand der folgenden allgemeinen Regeln bestimmen:

a) Test für *Alkydharz-Lack* oder *»synthetischen Lack«:* die Farbe wird weder durch Verdünner noch durch Trichloräthylen abgeschwächt.
b) Test für *Acrylat-Lack* oder *»Zweikomponenten-Lack«:* der Lack löst sich durch Trichloräthylen.
c) Test für *Zellulose-Lack:* Trichloräthylen schwächt die Farbe nicht ab; normaler Verdünner dagegen wohl.
d) Test für *Zweischichtsystem:* fährt man mit einem feinen Schleifpapier über die alte Lackschicht, dann wird das Papier weiß. Das weist auf das Vorhandensein einer Schicht von Klarlack hin.

1. Alkydharz-Lack oder synthetischer Lack

Der synthetische Lack hat allmählich die Stelle des Zellulose-Lacks eingenommen, vor allem seitdem man den Trocknungsprozeß des synthetischen Lacks beschleunigen konnte, so daß der Lack schneller staubfrei wurde. Nachdem dieses Problem einmal gelöst war, stand der Verwendung des synthetischen Lacks zur Karosseriereparatur nichts mehr im Wege.

Vorteile des synthetischen Lacks:

- zum Erhalt eines ausreichend dicken Films braucht man nicht soviele Schichten aufzutragen;
- erbringt sofort Glanz (tieferen Glanz);
- sehr beständig gegen chemische Einwirkung, sofern die Trockentemperatur 80° C betrug;
- kann auf jede Lackart aufgetragen werden.

Nachteile:

- bei den Metallik-Lacken besteht das Risiko von Lackläufern und Farbabweichungen in der lackierten Fläche;

- das Endresultat ist für Klassewagen nicht immer befriedigend;
- Nachspritzen ist schwierig;
- Zweischichtsystem ist nicht möglich.

Verwendung von synthetischem Lack:
Nachdem die zu behandelnde Fläche gründlich vorbereitet und staubfrei gemacht wurde, trägt man eine sehr dünne Lackschicht auf. Etwa 10 Minuten lang bei 20° C trocknen lassen, um die Lösungsmittel ausdunsten zu lassen. Darüber wird dann eine zweite Kreuzschicht angebracht, und damit ist die Arbeit im Prinzip beendet. Wenn bestimmte Farben mit einer Schicht nicht hinlänglich decken, kann man nach dem Ausdunsten der Lösungsmittel (10 Minuten bei 20° C) eine zweite Kreuzschicht aufspritzen. Bei Metallikfarben muß die letzte Schicht stärker verdünnt und weniger dick aufgetragen werden, als bei undurchscheinenden Farben. Auch muß der Lackierer den Lack in allen Richtungen aufspritzen, um dunklen Flecken und Farbunterschieden vorzubeugen.

Mit welchem Lack wurde das Auto gespritzt?
Zunächst wäre es möglich, daß das Fahrzeug mit einem »lufttrocknenden synthetischen Lack« gespritzt wurde. Dieser Lack trocknet also dadurch, daß die Lösungsmittel verdunsten; solch einen Lack bezeichnet man als thermoplastisch. Man sagt von diesen Lacken auch, sie seien »umkehrbar«, weil sie auf ihre eigenen Lösungsmittel reagieren. Es läßt sich recht leicht feststellen, ob es sich um einen solchen Lack handelt; man taucht die Ecke eines Tuches in den Zellulose-Verdünner und reibt damit über den Lack. Ein umkehrbarer Lack wird sich auflösen; die ursprüngliche Lackschicht wird also durch das Reiben verschwinden.
Synthetischen Lack dieser Art kann man nur auf einem synthetischen Untergrund anbringen, weil jeder andere Untergrund chemische Reaktionen verursachen könnte.
Erst wenn die ursprüngliche synthetische Lackschicht alt genug ist (wenigstens 6 Monate), wird sie hart genug sein, um andere Produkte, wie einen Zellulose-Spachtel, ohne weiteres zu vertragen. Aber auch dann darf das Auftragen nur in sehr dünnen Schichten erfolgen, damit die ältere Schicht sich nicht auflöst. Die Trockenzeiten zwischen den verschiedenen Beschichtungen müssen genau beachtet werden.
Automobile können werksseitig nach dem Reflow-Acrylverfahren gespritzt sein. Dabei wird ein thermoplastischer Lack auf das Fahrzeug gespritzt, das anschließend in der Kabine getrocknet wird. Nach Abkühlen wird die Lackschicht poliert, und gleich darauf kommt das Auto wieder in die Trockenkabine. Das Resultat ist eine harte und glänzende Lackschicht.

Hier seien einige Automobilhersteller genannt, die bei der Lackierung das Reflow-Verfahren anwenden:

Belgien	GM Antwerpen	Frankreich	Citröen	USA	Chevrolet
	Opel Belgien	Italien	Alfasud		Cadillac
England	Vauxhall		Fiat		Buick
	Rolls-Royce				Dodge
	Bentley				Pontiac

Ein weiteres Beispiel für einen thermoplastischen Lack ist der lufttrocknende Acryllack (Spot-repair). Der normale lufttrocknende Acryllack muß nach dem Spritzen poliert werden. Das ist mit Arbeitskosten verbunden. Dennoch ist und bleibt diese Lackart für die Reparatur einer Karosserie interessant, die nach dem Reflow-Acrylatverfahren gespritzt wurde.

Vorteile dieses Lacks:
- schnelltrocknend ohne zusätzliche Erwärmung;
- Kabinentrocknung (60° C) ist möglich, aber nicht notwendig;
- deckt gut;
- vergilbt nicht;
- leicht nachspritzbar;
- schöner Glanz nach dem Polieren;
- kann schnell poliert werden.

Nachteile
- vor dem Härten ist lufttrocknender Lack sehr feuchtigkeitsempfindlich;
- wenig beständig gegenüber Chemikalien;
- braucht viel Verdünner;
- muß auf Hochglanz poliert werden.

Eine weitere Möglichkeit besteht darin, daß das Auto mit einem »synthetischen« Lack behandelt wurde, bei dem es sich um einen Alkydmelamin-Kunstharzlack handelt, der 20 bis 30 Minuten lang bei 120–140° C getrocknet wird.
Hier einige Beispiele von Automobilen, die ab Werk mit synthetischem Lack mit forcierter Trocknung lackiert sind:

Deutschland	Volkswagen	Niederlande	Volvo
	Porsche	Japan	Mitsubishi
	Mercedes		Mazda
	Audi		Honda
	BMW		Subaru
England	BL		Toyota
Frankreich	Talbot	Schweden	Volvo
	Citroen		Saab
	Matra Talbot		
	Peugeot		

N.B.: Hier sei gesagt, daß es sich um die normalen, unifarbigen Lacke handelt. Die Metallikfarben werden im allgemeinen nach dem »Zweischichtverfahren« aufgebracht.
Je nach vorgesehener Lackierung muß der Lackierer die geeignete Grundierung auftragen. Die unteren Schichten der thermoplastischen Lackarten dürfen keinesfalls aggressiv sein, und sie müssen in dünnen Schichten aufgespritzt werden, damit die alte Schicht nicht enthärtet wird.

2. Zweikomponenten-Lack (Acryl-Lack)

Es handelt sich hier entweder um Polyurethan- oder um Acryl-Lack. Anders als bei lufttrocknendem Acryl-Lack muß hier ein Härter hinzugefügt werden. Zweikomponenten-Acryl-Lack ist sofort nach dem Spritzen und Trocknen hart und glänzend. Er ist auch sehr beständig gegen Chemikalien und verträgt problemlos einen Trocknungsprozeß bis zu 80° C. Diese Lackart eignet sich auch gut zum Nachspritzen, selbst in Metallikfarben.

Vorteile:
- erzeugt sofort einen schönen Glanz;
- beständig gegen Chemikalien;
- leicht nachzuspritzen;
- hat einen harten Film

Nachteile:
- begrenzte Haltbarkeit;
- bei manchen sehr durchscheinenden Farbtönen muß eine untere Schicht aufgetragen werden.

3. Zweischichtverfahren

Reibt man mit feinem Schmirgelpapier über die alte Lackschicht, und entsteht dabei ein weißes Scheuerpulver, so ist dies ein Hinweis auf einen Klarlack. Hier handelt es sich dann um das Zweischichtverfahren.
Dieses wurde speziell für die Metallikfarben entwickelt, und es garantiert eine perfekte Verarbeitung. Nach dem Trocknen wird die Oberfläche sehr hart. Der Lack vergilbt selten oder nie und ist sehr schmutzbeständig.
Hier seien einige Automobilhersteller genannt, die das Zweischichtverfahren anwenden:

Deutschland	BMW	Japan	Toyota
	Audi		Mitsubishi
	Mercedes		Honda
	Porsche		Mazda
	VW	Schweden	Volvo

Anwendung:
Die Grundmetallikfarbe wird in mehreren Schichten aufgespritzt (meist 3 oder 4), ohne daß dabei viel Lösungsmittel hinzugefügt wird. Gespritzt werden muß in allen Richtungen, d. h. kreuzweise und nicht regelmäßig, ohne daß dabei ein scheckiges Aussehen entstehen darf. Letzteres kann beim Spritzen von Metallikfarben leicht vorkommen.
Zur Vermeidung des scheckigen Aussehens erhöht man am besten den Druck, so daß der Lack gut zerstäubt wird. Zwischen den einzelnen Schichten muß der Lack etwa 10 bis 15 Minuten lang bei 20°C ausdunsten können. Vor allem die Grundfarbe muß gut aufgetragen werden.
Ihren Glanz erhalten die Metallikfarben durch den Klarlack, der über die Grundfarbe gespritzt wird. Dieser Klarlack bildet die harte Oberschicht. Vor dem Spritzen werden dem Klarlack ein Härter und die vorgeschriebene Menge Verdünner hinzugefügt. Er wird über Kreuz in zwei Schichten aufgetragen. Zwischen dem Aufspritzen dieser beiden Schichten wird eine Pause zum Ausdunsten eingelegt. Die Praxis hat gelehrt, daß das Endresultat besonders gut wird, wenn zwischen dem Auftragen der Grundfarbe und dem des Klarlacks eine Pause von etwa einer halben Stunde zum Ausdunsten liegt.

10.4 WARNUNG

Sie sollen zwar nicht mit Wiederholungen gelangweilt werden, aber es kann nun einmal nicht nachdrücklich genug betont werden, daß die Arbeit mit allen diesen Stoffen gesundheitsgefährdend ist. Außerdem sind sie sehr feuergefährlich!
Die betäubende Wirkung aller aromatischen Kohlenwasserstoffverbindungen, wie von Benzol, Xylol usw., birgt ihre Gefahren. Auch können sie Hautentzündungen, Zahnfleischbluten, Magen- und Darmstörungen sowie Haarausfall verursachen. Sie beeinträchtigen den Appetit und stören das Denkvermögen und den Gleichgewichtssinn.
Der Lackierer muß sich schützen, und die Anlagen müssen den gesetzlichen Vorschriften entsprechen. Unerläßlich ist es, täglich Milch zu trinken und sich regelmäßig ärztlich untersuchen zu lassen.
Es kommt vor, daß man die Zusammenstellung der alten Farbschichten nicht kennt, die durch Abbrennen oder Abbeizen mit Natronlauge oder Xylolpräparaten entfernt werden. Das Einatmen des Schleifstaubs ist ebenso gefährlich, so daß Staubschutzbrillen, Masken, Filter und die Verwendung von Gesichts- und Handcremes zu empfehlen sind. Immer mit zweckentsprechenden Handschuhen arbeiten und vor allem aufpassen bei der Arbeit mit Mehrkomponentenmaterial, Reaktionsbeschleunigern und Katalysatoren. Eine gute Lüftung ist unentbehrlich.

10.5 VERSCHIEDENE LACKSYSTEME UND SPRITZMETHODEN

Bei der Ausführung einer Spritzreparatur ist es zu empfehlen, von Anfang bis Ende die Produkte der gleichen Marke zu verwenden. Die heutigen Produkte in Autospritzanlagen sind aufeinander abgestimmt und auch in Garantiefällen können Sie sich leichter an Ihren Farblieferanten wenden, wenn Sie dessen vollständiges Paket abnehmen, als wenn Sie ein Paket von verschiedenen Lieferanten zusammenstellen.
Ein Standard-Reparatursystem ist das Sikkens-System.

I. STANDARDREPARATURSYSTEM

Vorbehandlung

- Mit Sikkens Verdünnung M 600 entfetten.
- Reparaturstelle(n) mit Fre-Cut-Sandpapier, Rauhheitsgrad P80, schleifen. Der Bereich rund um die Reparaturstelle(n) mit Fre-Cut-Sandpapier, Rauhheitsgrad P180, nacharbeiten.
  Die Ränder der durchgescheuerten Lackschicht weiträumig ausschleifen.
- Mit Sikkens Verdünnung M 600 entfetten.

Grundbehandlung

Sikkens Polysoft

- Beulen und Unebenheiten mit Sikkens Polysoft flachspachteln. Spachtelstellen nach Aushärtung mit Fre-Cut-Sandpapier, Rauhheitsgrade P80 bis P180, glattschleifen.
- Umgebung mit Fre-Cut-Sandpapier, Rauhheitsgrad P280, schleifen.

Metaflex CR Primer

- Mit einer einzelnen flüssigen Lage Metaflex CR Primer spritzen.
  Trockenschichtdicke: 7,5-10 µm.
  Metaflex CR Primer wird vor Gebrauch in folgendem Verhältnis gemischt:
  100 Volumenteile Metaflex CR Primer;
  100 Volumenteile Metaflex CR Härter.
  Nach Trocknung Sprühnebel mit Haftleinwand entfernen.

Autocryl 3 + 1 Filler

- In max. drei einzelnen flüssigen Lagen Autocryl 3 + 1 Filler aufspritzen.
  Trockenschichtdicke: ca. 55 µm je Fließschicht.
  Autocryl 3 + 1 Filler wird vor Gebrauch in folgendem Verhältnis gemischt:
  3 Volumenteile Autocryl 3 + 1 Filler;
  1 Volumenteil Autocryl 3 + 1 Filler Härter.

Zur Verbesserung der Fließfähigkeit können 30 % 1.2.3 Verdünnung Fast (Schnellverdünner) zugesetzt werden.
Autocryl 3 + 1 Filler mit 1,5 mm Oberbecher oder 1,8 mm Unterbecher anbringen.
Bei niedrigen Temperaturen 30 % Accelerator 210 anstelle von 1.2.3 Verdünnung Fast zusetzen.
Am nächsten Tag mit Fre-Cut-Sandpapier P400 trockenschleifen.
- Mit Sikkens Verdünnung M 600 entfetten.

Neuteile
Vorbehandlung
- Mit Sikkens Verdünnung M 600 entfetten.
- Mit Fre-Cut-Sandpapier, Rauhheitsgrad P180-P280, schleifen.
- Mit Sikkens Verdünnung M 600 entfetten.

Grundbehandlung
Metaflex CR Primer
- In einer einzelnen flüssigen Lage Metaflex CR Primer spritzen.
Trockenschichtdicke: 7,5-10 µm.
Metaflex CR Primer wird vor Gebrauch in folgendem Verhältnis gemischt:
100 Volumenteile Metaflex CR Primer;
100 Volumenteile Metaflex CR Härter.
Nach Trocknung Sprühnebel mit Haftleinwand entfernen.

Autocryl 3 + 1 Filler
- In max. drei einzelnen flüssigen Lagen Autocryl 3 + 1 Filler spritzen.
Trockenschichtdicke: ca. 55 µm je Fließschicht.
Autocryl 3 + 1 Filler wird vor Gebrauch in folgendem Verhältnis gemischt:
3 Volumenteile Autocryl 3 + 1 Filler;
1 Volumenteil Autocryl 3 + 1 Filler Härter.
Zur Verbesserung der Fließfähigkeit können 30 % 1.2.3 Verdünnung Fast (Schnellverdünner) zugesetzt werden.
Autocryl 3 + 1 Filler mit 1,5 mm Oberbecher oder 1,8 mm Unterbecher anbringen.
Bei niedrigen Temperaturen 30 % Accelerator 210 anstelle von 1.2.3 Verdünnung Fast zusetzen.
Am nächsten Tag mit Fre-Cut-Sandpapier P400 trockenschleifen.
- Mit Fre-Cut-Sandpapier, Rauhheitsgrad P400, schleifen.
- Mit Sikkens Verdünnung M 600 entfetten.

Fertigbearbeitung

Autocryl
- In zwei flüssigen Autocryl-Lagen abspritzen.
Trockenschichtdicke: ca. 60 µm.

Autocryl wird vor Gebrauch in folgendem Verhältnis gemischt:
100 Volumenteile Autocryl;
50 Volumenteile Autocryl MS Härter.
Zur Verbesserung der Fließfähigkeit können 5 bis 10 % 1.2.3 Verdünnung Fast zugesetzt werden.

Oder:

Autobase Metallic

– In drei einzelnen Lagen Autobase Metallic spritzen.
Autobase Metallic wird vor Gebrauch in folgendem Verhältnis gemischt:
100 Volumenteile Autobase Metallic;
100 Volumenteile 1.2.3 Verdünnung Fast oder Slow.

Autoclear

– In zwei einzelnen flüssigen Lagen Autoclear abspritzen.
Trockenschichtdicke: ca. 55-70 µm.
Autoclear wird vor Gebrauch in folgendem Verhältnis gemischt:
100 Volumenteile Autoclear;
50 Volumenteile Autocryl MS Härter.

Für Teilreparaturen wie folgt

Autocryl

– In zwei einzelnen flüssigen Lagen Autocryl abspritzen.
Trockenschichtdicke: ca. 60 µm.
Autocryl wird vor Gebrauch in folgendem Verhältnis gemischt:
100 Volumenteile Autocryl;
50 Volumenteile Autocryl MS Härter;
30 Volumenteile Accelerator 210.

Oder:

Autobase Metallic

– In drei einzelnen Lagen Autobase Metallic spritzen.
Autobase Metallic wird vor Gebrauch in folgendem Verhältnis gemischt:
100 Volumenteile Autobase Metallic;
100 Volumenteile 1.2.3 Verdünnung Fast oder Slow.

Autoclear

– In zwei einzelnen flüssigen Lagen Autoclear abspritzen.
Trockenschichtdicke: ca. 55-75 µm.
Autoclear wird vor Gebrauch in folgendem Verhältnis gemischt:
100 Volumenteile Autoclear;

50 Volumenteile Autocryl MS Härter;
30 Volumenteile Accelerator 210.

II. SCHNELLREPARATUREMPFEHLUNG

Vorbehandlung

- Mit Sikkens Verdünnung M 600 entfetten.
- Reparaturstelle(n) mit Fre-Cut-Sandpapier, Rauhheitsgrad P80, schleifen. Der Bereich rund um die Reparaturstelle(n) mit Fre-Cut-Sandpapier, Rauhheitsgrad P180, nacharbeiten. Die Ränder der durchgescheuerten Lackschicht weiträumig ausschleifen.
- Mit Sikkens Verdünnung M 600 entfetten.

Grundbehandlung

Sikkens Polysoft

- Beulen und Unebenheiten mit Sikkens Polysoft flachspachteln. Spachtelstellen nach Aushärtung mit Fre-Cut-Sandpapier, Rauhheitsgrade P80 bis P180, glattschleifen.
- Vollständig mit Fre-Cut-Sandpapier, Rauhheitsgrad P280, schleifen.

Metaflex CR Primer

- Mit einer einzelnen flüssigen Lage Metaflex CR Primer spritzen. Trockenschichtdicke: 7,5-10 µm. Metaflex CR Primer wird vor Gebrauch in folgendem Verhältnis gemischt: 100 Volumenteile Metaflex CR Primer; 100 Volumenteile Metaflex CR Härter. Nach Trocknung Sprühnebel mit Haftleinwand entfernen.

Sikkens Priming Filler 680

- In 2 bis 3 einzelnen Lagen Sikkens Priming Filler 680 spritzen. Trockenschichtdicke: 15-20 µm je flüssiger Lage. Sikkens Priming Filler 680 wird vor Gebrauch in folgendem Verhältnis gemischt: 100 Volumenteile Sikkens Priming Filler 680; 100 Volumenteile Sikkens Verdünnung X.
- Mit Fre-Cut-Sandpapier, Rauhheitsgrad P400, schleifen.
- Mit Sikkens Verdünnung M 600 entfetten.

Fertigbearbeitung

- Siehe 'STANDARDREPARATURSYSTEM'.

III. SCHNELLBEARBEITUNG VON INNENSEITEN/FALZEN UND VORSPRITZEN VON NEUTEILEN

Autocryl

- In drei einzelnen flüssigen Lagen Autocryl in Kombination mit Autocryl Accelerator 885 abspritzen.
  Trockenschichtdicke: ca. 60 µm.
  Autocryl wird vor Gebrauch in folgendem Verhältnis gemischt:
  100 Volumenteile Autocryl;
  50 Volumenteile Autocryl MS Härter;
  50 Volumenteile Autocryl Accelerator 885.

Oder:

Autobase Metallic

- In drei einzelnen Lagen Autobase Metallic spritzen.
  Autobase Metallic wird vor Gebrauch in folgendem Verhältnis gemischt:
  100 Volumenteile Autobase Metallic;
  100 Volumenteile 1.2.3 Verdünnung Fast und Slow.

Autoclear

- In zwei einzelnen flüssigen Lagen Autoclear abspritzen.
  Trockenschichtdicke: ca. 55-75 µm.
  Autoclear wird vor Gebrauch in folgendem Verhältnis gemischt:
  100 Volumenteile Autoclear;
  50 Volumenteile Autocryl MS Härter;
  30 Volumenteile Accelerator 885.

IV. ANBRINGEN VON STREIFEN UND ZIERLEISTEN

Autocryl

- Streifen und Zierleisten in mehreren flüssigen Lagen Autocryl in Kombination mit Autocryl Accelerator 885 abspritzen, bis sie decken.
  Autocryl wird vor Gebrauch in folgendem Verhältnis gemischt:
  100 Volumenteile Autocryl;
  50 Volumenteile Autocryl MS Härter;
  100 Volumenteile Autocryl Accelerator 885.

Nach Trocknung abspritzen mit:

Autoclear MS

- In zwei einzelnen flüssigen Lagen Autoclear MS abspritzen.
  Trockenschichtdicke: ca. 55-75 µm.
  Autoclear MS wird vor Gebrauch in folgendem Verhältnis gemischt:

100 Volumenteile Autoclear MS;
50 Volumenteile Autocryl MS Härter.

Allgemeine Hinweise

- Die in dieser Empfehlung genannten Zwei-Komponenten-Materialien dürfen nicht bei Temperaturen unter 10 °C und/oder bei einer relativen Feuchtigkeit über 75 % verarbeitet werden.
- Die in dieser technischen Empfehlung genannten Rauhheitsgrade basieren auf 3M-Fre-Cut-Sandpapier, Typ 212.

Farben mit Perlmutterglanz

Für diejenigen, denen zusätzliche Mittel zur Verfügung stehen und die auch etwas Show mögen, können das Auto mit Perlmutterlack übersprühen lassen.

Autobase-Farben mit Spezialperleffekt (Sikkens-System)

Der subtile Glanz von Perl- und Perlmutterfarben hat schon seit jeher unwiderstehliche Anziehungskraft auf die Menschen ausgeübt. Schon im Jahre 1656 wurden Perlmutter-Effekte in Farben verwendet.
Um diesen Effekt zu erreichen, bediente man sich des Guanins, welches aus Muscheln gewonnen wird. Dennoch entdeckten Chemiker erst 1970 ein Pigment, welches stabil genug war, um den gleichen Effekt in Autolacken hervorzurufen.
Gegenwärtig enthalten Autolacke mikroskopisch kleine Glimmerteilchen mit einer dünnen Schicht Titan oder Eisen, die unter der Diffraktion von Licht für einen glitzernden Perlmuttereffekt sorgen.
Da Perlmutterfarben sehr transparent sind, können sie am besten auf einem weißen Untergrund wie Autocryl MM Wit OO oder Autobase Wit OO aufgebracht werden. Wer jedoch spezielle Farbeffekte anstrebt, kann natürlich auch eine andere Grundfarbe verwenden.
Wegen weiterer Informationen können Sie sich jederzeit an Ihren Farblieferanten wenden. Er wird Sie gerne beraten.

BEHANDELN UND SPRITZEN VON KUNSTSTOFF-KAROSSERIETEILEN

Auch im Automobil der neunziger Jahre werden in zunehmendem Maße Karosserieteile aus Kunststoff Verwendung finden.
Waren es ursprünglich nur Stoßstangen und Spoiler, so sind jetzt durchweg auch Kühlergitter, Motorhaube, Außenspiegel, Schwellen, Radkappen, Zierleisten, Seitenbleche, Einfüllstutzen und Abdeckklappen aus Kunststoff hergestellt.
Je nach Anwendungsgebiet unterscheiden wir harte, flexible und sehr flexible, weiche und eventuell poröse Kunststoffe.
Es ist klar, daß diese alle spezielle Eigenschaften besitzen, die sich stark von denen der herkömmlichen Metallkarosserieteile unterscheiden.
Daher sind auch andere Lacke und Vorbehandlungsmittel erforderlich.

Die Verarbeitung dieser Produkte unterscheidet sich jedoch in keiner Weise von derjenigen, die auf Metallteile angewandt wird.

Harte Kunststoffe
Harte Kunststoffe sind gelegentlich mit Füll- und Verstärkungsmaterialien versehen. Dazu gehören beispielsweise Stoßstangen, Radkappen, Motorhaube.

Flexible Kunststoffe
Flexible Kunststoffe besitzen eine angemessene Biegsamkeit, zum Beispiel Stoßstangen, Spoiler, Zierleisten.

Sehr flexible Kunststoffe
Diese Kunststoffe besitzen ein hohes Maß an Elastizität und Biegsamkeit, zum Beispiel Front- und Heckspoiler, Seitenbleche.

DAS SPRITZEN VON KUNSTSTOFFTEILEN

HARTE KUNSTSTOFFE

Vorbehandlung
- Mit Sikkens Antistatic Reiniger entfetten.
- Mit Scotch Brite, Typ A, aufrauhen.
- Mit Sikkens Antistatic Reiniger entfetten.

Grundbehandlung

Plastoflex Primer
- Spritzen Sie in zwei einzelnen flüssigen Lagen Plastoflex Primer.
- Nach 20 Minuten Trocknung bei 20 °C kann ohne Schleifen abgespritzt werden.

Oder:

Autocryl Filler
(wenn eine Füllung erforderlich ist)
- Spritzen Sie in einer bis zwei einzelnen flüssigen Lagen Autocryl Filler. Schichtdicke 20-25 µm.
  Nach wenigstens 15 Minuten Ausdunstzeit bei 20 °C hat Autocryl Filler einen matten Glanz. Dann kann innerhalb höchstens 8 Stunden ohne Schleifen überspritzt werden.

Fertigbearbeitung
- In drei einzelnen flüssigen Lagen Autocryl abspritzen, Schichtdicke ca. 60 µm.

Oder:

- In drei einzelnen flüssigen Lagen Autobase in Kombination mit drei einzelnen flüssigen Lagen Autoclear abspritzen, Schichtdicke 55-70 µm.

FLEXIBLE KUNSTSTOFFE

Vorbehandlung

- Mit Sikkens Antistatic Reiniger entfetten.
- Mit Scotch Brite, Typ A, aufrauhen.
- Mit Sikkens Antistatic Reiniger entfetten.

Grundbehandlung

Plastoflex Primer

- Sprühen Sie in zwei einzelnen flüssigen Lagen Plastoflex Primer.
- Nach 20 Minuten Trocknung bei 20 °C kann ohne Schleifen abgespritzt werden.

Autocryl Filler

(wenn eine Füllung erforderlich ist)

- Spritzen Sie in einer bis zwei einzelnen flüssigen Lagen Autocryl Filler in Kombination mit 30 % Autocryl Elast-o-actif.
  Nach wenigstens 15 Minuten Ausdunstzeit bei 20 °C hat Autocryl Filler einen matten Glanz. Dann kann innerhalb höchstens 8 Stunden ohne Schleifen überspritzt werden.

Fertigbearbeitung

- In drei einzelnen flüssigen Lagen Autocryl in Kombination mit 30 % Elast-o-actif abspritzen.

Oder:

- In drei einzelnen Lagen Autobase in Kombination mit drei einzelnen flüssigen Lagen Autoclear in Kombination mit 50 % Autocryl Elast-o-actif abspritzen.

Achtung! Wird für harte oder flexible Kunststoffteile ein geringerer Glanz gewünscht, kann nach Aufrauhen mit Scotch Brite, Typ S, Ultra Fine, auf getrocknetes Acryl aufgebracht werden.
Auch kann bei Autocryl Gebrauch von Autocryl 444 gemacht werden, einer genormten Mattierungsmischfarbe, die in einem bestimmten Mischungsverhältnis mit Autocryl sowohl den Seidenglanz als auch das matte Aussehen verleihen kann. Dies geschieht in zwei einzelnen Lagen auf der ausgehärteten Lackschicht.

Plastoflex Primer

- Spritzen Sie in zwei einzelnen flüssigen Lagen Plastoflex Primer.

SEHR FLEXIBLE KUNSTSTOFFE

Vorbehandlung

- Sehr sorgfältig mit Sikkens Antistatic Reiniger entfetten.
- Mit Scotch Brite, Typ A, aufrauhen.
- Nochmals sehr sorgfältig mit Sikkens Antistatic Reiniger entfetten.

Grundbehandlung

Autocryl 3 + 1 Filler

- Nach 20 Minuten Trocknung bei 20 °C in einer bis zwei einzelnen flüssigen Lagen Autocryl 3 + 1 Filler in Kombination mit 100 % Elast-o-actif spritzen.
- Über Nacht trocknen lassen, anschließend schleifen:
  trocken P360-P400 oder naß P800-P1000.

Fertigbearbeitung

- In drei bis vier einzelnen flüssigen Lagen Autocryl in Kombination mit 50 % Autocryl Elasto-o-actif abspritzen.

Oder:

- In drei einzelnen flüssigen Lagen Autobase in Kombination mit 10 % Autocryl Elasto-o-actif abspritzen und anschließend mit drei einzelnen fließenden Lagen Autoclear in Kombination mit 100 % Autocryl Elast-o-actif abspritzen.

NEUBAUFARBSYSTEME

Im Karosseriebau kommt es regelmäßig vor, daß die neu angeschaffte LKW-Kabine, die vom Hersteller mit einer Lackschicht versehen wurde, später in den Betriebsfarben überspritzt werden muß.
Auch müssen Kabinen und Aufbau, die im Karosseriebetrieb gebaut wurden, später mit einer Lackschicht versehen werden. Daher behandeln wir eine Reihe von Lacksystemen.

WERKSLACKIERTE KABINEN

Vorbehandlung

- Mit Sikkens Verdünnung M 600 entfetten.
- Mit Scotch Brite, Typ S, Very Fine mattieren.
- Mit Sikkens Verdünnung M 600 entfetten.

Grundbehandlung

Mataflex CR Primer

- Durchgescheuerte Stellen in einer einzelnen flüssigen Lage Metaflex CR Primer spritzen.
  Trockenschichtdicke: 7,5-10 µm.

Autocryl Sealer Transparent

- In einer einzelnen flüssigen Lage Autocryl Sealer Transparent spritzen.
  Trockenschichtdicke: ca. 20 µm.

Anmerkung

- Nach 10-15 Minuten Ausdünstzeit ist Autocryl Sealer Transparent vollständig angetrocknet.
  Dann kann innerhalb 3 Stunden ohne Schleifen überspritzt werden.

Fertigbearbeitung

Autocoat BT

- In zwei einzelnen flüssigen Lagen Autocoat BT abspritzen.
  Trockenschichtdicke: ca. 50-65 µm.

Oder:

Autocryl

- In zwei einzelnen flüssigen Lagen Autocryl in Kombination mit Autocryl MS Härter abspritzen.
  Trockenschichtdicke: ca. 60 µm.

Oder:

Autobase

- In drei einzelnen Lagen Autobase spritzen.
  Autobase Metallic mit geringem Druck nachnebeln.
  Trockenschichtdicke: 15-20 µm (30-40 für feste Farben).
  Autobase vor dem Verdünnen 5 Gewichtsteile Autocryl MS Härter zusetzen.

Autoclear

- In zwei einzelnen flüssigen Lagen Autoclear in Kombination mit Autocryl MS Härter abspritzen.
  Trockenschichtdicke: ca. 55-70 µm.

DER AUFBAU (NEU)

STAHL

Vorbehandlung

- Mit Sikkens Löser entfetten.
- Mit Fre-Cut-Sandpapier, Rauhheitsgrad P180, schleifen.
- Mit Sikkens Löser entfetten.

Grundbehandlung

Metaflex CR Primer

- In einer einzelnen flüssigen Lage Metaflex CR Primer spritzen.
  Trockenschichtdicke: 7,5-10 µm.

Autocryl Filler/Autocryl Filler CF

- In zwei einzelnen flüssigen Lagen Autocryl Filler spritzen.
  Trockenschichtdicke: 40-45 µm.

Anmerkung

- Nach wenigstens 15 Minuten Ausdünstzeit bei 20 °C hat Autocryl Filler Seidenglanz.
  Dann kann innerhalb höchstens 8 Stunden ohne Schleifen überspritzt werden.
  Wenn 8 Stunden oder mehr seit dem Spritzen vergangen sind, Autocryl Filler mit Fre-Cut-Sandpapier, Rauhheitsgrad P360 (maschinell)/P400 (manuell) schleifen.
- Oder, wenn eine bessere Chemikalienbeständigkeit gewünscht wird, anstelle von Metaflex CR Primer/Autocryl Filler:

Sikkens Primer Surfacer EP

- In zwei einzelnen flüssigen Lagen Sikkens Primer Surfacer EP spritzen.
  Trockenschichtdicke: ca. 60 µm.

Fertigbearbeitung

Autocoat BT

- In zwei einzelnen flüssigen Lagen Autocoat BT abspritzen.
  Trockenschichtdicke: ca. 50-65 µm.

Oder:

Autocryl

- In zwei einzelnen flüssigen Lagen Autocryl in Kombination mit Autocryl MS Härter abspritzen.
  Trockenschichtdecke: ca. 60 µm.

Oder:

Autobase

- In drei einzelnen Lagen Autobase spritzen.
  Autobase Metallic mit geringem Druck nachnebeln.
  Trockenschichtdicke: 15-20 µm (30-40 für feste Farben).
  Autobase vor dem Verdünnen 5 Gewichtsteile Autocryl MS Härter zusetzen.

Autoclear

- In zwei einzelnen flüssigen Lagen Autoclear in Kombination mit Autocryl MS Härter abspritzen.
  Trockenschichtdicke: ca. 55-70 µm.

ROSTBESTÄNDIGER STAHL

Vorbehandlung

- Mit Sikkens Löser entfetten.
- Mit Scotch Brite, Typ A, rot aufrauhen.
- Mit Sikkens Löser entfetten.

Grundbehandlung

Metaflex CR Primer

- In einer einzelnen flüssigen Lage Metaflex CR Primer spritzen.
  Trockenschichtdicke: 7,5-10 µm.

Autocryl Filler/Autocryl Filler CF

- In zwei einzelnen flüssigen Lagen Autocryl Filler spritzen.
  Trockenschichtdicke: 40-45 µm.

Anmerkung

- Nach wenigstens 15 Minuten Ausdünstzeit bei 20 °C hat Autocryl Filler Seidenglanz.
  Dann kann innerhalb höchstens 8 Stunden ohne Schleifen überspritzt werden.
  Wenn 8 Stunden oder mehr seit dem Spritzen vergangen sind, Autocryl Filler mit Fre-Cut-Sandpapier, Rauhheitsgrad P360 (maschinell)/P400 (manuell) schleifen.
- Oder, wenn eine bessere Chemikalienbeständigkeit gewünscht wird, anstelle von Metaflex CR Primer/Autocryl Filler:

Sikkens Primer Surfacer EP

- In zwei einzelnen flüssigen Lagen Sikkens Primer Surfacer EP spritzen.
  Trockenschichtdicke: ca. 60 µm.

Fertigbearbeitung

Autocoat BT

- In zwei einzelnen flüssigen Lagen Autocoat BT abspritzen.
  Trockenschichtdicke: ca. 50-65 μm.

Oder:

Autocryl

- In zwei einzelnen flüssigen Lagen Autocryl in Kombination mit Autocryl MS Härter abspritzen.
  Trockenschichtdicke: ca. 60 μm.

Oder:

Autobase

- In drei einzelnen Lagen Autobase spritzen.
  Autobase Metallic mit geringem Druck nachnebeln.
  Trockenschichtdicke: 15-20 μm (30-40 für feste Farben).
  Autobase vor dem Verdünnen 5 Gewichtsteile Autocryl MS Härter zusetzen.

Autoclear

- In zwei einzelnen flüssigen Lagen Autoclear in Kombination mit Autocryl MS Härter abspritzen.
  Trockenschichtdecke: ca. 55–70 μm.

VERZINKTER STAHL

Verzinkter Stahl kann nicht so behandelt werden wie rostbeständiger Stahl, außer bei der Vorbehandlung.
Bei der Vorbehandlung von rostbeständigem Stahl rauhen wir mit Scotch Brite, Typ A, rot auf und bei verzinktem Stahl rauhen wir mit Fre-Cut-Sandpapier, Rauhheitsgrad P180, auf.

ALUMINIUM

Vorbehandlung

- Mit Sikkens Löser entfetten.
- Mit Scotch Brite, Typ A, rot aufrauhen.
- Mit Sikkens Löser entfetten.

Grundbehandlung

Metaflex CR Primer

- In einer einzelnen flüssigen Lage Metaflex CR Primer spritzen.
  Trockenschichtdicke: 7,5-10 μm.

Autocryl Filler/Autocryl Filler CF

- In zwei einzelnen flüssigen Lagen Autocryl Filler spritzen.
  Trockenschichtdicke: 40-45 µm.

Anmerkung

- Für Einrastprofile empfehlen wir die Anwendung nur einer einzigen flüssigen Lage Autocryl Filler.
  Schichtdicke: 20-25 µm.

Fertigbearbeitung

Autocoat BT

- In zwei einzelnen flüssigen Lagen Autocoat BT abspritzen.
  Trockenschichtdicke: ca. 50-65 µm.

Oder:

Autocryl

- In zwei einzelnen flüssigen Lagen Autocryl in Kombination mit Autocryl MS Härter abspritzen.
  Trockenschichtdicke: ca. 60 µm.

Oder:

Autobase

- In drei einzelnen Lagen Autobase spritzen.
  Autobase Metallic mit geringem Druck nachnebeln.
  Trockenschichtdicke: 15-20 µm (30-40 für feste Farben).
  Autobase vor dem Verdünnen 5 Gewichtsteile Autocryl MS Härter zusetzen.

Autoclear

- In zwei einzelnen flüssigen Lagen Autoclear in Kombination mit Autocryl MS Härter abspritzen.
  Trockenschichtdicke: ca. 55-70 µm.

WERKSLACKIERTES ALUMINIUM

Vorbehandlung

- Mit Sikkens Verdünnung M 600 entfetten.
- Mit Scotch Brite, Typ S, Very Fine mattieren.
- Mit Sikkens Verdünnung M 600 entfetten.

Grundbehandlung

Autocryl Sealer Transparent

- In einer einzelnen flüssigen Lage Autocryl Sealer Transparent spritzen.
  Trockenschichtdicke: ca. 20 µm.

Anmerkung

- Nach 10-15 Minuten Ausdünstzeit ist Autocryl Sealer Transparent vollständig angetrocknet.
  Dann kann innerhalb 3 Stunden ohne Schleifen überspritzt werden.

Fertigbearbeitung

Die Fertigbearbeitung von werkslackiertem Aluminium entspricht der Fertigbearbeitung von Aluminium aus dem vorangegangenen Abschnitt.

SPERRHOLZ

Vorbehandlung

- Mit heißem Wasser abspülen.
- Mit Sikkens Antistatic Reiniger entfetten.
- Mit Scotch Brite, Typ A, rot aufrauhen.
- Mit Sikkens Antistatic Reiniger entfetten.

Grundbehandlung

Autocryl Filler/Autocryl Filler CF

- In zwei einzelnen flüssigen Lagen Autocryl Filler spritzen.
  Trockenschichtdicke: 40-45 µm.

Anmerkung

- Nach wenigstens 15 Minuten Ausdunstzeit bei 20 °C hat Autocryl Filler Seidenglanz.
  Dann kann innerhalb höchstens 8 Stunden ohne Schleifen überspritzt werden.
  Wenn 8 Stunden oder mehr seit dem Spritzen vergangen sind, Autocryl Filler mit Fre-Cut-Sandpapier, Rauhheitsgrad P360 (maschinell)/P400 (manuell) schleifen.

Fertigbearbeitung

Die Fertigbearbeitung von Sperrholz entspricht der Fertigbearbeitung von werkslackierten Kabinen.

POLYESTER

Die Behandlung für Polyester entspricht derjenigen von Sperrholz (siehe oben).

BETONPLEX

Vorbehandlung

- Mit Sikkens Löser entfetten.

- Mit Fre-Cut-Sandpapier, Rauhheitsgrad P180-P280, schleifen.
- Mit Sikkens Löser entfetten.

Grundbehandlung

Autocryl Filler/Autocryl Filler CF
- In zwei einzelnen flüssigen Lagen Autocryl Filler spritzen.
  Trockenschichtdicke: 40-45 µm.

Anmerkung
- Nach wenigstens 15 Minuten Ausdunstzeit bei 20 °C hat Autocryl Filler Seidenglanz.
  Dann kann innerhalb höchstens 8 Stunden ohne Schleifen überspritzt werden.
  Wenn 8 Stunden oder mehr seit dem Spritzen vergangen sind, Autocryl Filler mit Fre-Cut-Sandpapier, Rauhheitsgrad P360 (maschinell)/P400 (manuell) schleifen.

Fertigbearbeitung
Die Fertigbearbeitung von Betonplex entspricht der Fertigbearbeitung von Stahl.

HOLZ

Vorbehandlung
- Mit Sikkens Verdünnung M 600 entfetten.
- Mit Fre-Cut-Sandpapier, Rauhheitsgrad P180, schleifen.
- Mit Sikkens Verdünnung M 600 entfetten.

Grundbehandlung 1

Sikkens Polystop LP
- Unebenheiten mit Sikkens Polystop LP glattspachteln.
  Die Spachtelstellen nach Aushärtung mit Fre-Cut-Sandpapier, Rauhheitsgrade P80-P180-P280, glattschleifen.

Autoflex Washprimer Extra Mild
- Das Ganze in einer Lage Autoflex Washprimer Extra Mild pinseln.
  Nach Trocknung der nach oben gekommenen Holzfasern mit Fre-Cut-Sandpapier, Rauhheitsgrad P280, abschleifen.
- Mit Sikkens Verdünnung M 600 entfetten.

Grundbehandlung 2

Autocryl Filler/Autocryl Filler CF

– In zwei einzelnen flüssigen Lagen Autocryl Filler spritzen.
  Trockenschichtdicke: 40-45 µm.

Anmerkung

– Nach wenigstens 15 Minuten Ausdunstzeit bei 20 °C hat Autocryl Filler Seidenglanz.
  Dann kann innerhalb höchstens 8 Stunden ohne Schleifen überspritzt werden.
  Wenn 8 Stunden oder mehr seit dem Spritzen vergangen sind, Autocryl Filler mit Fre-Cut-Sandpapier, Rauhheitsgrad P360 (maschinell)/P400 (manuell) schleifen.

Fertigbearbeitung

Autocoat BT

– In zwei einzelnen flüssigen Lagen Autocoat BT abspritzen.
  Trockenschichtdicke: ca. 50-65 µm.

Autocryl

– In zwei einzelnen flüssigen Lagen Autocryl in Kombination mit Autocryl MS Härter abspritzen.
  Trockenschichtdicke: ca. 60 µm.

Oder:

Autobase

– In drei einzelnen Lagen Autobase spritzen.
  Autobase Metallic mit geringem Druck nachnebeln.
  Trockenschichtdicke: 15-20 µm (30-40 für feste Farben).
  Autobase vor dem Verdünnen 5 Gewichtsteile Autocryl MS Härter zusetzen.

Autoclear

– In zwei einzelnen flüssigen Lagen Autoclear in Kombination mit Autocryl MS Härter abspritzen.
  Trockenschichtdicke: ca. 55-70 µm.

DAS FAHRGESTELL (STAHL)

Vorbehandlung

– Stahl entsprechend Norm SA 2½-3 strahlen
  Nach der Strahlbehandlung Oberfläche mit trockener Druckluft abblasen, mit einem Staubsauger absaugen oder mit einer sauberen Bürste abbürsten.

Grundbehandlung

Sikkens Washprimer S15/84 rot
- In einer einzelnen flüssigen Lage Sikkens Washprimer S 15/84 rot spritzen. Trockenschichtdicke: ca. 20 µm.

Sikkens Washprimer S15/55 schwarz
- In einer einzelnen flüssigen Lage Sikkens Washprimer S 15/55 schwarz spritzen. Trockenschichtdicke: ca. 20 µm.
- Oder anstelle von Washprimer S 15/84 und Washprimer S 15/55 zur Erzielung besserer Chemikalienbeständigkeit:

Sikkens Primer Surfacer EP
- In zwei einzelnen flüssigen Lagen Sikkens Primer Surfacer EP spritzen. Trockenschichtdicke: ca. 60 µm.

Fertigbearbeitung

Autocoat BT
- In zwei einzelnen flüssigen Lagen Autocoat BT abspritzen. Trockenschichtdicke: ca. 50-65 µm.

Oder:

Autocryl
- In zwei einzelnen flüssigen Lagen Autocryl in Kombination mit Autocryl MS Verharder abspritzen. Trockenschichtdicke: ca. 60 µm.

Oder:

Autobase
- In drei einzelnen Lagen Autobase spritzen. Autobase Metallic mit geringem Druck nachnebeln. Trockenschichtdicke: 15-20 µm. Autobase vor dem Verdünnen 5 Gewichtsteile Autocryl MS Härter zusetzen.

Autoclear
- In zwei einzelnen flüssigen Lagen Autoclear in Kombination mit Autocryl MS Härter abspritzen. Trockenschichtdecke: ca. 55–70 µm.

DAS FAHRGESTELL (WERKSLACKIERT)

Vorbehandlung
- Konservierungswachs nach Lieferantenvorschrift entfernen.
- Mit Sikkens Verdünnung M 600 entfetten.
- Mit Fre-Cut-Sandpapier, Rauhheitsgrad P280, schleifen.
- Mit Sikkens Verdünnung M 600 entfetten.

SYSTEM A

Fertigbearbeitung

Sikkens Autocryl
- In zwei einzelnen flüssigen Lagen Sikkens Autocryl abspritzen.
  Trockenschichtdicke: ca. 100 µm.

SYSTEM B

Grundbehandlung

Autocryl Sealer Transparent
- In einer einzelnen flüssigen Lage Autocryl Sealer Transparent spritzen.
  Trockenschichtdicke: ca. 20 µm.

Anmerkung
- Nach 10-15 Minuten Ausdünstzeit ist Autocryl Sealer Transparent vollständig angetrocknet.
  Dann kann innerhalb 3 Stunden ohne Schleifen überspritzt werden.

Fertigbearbeitung

Autocoat BT
- In zwei einzelnen flüssigen Lagen Autocoat BT abspritzen.
  Trockenschichtdicke: ca. 50-65 µm.

Oder:

Autocryl
- In zwei einzelnen flüssigen Lagen Autocryl in Kombination mit Autocryl MS Härter abspritzen.
  Trockenschichtdicke: ca. 60 µm.

Anmerkung

- Wird Seidenglanz oder mattes Aussehen gewünscht, kann Autocryl oder Autocryl BT in Kombination mit Autocryl 444 (Mattierungsmittel) angewandt werden.

ZIERTEILE

- Beim Spritzen von Zierteilen (Streifen und Zierleisten oder sogar vollständigen Anbauten) kann von der vorhandenen Lackschicht und/oder einer frischen Lackschicht in Autobase, Autocryl oder Autocoat BT ausgegangen werden.

1. Wenn eine vorhandene Lackschicht überspritzt wird
A. Bei Verwendung von 1 oder 2 Farben

Vorbehandlung

- Mit Sikkens Verdünnung M 600 entfetten.
- Abkleben von Teilen, die nicht gespritzt werden sollen.
- Mit Scotch Brite, Typ S, Very Fine mattieren.
- Mit Sikkens Verdünnung M 600 entfetten.

Grundbehandlung

Autocryl Sealer Transparent

- In einer einzelnen flüssigen Lage Autocryl Sealer Transparent spritzen.
  Trockenschichtdicke: ca. 20 µm.

Anmerkung

- Nach 10-15 Minuten Ausdünstzeit ist Autocryl Sealer Transparent vollständig angetrocknet.
  Dann kann innerhalb 3 Stunden ohne Schleifen überspritzt werden.

Fertigbearbeitung

Autocoat BT

- In zwei einzelnen flüssigen Lagen Autocoat BT abspritzen.
  Trockenschichtdicke: ca. 50-65 µm.

Oder:

Autocryl

- In zwei einzelnen flüssigen Lagen Autocryl in Kombination mit Autocryl MS Härter abspritzen.
  Trockenschichtdicke: ca. 60 µm.

Oder:

Autobase

– In drei einzelnen Lagen Autobase spritzen.
  Autobase Metallic mit geringem Druck nachnebeln.
  Trockenschichtdicke: 15-20 µm (30-40 für feste Farben).
  Autobase vor dem Verdünnen 5 Gewichtsteile Autocryl MS Härter zusetzen.

Autoclear

– In zwei einzelnen flüssigen Lagen Autoclear in Kombination mit Autocryl MS Härter abspritzen.
  Trockenschichtdicke: ca. 55-70 µm.

B. Bei Verwendung von mehr als 2 Farben

Vorbehandlung

– Mit Sikkens Verdünnung M 600 entfetten.
– Abkleben von Teilen, die nicht gespritzt werden sollen.
– Mit Scotch Brite, Typ S, Very Fine mattieren.
– Mit Sikkens Verdünnung M 600 entfetten.

Grundbehandlung

Autocryl Sealer Transparent

– In einer einzelnen flüssigen Lage Autocryl Sealer Transparent spritzen.
  Trockenschichtdicke: ca. 20 µm.

Anmerkung

– Nach 10-15 Minuten Ausdünstzeit ist Autocryl Sealer Transparent vollständig angetrocknet.
  Dann kann innerhalb 3 Stunden ohne Schleifen überspritzt werden.

Fertigbearbeitung

Autobase

– In drei einzelnen Lagen Autobase spritzen.
  Autobase Metallic mit geringem Druck nachnebeln.
  Trockenschichtdicke: 15-20 µm (30-40 für feste Farben).
  Autobase vor dem Verdünnen 5 Gewichtsteile Autocryl MS Härter zusetzen.
– Nach jeder Autobase-Farbe kann nach 30 Minuten bei 20 °C abgeklebt und anschließend die darauffolgende Farbschicht angebracht werden.

Autoclear

– In zwei einzelnen flüssigen Lagen Autoclear in Kombination mit Autocryl MS Härter

absspritzen.
Trockenschichtdicke: ca. 55-70 µm.

2. Wenn ein frischer Untergrund in Autocryl oder Autocoat BT gespritzt wird, kann nach Aushärtung das gleiche Verfahren wie unter 1 angewandt werden

3. Wenn auf einem frischen Untergrund in Autobase gespritzt wird, kann folgendes Verfahren eingehalten werden

Vorbehandlung

- Eventuelles Schutzspray mit Haftleinwand entfernen.
- Abkleben von Teilen, die nicht gespritzt werden sollen.

Autobase

- In drei einzelnen Lagen Autobase spritzen.
  Autobase Metallic mit geringem Druck nachnebeln.
  Trockenschichtdicke: 15-20 µm (30-40 für feste Farben).
  Autobase vor dem Verdünnen 5 Gewichtsteile Autocryl MS Härter zusetzen.
- Nach 15-20 Minuten bei 20 °C kann weiter abgeklebt und die darauffolgende Autobase-Farbe aufgebracht werden.

Anmerkung: Es ist zu empfehlen, vor dem Spritzen mit Autobase eine Lage Autocryl Sealer Transparent anzubringen. Dadurch erhält man beim Entfernen des Abklebmaterials eine scharfe Linie.

- Wenn alle gewünschten Farben aufgebracht sind, kann die Fertigbearbeitung erfolgen.

Fertigbearbeitung

Autoclear

- In zwei einzelnen flüssigen Lagen Autoclear in Kombination mit Autocryl MS Härter abspritzen.
  Trockenschichtdicke: ca. 55-70 µm.

BEIM SPRITZEN VON ZIERTEILEN WIRD NEBEN DEN ALLGEMEIN BEKANNTEN AUTOBASE-FARBEN AUCH VON NACHSTEHENDEN AUTOBASE-FARBEN GEBRAUCH GEMACHT

A. Autobase-Perlmutter-Mischfarben (333 P, 333 PR, 333 PG, 333 PB)
Von diesen Mischfarben braucht nur die Mischfarbe 333 P mit Autobase binder 666 gemischt zu werden, und zwar in folgendem Verhältnis:
50 Volumenteile Autobase 333 P;
100 Volumenteile Autobase MM 666.
Danach kann weiter im Verhältnis 1 : 1 mit 1.2.3 Verdünnung gemischt werden.
Diese Farben müssen stets auf weißen Untergrund (Autobase oder ausgehärtetes, aufgerauhtes Autocryl) gespritzt werden.

B. Autobase-Spezialperleffekt-Farben (Flip Flop)
SEC 9029, SEC 9031, SEC 9033, SEC 9034
Diese Farben können direkt im Verhältnis 1 : 1 mit Sikkens 1.2.3 Verdünnung gemischt werden.
Auch diese Farben müssen auf weißen Untergrund (Autobase oder ausgehärtetes, aufgerauhtes Autocryl) gespritzt werden.

C. Autobase SEC-Farben Pearl 2C (333 P)
Diese Farben können mittels des Autobase MM-Systems hergestellt werden und basieren auf der Mischfarbe 333 P.
Auch diese Farben müssen wieder auf einen weißen Untergrund (Autobase oder ausgehärtetes, aufgerauhtes Autocryl) gespritzt werden.
Diese Farben können direkt im Verhältnis 1 : 1 mit 1.2.3 Verdünnung gemischt werden.

D. Autobase SEC-Farben 2C (333 EC)
Diese Farben können mittels des Autobase MM-Systems hergestellt werden und basieren auf der Mischfarbe 333 EC.
Diese Farben können direkt auf einen für Autobase geeigneten Untergrund gespritzt werden.
In einigen Fällen ist es zu empfehlen, mit einer nahezu gleichen Farbe mit feinerem Metallic-Effekt vorzuspritzen. Dadurch wird bei großen Flächen Buntheit vermieden.

E. Autobase-Autofarben, die zu den Perlmutterfarben gehören
Der Name der Autofarbe zeigt an, daß es sich um eine Perlmutterfarbe handelt (Glimmer).
Diese Farben können mittels des Autobase MM-Systems hergestellt oder gebrauchsfertig gemischt bestellt werden.

Eine große Zahl dieser Farben kann unmittelbar auf einen für Autobase geeigneten Untergrund gespritzt werden.
Auf dem Mikrofilm oder Mixit ist angegeben, ob eine Vorlackierung benutzt werden muß und wenn ja, welche.

10.6 DER TROCKENPROZESS BEI DEN VERSCHIEDENEN LACKARTEN

Außer nach der chemischen Zusammenstellung könnte man die Lacke auch nach der Verwendung ordnen oder nach der Weise, in der sich der Lackfilm während des Trocknens bildet.
Das Trocknen kann entweder physikalisch oder aber chemisch erfolgen.

Die physikalische Trocknung
Bei ihr erfolgt keine chemische Reaktion. Alle flüchtigen Bestandteile verdunsten vollständig. Es müssen also von Anfang an große Moleküle (Makromoleküle) im Lack vorhanden sein, die in den Lösungsmitteln aufgelöst sind. Solche Farben oder Lacke trocknen sehr rasch, so daß sie zur Verarbeitung mit dem Pinsel meist ungeeignet sind. Es handelt sich um die lufttrocknenden Acryl-Lacke, die Nitrozellulose-, Vinyl- und Chlorkautschuk-Lacke.

Die chemische Trocknung
Diese Lack- oder Farbarten umfassen vier Gruppen:
1. die oxydative Trocknung;
2. die thermische Trocknung;
3. Trocknung durch Hinzufügen von Reaktionsbestandteilen;
4. Trocknung durch Hinzufügen von Katalysatoren.

Die erforderlichen Makromoleküle bilden sich während des Trocknungsprozesses durch chemische Veränderung der Bindemittel. Die üblichen Löse- oder Verdünnungsmittel können die Bindemittel nach dem Trocknen nicht mehr auflösen, wie bei den physikalisch trocknenden Farben. Daher spricht man auch vom umkehrbaren (physikalischen) und von nichtumkehrbaren (chemischen) Trocknungsprozeß.
Chemisch-trocknende Farben sind fast immer verwendbar, und sie haben einen weiten Anwendungsbereich. Mit träger Trocknung, gutem Füllvermögen, guter Fließbarkeit, starken Farbfilm und zur Pinselverarbeitung werden sie vor allem lufttrocknend verwendet.

1. Die oxydative Trocknung
Sie erfolgt durch Sauerstoffaufnahme aus der Luft, wodurch Makomoleküle gebildet werden. Es handelt sich meist um die normalen Farben, zusammengesetellt aus

synthetischen Harzen, wie u. a. dem Alkydharz. Diese Lacke trocknen also »an der Luft«.

2. Die thermische Trocknung
Diese findet sich bei den *Muffel-Lacken* bei 80–100° C oder 200° C. Die meistverwendeten Muffel-Lacke sind die thermohärtenden Acrylate, die Ureum- und die Melaminharze.

3. Trocknung durch Hinzufügen von Reaktionsbestandteilen
Hier geht es um die Zwei- oder Mehrkomponenten-Lacke, bei denen der Härter und Reaktionsbeschleuniger erst kurz vor Gebrauch beigemischt wird. Es sind die Zweikomponenten-Acryl-Lacke, die Polyurethan- oder DD-Lacke sowie die Epoxyd-Lacke und Spachtel. Vor allem nicht bei Temperaturen unterhalb 10° C gebrauchen. Während des Trocknens erfolgt nur eine geringe Sauerstoffaufnahme und es bedarf keiner großen Wärme.

4. Trocknung durch Hinzufügung von Katalysatoren
Hier wirkt der zugefügte Härter nur als Katalysator mit, der den chemischen Trocknungsprozeß zwar einleitet, aber keinen Einfluß auf das Resultat der Reaktion ausübt.
Die katalytische Trocknung finden wir vor allem bei den Polyester-Lacken, Spachteln und Spritzspachteln.
Es versteht sich, daß Erfahrung bei der Arbeit mit allen chemisch trocknenden Farben und Produkten einfach unentbehrlich ist. Vor allem beim Nachspritzen reparierter Fahrzeuge tut man gut daran, sich strikt nach den Vorschriften des Lackherstellers zu richten und dabei auch die Marken und die unterschiedlichen Verwendungsmöglichkeiten auseinanderzuhalten.

10.7 ETWAS ÜBER DAS EINBRENNEN (MUFFELN)

Wie trocknet ein synthetischer Lack? Wie aus dem vorigen Abschnitt hervorging, unterscheiden wir physikalisches und chemisches Trocknen.
Zellulose-Lack trocknet hauptsächlich durch Verdampfen der Lösungsmittel; physikalisch also.
Natürlich enthalten auch die synthetischen Lacke Lösungsmittel, aber diese dienen nur zur Vereinfachung der Anwendung. Sie verdunsten, sobald der Lack mit Luft in Berührung kommt, aber dieses Verdunsten hat keinen unmittelbaren Effekt auf den Lackfilm. Der synthetische Lack trocknet aufgrund zweier chemischer Reaktionen, nämlich durch *Oxydation* und durch *Polymerisation.*

Oxydation
Einen nassen Lackfilm von einer bestimmten Dicke können wir als frei von Sauerstoff ansehen. Setzen wir diesen Film nun der Luft aus, dann wird eine geringe Menge des Umgebungssauerstoffs darin aufgenommen. Diese Sauerstoffaufnahme verursacht das Trocknen des Lacks; die Sikkative (Trockenstoffe) im Lack fördern diese Sauerstoffaufnahme und aktivieren somit den Trocknungsprozeß.

Die Polymerisation
Die synthetischen Harze im Einbrennlack reagieren so ähnlich, wie der Dotter im Ei. Sie bekommen eine größere Festigkeit, wenn sie der Wärme ausgesetzt werden; sie bilden ein Netz großer, starrer Moleküle (Polymerisation).
Weshalb wendet man in der Autoindustrie die Einbrennlackierung an? Weil das Einbrennen das Trocknen und vor allem das Härten des Lacks fördert. Ein weiterer Vorteil besteht darin, daß ein polymerisierter Lack viel beständiger ist gegenüber den Einflüssen des Wetters sowie der Einwirkung von Wasser und Chemikalien, und dadurch hat er eine längere Lebensdauer, was auch bedeutet, daß er seinen Glanz länger behält.
Wann tritt die Polymerisation ein? Das hängt von der verwendeten Temperatur und von der Art des Harzes im Lack ab. So wird bei einer Temperatur von z. B. 93° C nur eine sehr schwache Polymerisation eintreten; ein guter und harter Film wird sich erst nach etwa 24 Stunden bilden. Bei einer Temperatur von 74° C wird praktisch überhaupt keine Polymerisation eintreten; der Film wird auch nach 48 Stunden weder hart noch trocken sein. Im allgemeinen wird die Polymerisation (das Verschmelzen der Moleküle) in der Karosseriewerkstatt bei einer Temperatur von ca. 90° C einsetzen.
Die forcierte Trocknung (Temperatur unterhalb 75° C) führt also zu einer Trocknung durch Oxydation. Selbst bei Temperaturen zwischen 93° C und 104° C wird die Trocknung des Lacks nur mäßig durch Polymerisation erfolgen. Je höher die Temperatur ansteigt, desto besser wird die Polymerisation und desto schneller erhalten wir einen trocknen und harten Film. Bei einer Einbrenntemperatur von 148° C kann ein synthetischer Lack innerhalb weniger Minuten trocknen und härten.
Viele Karosseriewerkstätten haben eine Trockenkabine zur forcierten Trocknung bis zu 80° C. In diesen Werkstätten ist man sich der Zweckmäßigkeit einer solchen Anlage bewußt; man liefert Qualitätsarbeit zu erschwinglichen Preisen.
Man unterscheidet zwei Arten: die *Konvektionskabine* (Strömung) und die *Radiationskabine* (Strahlung). In der Konvektionskabine trocknet die Lackschicht durch die Zirkulation warmer Luft. Die Wärme wird durch einen Gas- oder Ölbrenner erzeugt.
In der Radiationskabine wird die Lackschicht durch Infrarotlampen von 125, 250 oder 375 Watt eingebrannt bzw. oxydiert. Auch durch elektrische Widerstände, die auf Keramikplatten montiert sind. Die Strahlung erwärmt die Flächen beim Auftreffen.

Vorsorgemaßnahmen, Schwierigkeiten, Ursachen und Hilfsmittel

Unterschiedliche Farbbehandlung
In der IR-Anlage werden die dunklen Farbtöne mehr Wärme aufnehmen als die hellen Töne. Wenn der Augenblick des Einbrennens gekommen ist, wird man seine ganze Aufmerksamkeit auf die Einbrennzeit der dunklen Farben konzentrieren müssen. Eine zu hohe Oberflächentemperatur würde bei manchen Lacken einen Verlust an Glanz herbeiführen und außerdem Verfärbung, Runzeln oder Blasen zur Folge haben. Die beiden letztgenannten Reaktionen können bei einem Lack auftreten, der die entstandene Temperatur nicht verträgt. Ein Lack kann durch den Zusatz eines »Muffelsetzers« eine ganz bestimmte Temperatur benötigen, und diese kann durch den dunklen Ton des Lacks unerwünscht um 10 bis 15° C ansteigen. Dieses Zuviel an Wärme läßt sich vermeiden, indem die Lampen nach 7 Minuten Einbrennen jeweils um 5 Minuten ausgeschaltet werden, so daß man in mehreren Zyklen arbeitet.

Erstes Verdunsten und Ventilieren
Es ist üblich, die Lösungsmittel und Verdünner im Lack zunächst einmal fünf bis zehn Minuten ausdünsten zu lassen, ehe man zum forcierten Trocknen übergeht. Diese Ruhepause hat drei Vorteile:
- der Lack kann vollständig zur Ruhe kommen;
- Ventilation und Absaugvorrichtung werden entlastet;
- Energieeinsparung.

Reißen des Spachtels
Dies ist eines der Probleme beim Einbrennen. Es ist nicht ausgeschlossen, daß alte Grundierungsschichten, Spachtel oder ältere Lackschichten sitzenblieben. Lösungsmittel können bis in die untersten Schichten durchdringen, wodurch es zur Blasenbildung kommen kann. Das einzige Vorbeugungsmittel hiergegen besteht darin, diesen unteren Schichten alle Aufmerksamkeit zu widmen und sie im Voraus einer Wärmebehandlung zu unterziehen. So werden sich die Risse bereits vor der Schlußverarbeitung zeigen.

Teile und Verkleidung aus Kunststoff
Kunststoffe reagieren auf Wärme sehr unterschiedlich; Näheres im 11. Kapitel. Es kann recht gut sein, daß der Kunststoff eine Temperatur von 80° C ohne weiteres verträgt. Bei Zweifel entfernen wir entweder die betreffenden Teile, oder aber die Behandlung muß unterhalb 80° C erfolgen.

Zerspringen von Glas
Stark ansteigende Temperaturen können das Glas während des Einbrennprozesses zerspringen lassen. Dieses Problem wird aber bei der Trockenkabine mit Konvektion eher auftreten, als bei der Strahlungskabine. Am besten öffnet man die Fenster des Autos, so daß die Temperatur innerhalb und außerhalb des Autos

gleich ist. Zur Vermeidung von Schwierigkeiten empfiehlt es sich, die Temperatur unterhalb 100° C zu halten. Die Wärme kann auch bereits vorhandene Risse im Glas vergrößern. Deshalb muß das Auto unbedingt genau überprüft werden, ehe man mit dem Einbrennen des Lacks beginnt.

Verbrannte Teile
Ein Heizelement unter zu hoher Spannung, eine Reihe von Elementen unter zu niedriger Spannung oder ein falsch ausgerichtetes Heizelement können die Ursache dafür sein, daß zuviel Strahlungswärme sich auf eine einzelne Stelle konzentriert. Stellt man mehrere verbrannte Punkte oder Teile fest, dann war die Spannung insgesamt zu hoch.

Mangel an Glanz
Als Folge des Einbrennens kann dies die folgenden Ursachen haben:
1. unzureichende Dicke der aufgetragenen Schicht;
2. poröse Grundschicht (Spachtel oder alter Lack);
3. zu hohe Einbrenntemperatur oder zu lange Periode;
4. zuviel Verdünner oder Verwendung eines untauglichen Lösungsmittels;
5. unzureichende Absaugung oder Ventilation während des Einbrennens.

Wasserflecke
Wenn ein Wassertropfen auf eine nicht trockene oder unzulänglich gehärtete Lackschicht fällt, kann er darauf einen ganz leichten Abdruck (am Rande des Tropfens) zurücklassen. Dadurch verfärbt sich die Oberschicht, und das ist nur schwer wieder zu entfernen.
Ein Regenguß, gefolgt von Sonnenschein, auf eine nicht völlig ausgehärtete Lackschicht wird in den Tropfen eine Ansammlung von Staub verursachen. Selbst dann, wenn eine eingebrannte Lackschicht Temperaturen von 120 oder 140° C ausgesetzt war, wird sie bis zur völligen Aushärtung wasserempfindlich sein. Zum vollständigen Aushärten bedarf es mehrerer Stunden, ehe man einen absoluten Widerstand gegen Wasser und Feuchtigkeit erhält. Wenn zur forcierten Trocknung niedrigere Temperaturen eingesetzt werden (z. B. 80° C), wird die Trocken- und Härtungsperiode entsprechend länger dauern. Natürlich spielt auch die Dicke der Lackschicht eine Rolle. Ferner wird die obere Schicht äußerst wasserempfindlich sein, wenn sie nicht völlig richtig auf das Einbrennen reagiert hat.
Zum Schluß eine Aufzählung der wichtigsten Punkte:
- durch den Einbrennprozeß erhält man eine beständigere und schönere Lackierung;
- je höher die Temperatur, desto kürzer die Einbrennzeit;
- je höher die Temperatur, desto schneller das Trocknen, desto größer die Härte und Stärke des Einbrennlacks;
- man hält die Temperatur unterhalb 80° C, um Schäden am Glas, Kunststoff usw. vorzubeugen.
- eine möglichst gleichmäßige Temperatur erspart viel Ärger.

Die Farbmischmaschine

Mit dieser Farbmischmaschine kann man aus etwa 60 Standardfarben ca. 30.000 Farben herstellen.
Diese Farbmischmaschine besteht aus folgenden Teilen:

1. Zwei Rührvorrichtungen aus Metall.
2. Platte, worauf eine sehr genaue Waage gestellt wird.
3. Fächer zum Aufbewahren der Mikrofiches.
4. Microfiche-Leser (Betrachtungsgerät) oder Kartei.

Anmerkung: Stellen Sie die Farbmischmaschine stets in einem Raum auf, der:

1. mit einer Absauganlage versehen ist.
2. staubfrei ist.
3. erschütterungsfrei ist, denn die Waage arbeitet so genau, daß Erschütterungen nicht zugelassen werden können.
4. mit einer Tageslichtbeleuchtung zur einwandfreien Kontrolle der Farbwerte versehen ist.

Abb. 10.10: **Sikkens-Farbmischmaschine**

Die Grundfarben werden in einer Reihe von Regalen aufeinandergestellt. Mit einer elektrischen Rührananlage wird der Inhalt der Farbdose vor Gebrauch gerührt.
Die Farbmischmaschine, die auf dem Wiegen basiert, rückt mehr und mehr an die Stelle der Mischmaschine, die auf Volumenmessung basiert, wenngleich sie beide Vor- und Nachteile haben. Stehen uns genügend Grundfarben zur Verfügung, dann können wir die Farben aller zur Zeit lieferbaren Automodelle darstellen. Die Waage ist ein Präzisionsinstrument, das bis auf ein halbes Gramm genau wiegt. Mit Hilfe des Mikrofiche-Lesers können wir die Mischformeln rasch und zielsicher aufsuchen.
Auf so einem Mikrofiche können 2 x 4000 Formeln stehen, die mit Hilfe des Bildschirms deutlich sichtbar gemacht werden. Die Lackhersteller erneuern diese Mikrofilme regelmäßig, so daß der Anwender stets über die neuesten Daten verfügen kann. Aber wir können die Farben noch so sorgfältig mischen, der Lack wird dennoch höchstwahrscheinlich nicht ganz genau der Farbe des zu reparierenden Autos entsprechen. Das kann verschiedene Gründe haben: zu dem Zeitpunkt, zu dem das Fahrzeug zur Reparatur kommt, wird die Farbe sich aufgrund von Alterung doch ein wenig verändert haben. Außerdem gibt es von einem Fließband zum anderen immer geringfügige Farbunterschiede. Deshalb sei es jedem Lackierer empfohlen, eine kleine Probeplatte zu spritzen, ehe er mit dem Spritzen des Fahrzeugs beginnt. Wenn eine Farbe zur Zweischichtlackierung nachgemacht werden soll, dann muß das Probeblech auch mit Klarlack überspritzt werden, weil der Klarlack Unterschiede noch deutlicher hervorhebt.

Viskosimeter
Sehr wichtig ist es, das zur Spritzlackierung benötigte Material durch Zusatz eines geeigneten Verdünners oder durch Erwärmung auf den richtigen Flüssigkeitsgrad, die Viskosität, zu bringen. Der Lackhersteller wird meist Daten zur Viskosität und zum Verdünner angeben; eventuell muß man diese auch durch Versuche ermitteln. Man darf nicht zuviel verdünnen, weil das der Schichtdicke und der Deckung abträglich wäre. Zu zähe Flüssigkeiten lassen sich aber nur unter hohem Druck zerstäuben, so daß es leicht zu einer unnützen Nebelbildung kommt.

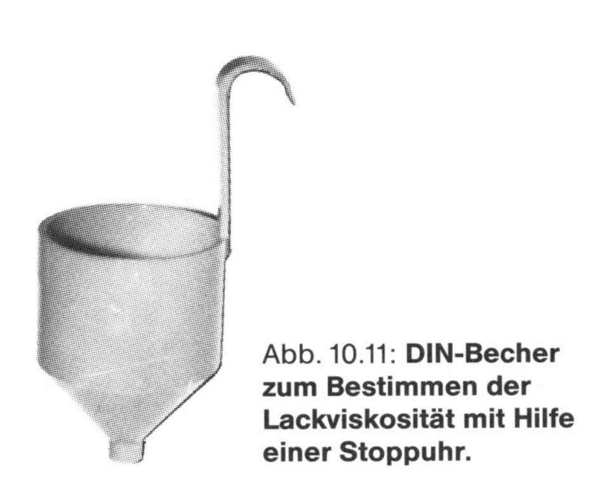

Abb. 10.11: **DIN-Becher zum Bestimmen der Lackviskosität mit Hilfe einer Stoppuhr.**

In der Praxis verdünnt man oft »nach Gefühl«. Der Begriff »spritzflüssig« läßt sich aber unterschiedlich interpretieren. Will man also Sicherheit haben, dann empfiehlt sich die Verwendung eines Viskositätsmessers. Diese gibt es in verschiedenen Ausführungen; meist verwendet man die sogen. DIN-Becher (Abb. 10.11). Das Volumen dieser Becher beträgt 100 cm^3, und sie haben eine bestimmte Form mit einer Ausflußöffnung von 2, 4 oder 6 mm. Die Öffnung wird bei der Viskositätsmessung immer angegeben; am meisten kommt die 4-mm-Bohrung zur Verwendung. Außer dem DIN-Becher wird auch der Ford-Becher nach amerikanischer Norm verwendet.
Der Becher ist mit einem Überlaufrand versehen. Während man die Ausflußöffnung mit dem Finger verschließt, gießt man soviel Farbe in den Becher, daß dieser überzulaufen beginnt und mit einem breiten Spachtel abgestrichen werden kann. Nimmt man den Finger von der Öffnung, dann entleert sich der Becher innerhalb einer bestimmten Zeit; diese Zeit wird nun mit der Stoppuhr gemessen. Die Zeit zwischen dem Wegziehen des Fingers und dem Übergang vom Farbstrahl zur Tropfenbildung ist die »Auslaufzeit«. Dickflüssige Farben haben eine längere Auslaufzeit als dünnflüssige. Natürlich muß die Farbe beim Messen eine bestimmte, feste Temperatur haben: meist 20° C (Zimmertemperatur). Die Viskosität wird dann z. B. folgendermaßen angegeben: 20–25 s DIN 4/20° C oder 12–15 s Ford 4/20° C.

10.9 FARBSPRITZANLAGEN

In groben Zügen kann man drei Systeme zum Spritzlackieren unterscheiden:

a) Die Druckluft-Farbspritzanlage

Bei der Druckluft-Farbspritzanlage wird die Flüssigkeit (der Lack) mit einem Luftstrom zusammengebracht, der für die Zerstäubung sorgt. Diese Methode wird in Karosseriebetrieben sehr oft angewandt.

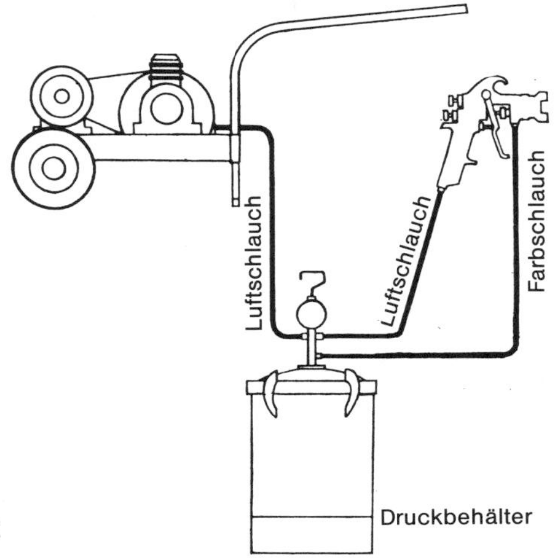

Abb. 10.12: **Schematische Darstellung einer Druckluft-Spritzanlage mit Druckgefäß.**

b) Die luftlose Spritzanlage

Man bezeichnet diese Methode als »Airless-Verfahren«. Die Flüssigkeit wird unter sehr hohen Druck gebracht (75–500 bar). Zur Zerstäubung braucht man keine Druckluft; der Lack strömt mit sehr hoher Geschwindigkeit durch eine ganz kleine Bohrung in der Spritzpistole und expandiert stark in dem Augenblick, in dem er aus der Spritzpistole austritt. Man kann diese Methode in etwa mit einem Gartenschlauch vergleichen, dessen Mundstück ebenfalls für feine Zerstäubung sorgt.

c) Die elektrostatische Spritzanlage

Hier wird der Lack mit einer gleichgerichteten Hochspannung elektrostatisch aufgeladen. Oft wird die Flüssigkeit schon zuvor in kleine Teilchen aufgespalten. Dies kann mechanisch, mit oder ohne Luft geschehen.
Teilchen mit gleicher Ladung stoßen einander ab. Dies bewerkstelligt eine weitere Zerstäubung.

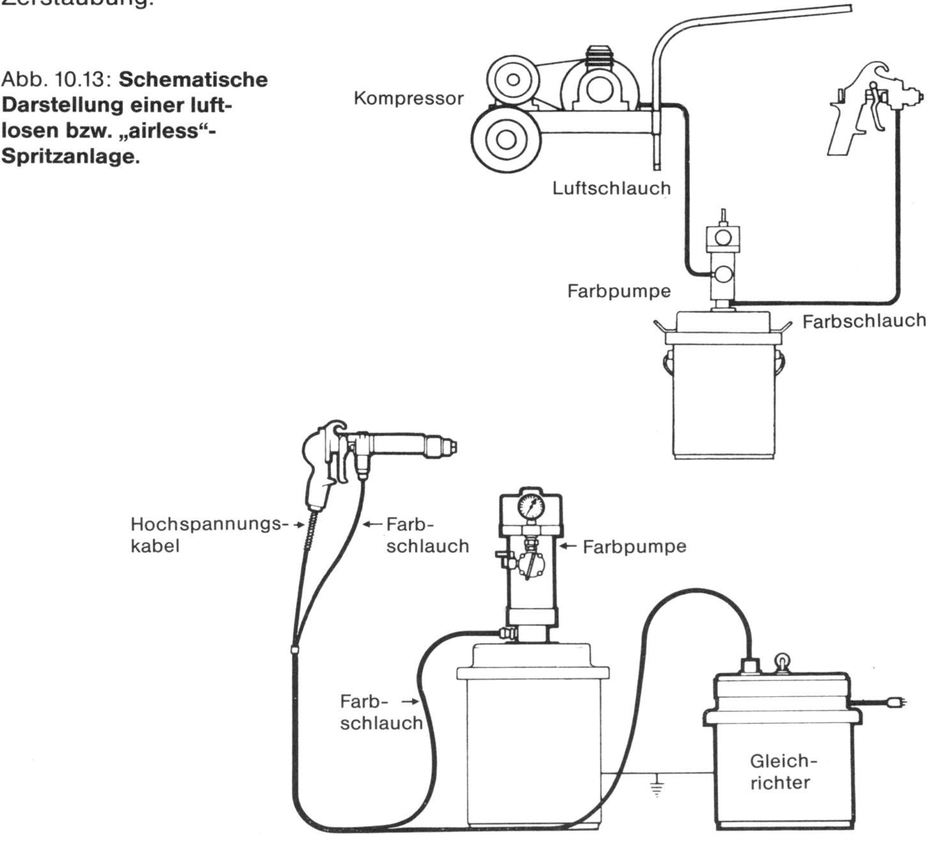

Abb. 10.13: **Schematische Darstellung einer luftlosen bzw. „airless“-Spritzanlage.**

Abb. 10.14: **Schematische Darstellung einer elektrostatischen Spritzanlage**

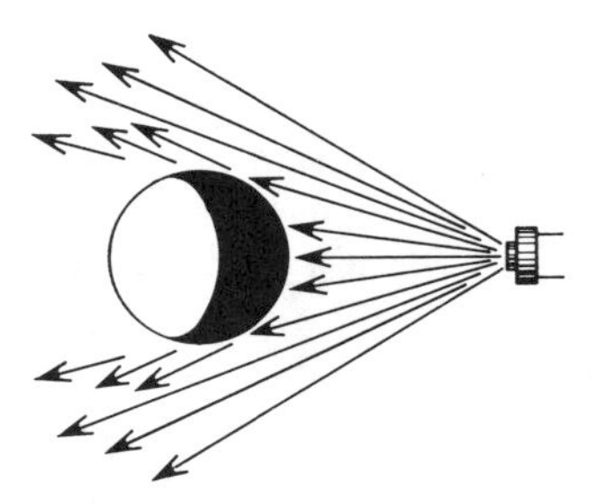 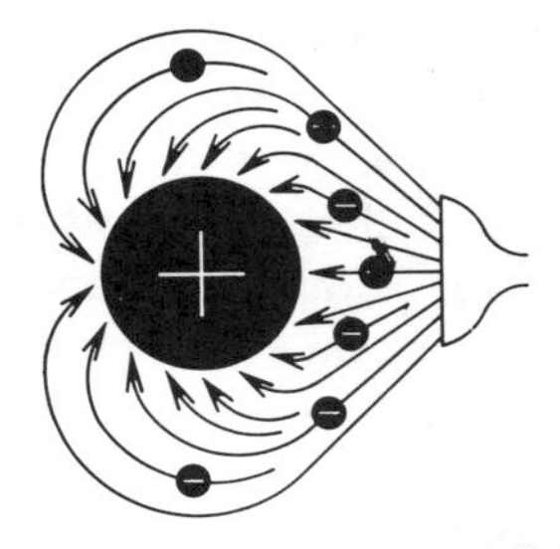

Abb. 10.15: **Hier sieht man den Unterschied zwischen dem normalen (links) und dem elektrostatischen Spritzen (rechts)**

Indem der zu spritzende Gegenstand nun geerdet wird, bewegen die aufgeladenen Teilchen (Lack) sich in einem konstanten Strom darauf zu, der Lack schlägt sich darauf nieder, und die Ladung fließt zur Erdung hin ab.

10.10 WERKZEUGE, HILFSMITTEL UND ANLAGEN ZUM SPRITZEN

Spritzpistolen

Bei den Luftspritzpistolen können wir die folgende Prinzipunterteilung machen:

- durchblasende und abschließende Pistolen;
- Pistolen mit angekoppelten und gesonderten Bechern;
- äußere und innere Mischung von Luft und Farbe;
- Pistolen zur Saug-, Druck- und Schwerkraftspeisung.

Im Reparaturbetrieb wird man vorwiegend die Becher-Spritzpistole finden. Das liegt daran, daß meist kleinere Farbmengen zu verarbeiten sind, wobei sich zugleich auch Lackart und Farbe ändern.

Um nochmals auf die prinzipielle Unterteilung der Spritzpistolen zurückzukommen; die Becher-Spritzpistolen weden im allgemeinen die folgenden Eigenschaften haben:

- selbstschließende Pistole, d. h., wenn man den Abzugshebel losläßt, werden sowohl der Farb- als auch der Luftstrom durch Ventile gesperrt;
- Pistole mit gekoppeltem Becher (dabei unterscheiden wir *Unter-* und *Oberbecher-Pistolen);*
- Mischung von Luft und Farbe außerhalb;
- Pistolen für Saug- und Schwerkraftspeisung (bzw. Unter- und Oberbecher-Pistole).

Bei umfangreicheren Arbeiten, wie beim Spritzen von Lieferwagen, Lkw und Bussen, wird der Lackierer, der eine Becherpistole benutzt, sehr oft Lack nachfüllen müssen. Aus diesem Grunde verwendet man hierzu oft das *Drucksystem.*

Dabei ist die Spritzpistole über einen Schlauch mit einem Faß oder einem großen tragbaren Becher (z. B. 2 dm^3) verbunden, wobei Druckluft für die erforderliche Kompression sorgt. Das Spritzmaterial wird so in die Pistole gepreßt.

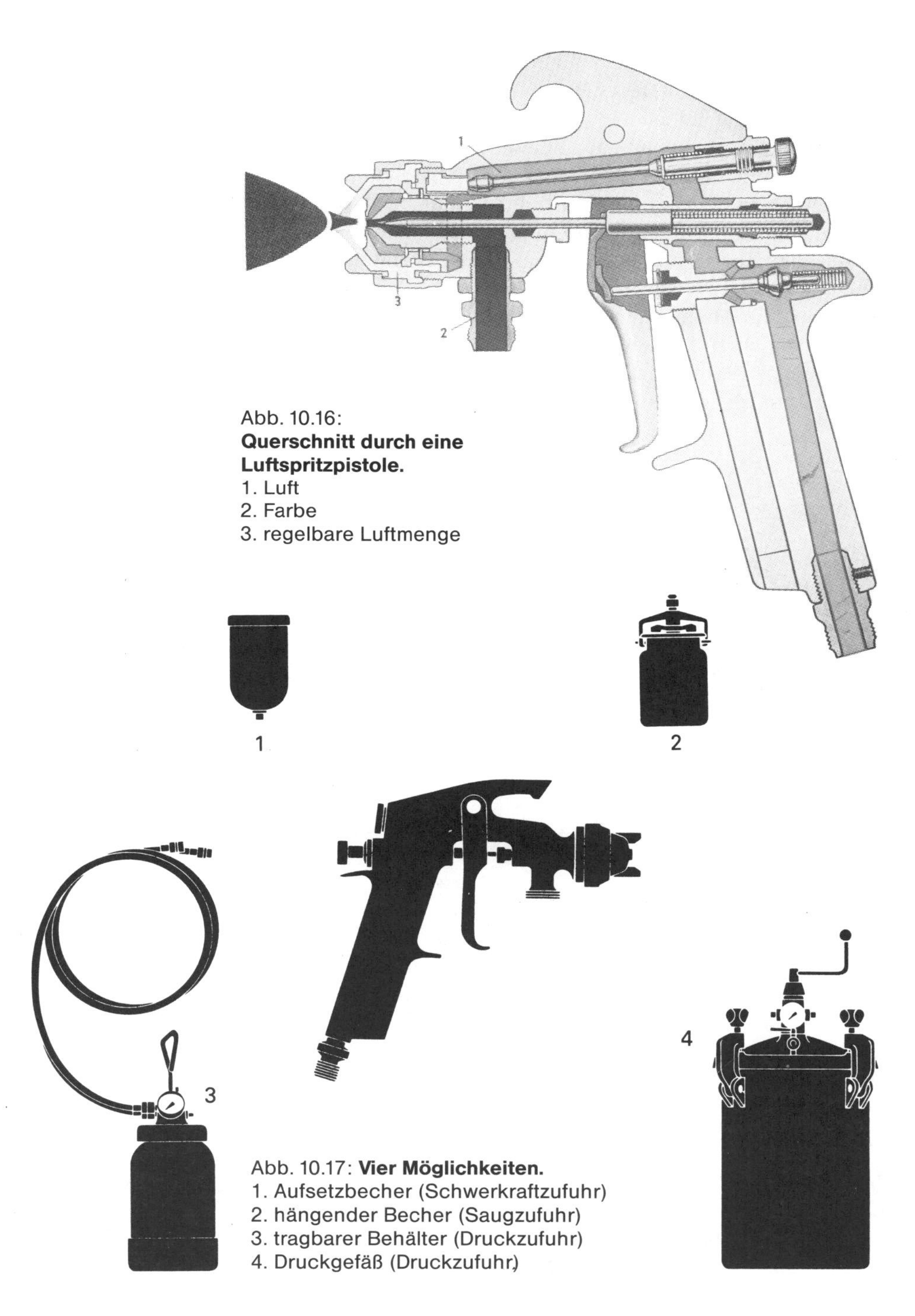

Abb. 10.16:
Querschnitt durch eine Luftspritzpistole.
1. Luft
2. Farbe
3. regelbare Luftmenge

Abb. 10.17: **Vier Möglichkeiten.**
1. Aufsetzbecher (Schwerkraftzufuhr)
2. hängender Becher (Saugzufuhr)
3. tragbarer Behälter (Druckzufuhr)
4. Druckgefäß (Druckzufuhr)

Filter

Um zu einem einwandfreien Resultat ohne Verunreinigungen oder Staub zu kommen, braucht der Lackierer verschiedene Filter. Es versteht sich dabei, daß auch die Spritzkabine absolut sauber sein muß. Man verwendet Einmalfilter, die nach Gebrauch durch neue ersetzt werden. Mit diesen Filtern kann alles benötigte Material ohne Risiko in den Farbbecher der Spritzpistole umgefüllt werden. Das Sieb dieser Filter ist sehr fein und hält alle Verunreinigungen auf. Es gibt auch einen konischen Filter, der im Rohr des Farbbechers angebracht wird (siehe Abb. 10.19). Diese Filterart eignet sich sehr gut für undurchscheinende Lacke, aber nicht für Metallikfarben, weil das Sieb derart fein ist, daß die Aluminiumteilchen in der Filterspitze zusammenkleben würden und dadurch der Lack einen Teil dieser Aluminiumschuppen verlieren würde. Das Aussehen des Lacks würde natürlich stark beeinträchtigt werden.

Abb. 10.18: **Einmalfilter zum Filtern der Farbe, ehe diese in den Becher gelangt.**

Abb. 10.19 a: **Ein konischer Filter wurde hier bei einer Metallikfarbe verwendet:** die Aluminiumschuppen bleiben im Filter hängen, und der Lack wird sein metallisches Aussehen zum Teil einbüßen (Abb. links).

Abb. 10.19 b: **Für die Metallikfarben verwendet man eine andere Art von Metallfilter, das sogen. Trommelfilter. Dieses läßt die Alu-Schuppen durch.** Überdies bleiben die Schuppen in Bewegung, weil sie sich im Filter frei bewegen können (Abb. rechts).

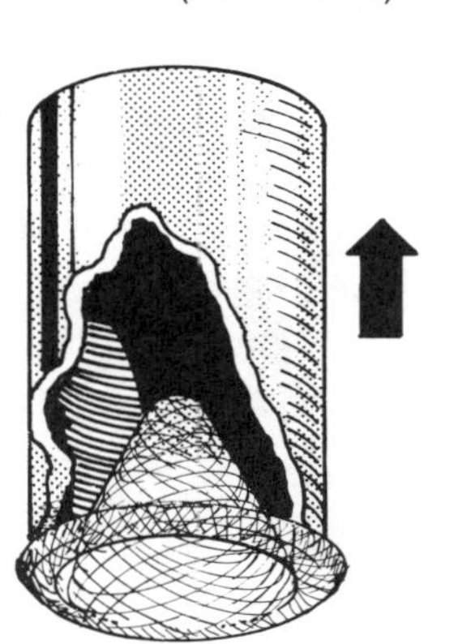

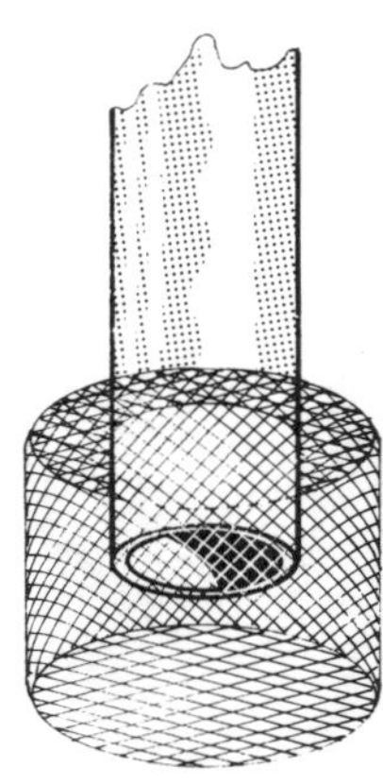

Die Leckschutzblende

Dabei handelt es sich um eine Kunststoffblende, die über das Rohr zum Farbbecher geschoben wird. Dazu braucht man nichts zu demontieren. Die Blende dient dazu, die Farbe aufzufangen, die durch die Luftklappe dringen könnte, wenn die Spritzpistole vertikal gehalten wird, z. B. beim Spritzen von Motorhaube, Kofferraumdeckel und Dach. Diese Blende arbeitet absolut zuverlässig und kann nach Gebrauch mit Verdünner gereinigt werden.

Kompressoren

Es gibt drei Arbeiten von Kompressoren:

a) den Kolbenkompressor;

b) den rotierenden Kompressor;

c) den Membrankompressor.

Der bekannteste ist der Kolbenkompressor, von dem es Ausführungen mit einem, zwei, drei und sogar vier Zylindern gibt. Diese Kolbenkompressoren lassen sich noch weiter unterteilen in die Ein- und die Zweistufenkompressoren.
Der *Einstufenkompressor* hat wenigstens einen Kolben (Zylinder). Mit jedem Hub drückt der Kolben die zuvor angesaugte Luft in den Kessel. Wenn nun mehrere Zylinder in Reihenform angebracht werden, dann soll dadurch nicht der Druck, sondern die Kapazität vergrößert werden. Solche Kompressoren werden dort verwendet, wo ein Druck von 700–1000 kPa (7–10 kg/cm^2) gebraucht wird.
Der *Zweistufenkompressor* hat wenigstens zwei Zylinder unterschiedlicher Durchmesser, die zusammenarbeiten. Solche Kompressoren verwendet man dort, wo ein höherer Druck gebraucht wird.
Der größte Zylinder (Niederdruck) saugt die Luft an und komprimiert sie, worauf sie in den kleineren Zylinder (Hochdruck) geleitet wird. Dieser komprimiert dann weiter und drückt die Luft in den Kessel. Zur Kapazitätsvergrößerung kann man dann zwei oder drei Niederdruckzylinder einsetzen, oder man vergrößert den Durchmesser. Der Enddruck liegt in der Größenordnung von 1200–1500 kPa (12–15 kg/cm^2).

Der Kessel braucht einen Filter, einen Ablaßhahn, ein Druckminderventil und ein Sicherheitsventil. Auch in den Leitungen zu den Abzweigstellen müssen diese Abscheider angebracht sein, damit die Luft, die zur Spritzpistole geführt wird, von Öl und Feuchtigkeit befreit wird. Außerdem muß der Zufuhrdruck regelbar sein. Auf dem Kessel befindet sich ein automatischer Schalter, der dafür sorgt, daß der Antriebsmotor zur rechten Zeit ein- und ausgeschaltet wird.
Gehen Sie beim Kauf eines Kompressors stets davon aus, daß eine spätere Erweiterung stattfinden soll; sorgen Sie also eher für zu große Bemessung.
Hinsichtlich einwandfrei reiner Luft und Filter siehe Abschnitt 2.5.

Der Behälter muß mit einem Filter, einem Ablaßhahn, einem Reduzierventil und einem Sicherheitsventil versehen sein. Auch in den Leitungen zu den Ablaßpunkten müssen diese Teile vorhanden sein, um die der Spritzpistole zugeführte Luft öl- und feuchtigkeitsfrei zu machen. Darüber hinaus muß der Zuführdruck regelbar sein.

Am Behälter finden wir einen automatischen Schalter, der dafür sorgt, daß der Antriebsmotor rechtzeitig ein- und ausschaltet.

Öl- und Feuchtigkeitsabscheider
Der Abscheider soll dafür sorgen, daß Öl- und Wassertröpfchen aus der komprimierten Luft entfernt werden, bevor sie das Werkzeug erreichen. Häufig ist der Abscheider mit dem Druckregler kombiniert. Bringen Sie den Abscheider stets möglichst weit vom Kompressor entfernt an, so daß die durch das Komprimieren erwärmte Luft möglichst weitgehend abgekühlt wird. Dann kann der Abscheider seine Funktion am besten erfüllen. Jedenfalls kann kalte Luft weniger Dampf enthalten als warme Luft.

Spritzkabinen
Diese müssen aus feuerfestem Material bestehen und flache, helle Wände sowie gut schließende Türen haben. Zwei der Wände müssen Notausgänge haben, die nach außen hin zu öffnen sind und nicht abschließbar sein dürfen. Sämtliche Schalter und Steckdosen müssen sich außerhalb der Kabine befinden.
Die Abmessungen einer einfachen Spritzkabine sind 7 x 5 x 3 m; der Fußboden ist eben mit einer leichten Abflußneigung.
Die Absauganlage arbeitet möglichst in vertikaler Strömungsrichtung, weil der Spritzdunst schwerer als Luft ist. Die Heizanlage zur normalen Spritzarbeit darf kein offenes Feuer haben, und die Arbeitstemperatur muß 20 bis 25° C betragen, dies mit einem strikten Minimum von 18° C. Ein Feuerlöscher, möglichst mit Kohlensäureschaum, muß griffbereit aufgehängt sein.
Die Spritzkabine muß bei täglicher Verwendung täglich mit Wasser gereinigt werden. Eine kleine Werkbank – mit Zink überzogene Arbeitsplatte – ist eigentlich unentbehrlich. Eine periodische Kontrolle wird empfohlen, vor allem der Propeller des Absaugeventilators (Exhauster) muß gründlich gereinigt und durch Filter geschützt werden.
Die voraufgegangene Beschreibung bezieht sich auf eine einfache Spritzkabine, wie sie in kleinen Werkstätten gebraucht wird.
Größere Betriebe verfügen im allgemeinen über eine größere Anlage, die als Spritz- und Trockenkabine dienen kann. Das hat drei wesentliche Vorteile:

a) idealer Feuchtigkeitsgrad;
b) staubfrei;
c) angepaßte und konstant regelbare Temperatur.

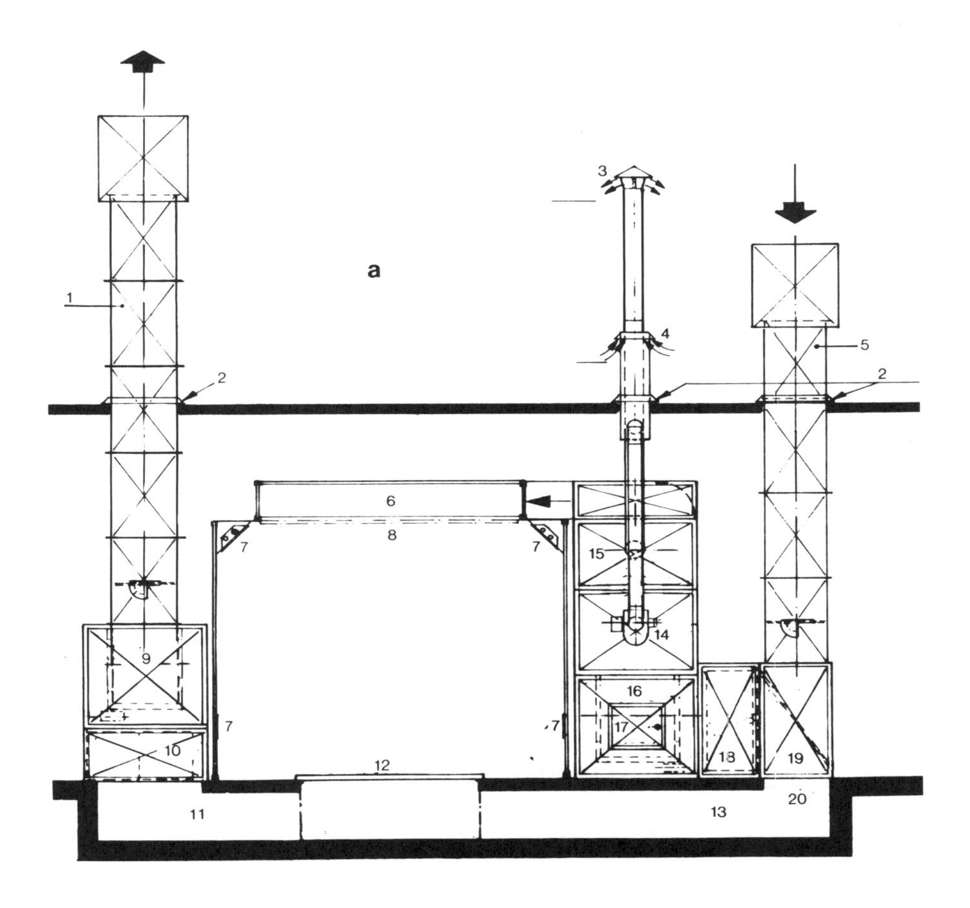

Abb. 10.20: **Der prinzipielle Aufbau einer Spritz-Trockenkabine (vertikal) in Längssicht (a), Quersicht (b) und Draufsicht (c).**

1. Absaugrohr;
2. Dachdurchlass;
3. Rauchgasabzug;
4. Frischluft für den Brenner;
5. Ansaugrohr;
6. Filterdecke;
7. Beleuchtung;
8. Nachfilter;
9. Absaugventilator;
10. Nachfiltergehäuse;
11. Absaugkanal;
12. Bodenrost;
13. Unterbodenkanal;
14. Brenner;
15. Lufterhitzer;
16. Ladeventilator;
17. Schaltgehäuse;
18. Vorfiltergehäuse;
19. Rezirkulationsventil;
20. Rezirkulationskanal.

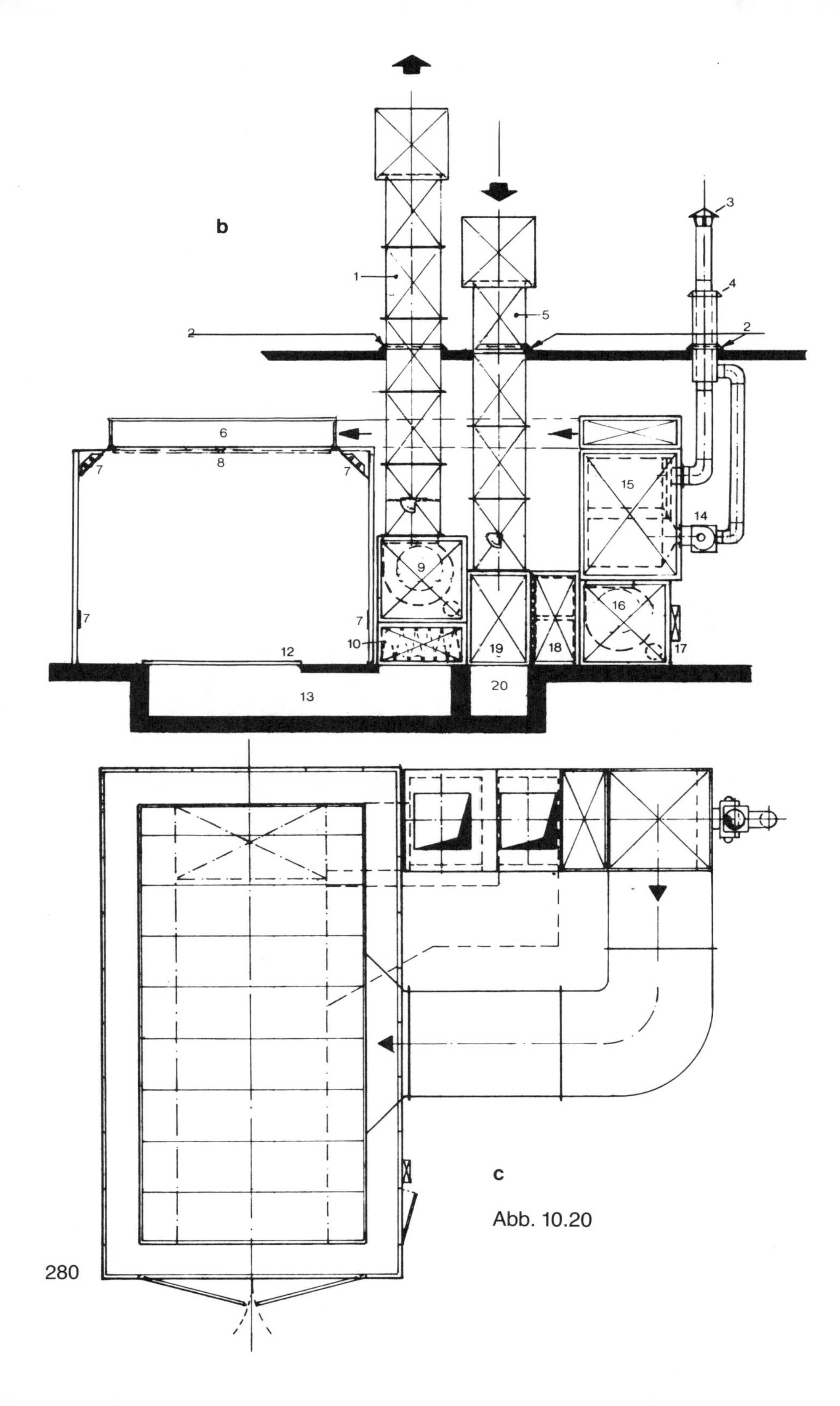

Abb. 10.20

Um aus diesen drei Vorteilen der Spritzkabine Nutzen ziehen zu können, ist die erste Voraussetzung gutes Filtermaterial, welches regelmäßig zu ersetzen ist. Weiterhin muß die Spritzkabine wenigstens einmal jährlich gründlich gereinigt werden.

A. Wände gründlich reinigen und dafür sorgen, daß sie weiß sind.
B. Absaugleitungen reinigen.
C. Absaugmotoren reinigen.
D. Schließen Sie eventuell einen Wartungsvertrag mit Ihrem Spritzkabinenhersteller ab, denn auch die richtige Einstellung der Spritzkabine ist sehr wichtig.

Die wichtigsten Bestandteile sind die Ventilatoren für die Zu- und Abfuhrluft, Motoren, Brenner und Filter. Alle diese Teile sind leicht zugänglich außerhalb der eigentlichen Kabine aufgestellt und montiert.

Hinsichtlich der Richtung des Luftstromes gibt es im Prinzip drei Arten von Kabinen: diagonal, horizontal und vertikal. Die Abb. 10.21 verdeutlicht dies. Ferner können wir noch unterscheiden, wie es die Abb. 10.22 andeutet, nämlich Standard-, Quer- und Längsströmung.

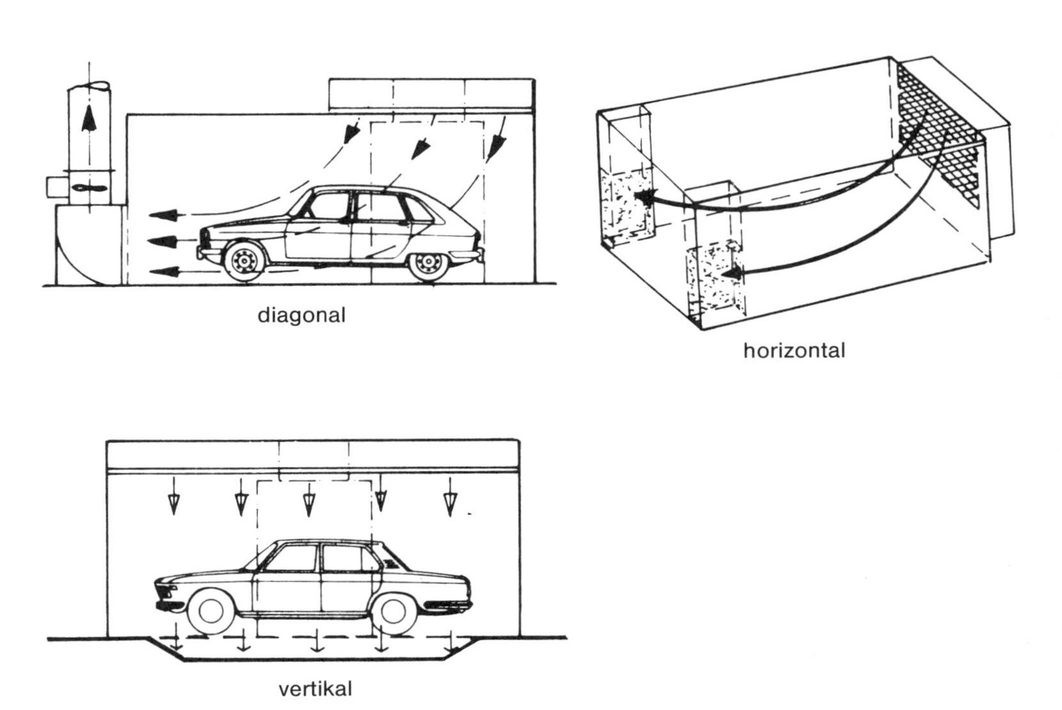

Abb. 10.21: **Drei Richtungen des Luftstromes**

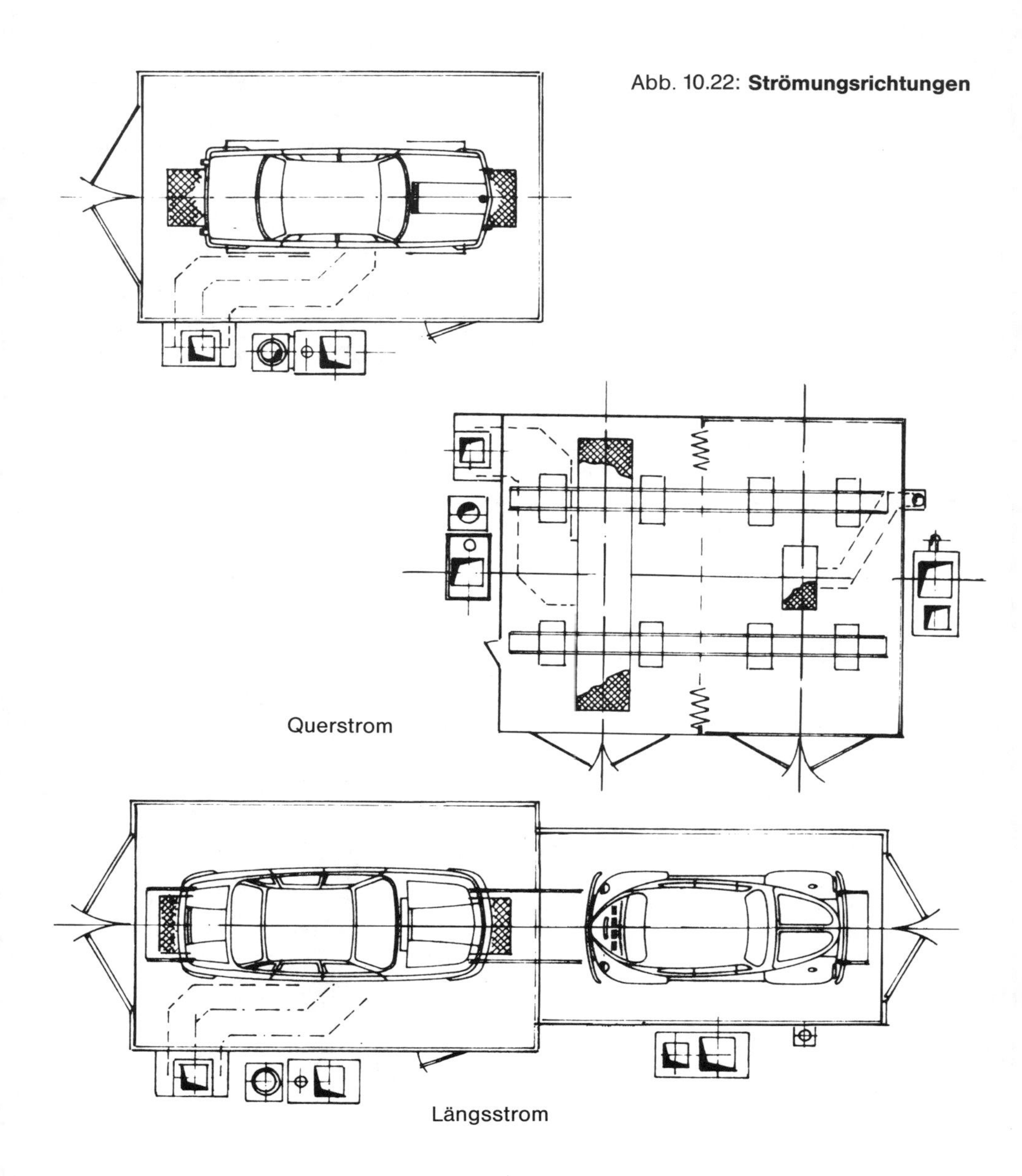

Abb. 10.22: **Strömungsrichtungen**

Ein Beispiel zu den technischen Daten einer Spritz-/Trockenkabine sei hier gegeben:
Länge: 6535 mm außen – 6435 mm innen;
Breite: 4013 mm außen – 3913 mm innen Nutzfläche;
Höhe: 3500 mm außen – 2960 mm innen.

Spritztemperatur:	ca. 21° C bei einer Außentemperatur von wenigstens 10° C.
Trockentemperatur:	maximal 80° C (Trocknung durch Rezirkulationsluft unter Zusatz von 10 bis 25% Außenluft).
Typ:	Überdruck, vertikale Absaugung, Trocknung mit 10 bis 25% Ergänzungsluft, rezirkulierend).
Luftumsatz:	15 000m³/Std.; vertikale Luftgeschwindigkeit in leerer Kabine = 0,2 m/s.
Wärmeaustauscher:	Brennerkammer aus 2,5 mm Chromstahl. Netto-Kapazität 145 000 kcal/Std. Verbrauch max. 15 Liter/Std.
Brenner:	Öl (nom. 100 000–200 000 kcal).
Gebläse:	Zentrifugalventilator. Explosionssichere Ausführung, montiert auf schwenkbarem Motorsitz zum Spannen der Keilriemen. 380/660 V, ca. 2,2 kW.
Ventilgehäuse:	kombin. Ventilgehäuse/Vorfiltergehäuse, handbedient.
Rohre:	Schornsteinrohr + Sauerstoffansaugrohr (Ansaugluft für Brenner wird vorgewärmt) + Regenkappe. Ansaugrohre 76 x 76 x 100 cm.

Abb. 10.23: **Hier sehen wir einen Absaugboden mit durchlaufenden Gitterrosten.** Auf diesem Boden können alle Vorbearbeitungen, wie Spachteln, Schleifen und Grundieren, durchgeführt werden. Der überschüssige Lack und der Staub werden durch die Bodenroste hindurch abgesaugt, und darunter erfolgt dann die erste Staubabscheidung durch Zentrifugalkraft. Anschließend gibt es noch Filter zur Reinigung der Luft. Über das Deckengitter kann die gefilterte Luft zurückkehren (Rezirkulation).

Exhauster:	Absauge-Nachfiltergehäuse, Ventilator, Zentrifugalventilator; explosionssichere Ausführung, zum Spannen der Keilriemen auf schwenkbarem Motorsitz montiert. 380/660 V, ca. 2,2 kW. Filter: 4 Drahtkassetten 600 x 500 mm.
Rohre:	Absaugrohre 76 x 76 x 100 cm. Ausblasekappe als Chinesenhut ausgeführt.

Trockner

Durch Gebrauch von Strahlern oder Radiatoren läßt sich die Trockenzeit synthetischer Produkte erheblich verkürzen.
Ein häufig verwendeter Trockner ist die Infrarot-Lampe.
Im Gegensatz zu dem, was logisch erscheinen sollte, entwickelt eine Lampe mit Infrarotstrahlung nicht sonderlich viel mehr Wärme, als eine normale Glühlampe mit gleicher Leistung. Aber das Licht der normalen Glühlampe wird von der Oberfläche reflektiert, auf die das Licht gerichtet ist; dadurch wird die Oberflächentemperatur nur geringfügig ansteigen. Die Strahlen einer Infrarot-Lampe werden

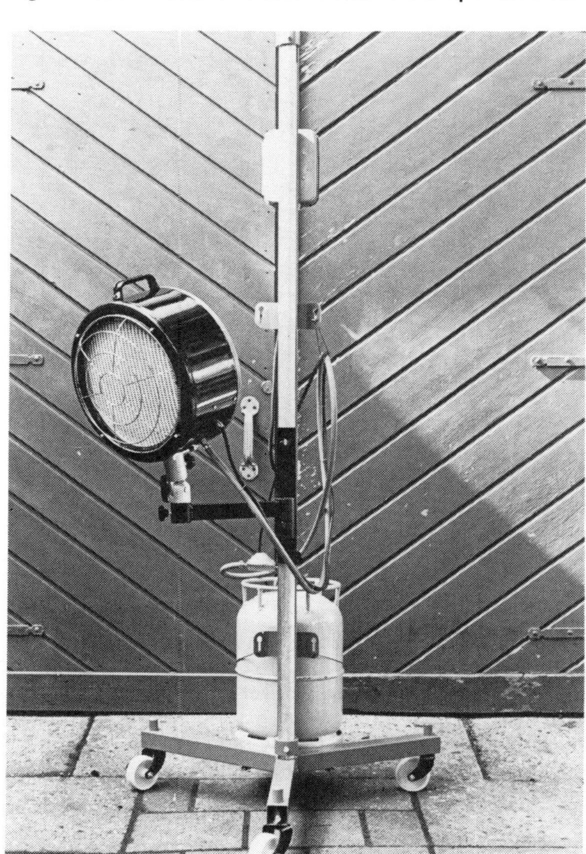

Abb. 10.24: **Katalytischer Thermoreaktor, mit Propangas beheizt (Mono-Ausführung).**
Der Ventilator hat einen elektrischen Anschluß.

dagegen von der Oberfläche absorbiert, die obere Schicht wird durchdrungen, und infolge dieser »Tiefenstrahlung« werden auch die unteren Schichten von der Wärme profitieren.
Daher kommt es zur Aushärtung, sowohl an der Oberfläche als auch in der Tiefe.
Im allgemeinen sind die Trockner fahrbare Geräte. Der Abstand zwischen Trockner und Objekt beträgt meist etwa 0,6 m.
Ein Trockner anderer Art ist der »Thermoreaktor«. Die Abb.10.24 zeigt so ein Gerät, das mit Propangas beheizt wird.
Die Verbrennung des Gases erfolgt in einem sogen. katalytischen Verbrennungsblock, der aus einer mehrere Zentimeter dicken, porösen, scheibenförmigen Platte und einem kastenförmigen Raum (der Gaszelle) besteht.
Die scheibenförmige Platte besteht aus einer feuerfesten porösen Masse. Diese Masse ist durch einen Katalysator imprägniert; als Katalysator dient eine Mischung aus Metalloxyden und seltenen Metallen (u. a. Platin).
Ferner befindet sich darin ein elektrisches Element, das die Katalysatormasse anwärmen kann.
Die Scheibe schließt einen kastenförmigen Raum ab, die Gaszelle, der der Brennstoff (Propangas) unter einem bestimmten Druck zugeführt wird. Diese Gaszelle sorgt dafür, daß das Gas gleichmäßig über die ganze Oberfläche der Scheibe verteilt und unter konstantem Druck homogen durch die poröse Masse geleitet wird.
Die Gaszufuhr zur Gaszelle wird durch ein Bimetall geregelt.
Gaszelle und Katalysatormasse sind konzentrisch in einer zylinderförmigen Metallkappe untergebracht, hinter der ein Ventilator angebracht ist. Zwischen der Kappenwand und dem katalytischen Verbrennungsblock ist ein Abstand von einigen Zentimetern. Der Ventilator saugt die Luft an und bläst sie entlang dem Verbrennungsblock. An der Vorderseite mischt die Luft sich mit den Verbrennungsgasen und führt diese mit konstanter Wärme ab.
Je nach Gerätetyp (Mono oder Duo) sind in einem Stahlgehäuse ein oder zwei Verbrennungsblöcke untergebracht, einschließlich eines Druckminderers für Propan und eines elektromagnetischen Sperrventils mit Dauerflamme.
Der Lufteinlaß für den Ventilator ist mit einem austauschbaren Luftfilter versehen.
In anderen Ausführungen sind die Verbrennungsblöcke auf einem fahrbaren Untersatz montiert, auf dem ebenfalls die Propanflasche befestigt ist. Die Bedientafel finden wir auf einem Stativ.
Im Prinzip arbeitet das Gerät folgendermaßen:
Die katalytische Verbrennung ist im allgemeinen eine chemische Oxydierung, die unter Anwesenheit eines Katalysators erfolgt, der selbst zwar nicht an der chemischen Reaktion beteiligt ist, diese aber beeinflußt (beschleunigt, bremst, stoppt usw.). In diesem Fall wird die Reaktion zwischen Propangas und Sauerstoff unter dem Einfluß des Katalysators im Verbrennungsblock beschleunigt, wodurch sie bei niedrigerer Temperatur erfolgt. Das Propangas verbrennt in der Reaktionszone ohne Feuer praktisch vollständig zu CO_2 und H_2O. Die Temperatur beträgt etwa 400° C. Auffällig ist bei diesem Gerät, daß es flüchtige und brennbare Stoffe nicht

entzündet, obwohl die poröse Masse glüht und außen eine Temperatur von 480° C hat. Bei Versuchen hat man z. B. Terpentin, Aceton und Benzin auf die glühende Masse gegossen. Ferner wurden diese Flüssigkeiten mit der Spritzpistole aus ungefähr 2 cm Abstand zerstäubt. Bei keinem dieser Versuche entzündete sich die Flüssigkeit oder der Nebel.
Der Trockner kann auf halbe Leistung eingestellt werden, indem der Ventilator ein- oder ausgeschaltet wird.

Der Mikro-Test
Mit Hilfe eines auf Magnetismus basierenden Gerätes kann man elektronisch die Dicke der trockenen Farbschicht messen. Die Werte werden in µm angegeben (mit Mikrometer).

Das Staubbindetuch
Dies ist ein harzgetränktes Tuch, das niemals völlig austrocknet. Wischt man die zu spritzenden Teile mit dem Tuch ab, dann bleiben alle Staubteilchen an diesem kleben.
Drückt man zu hart oder wringt man das Tuch aus, dann besteht die Gefahr, daß man das Harz aus dem Tuch herauspreßt. Das hat nachteilige Folgen für den Lack.

Masken und Hauben
Die einfachste Methode, dem Einatmen des Lacknebels vorzubeugen, ist die, eine Spritzmaske oder Spritzhaube zu tragen. Dabei ist aber zu bedenken, daß die Maske lediglich ein Hilfsmittel ist; sie kann gute Dienste erweisen, wenn die Ventilation und/oder die Absaugung unzureichend ist.
Am häufigsten wird die sogen. *Staubmaske* benutzt. Dabei wird die Atemluft durch einen Schwamm, durch Kunststoffschaum oder Watte angesaugt. Staubmasken sind »Halbmasken«, d. h. nur Mund und Nase werden geschützt.
Aus Unwissenheit benutzten sie viele beim Spritzlackieren; diese Masken schützen zwar vor dem Einatmen fester Bestandteile aus der Luft, aber sie lassen Gase und Nebel durch. Überdies haben sie nur eine begrenzte Lebensdauer.
Eine andere Art ist die sog. *Kohlefiltermaske.* Diese Masken können als Halbmasken, aber auch als »Vollmasken« (für Nase, Mund und Augen) ausgeführt sein. Sie enthalten eine Filterpatrone mit Aktivkohle. Diese Aktivkohle hat eine sehr große Oberfläche, die Nebel und Gase absorbieren kann. Die Nebel werden also absorbiert, so daß der Spritzlackierer reine Luft einatmet. Die Kohlefilterpatronen können ausgewechselt werden.
Ferner sind natürlich auch die *Frischluftmasken* zu nennen. Diese Masken schützen Mund, Nase und Augen, sie erhalten reine Luft. Die gefilterte Luft erreicht über den normalen Öl- und Wasserabscheider ein spezielles Kohlefilter. Über einen Druckminderer gelangt die reine Luft dann zur Maske. Ein leichter Überdruck empfiehlt sich, so daß der Spritznebel niemals bis in die Maske durchdringen kann.

Abb. 10.25: **Staubmaske**

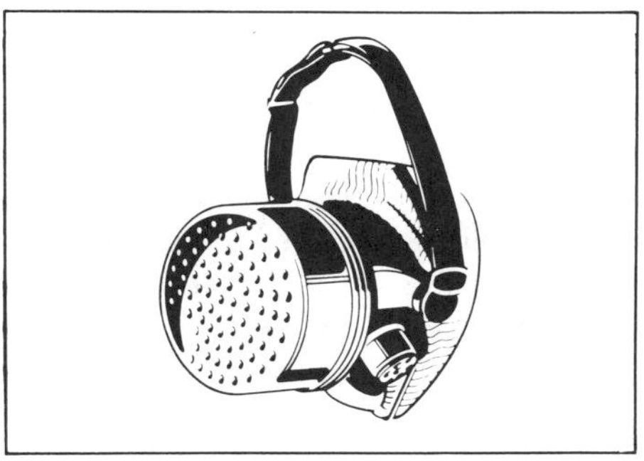

Abb. 10.26: **Kohlefiltermaske mit auswechselbarer Filterpatrone**

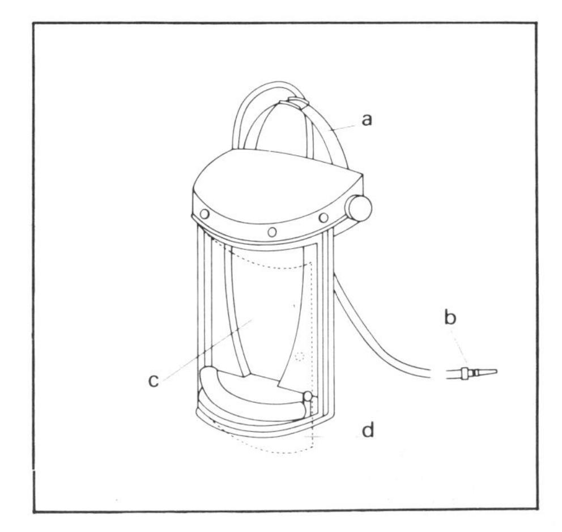

Abb. 10.27a: **Frischluftmaske.**
a) Verstellbarer Rahmen;
b) Luftschlauch mit Kohlefilter-Anschluß;
c) Durchblickscheibe;
d) Aufklebefolie, die auf die Scheibe geklebt wird, wenn diese Lösungsmitteln gegenüber nicht beständig ist.

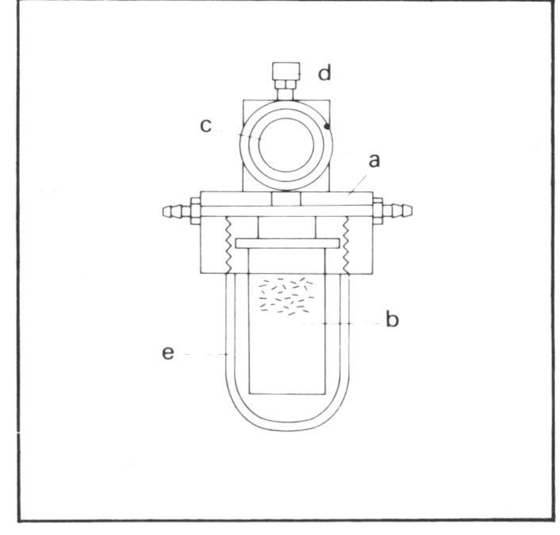

Abb. 10.27b: **Atemluftfilter.**
a) Filtergehäuse mit Ein- und Ausström-öffnung;
b) Kohlefilterpatrone;
c) Druckminderer;
d) Schnellkupplung;
e) Verschlußkappe.

Diese Frischluftmasken gibt es auch in der Ausführung als *Hauben;* sie werden über den ganzen Kopf gezogen. Bei der Verwendung von Masken dieser Art muß der Lackierer unbedingt auf den Luftschlauch achten, den er hinter sich hat. Berührt der die frische Lackschicht auch nur ein einziges Mal, dann muß alles noch einmal von vorn beginnen!

10.11 SPRITZTECHNIK

Zur Technik des Spritzlackierens reicht es nicht aus, daß man nur ein paar Regeln kennt. Erfahrung ist einfach unentbehrlich. Einige Arbeitsmethoden sind zu empfehlen, ja sogar unbedingte Voraussetzung, will man die Gefahr eines Mißlingens nach Möglichkeit ausschließen. Es ist schwierig, die Spritztechnik selbst genau zu beschreiben. Der Spritzlackierer wird oftmals davon abweichen, und dennoch ein gutes Resultat erzielen.
Die wichtigsten Faktoren, ungeachtet der verwendeten Geräte, sind:

A) Die Viskosität des Materials
Diese kam bereits im Abschnitt »Hilfsmittel zum Spritzen« zur Sprache.

B) Temperatur von Material und Umgebung
Wie auch bereits zur Viskosität gesagt, ist die Flüssigkeitstemperatur wichtig für die Dicke. Wenn der Lack eine zu niedrige Temperatur hat, dann ist er dickflüssiger als bei hoher Temperatur. Ehe man mit dem Verdünnen beginnt, muß die Farbe also auf Zimmertemperatur gebracht werden. Macht man das nicht, dann muß dem Lack mehr Verdünner zugesetzt werden. Überdies wird der Lack dann während des Spritzens wärmer und dünnflüssiger werden, so daß Füll- und Dekkungsvermögen nachlassen. Natürlich dürfen die zu spritzenden Flächen keine zu niedrige Temperatur haben, wenn der Lack angewärmt wird, denn die Temperaturunterschiede würden die Vorteile der Lackerwärmung zunichte machen.
Und schließlich muß natürlich auch die Ventilationsluft die richtige (Zimmer-)Temperatur haben.

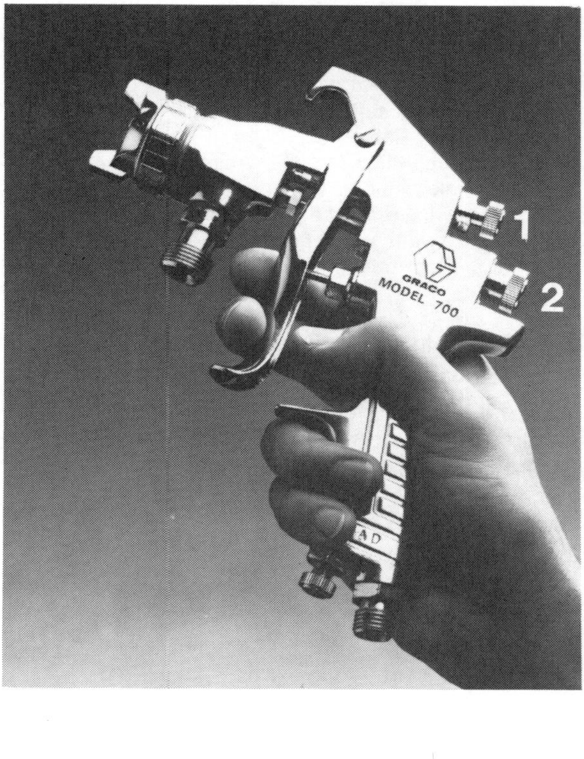

Abb. 10.28: **Spritzpistole.**
1. Einstellschraube für Rund-/Flachstrahl;
2. Feineinstellschraube.

Lack quillt auf; Rißbildung

■ Grundierung und Spritzspachtel vertragen einander nicht
■ Spritzspachtel nicht richtig behandelt
■ Spritzspachtel in nur einer Schicht zu dick aufgespritzt

□ Allen abblätternden Spritzspachtel sorgfältig entfernen. Mit aufeinander abgestimmtem Material in dünnen Schichten erneut bearbeiten.

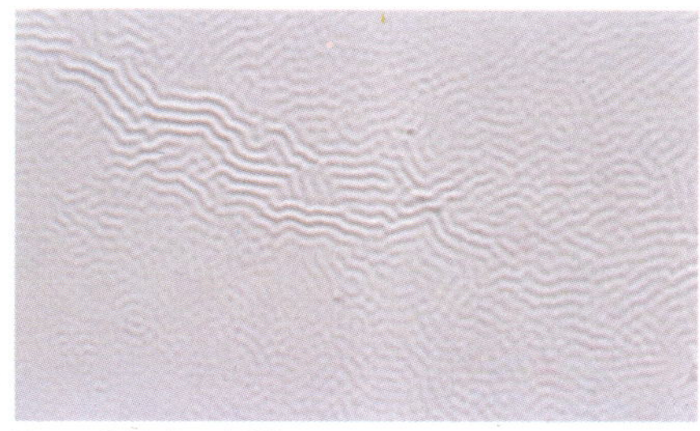

Runzel, Faltenbildung

■ Spannungen zwischen Spritzspachtel und Grundierung
■ Falsch getrocknet

□ Decklack abschleifen und erneut spritzen
□ Vorschriften hinsichtlich Blech-, Lack- und Umgebungstemperatur genau beachten

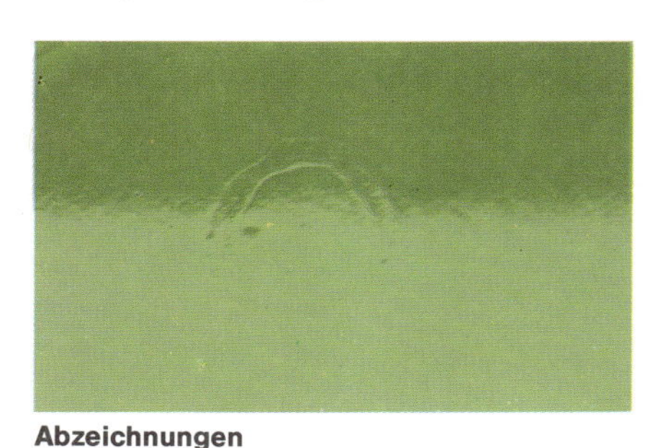

Abzeichnungen

■ Spachtelstellen waren nicht trocken genug
■ Temperatur bei forcierter Trocknung oberhalb 80°C
■ Falschen Verdünner verwendet

□ Versuchen, den Fleck durch Putzen zu beseitigen
□ Andernfalls die Fläche erneut spritzen

Rillen

■ Tiefe Rillen in der Fläche
■ Letzter Schleifgang vor dem Auftragen des Spritzspachtels und des Decklacks erfolgte mit zu grobem Schleifpapier
■ Zwei Deckschichten mit zwischenzeitlichen Rissen, aber ohne zwischenzeitliches Trocknen
■ Falscher Verdünner

□ Wenn das stellenweise auftritt oder an unauffälligen Stellen, diese Stellen polieren
□ Sonst Decklack entfernen und erneut spritzen

Nadellöcher, Kochbläschen

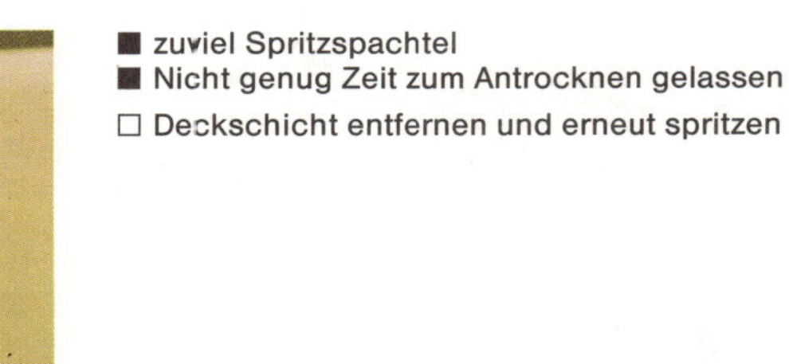

- ■ zuviel Spritzspachtel
- ■ Nicht genug Zeit zum Antrocknen gelassen
- □ Deckschicht entfernen und erneut spritzen

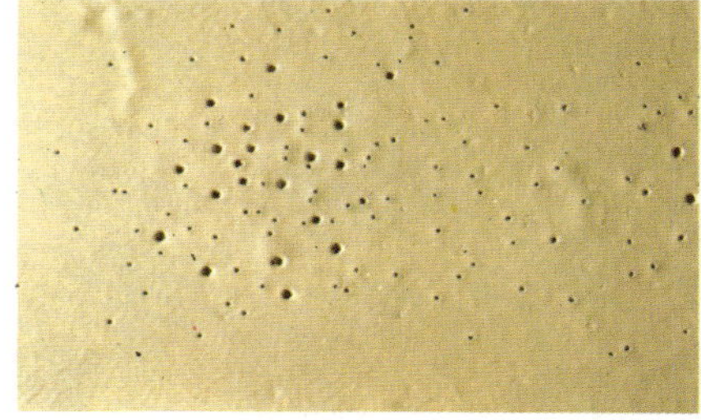

Löcher im Spritzspachtel

- ■ Poröser Spachtel unter Spritzspachtel
- ■ Spritzspachtel in einem Arbeitsgang viel zu dick gespritzt
- □ Vertiefungen mit Spachtel auffüllen
- □ Vorschriften genau beachten

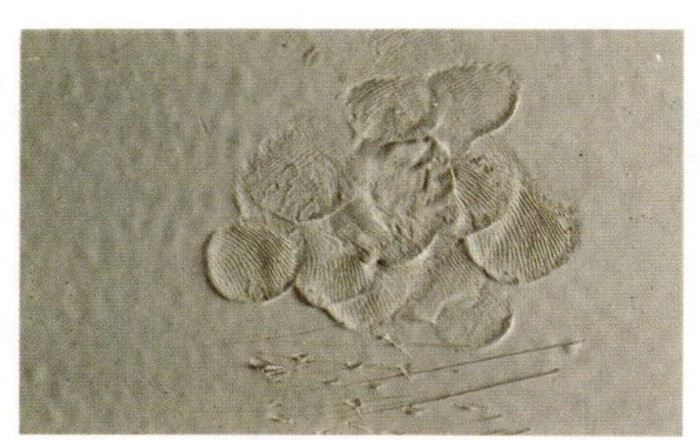

Weiche Oberfläche,
Spachtel trocknet stellenweise nicht

- ■ Mischverhältnis der Bestandteile nicht richtig
- ■ Grundmaterial nicht ausreichend mit Härter gemischt
- □ Nichtausgehärteten Spachtel beseitigen
- □ Oberfläche reinigen, Bearbeitung vorschriftsmäßig erneut wiederholen

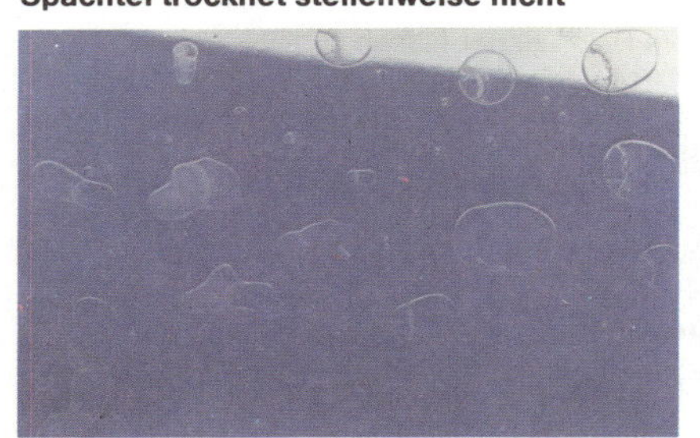

Wasserflecken

- ■ Abdruck von Wassertropfen auf frisch gespritztem Lack. Meist nur auf horizontalen Flächen
- □ Bei sporadisch auftretenden Flecken werden diese mit Schleifpapier 600 oder 1000 geschliffen und anschließend poliert
- □ Sonst Decklack erneut aufspritzen

Streifen

■ Zuviel Lack
■ Spritzpistole zu nahe
■ Zu niedrige Lackviskosität
□ Stellenweise schleifen und nachspritzen

Wolkeneffekt; kein homogener Metallik-Effekt

■ Nicht mit gleichmäßigem Abstand gespritzt
■ Spritzpistole nicht richtig gehandhabt, unregelmäßig
□ Decklack erneut auftragen

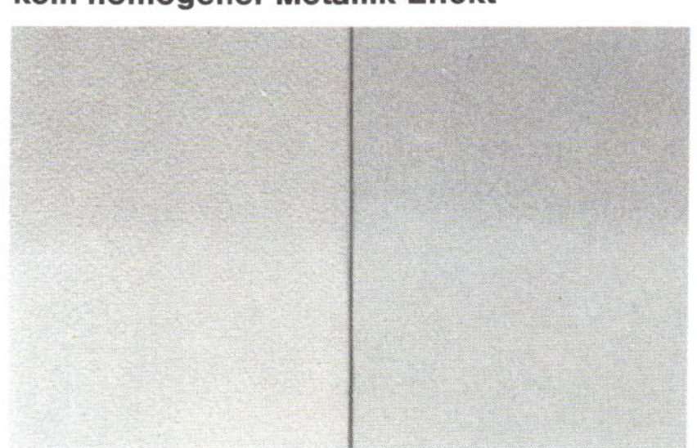

Farbunterschied; nach dem Trocknen deutliche Farbunterschiede

■ Falsche Farbe
■ Spritzgerät war nicht ganz sauber
□ Zuerst Versuchsblech spritzen
□ Spritzwerkzeuge gründlich reinigen
□ Decklack noch einmal aufspritzen

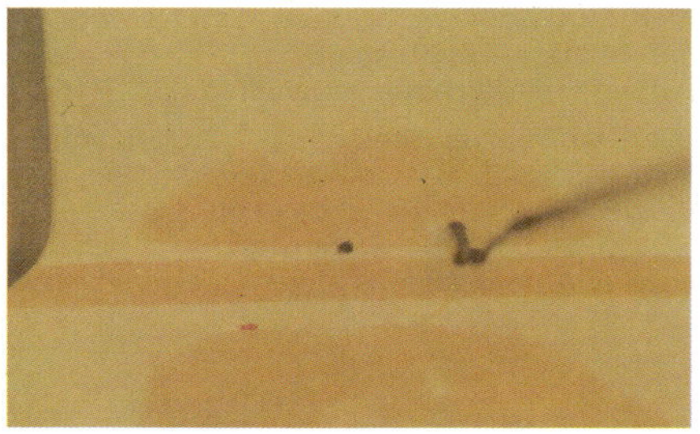

Durchscheinende Grundierung; Fleckenbildung, obwohl die Deckschicht dick genug ist

■ Die überspritzte Grundierung zeigt »blutige« Pigmente oder löst sich auf
□ Decklack mit Verdünner abwaschen, neutralisierend grundieren und erneut spritzen

Spritznebel;
stumpfe Oberfläche nach dem Nachspritzen

- ■ Nicht richtig abgeklebt
- ■ Zu hoher Spritzdruck
- ■ Zuviele Luftwirbel in der Spritzkabine
- ■ Zu hoher Überdruck in der Kabine
- □ Nebel mit dem richtigen Verdünner vorsichtig abwaschen und anschließend polieren. Vorsicht! Nebel auf frischgespritzter Fläche nur durch Polieren entfernen

Staub

- ■ Auto nicht gewaschen
- ■ Staubfilter in der Kabine verbraucht
- ■ Luftdruck in der Kabine stimmt nicht
- ■ Spritzkabine verschmutzt
- ■ Schmutzige Kleidung
- ■ Zu spritzende Fläche nicht staubfrei
- □ Staub beseitigen; nachbearbeiten
- □ Nur staubfreie Autos spritzen
- □ Staubfilter erneuern
- □ Kabine auf richtigen Überdruck einstellen
- □ Spritzkabine regelmäßig reinigen
- □ Nichtfusselnde Kleidung tragen und Kleidung vor Betreten der Spritzkabine mit Preßluft abblasen
- □ Autos, die einer Ganzlackierung oder nur einer Dachlackierung bedürfen, mit zwei Mann gleichzeitig sauberblasen

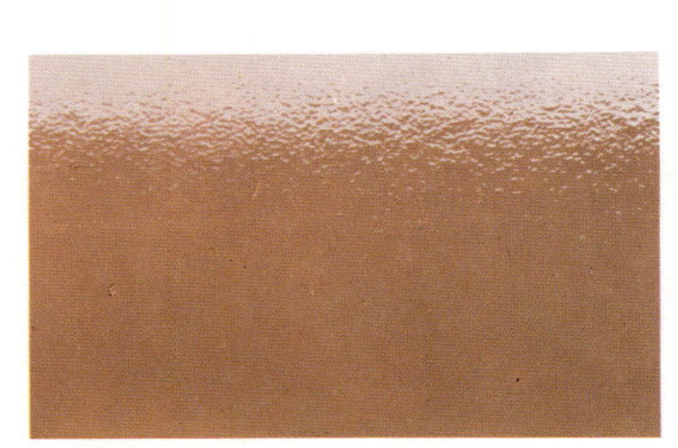

Apfelsinenhaut

- ■ Lackviskosität zu hoch
- ■ Decklack zu dick oder zu dünn gespritzt
- ■ Zu hohe Temperatur (> 25°C)
- ■ Nicht lange genug angetrocknet
- ■ Falschen Verdünner verwendet

Abblättern

- ■ Untergrund war beim Spritzen nicht frei von Rost, Fett oder Feuchtigkeit
- ■ Nicht oder nicht genug geschliffen
- □ Testen, an welcher Schicht das unzulängliche Anhaften liegt. Das kann man durch rasterförmiges Einschneiden in den Lack herausbekommen. Dann klebt man starkes Klebeband darauf und zieht dies mit einem Ruck wieder ab

Poren, die wie kleine Nadelstiche im Decklack aussehen

■ Keinen Spritzspachtel aufgetragen
■ Zu hohe Lackviskosität
■ Decklackschicht abnormal dick (normal: 50μ)
■ Temperatur in der Spritzkabine zu hoch (> 25° C)
■ Ausdunstzeit bei Warmtrocknen bis 80° C nicht eingehalten
□ Nach Trocknen schleifen und erneut spritzen oder erforderlichenfalls zuerst spritzspachteln

Kleine, aufgesprungene Bläschen im Decklack

■ Zu große Düse in der Spritzpistole
■ Lack in einem Arbeitsgang zu dick gespritzt
■ Antrockenzeit beim Warmtrocknen bis 80° C nicht eingehalten
■ Falscher Verdünner verwendet
□ Nach Trocknen schleifen und erneut spritzen oder erforderlichenfalls spritzspachteln

Krater

■ Blech vor dem Spritzen nicht genug gereinigt
■ Luftfilter der Spritzanlage funktionierte nicht richtig
■ Vorsicht! Niemals Hammerschlag-Effekt in derselben Kabine spritzen. Das kann zur Kraterbildung führen
□ Nach Trocknen schleifen und erneut spritzen oder erforderlichenfalls zuerst spritzspachteln

Dumpfe Stellen im Decklack

■ Spachtel war nach dem Naßschleifen nicht trocken genug
■ Trockentemperatur bei Warmtrocknen oberhalb 80° C
■ Falscher Verdünner
□ Versuchen, dumpfe Stelle durch Polieren wegzubekommen
□ Schleifen und erneut spritzen

Pickel bei Nichtmetalliklacken

■ Lackpigment bildet Klumpen
■ Lack ist zu alt
■ Lagertemperatur zu hoch

□ Lack ersetzen
□ Neue Deckschicht spritzen

Pickel bei Metallik

■ Der Metallik-Grundlack wurde zu trocken gespritzt, so daß die Metallteilchen sich nicht richtig »absetzen« konnten. Die zweite Schicht deckt diese stehenden Pigmentteilchen nur teilweise ab.

□ Wenn kein Farbunterschied vorliegt, reicht es aus, die Pickel mit Schleifpapier 600 abzuschleifen und nochmals eine zweite Schicht zu spritzen

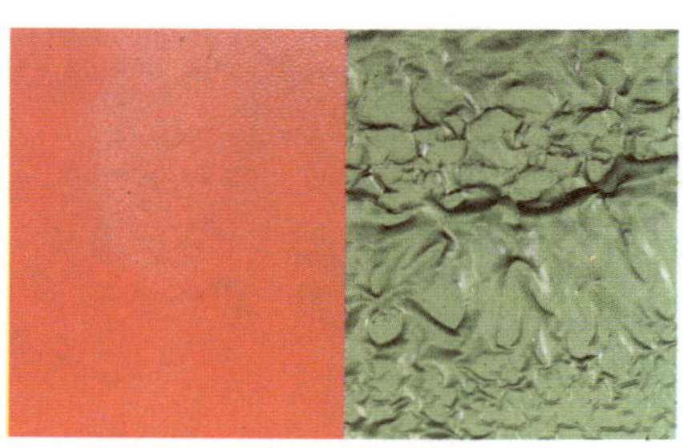

Abbeiz-Effekt. Der Lack sieht aus, als wäre er mit einem Abbeizmittel behandelt

■ Der überspritzte Lack war nicht durchgehärtet. Falsche Grundierung, falschen Decklack oder Verdünner verwendet

□ Lack nach dem Trocknen zusammen mit Grundierung entfernen und eine neue Lackierung aufbauen

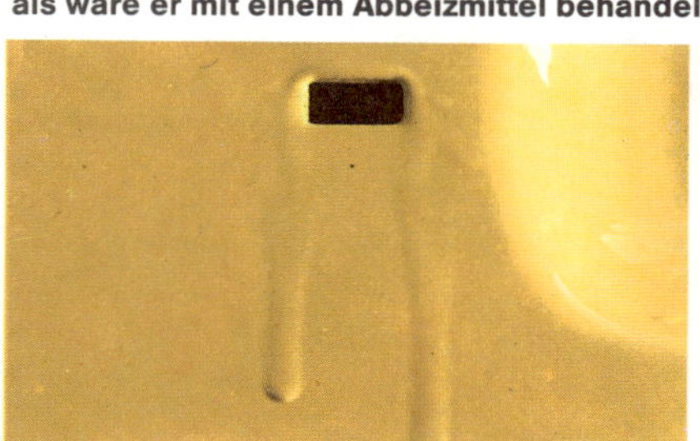

Lackläufer; »Rotznasen«

■ Lackviskosität zu gering
■ Spritzpistole zu nahe am Objekt
■ Spritzdruck zu niedrig
■ Falscher Verdünner

□ Zuerst aushärten lassen
□ Verdickung mit Feile entfernen. Anschließend mit Schleifpapier 600 und Seifenlauge schleifen
□ Forciert trocknen und nach Abkühlung polieren

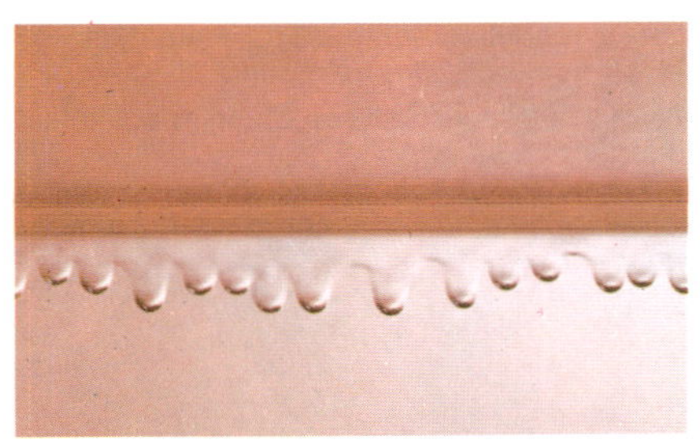

Gardinen-Effekt.
Eine Reihe von Lackläufern

- ■ Unregelmäßige Spritztechnik
- ■ Falsche Spritzform
- ■ Düse oder Luftkappe defekt
- ■ Falscher Spritzabstand
- ■ Druckluft-, Lack- oder Raumtemperatur zu niedrig (< 18° C)
- ■ Lackviskosität zu gering
- ■ Falscher Verdünner
- □ Düse, Luftkappe und Düsennadel reinigen bzw. ersetzen
- □ Temperatur und Viskosität in Ordnung bringen
- □ Nach dem Aushärten: siehe 10.45,24

Durchbluten;
Grundierung leuchtet durch

- ■ Deckschicht zu dünn
- ■ Lackviskosität zu gering
- □ Erneut spritzen

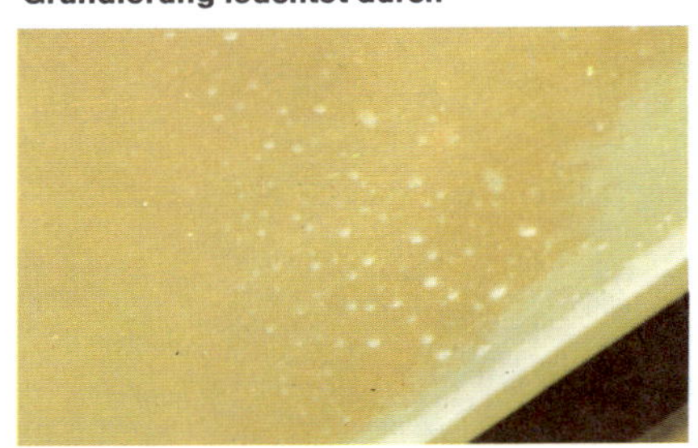

Bläschen;
nadelkopfähnliche Pickel

- ■ Grundierung (insbesondere Polyestermaterial) war nicht trocken genug
- ■ Zu hohe relative Luftfeuchtigkeit beim Spritzen
- ■ Beim Warmtrocknen bis 80° C die Antrockenzeit nicht eingehalten
- □ Schadensumfang durch stellenweises Schmirgeln feststellen
- □ Erneut spritzen. Falls erforderlich zuerst Spritzspachtel auftragen

Bläschenbildung
(blasenförmige Lackteile lösen sich ab)

- ■ Salze aus dem Schleifwasser
- ■ Bei den verschiedenen Arbeitsgängen unzulänglich gereinigt
- □ Lackschichten bis aufs Metall abschleifen und die Lackierung erneut aufbauen
- □ Sollte dies häufiger vorkommen, dann empfiehlt sich die Verwendung demineralisierten Wassers

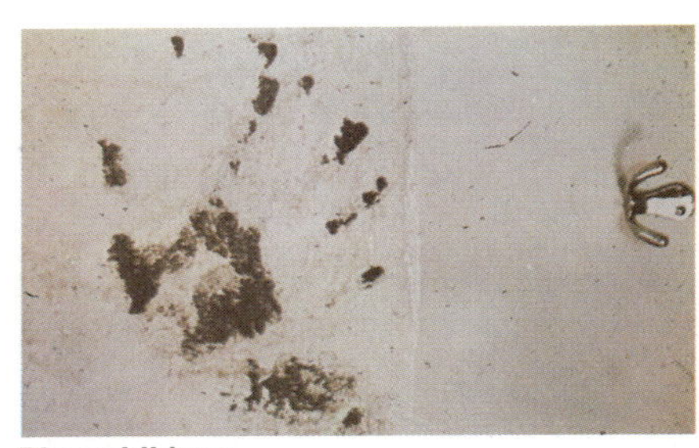

Blasenbildung
(Durchschlag von Körperschweiß)

■ Unzureichendes Haften des Lacks auf dem Untergrund durch Verunreinigung

□ Je nach »Tiefe«, die Lackschichten abschleifen und erneut beginnen

□ Aufgepaßt! Bei großen Spachtelflächen auf frischgespritztem Blech Lufttrocknung anwenden

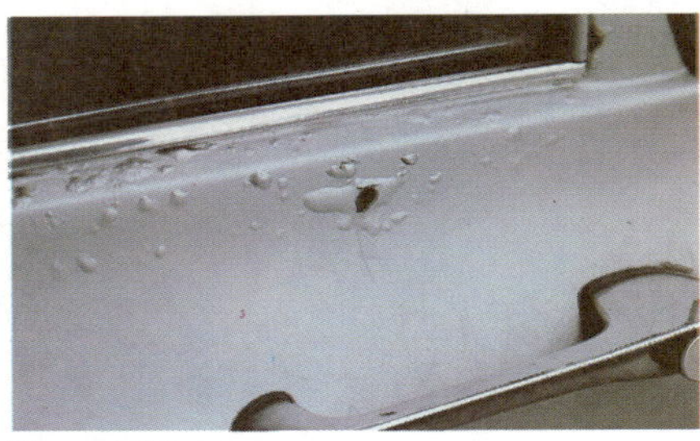

Blasenbildung
(große Blasen)

■ Auswirkung feuchter und aggressiver Niederschläge

□ Lack über einer größeren Fläche vollständig entfernen

C) Sauberes Material

Sauberes Material und saubere Werkzeuge fördern das Arbeitstempo und verbessern das Resultat.

Deshalb empfiehlt es sich, die Farben zu filtern, wie auch unter »Hilfsmittel zum Spritzen« beschrieben.

Das Filtern beugt der Verunreinigung und Verstopfung des Spritzgerätes vor, und die Lackschicht entsteht auf dem Werkstück ohne Verunreinigung.

Die Lackmenge

Die Lackmenge, die je Zeiteinheit aus der Spritzpistole herauskommt, bestimmt das Arbeitstempo, das Produktionstempo des Spritzlackierens. Die Frage, wieviel Lack aus der Pistole ausströmen sollte, richtet sich nach den zu lackierenden Flächen und nach der verwendeten Lackart.

Ehe man also mit dem Spritzen beginnt, muß zunächst bestimmt werden, wieviel Lack erforderlich ist.

Danach richtet sich auch die Einstellung des Luftdrucks u. ä.

Bei *Saug-* und *Schwerkraftzufuhrpistolen* wird die Flüssigkeitsmenge nicht nur durch die Düsengröße bestimmt, sondern auch durch die Stellung der *Feineinstellschraube* (2 in der Abb. 10.28).

Bei *Druckzufuhrpistolen* (Pistolen mit Druckbecher, Druckgefäß oder Pumpe) wird die Menge nicht durch die Feineinstellschraube geregelt, sondern durch den Druck auf die Flüssigkeit.

Der Luftdruck

Das Ausmaß der Zerstäubung wird bestimmt durch den Luftdruck an der Spritzpistole, die Viskosität des Lacks, die Lackart und die Luftkappe der Spritzpistole. Will man ein befriedigendes Resultat erreichen, dann muß man diese Faktoren aufeinander abstimmen. Dazu gehen wir folgendermaßen vor:

Verhältnis Flüssigkeitsdruck und Luftdruck

Nachdem man bestimmt hat, wieviel Lack je Zeiteinheit verspritzt werden muß, läßt sich diese Menge auf einfache Weise folgendermaßen einstellen:

1. Man wählt die Düsengröße, die zur Gruppe der zu verspritzenden Farbe gehört:
   a) *Sehr dünnflüssig:* DIN-Becher 4 mm/20° C: 8–10 s (u. a. Verdünner, Beize).
   b) *Dünnflüssig:* DIN-Becher 4 mm/20° C: 11–15 s (u. a. phosphorsaure Grundierung, Zinkchrom-Grundierung).
   c) *Normal flüssig:* DIN-Becher 4 mm/20° C: 16–26 s (u. a. normaler und synthetischer Lack, Spritzspachtel).
   d) *Dickflüssig:* DIN-Becher 4 mm/20° C: $>$ 26 s (u. a. Polyester-Spritzspachtel).
2. Ist die Flüssigkeit zähflüssig, dann muß eine Luftkappe mit mehreren Zerstäubungsöffnungen auf die Pistole gesetzt werden.
3. Man beginnt damit, am Druckgefäß oder an der Pumpe einen Flüssigkeitsdruck von z. B. 1 bar einzustellen und spritzt (ohne Druckluft in die Pistole zu

lassen) den Lack in einen Maßbecher. Wird wenig Flüssigkeit durchgelassen, dann kann der Druck erhöht werden. Normalerweise stelle man keinen höheren Druck, als 2 bar, ein, sondern montiere eine größere Düse.

4. Anschließend wird der Luftdruck zur Pistole hin eingestellt. Dabei sind die Druckverluste zu beachten, die im Luftschlauch entstehen. Man beginnt z. B. mit einem Luftdruck von 2 bar und versucht ein paar Spritzschichten. Wenn die Teilchen zu grob und zu naß sind, muß der Luftdruck erhöht werden, z. B. auf 3,5 bar. Vielleicht sind sie jetzt etwas zu klein oder zu trocken. Dann wird der Luftdruck wieder reduziert, bis das Spritzmuster stimmt. Grundsätzlich sollte der Luftdruck nicht höher als 4 bar eingestellt werden. Sollte dies dennoch notwendig erscheinen, so kann man besser eine andere Art von Luftkappe mit mehr Luftöffnungen montieren, so daß das Material leichter auseinandergeschlagen wird. Die Arbeit mit zu hohem Druck führt zur Bildung von sinnlosem Farbnebel (Overspray).

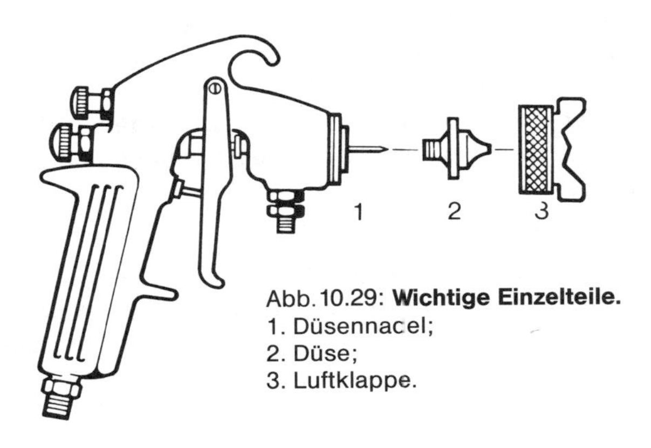

Abb. 10.29: **Wichtige Einzelteile.**
1. Düsennacel;
2. Düse;
3. Luftklappe.

Bei Pistolen mit Saug- und Schwerkraftzuführung wenden wir dasselbe System an, nur kann hier der Flüssigkeitsdruck nicht eingestellt werden. Die zu verspritzende Lackmenge wird lediglich mit der Feineinstellschraube geregelt. Wird mehr Material gebraucht, als die Düse durchlassen kann, dann muß eine größere Düse montiert werden.

Breite des Spritzmusters; Rund- und Flachstrahl

Die Breite des Spritzmusters wird je nach Form und Größe der zu spritzenden Fläche eingestellt. Macht man das nicht, dann entsteht im einen Fall (Flachstrahl auf kleiner Fläche) viel Nebel und ein großer Verlust an Lackmaterial, weil zuviel neben das Werkstück gespritzt wird. Im anderen Fall (Rundstrahl auf großer Fläche) spritzt man stellenweise zuviel Lack auf, so daß eine zu dicke und unregelmäßige Lackschicht entsteht.

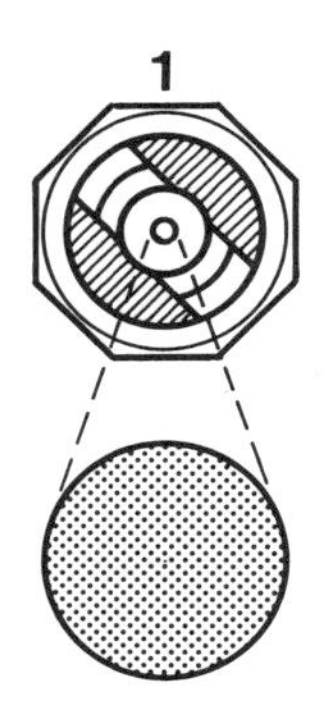

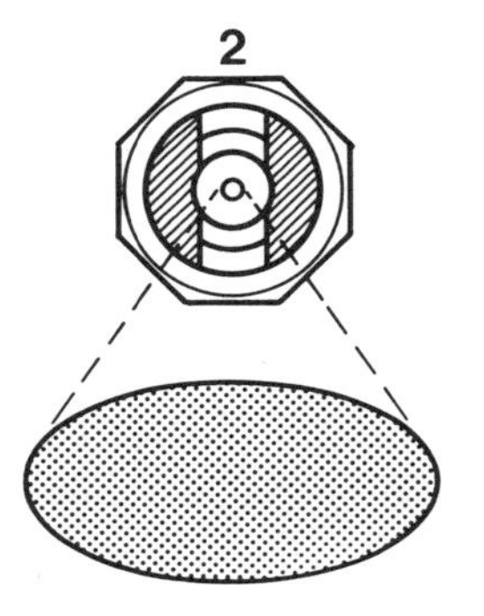

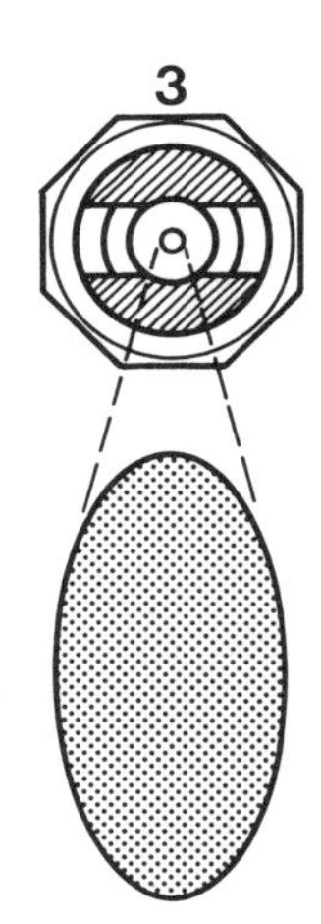

Abb. 10.30: **Spritzformen.**
1. Rundstrahl;
2. horizontaler Flachstrahl für vertikale Spritzbewegung;
3. vertikaler Flachstrahl für horizontale Spritzbewegung.

Bei Pistolen mit äußerer Mischung regelt man die Strahlbreite durch eine Stellschraube für den Rund- und Flachstrahl. Zum Spritzen großer Flächen ist der Rundstrahl ungeeignet. Der Kegel hat einen zu kleinen Umfang, und angesichts der Überlegung wäre eine besonders große Anzahl von Bahnen oder Gegenbewegungen notwendig. Überdies tritt hier schon sehr schnell das zuvor erwähnte Problem einer viel zu dicken Schicht auf. Daher ist es wohl logisch, daß man größere Flächen mit einem Flachstrahl spritzen muß.
Die ellipsenförmige Spritzform muß (natürlicherweise) um 90° verstellbar sein; sie muß stehend oder liegend eingestellt werden können. Dies im Zusammenhang mit der Frage, ob man horizontale oder vertikale Spritzbewegungen machen will.

Der Spritzabstand

Der Abstand zwischen der Düse der Spritzpistole und dem Werkstück ist für das Spritzresultat von ausschlaggebender Bedeutung. Ist der Abstand zu groß, dann entsteht zuviel Farbnebel, weil nicht alle Teilchen die zu spritzende Fläche erreichen. Ferner findet der Verdünner Gelegenheit, während des Transportes zu verdunsten. So entsteht eine trockene, körnige Lackfläche.

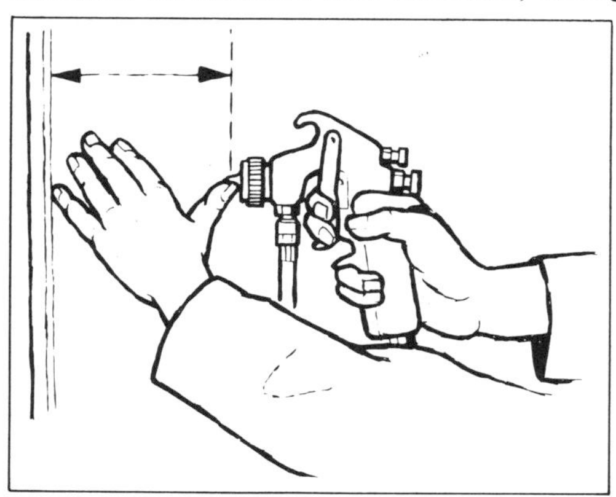

Abb. 10.31: **So läßt sich der richtige Spritzabstand ganz leicht bestimmen.**

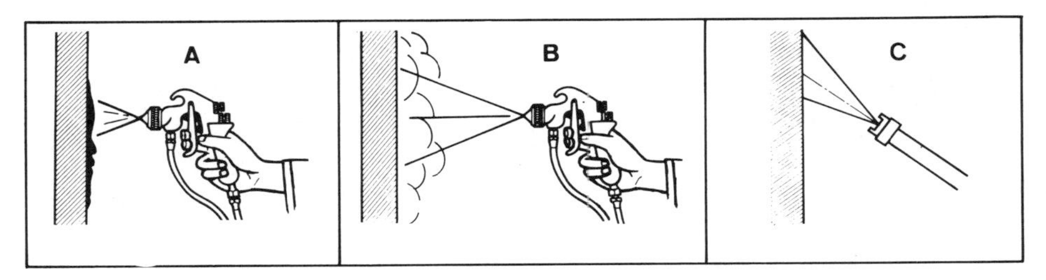

Abb. 10.32: **Drei Beispiele zu Fehlern im Zusammenhang mit dem Spritzabstand.**
A) Spritzabstand zu klein: Lackläufer;
B) Spritzabstand zu groß: Nebel;
C) Pistole schräg: ungleichmäßiges Resultat.

Ist der Spritzabstand zu klein, dann ist das Resultat des Spritzens unregelmäßig, weil stellenweise zuviel Lack aufgetragen wird. Das führt meist zu Lackläufern. Normalerweise beträgt der richtige Spritzabstand zwischen Düse und Werkstück 15 bis 20 cm.

Die Spritzgeschwindigkeit

Auch das Tempo, mit dem die Spritzpistole bewegt wird, spielt eine wesentliche Rolle. Bei einer zu raschen Hin- und Herbewegung wird die Oberfläche rauh, genau wie bei zu großem Abstand. Zu langsame Bewegung führt zu dicken Schichten, aus denen leicht Lackläufer, die sogen. »Rotznasen«, nach unten laufen.

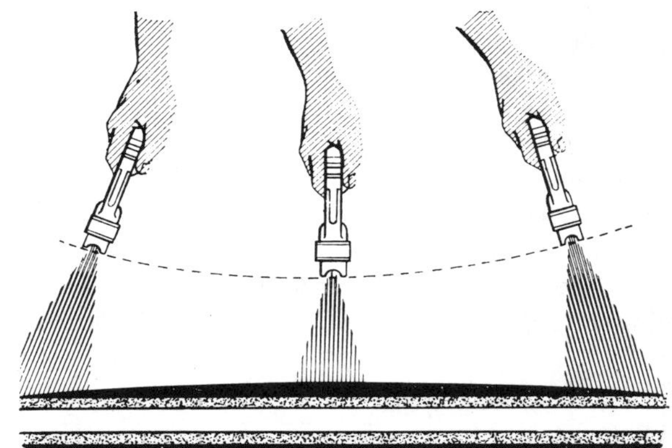

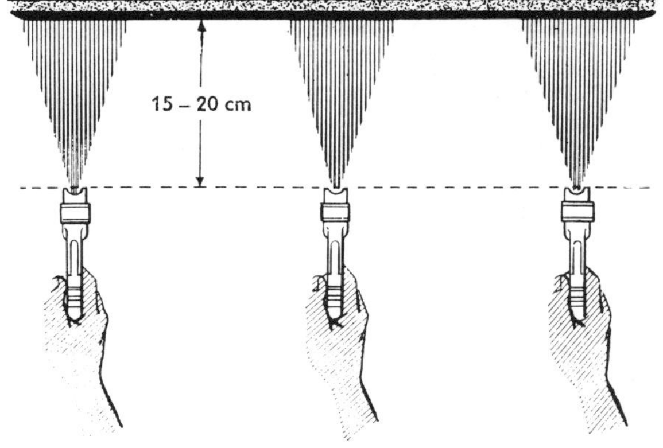

Abb. 10.33: **Haltung der Pistole im Verhältnis zum Werkstück.**
Oben: Schwenken der Pistole erbringt eine unregelmäßige Farbschicht mit viel Nebel.
Unten: richtige Haltung senkrecht zur Fläche.

Ein gutes Hilfsmittel beim Spritzen stehender Flächen ist das »Vornebeln«. Dabei wird die Fläche ganz dünn und gleichmäßig vorgespritzt. Anschließend läßt man den Lack ganz kurz anziehen, um dann mit einer vollen Schicht fertigzuspritzen. Diese Methode eignet sich insbesondere für langsam trocknenden Lack, wobei die Gefahr von Lackläufern gemindert ist.
Für jede Art von Arbeit und Material gibt es eine ideale Spritzgeschwindigkeit. Eine gleichmäßige, beherrschte Bewegung, die zu einer vollen, nassen Farbschicht führt, eignet sich am besten.
Besonders wichtig ist es, die Pistole stets genau rechtwinklig zur Fläche zu halten. Hält man die Pistole schräg, dann entsteht zuviel Nebel und man erhält unregelmäßige Farbschichten.

Spritzen verschiedener Flächen

Um die verschiedenen Flächen erfolgreich und wirksam spritzen zu können, müssen wir uns mit den Grundlagen der Spritztechnik vertraut machen. Dazu reicht es nicht aus, eine einzelne Fläche richtig spritzen zu können, sondern der Lackierer muß auch imstande sein, das ganze Werkstück mit wenigen Blicken übersehen und mit möglichst wenig Arbeitsaufwand spritzen zu können, wobei »Overspray« zu vermeiden ist, um den Lackverlust zu begrenzen.
Die Technik der Spritzlackierung beruht zu einem wesentlichen Teil auf der Erfahrung des Lackierers. Dennoch sollte man die folgenden Punkte berücksichtigen:

1. *Bei schwierigen und verschiedenen Flächen* sollte man nach Möglichkeit zuerst die schwierigeren und entferntesten Teile spritzen. Damit vermeidet man, daß man über die bereits gespritzten Teile hin reichen muß, wodurch es zu Beschädigungen und Lackläufern kommen könnte.
2. *Große Flächen.* Man beginnt oben mit dem Spritzen. Am Ende des Blechs läßt man den Hebel los (sonst verursacht man bei der Gegenbewegung am Wende-

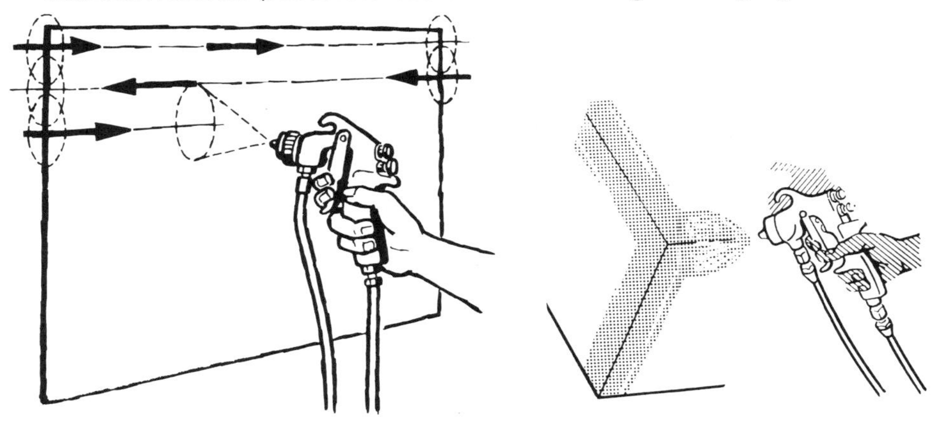

Abb. 10.34: **Spritzen größerer Flächen.**

Abb. 10.35: **Spritzen von Außenecken.**

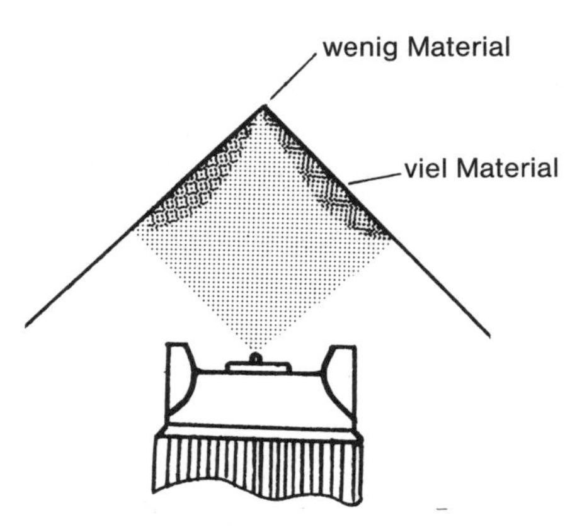

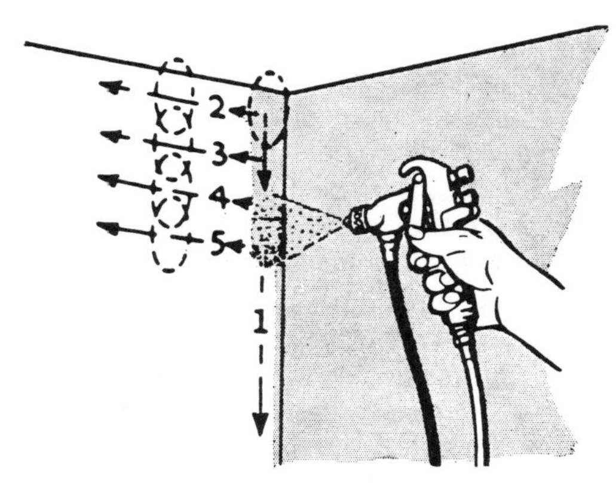

Abb. 10.36: **Spritzen einer Innenecke. Hier ist die Pistole falsch gerichtet!**

Abb. 10.37: **Die richtige Methode zum Spritzen von Innenecken**

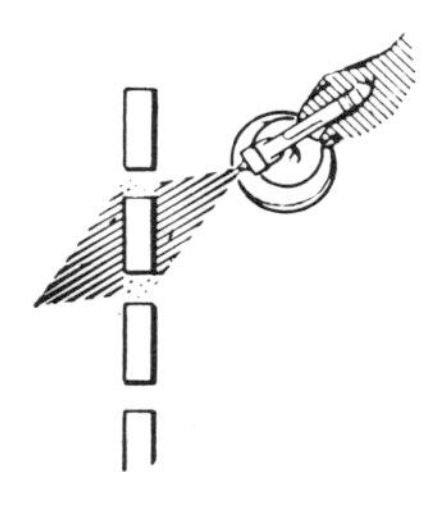

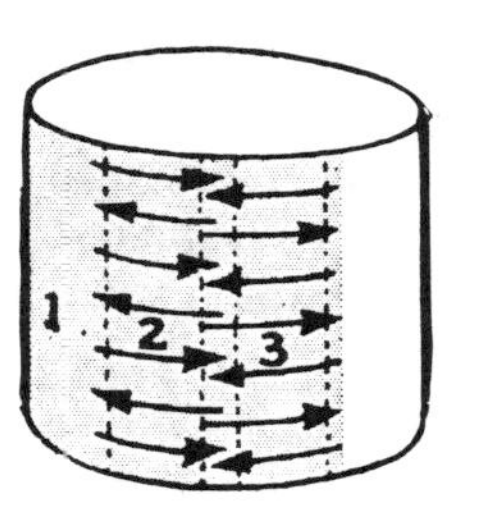

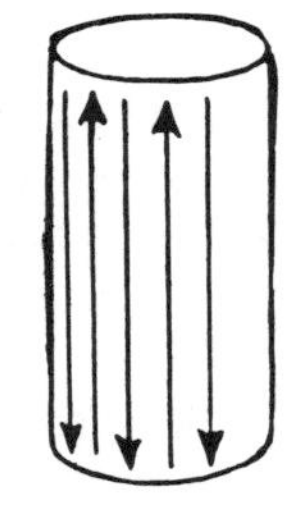

Abb. 10.38: **Spritzen von durchlöcherten Teilen**

Abb. 10.39 **Runde und gebogene Oberflächen**

punkt eine doppelte Schicht). Die Gegenbewegung sollte die vorherige Schicht um etwa ein Viertel überlappen, und am Ende wird der Hebel wieder losgelassen.

3. *Außenecken* werden so gespritzt, daß beiderseits der Ecke 50% niederschlagen. Danach werden die Flächen in der üblichen Weise fertiggespritzt.
4. *Innenecken.* Wenn man die Pistole direkt auf die Ecke richtet, dann spritzt man die beiden Seiten teilweise mit. Das ist eine schlechte Methode, siehe Abb. 10.36. Der Luftstrom bildet nämlich in der Ecke ein Luftpolster, das den Niederschlag der Lackteilchen im äußersten Punkt der Ecke verhindert. Außerdem entstehen dabei an den Seiten fette Ränder. Die Abb. 10.37 zeigt die richtige Methode. Jede Seite der Ecke wird gesondert behandelt.
5. *Schmale Teile mit Öffnungen,* wie Gitter, führen zu einem verhältnismäßig großen Materialverlust. Der läßt sich aber zum Teil dadurch erheblich vermindern, daß man in einem Winkel spritzt, der so bemessen ist, daß nur wenig Material durch die Öffnungen geblasen wird, siehe Abb. 10.38.

6. *Runde und gebogene Flächen.* Je nach Größe der Fläche kann man runde Gegenstände oder Flächen in horizontalen oder vertikalen überlappenden Streifen spritzen. Dabei ist darauf zu achten, daß immer der richtige Abstand zwischen Pistole und Werkstück gewahrt bleibt und daß die Pistole lotrecht auf die zu spritzende Fläche gerichtet ist. Man folgt dabei also der Rundung und der Form der Oberfläche.
   Zylinderförmige und runde Objekte sollten nach Möglichkeit auf einen Drehtisch gestellt werden, so daß das ganze Werkstück mit einer kaum veränderten Pistolenhaltung gespritzt werden kann.
7. *Liegende Flächen.* Beim Spritzen nicht allzu großer, horizontaler Flächen, vor allem bei der Verarbeitung schnell trocknenden Materials empfiehlt es sich, vorn (also ganz nahe am Lackierer) zu beginnen. Dadurch wird der Lacknebel über den noch zu spritzenden Teil des Werkstücks geblasen, so daß einer Staubbildung in der noch nassen Schicht vorgebeugt wird.
8. *Gerade Spritzbewegungen.* Beim Spritzen großer Flächen werden gerade Spritzbewegungen gemacht. Die neue Bahn wird um etwa 50% über die vorhergehende gespritzt (Überlappung). Oft trägt man dann, nachdem die Fläche so mit einer Farbschicht versehen ist, noch eine zusätzliche Schicht auf, deren Bahnen senkrecht zur vorhergehenden stehen. Man spritzt also noch einmal »überkreuz«.

Häufig auftretende Fehler

1. *Schwenken und Kanten der Pistole.* Die Pistole muß immer in der Richtung des Objekts bewegt und senkrecht zur Fläche gehalten werden. Führt man die Pistole in einem Bogen, dann wird der Abstand zwischen Düse und Werkstück nicht überall gleich sein, so daß eine gescheckte Oberfläche entsteht, wobei überdies zuviel Farbnebel gebildet wird.
2. *Unregelmäßige Bewegung und falsche Überlappung.* Die regelmäßige, hin und her gehende Bewegung der Pistole erbringt das beste Resultat. Die Spritzbahnen müssen etwa zu 50% übereinandergespritzt werden. Berücksichtigt man dies nicht, werden Lackläufer und gescheckte Flächen, ebenso wie Glanzunterschiede und ungleichmäßiger Fluß die Folge sein.
3. *Weiterspritzen.* Damit der Materialverlust in Grenzen bleibt, werden Sie üben müssen, den Hebel der Spritzpistole unmittelbar nach den Enden einer Spritzbahn loszulassen. Wenn die Pistole sich bei der gegenläufigen Bewegung gerade vor dem Rand des Werkstücks befindet, muß der Hebel wieder angezogen werden. Die ständige Hebelbewegung beugt außerdem einer Ermüdung der Hand vor, weil die Pistole dadurch nicht verkrampft festgehalten wird.

Spritzfolge

Beim Spritzen einer ganzen Karosserie ist eine bestimmte Reihenfolge zu berücksichtigen.
Das ist deshalb wichtig, weil verhindert werden muß, daß der Spritznebel auf bereits gespritzte Teile gelangt.

Dabei spielt die Richtung des Luftstromes in der Spritzkabine eine ausschlaggebende Rolle. Im allgemeinen dürfte der Luftstrom vertikal verlaufen, und es versteht sich, daß der Lackierer dann bei den horizontalen Flächen oben beginnt. Zuerst also das Dach, die Motorhaube und den Kofferraumdeckel, und anschließend die senkrechten Flächen.
Aber auch eine horizontale Luftstromrichtung ist möglich. Die Abb. 10.40 zeigt anhand eines Beispiels, welche Reihenfolge dann einzuhalten ist.

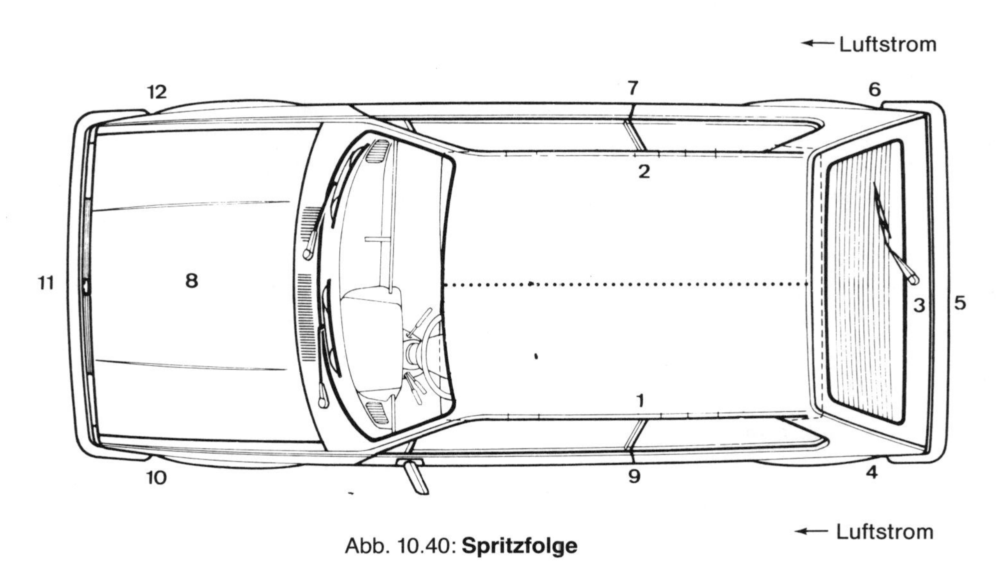

Abb. 10.40: **Spritzfolge**

Reinigen der Spritzpistole

A) Pistolen mit hängendem Becher (Saugsystem)

1. Becher abnehmen, Luftkappe um einige Drehungen lösen und ein Tuch gegen die Luftkappe drücken. Hebel ganz nach hinten bewegen. Die Luft drückt die Farbe durch die Flüssigkeitskanäle in den Becher zurück.
2. Becher entleeren, reinigen und ein wenig Verdünner einfüllen. Auch Saugrohr und Innenseite des Becherdeckels reinigen.
3. Becher erneut befestigen und Verdünner mit kurzen Hebelbewegungen verspritzen. Zwischendurch wird von Zeit zu Zeit ein Lappen gegen die Luftkappe gedrückt, so daß die Farbkanäle der Pistole gründlich durchgespült werden.
4. Luftkappe abnehmen und in Verdünner legen. Luftventil mit Reinigungspinselchen reinigen; eventuell verstopfte Löcher können mit hölzerner Zahnstocherspitze oder Fiberfaser (Besen) aufgestochen werden. Niemals Eisendraht oder Nadeln dazu verwenden, weil dies zu Beschädigungen führen kann!
5. Außenseite der Pistole mit einem in Verdünner getränkten Pinsel reinigen. Mit sauberem Lappen trockenreiben.

Legen Sie die Pistole niemals in ein Gefäß mit Verdünner! Schmutziger Verdünner verunreinigt die Luftkanäle und läßt die Dichtungen austrocknen, was am Luftventil und an der Flüssigkeitsnadel zu Leckstellen führen kann.

B) Pistolen mit aufgesetztem Becher (Fließsystem)

1. Becher entleeren, geringe Menge Verdünner einfüllen.
2. Verdünner mit kurzen Hebelbewegungen verspritzen. Auch hier abwechselnd einen Lappen gegen die Luftkappe drücken, so daß der Verdünner im Becher sprudelt. Dies mit einer geringen Menge neuen Verdünners wiederholen, bis die Pistole innen ganz sauber ist.
3. Die Luftkappe wird abgenommen und mit Verdünner gereinigt.
4. Außenseite der Pistole reinigen, wie vorher beschrieben.

C1) Druckzufuhrpistolen mit Druckbecher an der Pistole

1. Luftzufuhr zur Pistole schließen, Druck vom Becher wegnehmen.
2. Becher entleeren, reinigen und etwas Verdünner einfüllen.
3. Auch Saugrohr und Innenseite des Becherdeckels reinigen.
4. Becher wieder befestigen, Luftzufuhr zur Pistole öffnen und den Verdünner mit kurzen Hebelbewegungen verspritzen.
5. Luftkappe abschrauben und mit Pinsel und Verdünner reinigen. Besondere Aufmerksamkeit verdienen die Luftkanäle zum Becher: diese sind oft durch Farbe verschmutzt.

C2) Druckzufuhrpistolen mit Druckbehälter oder -gefäß

1. Druckminderer am Druckgefäß ganz öffnen und Faß durch Hahn oder Sicherheitsventil ganz entlüften.
2. Deckel lösen. Luftkappe an der Pistole um einige Drehungen lösen und Lappen gegendrücken. Pistolenhebel ziehen, so daß die Farbe aus Pistole und Schläuchen in das Gefäß zurückgedrückt wird. Luftkappe abnehmen und in Verdünner legen.
3. Gefäß, Steigrohr und Innenseite des Deckels gründlich reinigen. Etwas Verdünner einfüllen, Gefäß wieder schließen und wiederum Druck zulassen. Die Luftzufuhr zur Pistole hin kann evtl. geschlossen werden.
4. Gefäß völlig leerspritzen. Vor allem das Luft-Verdünnungsgemisch, das am Ende entsteht, führt zu einer sehr guten Reinigung.
5. Wird die Anlage innerhalb weniger Tage erneut verwendet, dann können die Farbschläuche ohne weiteres mit Verdünner gefüllt bleiben. Bei längeren Zwischenpausen empfiehlt es sich, die Schläuche zu entkuppeln und mit Druckluft trockenzublasen oder so aufzuhängen, daß der restliche Verdünner heraustropft.
6. Zum Reinigen der Schläuche kann man auch spezielle Schlauchreiniger benutzen. Diese blasen ein starkes Luft-/Verdünnungsgemisch durch die Schläuche, so daß die Reinigung nur wenig Zeit kostet.

C3) Druckzufuhrpistolen mit Pumpsystem

1. Luftzufuhr zur Pumpe und Pistole hin abschließen, den Pumpenfuß in eine Dose mit Verdünner stellen.
2. Luftkappe von der Pistole abnehmen und in Verdünner legen. Pistolenhebel ganz spannen. Vorsichtig etwas Luftdruck auf die Pumpe geben, so daß diese zu arbeiten beginnt und die noch im Schlauch vorhandene Farbe in das Gefäß zurückbefördert werden kann.
   Sobald der Verdünner erscheint, diesen in das Gefäß unter der Pumpe zurückspritzen. Eventuell kann der Pistolenhebel in dieser Stellung blockiert werden, so daß der Verdünner weiterhin zirkuliert. Nachdem die ganze Anlage so gründlich gereinigt wurde, wird die Luftzufuhr zur Pumpe abgeschlossen.
3. Hat die Anlage einen Pulsator, Filter o. ä., so werden diese demontiert, gut gereinigt und erneut befestigt.
4. Luftkappe reinigen, Pumpe äußerlich mit Pinsel, Lappen und Verdünner von Farbresten befreien. Besonderer Sorgfalt bedürfen Antriebshebel und Kolbenhebel (Pleuel) zwischen Luftmotor und Farbpumpe. Befindet sich darauf trokkene Farbe, dann können die Dichtungen des Pumpenteils bei erneuter Inbetriebnahme zerstört werden, was Undichtigkeit zur Folge hätte.
5. Bei Zirkulationssystemen muß man beim Durchspritzen mit Verdünner ca. 5 Minuten lang mit geschlossener Pistole weiterspülen. Das Gegendruckventil wird dabei losgedreht. Schließlich ca. 5 Minuten lang mit geöffneter, eventuell blockierter Pistole weiterspülen, während nunmehr das Gegendruckventil auf einen Druck von z. B. 2 bar eingestellt wird.

N.B.: Wenn Sie die Lackart häufig wechseln, dann muß die Pistole auch regelmäßig *innen* gereinigt werden.

Abb. 10.41: **Hier sehen wir einen Roboter beim Spritzen einer Lieferwagenkarosserie.** Die einmal eingestellten Abläufe werden endlos ohne die geringste Abweichung wiederholt.

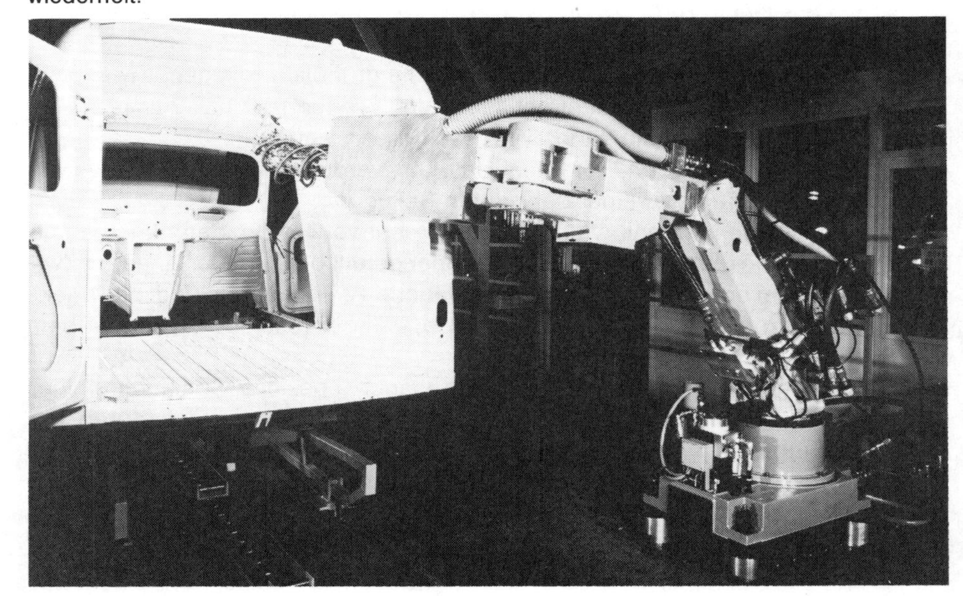

11 Kunststoffe im Karosseriebau

11.1 DIE GESCHICHTLICHE ENTWICKLUNG DER KUNSTSTOFFE

Prüfen wir einmal kurz, wieviele Gegenstände aus Kunststoff wir im Alltag benutzen, dann müssen wir wohl schon bald feststellen, daß wir ohne diese Kunststoffe kaum noch auskommen könnten. Nehmen wir nur einmal unsere Kleidung: fast alles, was wir tragen, enthält Kunststoffasern. Und alle die praktischen Artikel im Haushalt mit ihren ansprechenden Farben: ohne Kunststoffe kaum denkbar, zumal viele Kunststoffe gute Isolatoren sind.
Und jetzt stellen wir uns mal ein Automobil ohne Kunststoffe vor. Zündung, Innenverkleidung und Bereifung müßten wir ohne Kunststoffe wohl vergessen! Kurz gesagt: die Kunststoffe sind in unseren Alltag völlig integriert.
Die technische Entwicklung setzte schon vor langer Zeit ein. Die Zufälle, die bei Entdeckungen und Erfindungen eine große Rolle spielen, halfen auch hier. Man suchte einen bestimmten Stoff X und fand zufällig den Stoff Y. Das passierte auch dem deutschen Chemiker Friedrich Wöhler (1800–1882), dem es bei seinen Versuchen gelang, künstlichen Harnstoff darzustellen. Der Harnstoff selbst ist zwar kein Kunststoff, aber er gab dennoch den ersten Anstoß in die Richtung zur Entwicklung der Kunststoffe. Die synthetische Darstellung des Harnstoffs stellte im Grunde die ganze Chemie auf den Kopf, und damit setzte die Entwicklung der organischen, der biologischen Chemie erst richtig ein.
Harnstoff ist nämlich das Produkt eines biologischen Organs, der Niere. Von jenem Augenblick an stand der Entwicklung »künstlicher Stoffe«, die den natürlichen Stoffen gleichwertig sind, nichts mehr im Weg.

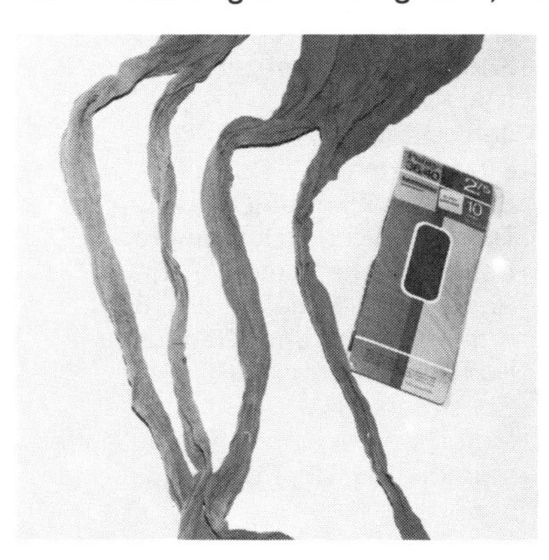

Abb. 11.1: **Dies ist der Kunststoff, der in unserem Alltag wohl den breitesten Raum einnimmt.**

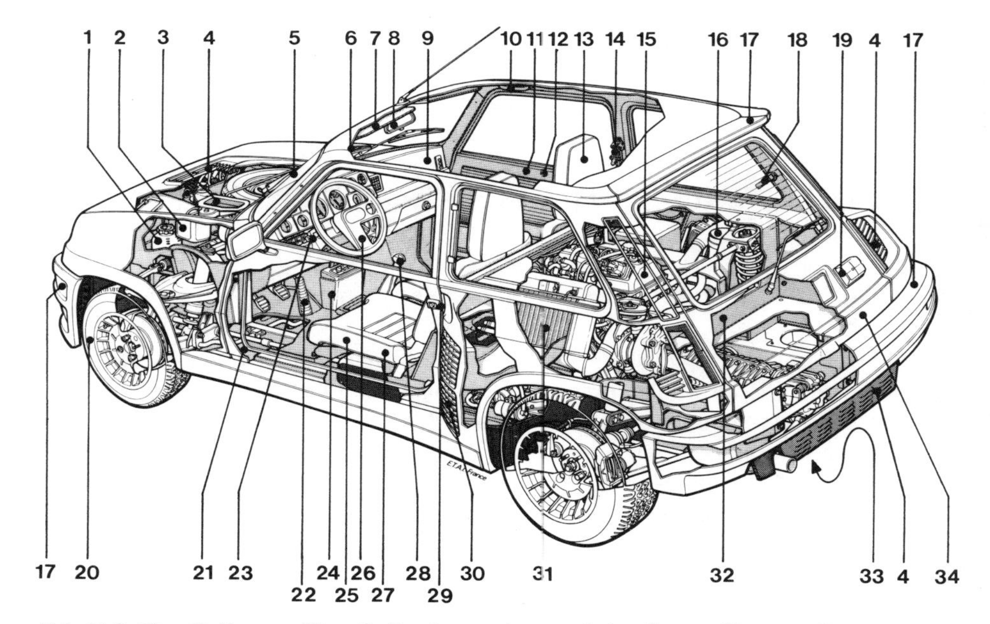

Abb. 11.2: **Eine Reihe von Einzelteilen im modernen Auto, die aus Kunststoff hergestellt sein können.**

1. Ausgleichsbehälter (PE);
2. Flüssigkeitsbehälter für Scheibenwaschanlage, Bremsflüssigkeit, Kupplungsflüssigkeit u. ä. (PE);
3. Gehäuse, Heizung (ABS, POM);
4. Kühlung (PA);
5. Zwischenschichten aus Schichtglas (PVB);
6. Dachhimmelverkleidung (PS, PVC, PUR);
7. Sonnenblenden (PVC, PUR, PA);
8. Innenspiegel (PC) und Spiegelgehäuse (PPO, PA);
9. Instrumententräger, Handschuhfach und Ablagefächer (PPO, PP, ABS, PUR);
10. Handgriffe (PVC, PUR);
11. Türverkleidungen (PS, PUR, PVC, PE);
12. Türhebel und Griffe (PE, PA); Armstützen (PUR, ABS, PVC);
13. Kopfstützen (ABS, PUR, PVC);
14. Sicherheitsgurte (PA);
15. Motor: Verteilerkappen, Zündkerzenstecker, Zündspulengehäuse, Zahnräder (PF), Lager (PA), (PP, PA), Kühlerventilator, Benzinleitungen (PA);
16. Luftfiltergehäuse (PP, PA);
17. Zierstreifen, Stoßstange (PUR, PC, PA);
18. Fensteraussteller (PA, PE);
19. Gehäuse für Leuchten (PA), Kabelisolierung (PVC), Leuchtenglas (PMMA);
20. Reifen (UP, PA, CA);
21. Bodenbelag (PA, PVC, schall- und wärmeisolierendes Material (PUR);
22. Pedale (PP);
23. Schalter (PF. NDPE);
24. Gehäuse für Zubehör (ABS);
25. Knöpfe und Hebel zur Sitzverstellung (PA, PE);
26. Lenkrad (CA);
27. Sitzbezüge (PVC, PUR);
28. Schalthebelknopf (CA);
29. Türverriegelung, Scharniere, Schloßmechanismus (PA);
30. Roste und Leitbleche (PA, ABS);
31. Kühler-Blöcke und -Gehäuse (PA);
32. Schallisolierung (PUR);
33. Benzintank (PA);
34. Motorhauben (UP, PUR) und Kofferraumdeckel (UP, PUR).

Auf dem Weltmarkt bestand in der zweiten Hälfte des vorigen Jahrhunderts eine große Nachfrage nach Elfenbein. Logischerweise bedeutete dies eine enorme Preissteigerung für das Material aus den Stoßzähnen der Elefanten.
Man stellte einen Preis für denjenigen in Aussicht, dem es gelingen würde, einen brauchbaren Ersatzstoff für Elfenbein zu finden. John Wesley Hyatt gelang es schließlich, aus Nitrozellulose das sogen. Zelluloid herzustellen.
Als Folge dieser Entwicklung wurde die Kunstseide als Gegenstück zur Naturseide entwickelt. So wurden im Jahre 1900 auf der Weltausstellung in Paris erstmals Garne und Gewebe aus Viskosekunstseide gezeigt.
Das nächste künstlich erzeugte Produkt war Kunsthorn.
Durch Imitation der Naturprodukte entstanden also die Kunstprodukte oder Kunststoffe.
In wissenschaftlich theoretischer Hinsicht befaßte sich Professor Hermann Staudinger mit den Kunststoffen; er veröffentlichte 1925 die ersten Resultate seiner Forschungen auf dem Gebiet der Kunststoffmoleküle, der sogen. Makromoleküle. Diese Publikationen bildeten den fundamentalen Anfang der Entwicklung von synthetischen Fasern. Und anschließend setzte eine stürmische Entwicklung der Kunststoffe ein:

- 1930 die Entwicklung von Polyester durch Carothers;
- 1935 die Entwicklung von Nylon durch Du Pont;
- 1940 kommen die ersten Nylonstrümpfe in den USA auf den Markt.

Ab etwa 1950 stieg die Weltproduktion von Kunststoffen stark an, und man organisierte Kongresse, auf denen das Wissen ausgetauscht wurde.

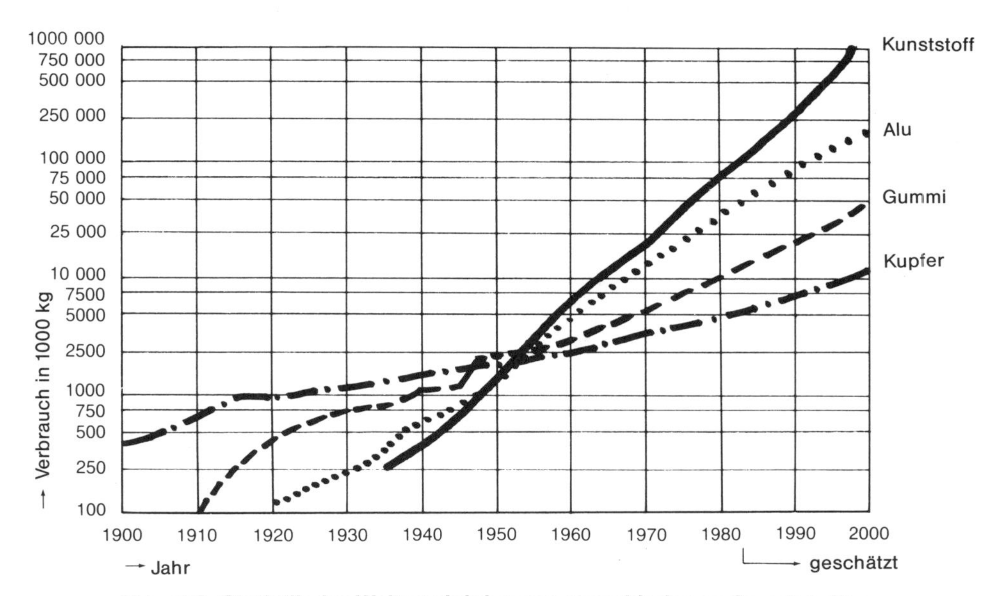

Abb. 11.3: **Statistik der Weltproduktion von verschiedenen Grundstoffen**

Es lag nahe, daß die Forscher zunächst einmal versuchten, Kunststoffe herzustellen, indem sie Naturprodukte, wie Milch, Zellulose und Gummi, als Ausgangsstoffe benutzten.
Das nächste Stadium war der Übergang zur Produktion von Kunststoffen auf synthetischem Wege.
Als Grundstoffe für Kunststoffe fand man:
- Steinkohleprodukte
- Azetylen
- Erdölprodukte
- Erdgas
- Siliziumverbindungen.

Die erstgenannten vier Produkte bauen sich aus Kohlenstoff und Wasserstoffverbindungen auf: denselben Stoffen, die auch die Hauptbestandteile der Kunststoffe bilden. Bei den Silikonkunststoffen bildet Silizium den Grundstoff. Silizium hat viele Eigenschaften, die denen des Kohlenstoffs gleichen, und es steht in Steinen und Sand unbeschränkt zur Verfügung.
Kunststoffe werden auch häufig als »Plastikmaterial« bezeichnet, weil sie in einem bestimmten Stadium der Formung »plastisch« oder flüssig sind.
Die Ursache der rapiden Entwicklung lag auch in den Vorteilen, die Kunststoffe gegenüber den konventionellen Werkstoffen haben:
- sie sind leicht;
- sie sind Belastungen vieler Art gegenüber beständig;
- sie sind vielen Chemikalien gegenüber beständig;
- sie haben einen hohen elektrischen Widerstandswert;
- sie sind gute Wärme-Isolatoren;
- sie sind leicht formbar;
- sie sehen gut aus.

Natürlich gibt es auch Nachteile:
- sie sind hohen Temperaturen gegenüber nicht beständig;
- sie sind nicht so stark, wie bestimmte Metalle;
- ihr Dehnungskoeffizient ist hoch;
- manche sind brennbar;
- sie können unter dem Einfluß von Chemikalien quellen;
- unter Zugbelastung dehnen sie sich.

Natürlich müssen wir Vor- und Nachteile gegeneinander abwägen. Durch bestimmte Zusätze läßt sich zum Beispiel die Feuergefährlichkeit verringern; der betreffende Kunststoff brennt dann nicht mehr. Und das hübsche Aussehen ist schließlich auch eine sehr subjektive Sache; was für den einen »schön« ist, bezeichnet ein anderer als »kitschig«. Je nach Anwendung betrachtet man Kunststoffe im allgemeinen als schlechte Imitationen von Naturprodukten.

11.2 DIE CHEMIE ALS GRUNDWISSENSCHAFT

Organische und anorganische Chemie

Bei allen Wissenschaften kommt es darauf an, die erhaltenen Informationen systematisch zu ordnen. So teilt man die Chemie ein in die organische und die anorganische Chemie. Zur organischen Chemie zählt alles, was mit Kohlenstoffverbindungen zu tun hat, der Rest fällt in den Bereich der anorganischen Chemie. Die »toten« Stoffe, wie Eisen, Stickstoff, Kalk und Steine, zählen also zum anorganischen Bereich.
Ganz früher war die organische Chemie für den Wissenschaftler sogar verboten, denn man fürchtete übernatürliche Strafen, wenn der Mensch versuchte, die Stoffe des Lebens künstlich zu erzeugen.
Den Kohlenstoff erhalten wir aus lebendigen oder abgestorbenen Organismen; dazu gehört das Erdöl und auch Kohle, die man aus den Bergwerken herausholt.

Der Aufbau der Materie

Die kleinsten Teilchen, die Elemente, sind die Atome. Diese können sich wiederum zu Molekülen verbinden. So besteht das Wasserstoffmolekül aus zwei Wasserstoffatomen (H) und einem Sauerstoffatom (O). Zwei Wasserstoffmoleküle verbinden sich mit einem Sauerstoffmolekül zu Wasser (H_2O).

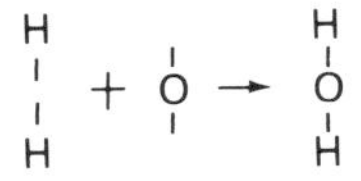

$$\begin{matrix} H \\ | \\ | \\ H \end{matrix} \;+\; \begin{matrix} | \\ O \\ | \end{matrix} \;\rightarrow\; \begin{matrix} H \\ | \\ O \\ | \\ H \end{matrix}$$

Wasserstoff + Sauerstoff → Wasser)

Die Grundstoffe der Elemente haben chemische Symbole. Sie haben außerdem eine Wertigkeit, die man zeichnerisch als »Ärmchen« darstellt. Wie die Zeichnung hier andeutet, hat Wasserstoff nur einen »Arm« (er ist einwertig), während der Sauerstoff zwei »Arme« hat (also zweiwertig ist). Damit kann das Sauerstoffatom zwei Wasserstoffatome an sich binden. Die nachfolgende Tabelle zeigt die Symbole zusammen mit der Wertigkeit der Elemente, die für Kunststoffe besonders wichtig sind.

Element	Symbol	Strukturformel	Wertigkeit
Wasserstoff	H	H–	1
Sauerstoff	O	–O–	2
Kohlenstoff	C	$-\overset{\mid}{\underset{\mid}{C}}-$	4
Chlor	Cl	Cl–	1, 2, 3, 4, 5, 6, 7
Silizium	Si	$-\overset{\mid}{\underset{\mid}{Si}}-$	4

Die Bildung großer Moleküle

Durch ihre freien »Arme«, ihre Wertigkeit, können die Atome sich zu Molekülen verbinden.
Hier folgen einige Beispiele zur Molekülbildung:

```
H
|          +        |        ⇒        H-O-H
|                   O
H                   |
```

2 Atome Wasserstoff + 1 Atom Sauerstoff bilden 1 Wassermolekül (H_2O)

```
Na–        +        -Cl      ⇒        Na-Cl
```

1 Atom Natrium + 1 Atom Chlor bilden 1 Molekül Kochsalz (NaCl)

```
                     H                   H
  |                  |                   |
 –C–       +      H- -H      ⇒         H-C-H
  |                  |                   |
                     H                   H
```

1 Atom Kohlenstoff + 4 Atome Wasserstoff bilden 1 Methanmolekül (CH_4)

```
                                         H   H
  |     |           H  H                 |   |
 -C-   -C-    +     |  |        ⇒        C = C
  |     |           H  H                 |   |
                                         H   H
```

2 Atome Kohlenstoff + 4 Atome Wasserstoff bilden 1 Molekül Äthylen (C_2H_4)

```
-C≡   ≡C-     +     H-   -H     ⇒      H-C≡C-H
```

2 Atome Kohlenstoff + 2 Atome Wasserstoff bilden 1 Molekül Acetylen (C_2H_2)

So sehen also die folgenden Moleküle als chemische Formeln aus: Wasser = H_2O, Kochsalz = NaCl, Methan oder Erdgas = CH_4, Äthylen = C_2H_4 und Acetylen = C_2H_2.
In den Beispielen können wir sehen, daß:

- der Kohlenstoff im Methan eine *einfache Bindung* eingeht;
- der Kohlenstoff im Äthylen eine *zweifache Bindung* eingeht;
- der Kohlenstoff im Acetylen eine *dreifache Bindung* eingeht.

```
  H               H   H
  | ↙             | ↓ |                 ↓
H-C-H             C = C              H-C≡C-H
  |               |   |
  H               H   H
```

einfache Bindung | zweifache Bindung | dreifache Bindung

Wir könnten nun zur Annahme neigen, daß die mehrfachen Bindungen stärker sind als die einfachen. Das ist aber nicht der Fall, weil die mehrfache Bindung eine Art »übertriebener« Bindung ist. Man könnte sagen, daß der eine Verbindungsarm glaubt, daß der andere alles festhält.
Jedenfalls sind die mehrfachen Bindungen unstabiler und relativ leicht lösbar.
Die Eigenschaft, derzufolge die Doppelbindung aufbricht und dadurch »Arme« freibekommt, um andere Atome oder Atomgruppen zu binden, ist für die Kohlenstoffchemie, also auch für die Kunststoffe, besonders wichtig.
Durch dieses Aufbrechen und Aneinanderreihen von Molekülgruppen entstehen große, langgedehnte Moleküle: die Makromoleküle.

```
 H H            H H              H  H  H  H
 ' '            ' '              '  '  '  '
 C=C     +      C=C      ⇒    -  C- C - C -C
 ' '            ' '              '  '  '  '
 H H            H H              H  H  H  H
```

1 Molekül Äthylen	+	1 Molekül Äthylen	⇒	1 Molekül Polyäthylen
(monomer)	+	(monomer)	⇒	(polymer)

Polymerisation und Polykondensation
Die chemischen Prozesse, bei denen die Kunststoffe gebildet werden, lassen sich unterteilen in Polymerisation und Polykondensation.
Falls die mehrfache Bindung des Grundstoffes (z. B. Polyäthylen) aufgebrochen wird und durch Verbindung mit anderen aufgebrochenen Molekülen lange, sehr große Verbindungen entstehen, dann spricht man von *Polymerisation.* Der Basisstoff ist das Monomer; den so entstandenen Stoff bezeichnet man als Polymer.

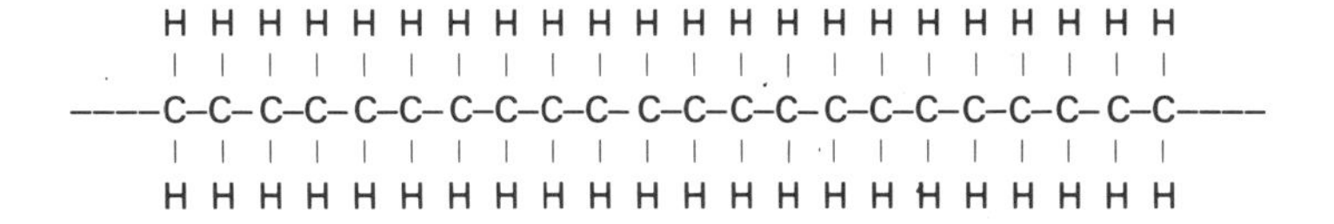

Das aus Äthylen gebildete Polymer heißt Polyäthylen.
In den Strukturformeln werden die H's oftmals weggelassen; an jedem Strich muß man sich ein H-Atom denken.

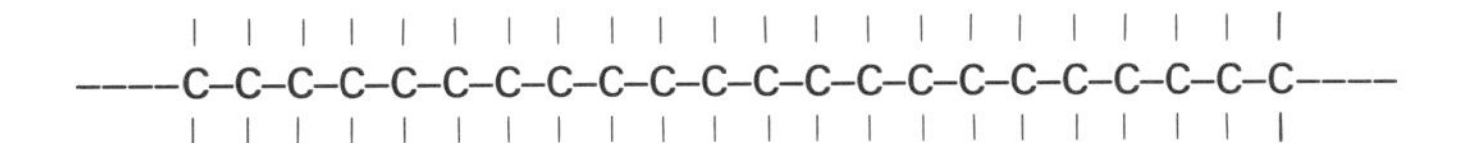

Erhält man bei der Kunststoffherstellung Kondensationsprodukte, wie Wasser, dann spricht man von *Polykondensation.*

Ein bekannter Kunststoff, der durch Polykondensation entsteht, ist Phenolformaldehyd oder Bakelit. Man beachte hier die Bildung von Wasser (H-O-H).

```
  H                            H                 H              H
  O                            O                 O              O
 ⫽C⟍  :.....................: ⟋C⫽              ⫽C⟍       H     ⫽C⟍
HC   CH         O           HC   CH          HC   C - C - C    CH
 |   ||:........||..........:||   |            |   ||  H   |    ||  +H-O-H
HC   CH         C           HC   CH   ——→    HC   CH     HC    CH
  ⫽C⟋          ⟋ ⟍            ⟍C⫽               ⫽C⟋           ⫽C⟋
  H            H   H            H                H              H
```

Phenol + Formaldehyd + Phenol → Phenolformaldehyd + Wasser

11.3 ALLGEMEINE EINTEILUNG DER KUNSTSTOFFE

Die Bezeichnung der Kunststoffe

Bei der Bildung der Makromoleküle werden viele spezielle Atome oder Atomgruppen in das Molekül aufgenommen. Um anzudeuten, was in einem solchen Makromolekül nun alles enthalten ist, muß man also diese Atome oder Atomgruppen angeben. Das macht die Namen verhältnismäßig kompliziert.
So kann ein bestimmtes Makromolekül Vinylgruppen und Chlormoleküle enthalten. Die Bezeichnung lautet dann Polyvinylchlorid (PVC).
Neben diesen genormten Abkürzungen gibt es auch Handelsbezeichnungen, von denen einige sehr bekannt sind (Nylon, Rayon, Viscose und Teflon).

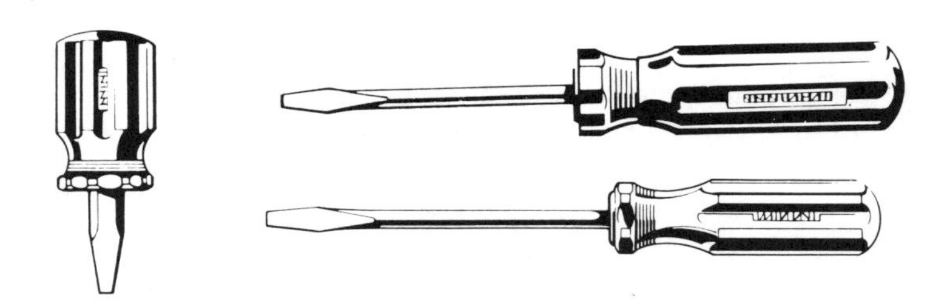

Abb. 11.5: **Ein Kunststoff, den Sie wohl regelmäßig in der Hand halten, ist Äthylcellulose. Daraus fertigt man Handgriffe für vielerlei Werkzeuge. Sie erkennen diesen Kunststoff daran, daß er glänzt und durchsichtig ist.**

Die Duroplaste und die Thermoplaste
Bestimmte Kunststoffe sind gegenüber hohen Temperaturen sehr beständig. Im allgemeinen ist das bei Kunststoffen oberhalb 100° C. Diese Kunststoffe bleiben also bei hohen Temperaturen hart: man nennt sie Duroplaste. Das bereits erwähnte Bakelit ist solch ein Duroplast.
Andere Kunststoffe werden bei hoher Temperatur weich, knetbar oder flüssig. Man bezeichnet sie als Thermoplaste; sie können bis zu 80° C eingesetzt werden. Polyäthylen ist solch ein Thermoplast.

Unterteilung in Hauptgruppen
A) Die halbsynthetischen Thermoplaste
Bei den halbsynthetischen Kunststoffen ist der Ausgangsgrundstoff ein Naturprodukt, z. B. Milch oder Holz.

Norm-Abkürzung	Art	Hauptgruppe
CN	Cellulosenitrat	
CA	Celluloseacetat	
CB	Cellulosebutyrat	Cellulosederivate
CAB	Celluloseacetobutyrat	
EC	Äthylcellulose	

B) Die synthetischen Thermoplaste
Bei Ihnen wird der Stoff völlig künstlich gebildet. Es gibt verschiedene Hauptgruppen.

Norm-Abkürzung	Art	Hauptgruppe
PE	Polyäthelen	
PP	Polypropylen	Polyolefine
PVC	Polyvinylchlorid	
PVDF	Polyvinylidenfluorid	
PTFE	Polytetrafluoräthylen	
PCTFE	Polytrifluormonochloräthylen	Polyvinylderivate
PS	Polystyrol	
PMMA	Polymethylmethakrylat	
PVAC	Polyvinylacetat	
PA 6	Nylon 6	
PA 6.6	Nylon 6.6	Polyamide
PA 6.10	Nylon 6.10	
PA 11	Nylon 11	
PC	Polycarbonat	Polycarbonate
–	gesättigte Polyester	gesättigte Polyester
POM	Polyoxymethylen	
PPO	Polyphenylenoxyd	Polyäther

C) Die halbsynthetischen Duroplaste

	Art	Gruppe
	Kaseinformaldehyd	Kaseinharze

D. Die synthetischen Duroplaste

Norm-Abkürzung	Art	Hauptgruppe
PF	Phenolformaldehyd	Phenoplaste
UF	Ureumformaldehyd	
MF	Melaminformaldehyd	Aminoplaste
PUR	Polyurethan	Polyurethan
	Alkyd	Alkydharze
EP	Epoxid	Epoxidharz
UP	Ungesättigtes Polyester	Ungesättigtes Polyesterharz
Si	Silikone	Silikonharz

Zuweilen ist das Erkennen des Kunststoffs schwierig, weil man sich nicht immer der genormten Bezeichnungen bedient. Oftmals verwendet man statt deren Handelsbezeichnungen. Da aber auch mehrere Hersteller den gleichen Kunststoff produzieren können, gibt es dann mehrere verschiedene Bezeichnungen für den gleichen Kunststoff.

Norm-Abkürzung	Vollständige Bezeichnung	Markennamen
ABS	Akrylnitril-Butadienstyrol	Cycolac, Novodur, Terluran
PMMA	Polymethylmethakrylat	Vedril, Perspex, Plexiglas
PETP	Polyäthylenterephtalat	Arnit, Hostadur, Ultradur
CAB	Cellulose-Aceto-Butyrat	Cabulit, Uvex
PVC	Polyvinylchlorid (verstärkt)	Duraform
HAPA*	Phenol-Formaldehyd m. Papier*	Pertinax, Tufnol, Turbonit
HAWE*	Phenol-Formaldehyd m. Gewebe*	Celeron, Novotext, Tufnol
PC	Polycarbonat	Lexan, Makrolon
PA	Polyamid	Nylon, Zytel, Akulon, Rilsan
POM	Polyoxymethylen	Delrin, Hostform, Ultraform
NDPE	Niederdruck-Polyäthylen	Hostalen, Stamylan, Supralen
HMPE*	Hochmolekulares Polyäthylen	Hostalen GHR, Ladulen, Lupolen 5261Z
HDPE	Hochdruck-Polyäthylen	Lupolen, Stamylan

* Keine Norm

Norm-Abkürzung	Art	Hauptgruppe
PP	Polypropylen	Moplen, Hostalen PP
PS	Polystyrol	Polystyrol, Styren
PVC-C	Polyvinylchlorid nachgechlort	Solvitherm
PVC	Polyvinylchlorid	Dekadur, Hostalit,
PVC	Polyvinylchlorid (mit Mipolan Weichmacher)	Trovidur, Hostalit Z
PTFE	Polytetrafluoräthylen	Fluon, Teflon, Hostaflon
PVDF	Polyvinylidenfluorid	Foraflon, Solef

11.4 FORMGEBUNG VON KUNSTSTOFFEN

Die Formgebung thermoplastischer Kunststoffe

Extrudieren

Der Kunststoff wird dabei in Granulat- oder Kornform in einen Trichter gebracht und anschließend in eine Laufschnecke geführt.

Durch die Bewegung der Schnecke und durch Wärmezufuhr wird der Kunststoff verflüssigt, woraufhin er durch eine Düse gedrückt wird. Je nach Form des Spritzkopfes entsteht das Durchschnittsprofil des Materials. Beispiele sind hier Stangen, Profile, Rohre, Platten und Kabelummantelung.

Spritzguß

Der Kunststoff wird als Granulat in einen Trichter gebracht. Eine Förderschnecke transportiert den Kunststoff und preßt ihn zusammen.

Die Heizelemente sorgen für einen verformbaren Zustand, woraufhin der flüssige Kunststoff durch die Düse in die Matrize gepreßt wird.

In der Matrize bekommt der Kunststoff seine Form, die nach dem Abkühlen endgültig wird. Das Spritzgußverfahren wird sehr häufig angewandt.

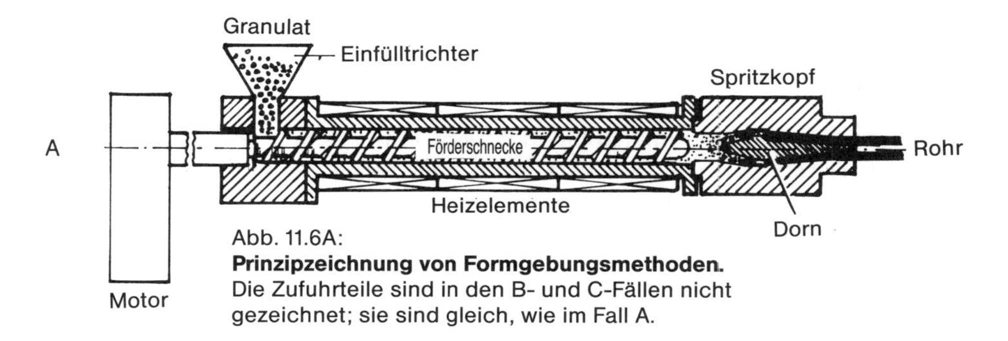

Abb. 11.6A:
Prinzipzeichnung von Formgebungsmethoden.
Die Zufuhrteile sind in den B- und C-Fällen nicht gezeichnet; sie sind gleich, wie im Fall A.

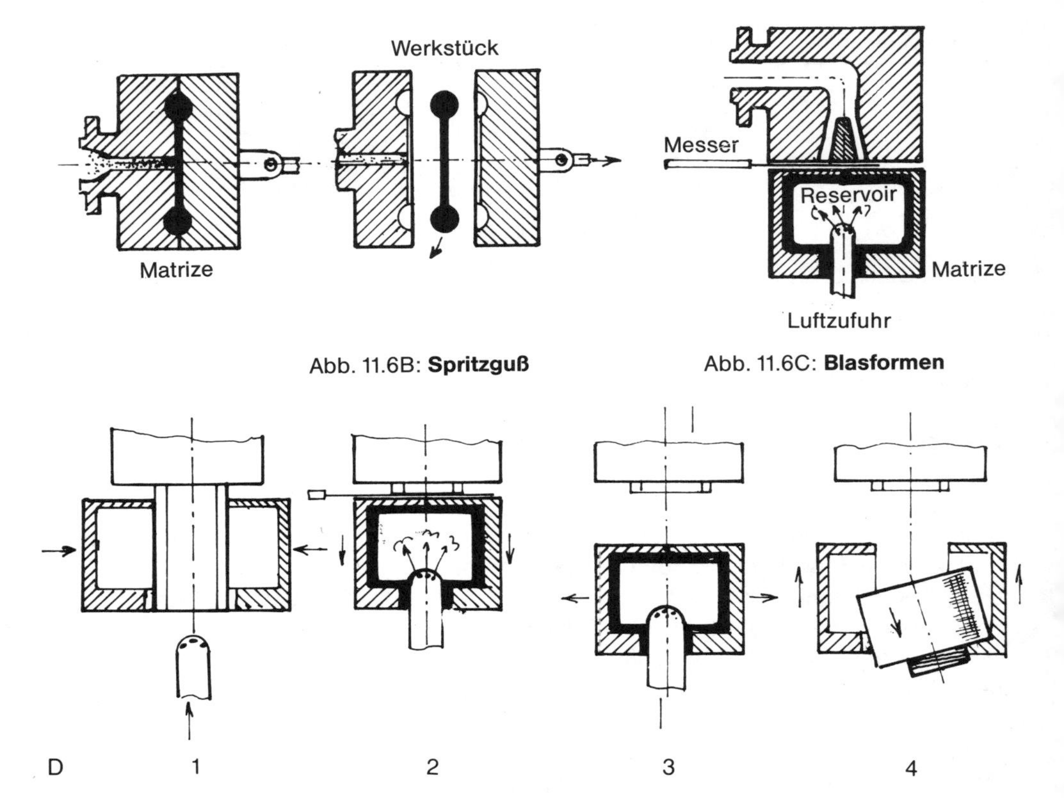

Abb. 11.6B: **Spritzguß**

Abb. 11.6C: **Blasformen**

Abb. 11.6D: **Vier Stufen beim Blasformen**
1. hier wird das Rohr gespritzt;
2. die Luftzufuhr erfolgt;
3. die Matrizenhälften gehen auseinander;
4. Gegenstand fertig.

Blasformen

Das Blasformen erfolgt nach dem gleichen Prinzip, wie das Spritzgießen. Der Unterschied zum Spritzgießen besteht darin, daß das Spritzteil so konstruiert ist, daß ein Rohr gebildet wird. Dieses Rohr wird an den Matrizenflächen mit Hilfe eingelassener Luft und des dadurch entstandenen Drucks ausgeblasen. Ein typisches Blasprodukt ist ein Behälter (Flasche).

Schleuderguß

Eine genau bestimmte Kunststoffmenge wird in ein schnell rotierendes Rohr gebracht. Durch Erwärmung dieses Rohres wird das Granulat geschmolzen, wonach der Kunststoff unter ständigem Rotieren abkühlt. Auf diese Weise werden Lagerbuchsen hergestellt.

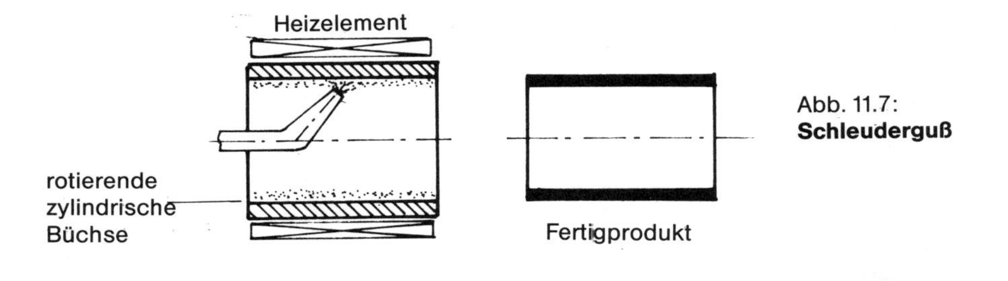

Abb. 11.7: **Schleuderguß**

Wirbelsintern und Flammspritzen

Dieses Verfahren wendet man an, wenn ein metallener Gegenstand mit Kunststoff beschichtet werden soll. Das Metall wird bis über den Schmelzpunkt des Kunststoffs erwärmt und anschließend in einen Behälter mit feinem, schwebendem Kunststoffpulver gehalten. Auf dem Metall setzt sich dann eine dünne Kunststoffschicht ab.

Beim Flammgießen wird das mit Luft gemischte Kunststoffpulver gegen das erwärmte Metall gespritzt.

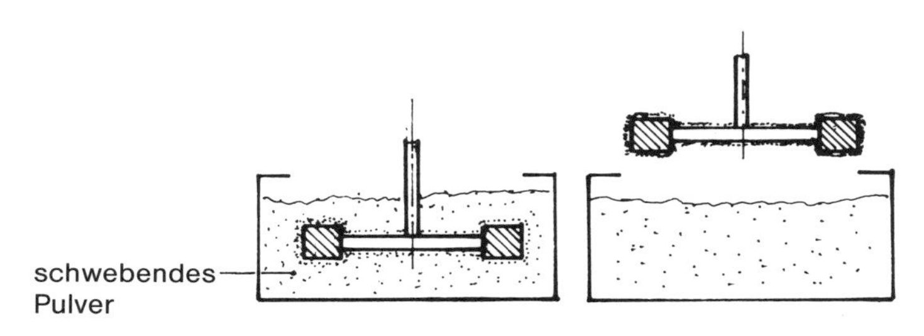

Abb. 11.8: **Wirbelsintern**

Schäumen

Beim Schäumen nutzt man den Umstand, daß bestimmte Stoffe bei Zimmertemperatur flüssig oder fest, aber bei der Schmelztemperatur von Kunststoff gasförmig sind.

Falls so ein Stoff mit Kunststoff vermischt ist und dieser Kunststoff erhitzt wird, dann werden die dabei entstehenden Gasbläschen für das Aufschäumen sorgen.

Auch andere Schäumtechniken gibt es, wie das Aufklopfen oder Einführen von Luftinjektionen.

Pastenguß

Wenn man z. B. PVC mit einem Weichmacher mischt, dann entsteht eine zähe Paste. Wird diese Paste erhitzt, dann verflüssigt sie sich verhältnismäßig schnell. Streicht man diese Paste nun z. B. über eine Textilschicht, dann entsteht das bekannte Kunstleder (Skai). Man bezeichnet dieses Verfahren als SMC-Verfahren (Slush Moulding Compound).

Vakuumtiefziehen

Eine Kunststoffplatte wird auf eine Matrize gelegt. Durch Erwärmen wird die Platte weich und sinkt teilweise in die Matrize ein.

Wenn nun unterhalb der Platte in der Matrize ein Unterdruck entsteht, dann wird die Platte die Form der Matrize annehmen. Dieses Verfahren wendet man auch bei der Herstellung von Autokarosserien an.

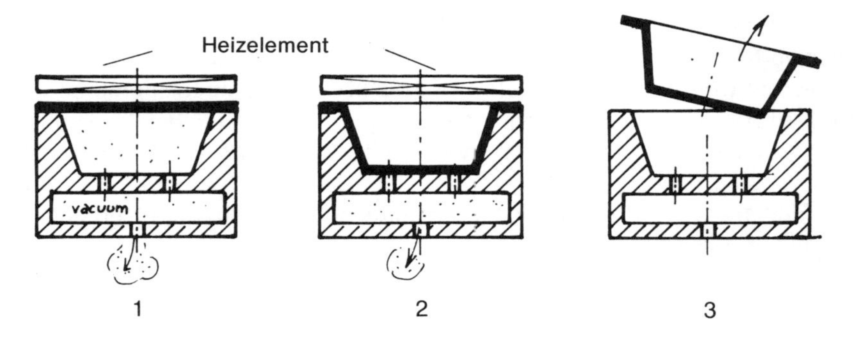

Abb. 11.9: **Vakuum-Tiefziehen.**
1. die Kunststoffplatte wird auf die Form gelegt und erwärmt;
2. durch Saugen schmiegt die Platte sich an die Form an;
3. das Werkstück ist fertig.

Blasen und Drücken

Beim Vakuumtiefziehverfahren entsteht die Formung durch einen Unterdruck unterhalb der Platte. Wirkt dagegen oberhalb der Platte ein Überdruck, dann nennt man dies Blasen. Erhält die Platte ihre Form durch einen Stempel, dann spricht man von Drücken.

Die Formgebung von Duroplasten

Pressen

Eine bestimmte Menge von Preßpulver mit Härter wird in eine erwärmte Matrizenhälfte gebracht und mit der anderen Hälfte zusammengedrückt. Unter dem Einfluß von Temperatur und Druck schmilzt das Pulver und die definitive Form entsteht.

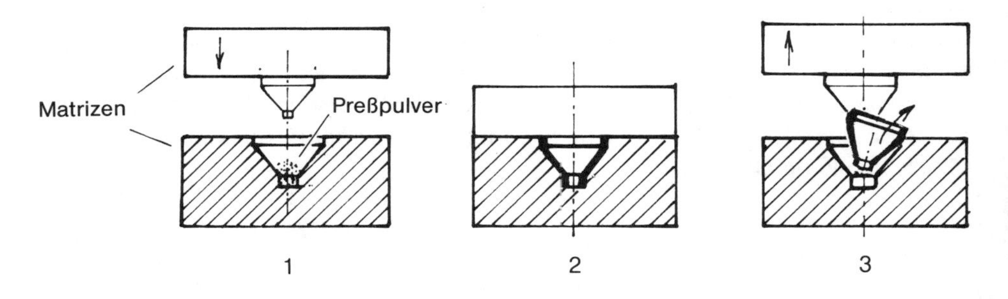

Abb. 11.10: **Pressen**

1. Preßpulver kommt in die Form und wird erwärmt;
2. Matrize zusammendrücken;
3. das Werkstück ist fertig.

Spritzguß
Das Spritzgießen von Duroplasten ist im Grunde dem Spritzgießen von Thermoplasten gleich. Das Verfahren wird in der technischen Literatur als RIM (Reaction Injection Moulding) bezeichnet.

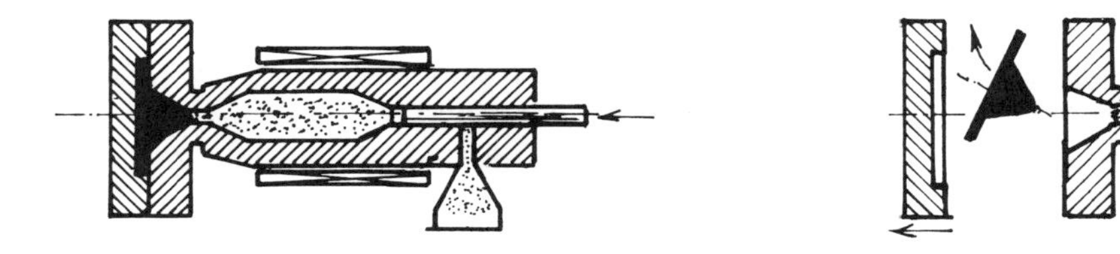

Abb. 11.11: **Spritzguß**

Laminieren
Beim Laminieren werden Platten aus Duroplast mit Papier, Textil oder Glasfasergewebe als Füllstoff zusammengepreßt. Bekannt sind die sogen. Pertinax-Platten, die sich aus Papier und Phenolformaldehyd (PF) zusammensetzen. Auch die Formica-Tischplatte setzt sich so zusammen (Aluminium mit Melaminformaldehyd).

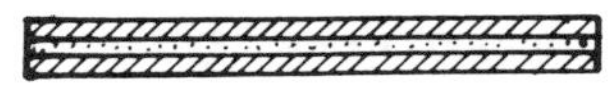

Abb. 11.12: **Laminieren**

Gießen und Schäumen
Wenn man ein flüssiges Polymer mit einem flüssigen Härter mischt, dann kommt es zu einer Reaktion, bei der das Material hart wird. Damit die Reaktion auch bei Zimmertemperatur erfolgt, muß man einen Beschleuniger verwenden. Gießt man die gemischte flüssige Masse in eine Form, so erhält man das gewünschte Produkt. Entstehen während des Härtens Gasblasen (durch eine chemische Reaktion oder durch Siedevorgänge), dann bildet sich ein Schaum. Der bekannte PUR-Schaum wird z. B. so aus den Komponenten Iso-Cyanat und Polyol gebildet. Falls der Schaum Wasser absorbieren kann, sprechen wir von einer offenen Struktur. Bei eingeschlossenen Bläschen handelt es sich um eine geschlossene Struktur.

Die Formgebung bewehrter Kunststoffe

Die Glasfaserverstärkung
Die Glasfasern haben im Zusammenhang mit Kunststoffen sehr gute Festigkeitseigenschaften. Vor allem das Abkühltempo spielt eine große Rolle. Die gesponnenen Drähte sind wenigstens ebenso stark wie Eisendrähte. Bei scharfem Knicken bricht das Material aber.

Nachdem die Glasfaser gesponnen wurde, können Bewehrungen verschiedener Arten gemacht werden:

- Roving
- Fasermatte
- Oberflächenmatte
- Gewebe.

Als Roving bezeichnet man das Zusammenfügen einer Anzahl von Fäden zu einem dicken Strang (wie eine Schnur). Die Glasfasermatte enthält eine große Anzahl kurzgehackter Fasern von gleicher Länge, die durch ein Bindemittel zusammengehalten werden.
Bei der Oberflächenmatte sind die Fasern nicht kurzgehackt. Sie wird häufig verwendet. Die Glasgewebematte ist stärker, aber durch das Weben ist sie auch teurer. Weitere häufig verwendete Bezeichnungen für glasfaserverstärkte Kunststoffe sind:
GFK (Glasfaserverstärkter Kunststoff);
GRP (Glass Reinforced Plastic).

Die Kohlenstoffaserverstärkung
Entwicklungen in der Raumfahrt haben zur Verwendung von Kohlenstoff- oder Graphitfasern als Bewehrungsmaterial geführt. Stärke und Zähigkeit dieser Fasern sind ungefähr gleich der der Glasfasern. Der große Vorteil besteht aber darin, daß die Kohlenstoffaser viel steifer ist. Da bestimmte, vor allem tragende, Konstruktionen sehr steif sein müssen, wird die Kohlenstoffaser hier noch ein weites Anwendungsfeld finden.
Allerdings ist sie um ein Vielfaches teurer als die Glasfaser. Ford fertigte 1977 ein Auto für sechs Personen mit Kohlenstoffaserverstärkung. Die Gewichtseinsparung im Verhältnis zum konventionellen Auto aus Metall betrug 33%.

Formgebung nach der Handaufbaumethode
Dieses Verfahren läßt sich relativ leicht anwenden. Damit man eine gute Oberflächenschicht erhält, streicht man die negative Form mit einem Trennwachs oder -lack ein. Dann werden die Glasfasermatten zugeschnitten und mit Polyesterharz, dem Härter zugefügt wurde, eingerieben und in die Form gelegt. Das Imprägnieren kann mit einem kurzhaarigen Pinsel oder einem Mohairroller geschehen. Die Glasfasern müssen vollständig mit Harz durchtränkt sein. Luftblasen müssen restlos herausgedrückt werden. Allerdings darf die Glasfasermatte kein Übermaß an Harz bekommen. Werden zwei Glasfasermatten nebeneinander gelegt, dann müssen sie einander um einige cm überlappen.
Nach dem Imprägnieren geliert das Harz innerhalb einer halben Stunde, aber die maximale Stärke erhält es erst nach etwa einer Woche.

Das Spritzen von Harz und Faser
Damit die Wandstärke eines Gegenstandes beeinflußt werden kann, spritzt man Harz und Fasern. Die Spritze besteht aus Hacker und Ventilator. Der Hacker ver-

kleinert das Roving zu Fasern. Durch das Mundstück werden die Fasern mit Harz und Beschleuniger zusammen in die Richtung des Modells gespritzt. Ein zweites Mundstück spritzt den Härter auf.
Da die aufgespritzte Schicht noch viele Luftbläschen enthält, müssen wir diese entfernen, wie zuvor bei der Handaufbaumethode beschrieben.

Weitere Methoden zur Formgebung
Damit das Teil sehr präzise hergestellt wird, verwendet man eine positive und eine negative Matrize. Zwischen diesen Matrizen befindet sich die Glasfaserbewehrung. Durch Druckunterschied wird das Harz in die Glasfasermatte gesaugt.
Es gibt auch Verfahren, bei denen die Schablone im Produkt zurückbleibt.
Schließlich sei noch erwähnt, daß auch das Pressen von Polyester- oder Epoxidharz mit Glasfaser möglich ist. Hier entscheidet die Preßmatrize über die endgültige Form.

11.5 KUNSTSTOFFE IM KAROSSERIEBAU

Die Entwicklung der Kunststoffe in der Kfz-Technik
Die Entwicklung der Kunststoffe für Kfz-Konstruktionen setzte Mitte der sechziger Jahre ein. Im Jahre 1952 wurden pro Automobil durchschnittlich 3 kg Kunststoffe verwendet, 1960 waren es 10 kg und 1980 bereits 110 kg.
Einer optimistischen Schätzung zufolge rechnet man für 1990 schon mit 250 kg Kunststoff pro Auto.
Betrachten wir die Verteilung der Kunststoffe über die Autohauptgruppen, dann zeigt sich, daß mehr als 80% davon in der Karosserie und im Fahrzeuginnern verarbeitet wird. Die Abb. 11.14b zeigt die Aufschlüsselung.

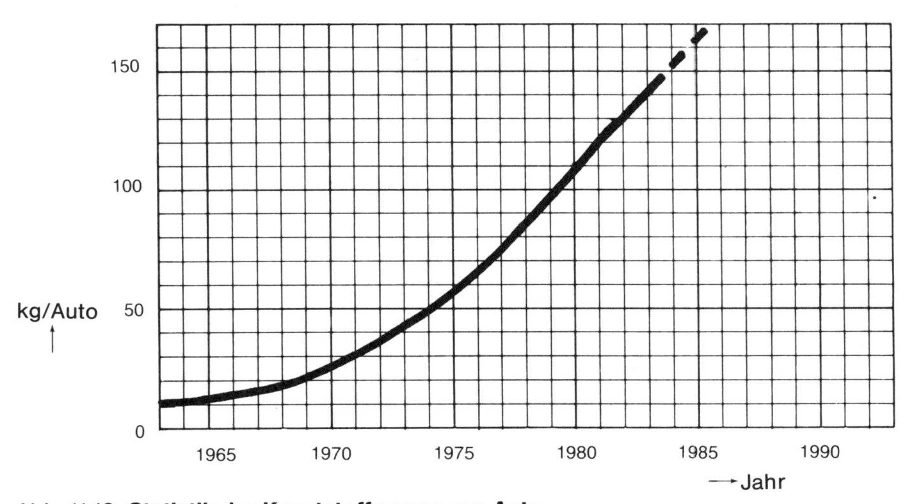

Abb. 11.13: **Statistik der Kunststoffmenge pro Auto**

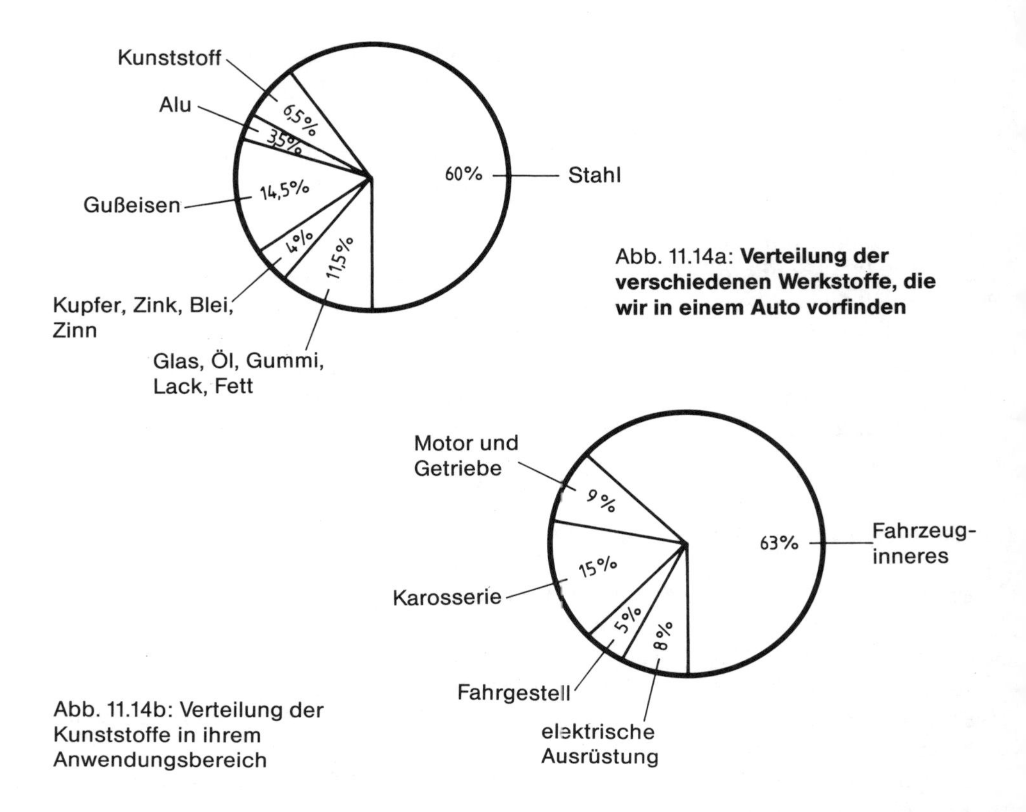

Abb. 11.14a: **Verteilung der verschiedenen Werkstoffe, die wir in einem Auto vorfinden**

Abb. 11.14b: Verteilung der Kunststoffe in ihrem Anwendungsbereich

Die Anwendungskriterien von Kunststoffen im Automobilbau

Kunststoffe kommen aus folgenden Gründen in der Kfz-Technik stets mehr zur Verwendung:

- Kunststoffe sind meist preisgünstiger;
- die Konstruktionen werden leichter, wodurch das Auto wirtschaftlicher wird;
- sie sind leichter formbar;
- aktive und passive Sicherheit nehmen zu;
- sie brauchen nicht soviel Wartung;
- sie sehen besser aus;
- Kunststoffteile rosten nicht.

Die günstige Zukunftsentwicklung zur Anwendung von Kunststoffen in der Kfz-Technik ist nebenher auch eine Folge dessen, daß man zur Herstellung von Kunststoffteilen viel weniger Energie braucht, als zur Fertigung von Metallteilen.

Kunststoffe im Wageninnern

Schaltknöpfe
Die Bedienungsschalter für die unterschiedlichen Funktionen wurden früher aus massivem thermohärtendem Phenolformaldehyd (PF) gefertigt. Heutzutage macht man sie aus Niederdruck-Polyäthylen (NDPE).
Die meisten Hohlkörper werden dann mit einem Innengewinde aus Alu versehen.

Fensterkurbeln
Fensterkurbeln wurden früher aus Polyacetatharz gefertigt.
Heute bestehen sie aus einer Zinklegierung, die mit einer dünnen Schicht von NDPE überzogen ist.
Der Drehknopf der Fensterkurbel ist wiederum ein NDPE-Spritzgußprodukt. Die Drehachse kann aus Polyoxymethylen sein. Diese Achse hat eine »Schwachstelle«, die bei einem Unfall dafür sorgt, daß der Knopf abbricht, so daß die Insassen sich daran nicht verletzen können.

Aschenbecher
Aschenbecher bestehen aus einer Alu- oder Stahllade in einem Acrylonitril-Butadienstyren-(ABS-)Gehäuse. Die Beleuchtung des Aschenbechers sitzt in vielen Fällen in einer Polyamid-(PA-)Armatur.
Die Verwendung des Kunststoffgehäuses und der Metallade wirkt sich hier günstig aus (keine Korrosion, gutes Gleitvermögen).

Sonnenblenden
Diese müssen sich leicht verstellen lassen, ohne dabei locker zu sein. Das Lager, mit dem die Blenden befestigt sind, ist aus PA. Die zugehörige Achse ist in einem Polypropylen-Lager drehbar. Die Basis der Blende besteht aus einem Rahmen,

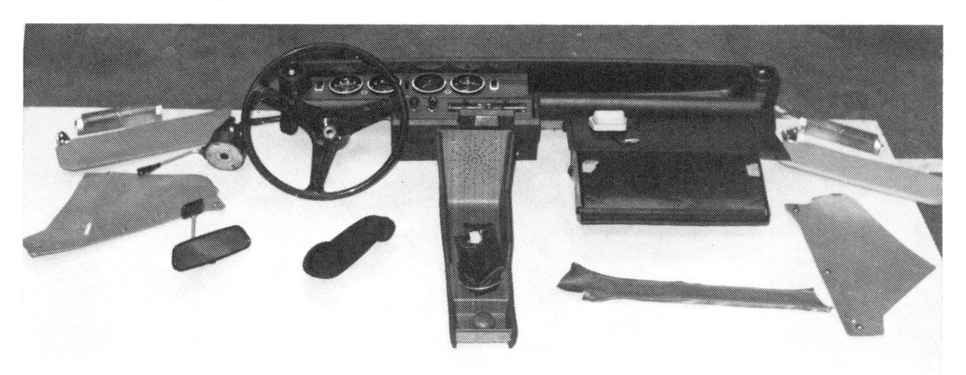

Abb. 11.15: **Einige Beispiele von Kunststoffen, die uns in und an der Karosserie begegnen: Instrumententräger, Lenkrad, Sonnenblenden, Schalter, Armstützen, Innenspiegel, Leuchtenteile.**

der mit Polyurethan-(PUR-)Schaum umgeben ist.
Der PUR-Schaum ist schließlich mit einer Polyvinylchlorid-(PVC-)Folie abgedeckt. Diese Konstruktion dient der Sicherheit bei einem Unfall, auch weil die Blenden oftmals in Aussparungen in der Himmelverkleidung sitzen.

Spiegel

Die Glasspiegel werden in der Zukunft durch Polycarbonat-(PC-) oder Metallspiegel ersetzt werden. Beide Arten bieten den großen Vorteil, daß sie bei einem Bruch keine gefährlichen Splitter entstehen lassen. So kann PC um 180° C gebogen werden, ehe ein Bruch auftritt. Auch die optischen Eigenschaften und die Kratzbeständigkeit des PC sind sehr gut.
Das Spiegelgehäuse kann aus modifiziertem Polyphenyloxyd (PPO) bestehen, weil dazu hitzebeständiges Material verwendet werden muß (Beleuchtung und Sonnenstrahlen).

Handgriffe

Die Handgriffe, die meist am Dach befestigt werden, müssen stark und flexibel sein. Überdies müssen sie einen sicheren Halt bieten.
Der Handgriff besteht aus einem Stahlband, das mit PVC umgeben ist. Die Oberfläche muß griffig sein: sie fühlt sich lederartig an (modifiziertes PVC).

Armlehnen

Zur Herstellung von Armlehnen gibt es im Prinzip zwei Möglichkeiten:
a) durch Spritzguß von PP oder ABS. Das Gußteil wird anschließend mit PVC gepolstert;
b) Einlegen eines Eisenkerns oder eines Kerns von PP in PUR-Schaum. Auch hier sorgt die PVC-Haut für die Abdeckung. Die Härte des PUR-Schaums entscheidet weitgehend über das passive Sicherheitsverhalten.

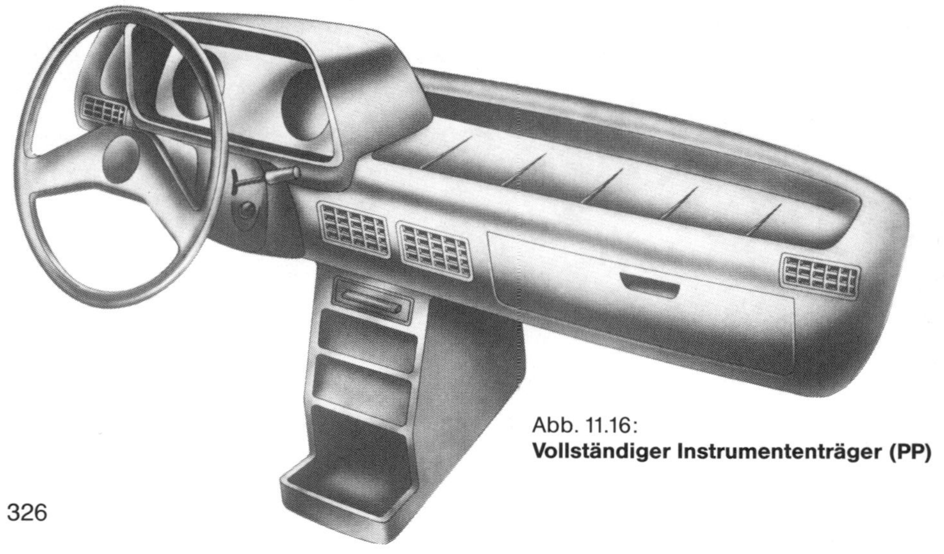

Abb. 11.16:
Vollständiger Instrumententräger (PP)

Der Instrumententräger
Sämtliche Instrumente und Bedienelemente müssen übersichtlich und zweckmäßig angebracht sein.
Vor allem aus Sicherheitsaspekten ist es dringend geboten, daß das Material kinetische Energie (»Aufprall-Energie«) in Verformungsarbeit umsetzen kann.
Es gibt verschiedene Ausführungen: die erste ist ein Instrumententräger, der durch Spritzguß aus PPO oder PP hergestellt wurde.
Bei den komfortableren Ausführungen sehen wir als zweite Möglichkeit einen Instrumententräger aus Stahl, Aluminium, Kunststoff oder Holzfaserkern, der mit PUR-Schaum umgeben und mit ABS-Folie abgedeckt ist.
Eine modernere Ausführung besteht aus einer angegossenen Haut auf PUR-Schaum. Vor allem diese letztgenannte Konstruktion bietet viele Möglichkeiten, um zu einem modernen Autodesign zu kommen. Mit den modernen Techniken kann der Hersteller verschiedene Farbtöne und Imitationen im Instrumententräger anbringen.

Kantenschutz
Zum Schutz scharfer Kanten wird PVC-Band mit einem eingelegten Klemmband verwendet.

Die Stromkabel
Als Isolierung für die Stromleitungen verwendet man PVC. Die Verkabelung war um 1960 etwa 60 m lang; heute verwendet man pro Auto etwa 200 m Kabel.
Durch Anwendungen, wie zentrale Türverriegelung, automatische Fenster, elektrische Spiegel, Sitzheizung und Anti-Blockiereinrichtung, wächst das Kabelnetz ständig weiter.

Teile der Zündanlage
Zündspulengehäuse, Verteilerkappe, Rotor und Zündkerzenkappen werden aus PF hergestellt. Die nichtabbaubaren PF-Thermohärter können durch Polybutylenterephtalat (PBTP) ersetzt werden. Auch thermohärtende Polyester werden jetzt verwendet. Die Vorteile des thermohärtenden Polyesters sind Wärmebeständigkeit, die hohe Durchschlagspannung und die Tatsache, daß in feuchter Umgebung weniger Kriechstromgefahr besteht.

Sitze und Sitzbänke
Für die Sitze verwendet man heutzutage PUR-Schaum, der für einen hervorragenden Sitzkomfort sorgt.
Die Sitze können mit Textil, Leder oder Kunstleder überzogen werden.

Die Dachverkleidung
Der bekannte, gespannte Himmel aus geschnittener PVC-Folie mit eingenähten Drahtspannern wird, vor allem bei den teureren Autos, durch den »Fertighimmel« ersetzt.

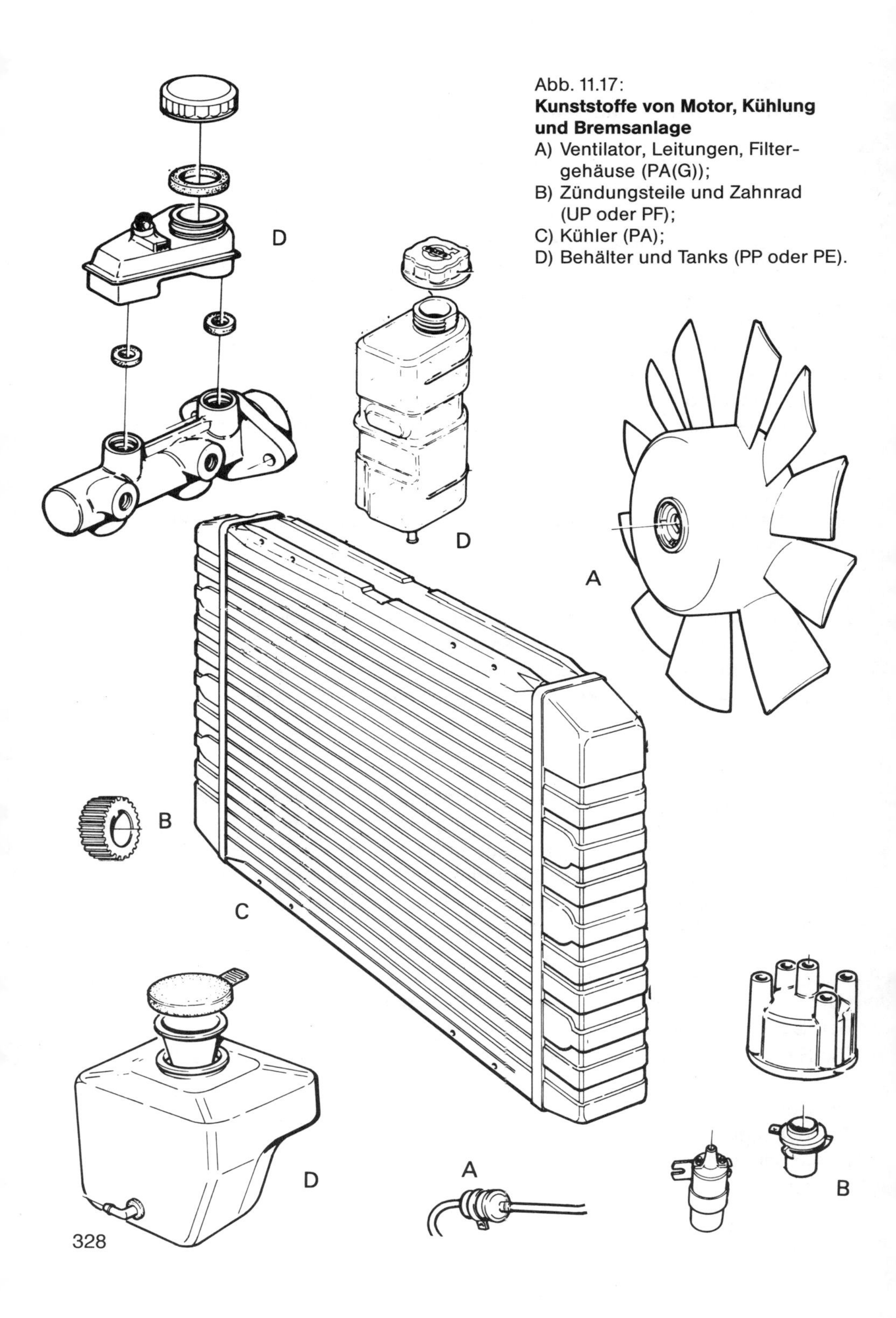

Abb. 11.17:
Kunststoffe von Motor, Kühlung und Bremsanlage
A) Ventilator, Leitungen, Filtergehäuse (PA(G));
B) Zündungsteile und Zahnrad (UP oder PF);
C) Kühler (PA);
D) Behälter und Tanks (PP oder PE).

Dieser ist folgendermaßen aufgebaut:

- ein Träger als Grundmaterial;
- eine Zwischenschicht aus weichem Schaum (aus Sicherheitsgründen);
- ein Bezug (zum Verschönern des Äußeren).

Das Trägermaterial kann Hartfaserplatte mit Harzverleimung sein. Als Einlageschaum dient PUR-, PS- oder weicher PE-Schaum. Zuweilen dienen Metallstreifen oder Glasfasermatten als Verstärkung. Der Bezug besteht im allgemeinen aus PVC-Folie.

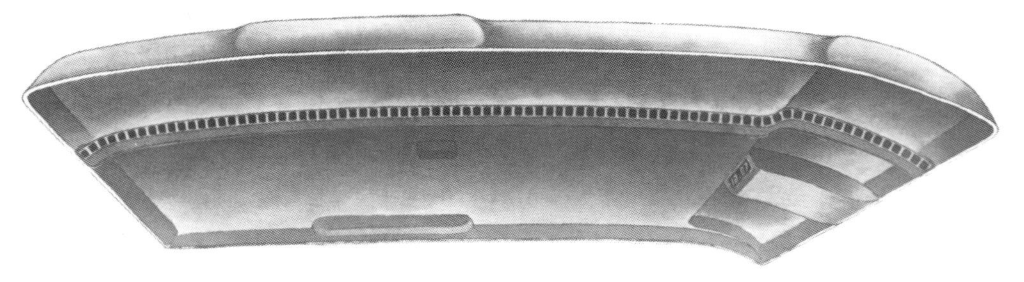

Abb. 11.18: **Eine vorgefertigte Himmelverkleidung (Polycarbonat)**

Die Türverkleidung und die Hutablage

Das traditionelle Material der Türverkleidung und der Hutablage ist eine tragende Hartfaserplatte, an der – mit einer PUR-Zwischenwand – Textil oder PVC-Folie befestigt ist. Als tragende Konstruktion finden wir auch ABS oder PP.

Lenkrad und Schalthebelknopf

Diese können aus dem hochglänzenden Zelluloseacetatbutyrat (CAB) gefertigt sein. Aber in modernen Konstruktionen hat man auch (wegen der größeren passiven Sicherheit) einen Metallkern, der von PUR-Schaum, umgeben ist. Bei einem Unfall muß das Lenkrad verformbar sein; hier gelten dieselben gesetzlichen Normen, wie beim Instrumententräger.
Weitere Materialien, die vorkommen, sind: weiches PVC (USA), PP und Leder. Ein Nachteil des PVC-Lenkrades besteht darin, daß es sich bei extrem hohen Temperaturen recht klebrig anfühlt.

Fensterscheiben

Die Windschutzscheibe muß speziellen Sicherheitsanforderungen genügen. So hat die Scheibe Druckspannungen, durch die bei einem Steinschlag aufgrund der Störung des Spannungsfeldes ein Bruch auftritt. Die aus Schichten aufgebaute Windschutzscheibe enthält eine transparente, klebende Zwischenfolie aus Polyvinylbutyral (PVB), die nach einem Bruch die Scherben festhält. Für Seitenfenster und Heckscheibe kann, außer dem normalen Glas, auch Polymethylmethacrylat (PMMA) oder Plexiglas verwendet werden. Vor allem bei Lkw, Schleppern und Baumaschinen kommt dies vor.

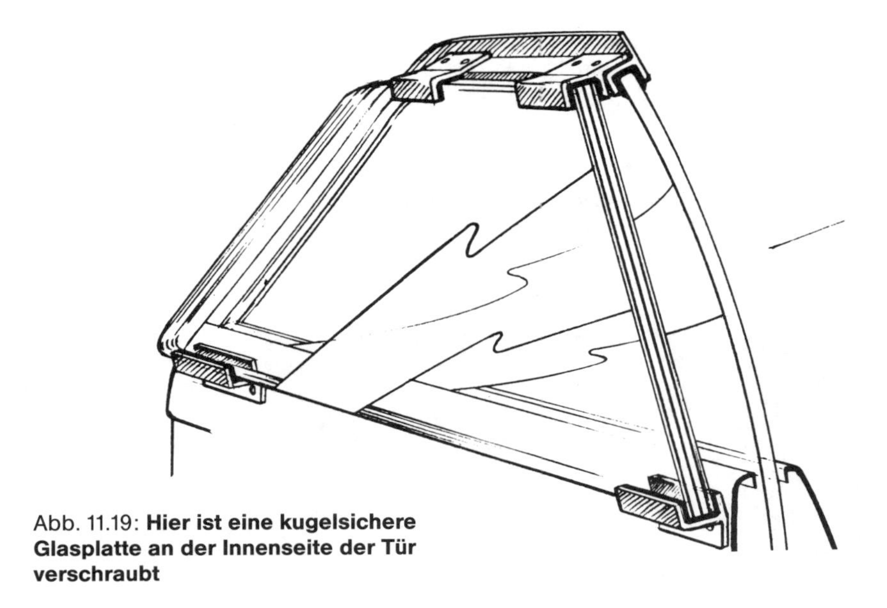

Abb. 11.19: **Hier ist eine kugelsichere Glasplatte an der Innenseite der Tür verschraubt**

Da PMMA nicht sonderlich kratzfest ist und nach einiger Zeit vergilbt, bevorzugt man jetzt Polycarbonat (PC) als Ersatz für das PMMA.
PC und laminiertes Glas werden auch als das sogen. kugelsichere Glas verwendet. Man befestigt dann eine solche Platte hinter der normalen Scheibe.

Pedale
Für die Pedale verwendet man Polypropylen. Der Widerstand gegen Materialermüdung ist groß, so daß auch das integral eingebaute Scharnier eine lange Lebensdauer hat.

Die Kopfstützen
Dafür verwendet man wieder PUR-Schaum mit einem Metallkern und ABS- oder PVC-Bezug.

Heizung und Abdeckplatten
Als Material für die Abdeckplatten und das Heizgehäuse verwendet man ABS.

Kunststoffverwendung für äußere Karosserieteile

Kofferraumdeckel
Ein Kunststoff-Kofferraumdeckel muß sich gut der Karosserie anpassen, hinlänglich steif und zur Massenproduktion geeignet sein. Als Material kann glasfaserverstärktes ungesättigtes Polyesterharz (UP) dienen. Eingelegte Rippen sorgen für

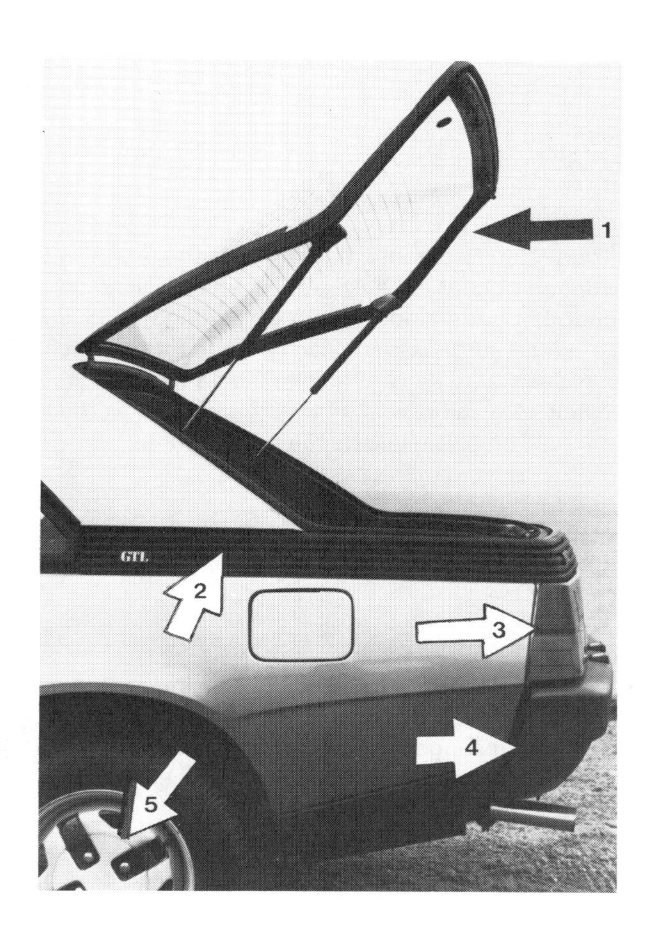

Abb. 11.20:
Einige Kunststoffteile
1. Leisten/Abdichtung;
2. Leisten (PC);
3. Glas der Rückleuchten (PC);
4. Stoßstange (im Beispiel SMC);
5. Zierblende für Felge (hier PC).

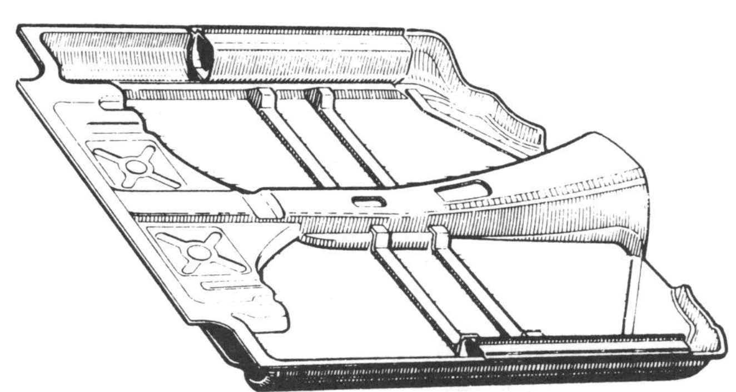

Abb. 11.21: **Das Bodenelement eines Prototypen.**
Es handelt sich um eine »Sandwich-Konstruktion«: zwischen zwei glasfaserverstärkten Kunststoffen finden wir die Kerne aus PUR-Hartschaum. Derselbe Versuchswagen ist übrigens auch mit einer Kunststoff-Dachplatte (in Sandwich-Konstruktion) ausgerüstet, die auf die Karosserie geklebt wurde. Die Motorhaube besteht aus zwei Alu-Blechen mit einem Hartschaumkern. Also ebenfalls »Sandwich«.

ausreichende Steifheit. Auch kann man Durcplaste und/oder glasfaserverstärktes Polyurethanharz (PUR) verwenden.

Die Türen
Kunststofftüren sind die kompliziertesten Bestandteile der Karosserie. Aufgrund der unterschiedlichen Anforderungen genügt ein einziges Material im allgemeinen nicht. Neben dem ausreichenden Widerstand gegen Belastungen gibt es auch noch eine Reihe von Sicherheitsanforderungen. Man hat gute Erfahrungen mit Duroplasten gemacht, deren Außen- und Innenschalen miteinander verklebt sind. Damit man die Tür nach einem Zusammenstoß noch öffnen kann, wurden zwischen den Scharnieren und dem Schloß Metallstreifen angebracht.

Die Motorhaube
Die Motorhaube muß mit ihrer relativ großen Oberfläche genug Widerstand gegen Verbiegen und Verwringen bieten. Als Material kommen glasfaserverstärktes PUR und Duroplaste in Frage.

Die Stoßstangen
Sie sollen die Vorder- und Rückseite des Autos bei kleinen Zusammenstößen schützen. Aber auch eine Verletzung von Fußgängern soll auf das Minimum beschränkt werden, falls sie mit den Stoßstangen in Berührung kommen. Nebenher dient die Stoßstange aber auch noch dem Schmuck des Autos, und sie hat daher auf sein Aussehen einen entscheidenden Einfluß.

Abb. 11.22: **Kunststoff auf dem Vormarsch.**
Dieses Auto hat große, integrierte »Stoß-stangen« (Polypropylen), sowie Motorhaube und Kofferraumdeckel (aus glasfaserver-stärktem Polyester), Seitenteile und Dachränder aus Kunststoff. Man beachte auch die dunkelgefärbten hinteren Seitenfenster.

Abb. 11.23: **Dieses Auto hat Kotflügel, Kofferraumdeckel und Türen aus Kunststoff** (hier PUR-glasfaserverstärkt)

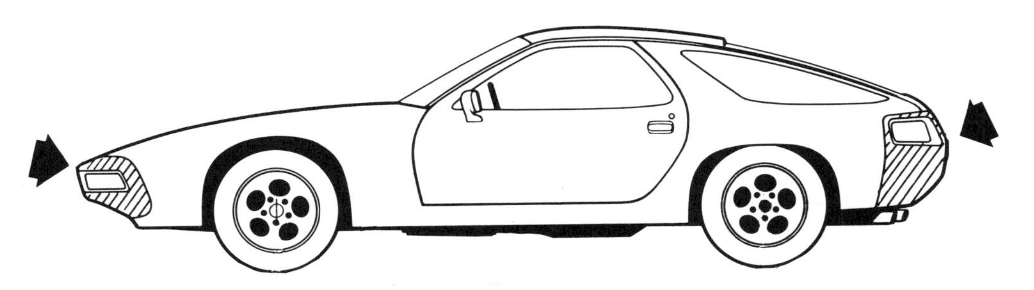

Abb. 11.24: **Ein Sportwagen mit Vorder- und Rückfront aus Kunststoff**

Der Stoßstangenkonstruktion widmete man in den letzten Jahren viel Aufmerksamkeit, wobei auch reichlich Kunststoff zur Verwendung kam:

- Zusammenbau von PP- mit SMC-Trägern (Audi);
- SMC (Porsche, Renault, Lancia);
- PA mit Stahlträger (Fiat);
- PUR mit SMC-Träger (Mercedes);
- PUR selbsttragend (Peugeot).

Vordere und hintere Karosserieteile

Kunststoff wird bei diesen Teilen in der Zukunft noch ein breites Anwendungsgebiet finden. Bei den stählernen Karosserie-Vorderteilen muß der Hersteller oftmals zwanzig und mehr Einzelteile zusammenfügen. Verwendet man Kunststoff, dann könnte man sich auf eine einzige Einheit beschränken. Die Verwendung von Kunststoff führt hier zugleich zu einer erheblichen Gewichtseinsparung. Überdies

rostet Kunststoff nicht, und der Designer hat größeren Spielraum für einen modernen Entwurf. Fachleute sagen voraus, daß die Hälfte aller amerikanischen Autos schon in nächster Zukunft mit flexiblen vorderen und hinteren Karosserieteilen ausgerüstet sein wird.
Als Material wird meist PUR-RIM verwendet. Auch modifiziertes PP und PC kommt in Frage.

Kotflügel
Auch hier gelten dieselben Vorteile: kein Rost und Gewichtseinsparung bis zu 25%. Als einer der ersten Personenwagen-Hersteller hat Porsche Kunststoff-Kotflügel montiert (Carrera 924 GT). Verwendet wurde hier glasfaserverstärktes PUR (RRIM).

Weitere Kunststoffanwendungen in der Kfz-Technik
Viele Einzelteile des modernen Verbrennungsmotors werden aus glasfaserverstärktem PA(G) gefertigt. Anwendungsbereiche sind u. a. der Kühlerventilator, oberer und unterer Heizungskasten, Lagerkäfige, Kettenspanner, Druck-, Unterdruck- oder Benzinschläuche.
Aus Polypropylen (PP) bestehen oft die Entlüftungsleitungen am Kühler, sowie Teile des Ansaugsystems (auch PE).

Abb. 11.25: **Die Rückseite dieses Modells ist wegen der schlechten Sicht nach hinten aus kratzfestem, durchsichtigem Kunststoff (PC).** Auch PMMA kommt vor, aber es eignet sich nicht so gut (nicht kratzfest).

Polyäthylen wird für Bremsflüssigkeitsbehälter und Kraftstofftanks verwendet. Es handelt sich dabei allerdings um ein spezielles Polyäthylen, da es den betreffenden Flüssigkeiten gegenüber beständig sein muß.
Ferner wäre das Polytetrafluoräthylen (PTFE oder Teflon) zu erwähnen. Daraus fertigt man Manschetten für hydraulische Systeme; auch für die hydraulische Servolenkung oder automatische Getriebe.
Das moderne, milchweiße Batteriegehäuse besteht meist aus PP; es hat das schwarze Hartgummigehäuse verdrängt. Natürlich ist das PP beständig gegen Schwefelsäure, außerdem ist es schlagfest.
Schließlich sei noch die Viskosefaser (Reyon) genannt, die – ebenso wie PA und UP – als Gewebe im Autoreifen dient.

11.6 VERARBEITUNG UND REPARATUR VON KUNSTSTOFFEN

Die spanlose Verarbeitung von Thermoplasten

Biegen
Die Thermoplaste lassen sich bei einer bestimmten Temperatur weichmachen. Erwärmen wir das Rohr oder die Platte über diese Temperatur, dann läßt sich das Material biegen.
Das Anwärmen erfolgt mit Hilfe von Heißluft. PVC- und PE-Rohr läßt sich mit Hilfe einer innen angebrachten Feder oder eines mit Sand gefüllten Rohres auch in kaltem Zustand biegen.
Außerdem ist das Biegen mit Hilfe einer Biegezange möglich.

Kunststoffschweißen
Beim Verschweißen muß der Kunststoff durch Erwärmung zunächst knetbar gemacht werden, wonach man die erwärmten Flächen unter Druck zusammenfügt.
Es gibt dazu verschiedene Schweißmethoden:
- Fadenschweißen;
- Stumpfschweißen;
- Muffenschweißen;
- Reibschweißen.

Beim Faden- oder Warmgasschweißen verwendet man heiße Luft oder heißen Stickstoff mit einer Schweißpistole, um das zu verschweißende Material und den Schweißstab bis über die Aufweichtemperatur zu erhitzen.
Auf die Schweißpistole können verschiedene Mundstücke gesetzt werden: ein Heftmundstück, ein Rundschweißmundstück oder ein Schnellschweißmundstück.
Die verschiedenen Schweißnähte sind denen des Autogen- und des Elektroschweißens nahezu gleich.

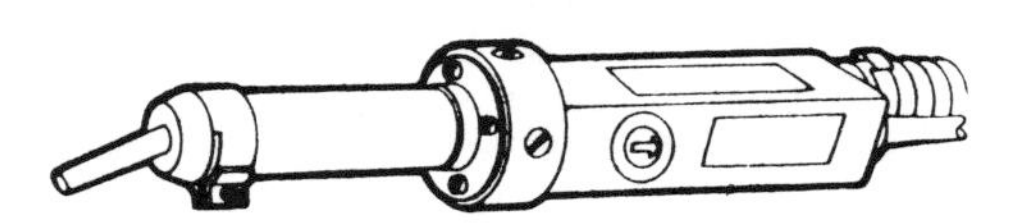

1. Heißluftpistole

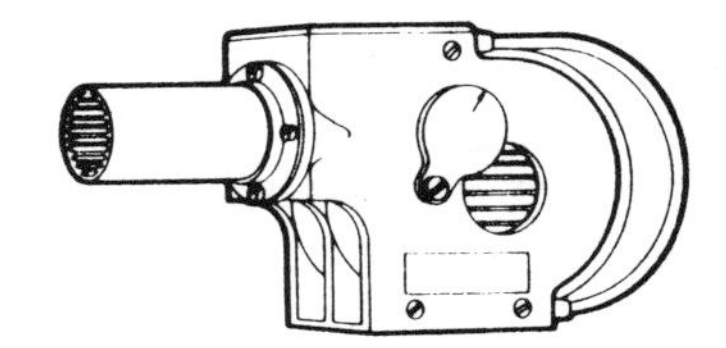

2. Heißluftgebläse

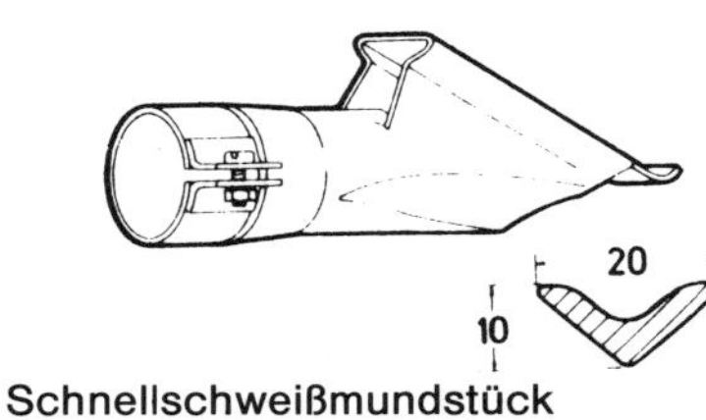

3. Schnellschweißmundstück

4. Heftmundstück

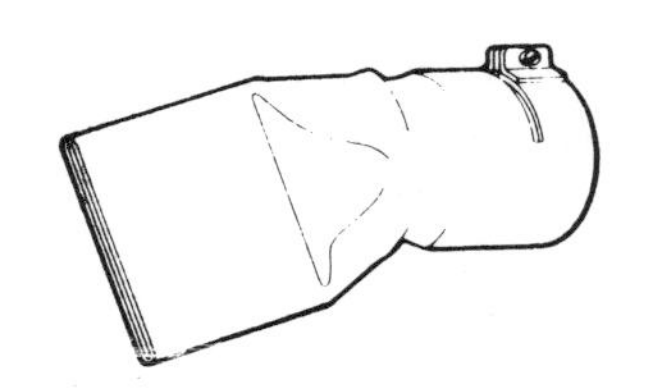

5. Breitmundstück

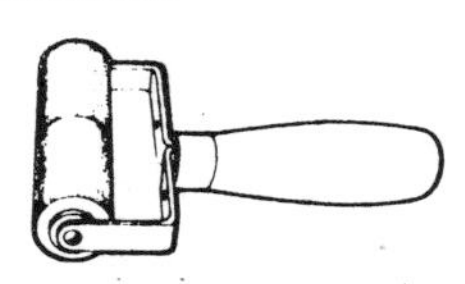

6. Breitbanddruckrolle für Überlappungsschweißen

7. Abstechmesser zum Abstechen von überflüssigem PVC

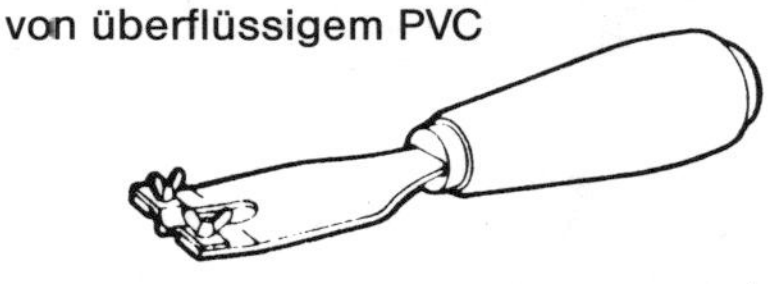

8. Fugenmesser zum Ausschneiden einer V-Naht

Abb. 11.26: **Biege- und Schweißwerkzeuge mit Zubehör**

Stumpfschweißen wendet man bei PE und PP an. Die zu verschweißenden Teile werden gegen ein Heizelement gedrückt, bis das Material an der Schweißseite weich wird. Danach werden die aufgeweichten Seiten gegeneinander angedrückt.

Die spanabhebende Bearbeitung von Thermoplasten

Bei der spanabhebenden Bearbeitung darf nicht zuviel Wärme entstehen. Kunststoffe sind nämlich schlechte Wärmeleiter, und es besteht die Gefahr, daß der Kunststoff schmilzt. Die Folge wäre eine rauhe Oberfläche. Im allgemeinen muß man sorgen für

- kleinen Ansatz;
- hohe Schneidgeschwindigkeit;
- Kühlung durch Luft oder Öl;
- großen Freiwinkel;
- nach Möglichkeit Werkzeuge aus Schnelldrehstahl.

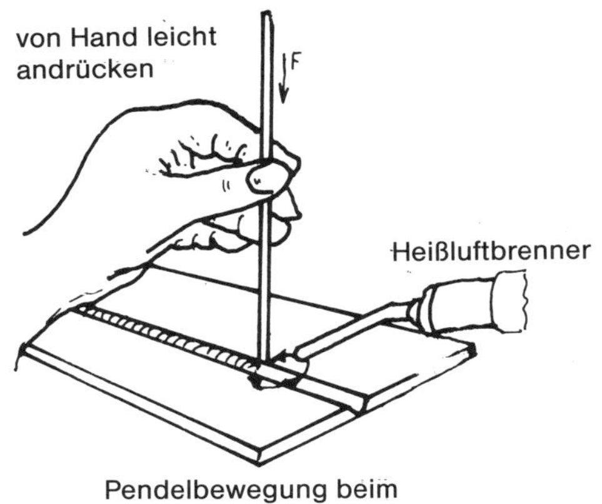

Pendelbewegung beim Schweißen

Das Schweißen einer V-Naht. Durch die Gegenschweißung (↑) beugt man dem Verziehen vor

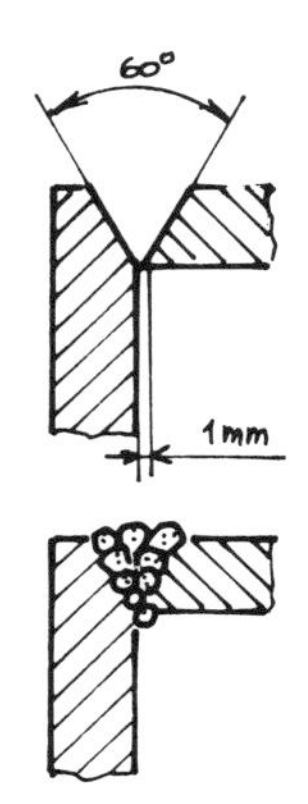

Schweißen eines Winkels mit einer V-Naht

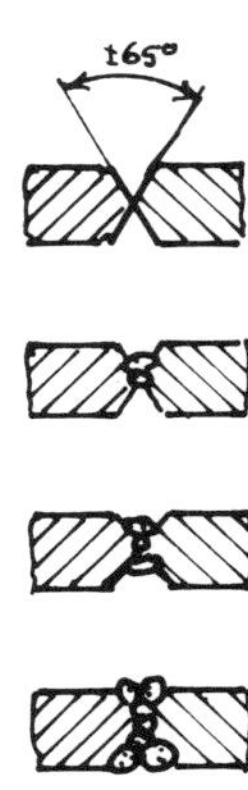

Schweißen einer X-Naht. Durch Schweißen »über Kreuz« beugt man dem Verziehen vor

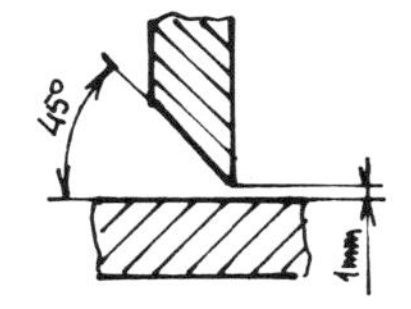

Einseitige Winkelschweißung

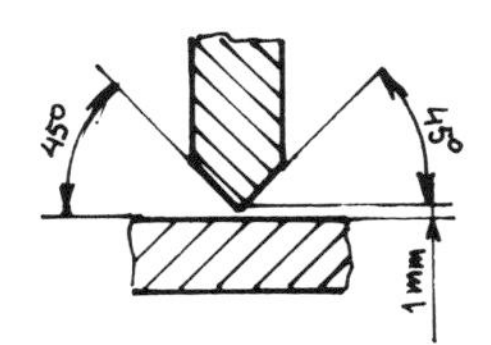

Doppelseitige Winkelschweißung

Doppelseitige Winkelschweißung mit dickerem Draht ergibt eine bessere Verbindung

Abb. 11.27: **Schweißmethoden**

Unter »Spanabhebende Bearbeitungen von Duroplasten« finden Sie eine Tabelle mit einer Reihe von Werten.

Spanabhebende Bearbeitungen von Duroplasten
Duroplaste können im Prinzip spanabhebend bearbeitet werden. Da sie aber doch recht unterschiedliche Eigenschaften haben, lassen sich nur schwerlich allgemeingültige Regeln aufstellen. Bei mineralischen Füllstoffen (also auch Asbest) muß man Werkzeuge aus Hartmetall verwenden. Die Schnittgeschwindigkeit darf nicht zu hoch sein, um einem Abbröckeln vorzubeugen. Die Werkzeuge müssen scharf sein und der Ansatz klein. Auch hier muß der Freiwinkel wegen der schlechten Wärmeableitung groß sein. Einen Nachteil der Verspanung bilden die herumfliegenden Teilchen, die abgesaugt werden müssen. Die nachfolgende Tabelle zeigt einige Spezifikationen.

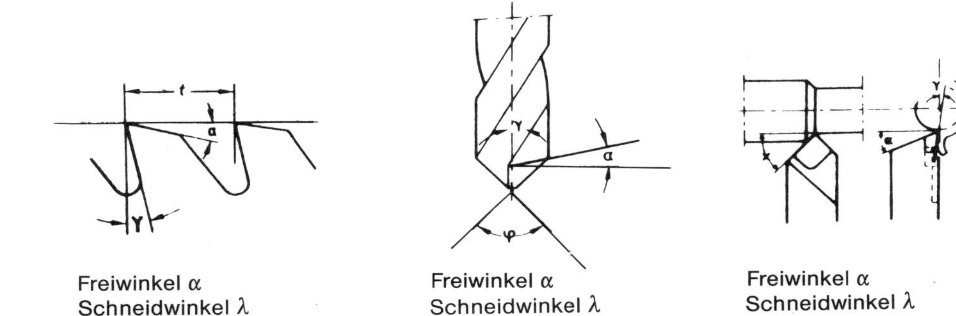

Abb. 11.28: **Die diversen Winkel der verspanenden Werkzeuge**

Das Kleben von Kunststoffen
Kunststoffe werden immer mehr durch Kleben miteinander verbunden. Die Klebeverbindung hat die folgenden Vorteile:
- das Material wird nicht geschwächt;
- die Kraft auf die Verbindung wird gleichmäßig verteilt;
- verschiedene Materialien können miteinander verbunden werden;
- die Verbindungen können gas- und wasserdicht sein;
- sehr dünne Platten und Folien können verbunden werden;
- die Verbindung ist einfach und relativ kostengünstig.

Als Nachteile stehen dem entgegen:
- die Stärke läßt sich vorher nur schwer berechnen;
- das Aushärten kann recht lange dauern;
- die Verbindung ist meist endgültig.

	Hart-PVC	Schlagbeständiges PVC	PVC-C (high temp.)	Polypropylen	Hart-Polyäthylen (Niederdruck PE)	Weich-Polyäthylen (Hochdruck PE)	Polyäthylen (hochmolekular)	Polycarbonat	Polymethylmethacrylat (gegossen)	Polymethylmethacrylat (extrudiert)
Kreissäge										
Freiwinkel α	5–10	5–10	5–10	10–15	10–15	10–15	10–15	20–40	5–10	5–10
Schneidwinkel λ	0	0	0	0–15	0–15	0–15	0–15	5–15	0	0
Schneidgeschw.	3000–4000	3000–4000	3000–4000	1000–3000	1000–3000	1000–3000	1000–3000	1000–3000	1500–2000	1500–2000
Zahnabstand	3–5	3–5	3–5	3	3	3	3	5–10	3–5	3–5
Bandsäge										
Freiwinkel α	30–40	30–40	30–40	30–40	30–40	30–40	30–40	20–40	30–40	30–40
Schneidwinkel λ	0–5	0–5	0–5	0–5	0–5	0–5	0–5	0–5	0–5	0–5
Schneidgeschw.	1200	1200	1200	500–1500	500–1500	500–1500	500–1500	600–1000	1200	1200
Zahnabstand	3	3	3	3	3	3	3	2,5–3,5	3	3
Bohren										
Freiwinkel α	5–10	5–10	5–10	10–12	10–12	10–16	10–12	5–8	3–8	3–8
Schneidwinkel λ	3–5	3–5	3–5	3–5	3–5	2,5–3	3–5	3–5	0–4	0–4
Spitzenwinkel φ	60–110	60–110	60–110	60–90	60–90	60–90	60–90	60–90	60–90	60–90
Schneidgeschw.	30–120	30–120	30–120	50–100	50–100	50–100	50–100	50–120	20–60	20–60
Ansatz mm/U	0,1–0,5	0,1–0,5	0,1–0,5	0,2–0,5	0,2–0,5	0,1–0,3	0,2–0,5	0,2–0,5	0,1–0,5	0,1–0,5
Drehen										
Freiwinkel α	5–10	5–10	5–10	5–15	5–15	5–15	5–15	5–10	5–10	5–10
Schneidwinkel λ	0–5	0–5	0–5	0–10	0–10	0–10	0–10	0–5	0–4	0–4
Einstellwinkel χ	45–60	45–60	45–60	45–90	45–90	45–90	45–90	45–60	ca. 15	ca. 15
Schneidgeschw.	200–750	200–750	200–750	140–500	200–500	200–500	140–500	200–300	200–300	200–300
Ansatz mm/U	0,1–0,5	0,1–0,5	0,1–0,5	0,1–0,2	0,1–0,5	0,1–0,2	0,1–0,2	0,1–0,5	0,1–0,2	0,1–0,2
Fräsen										
Freiwinkel α	5–10	5–10	5–10	5–15	5–15	5–15	5–15	5–10	2–10	2–10
Schneidwinkel λ	0–15	0–15	0–15	0–15	0–15	0–15	0–15	0–10	1–5	1–5
Schneidgeschw.	bis 1000	bis 1000	bis 1000	bis 1000	bis 1000	bis 1000	bis 1000	bis 1000	bis 2000	bis 2000
Ansatz mm/U	0,1–0,5	0,1–0,5	0,1–0,5	0,1–0,5	0,1–0,5	0,1–0,5	0,1–0,5	0,1–0,5	0,1–0,5	0,1–0,5

	Polystyren	ABS	Polyamid (Nylon 6)	Polyacetat	Thermoplastisches Polyester	Polyphenyläthylenoxyd	Noryl	Polytetrafluoräthylen (Teflon u. ä.)	Hartpapier	Hartgewebe
Kreissäge										
Freiwinkel α	5–10	5–10	30–40	10–15	5–10	5–10	5–10	5–10	30–45	30–45
Schneidwinkel λ	0	0	5–8	0–15	0–10	0–10	0–10	0–15	5–8	5–8
Schneidgeschw.	1000	1000	tot 2000	1000–3000	2000–2500	600–1000	600–1000	600–1000	3200–5000	3200–5000
Zahnabstand	2,5	2,5	5–10	2–8	3	3	3	5	4–6	4–6
Bandsäge										
Freiwinkel α	20–30	20–30	30–40	30–40	30–40	30–40	30–40	30–40	30–40	30–40
Schneidwinkel λ	0–5	0–5	5–8	0–5	0–5	0–5	0–5	0–5	5–8	5–8
Schneidgeschw.	1200	1200	800–1000	500–1500	1200–2000	1200	1200	500–800	1500–2000	1500–2000
Zahnabstand	3	3	5–10	2–8	2–3	2–3	2–3	4–6	4–6	4–6
Bohren										
Freiwinkel α	3–8	5–10	10–12	5–8	5	5	5	16	6–8	6–8
Schneidwinkel λ	3–5	3–5	3–5	3–5	3–5	3–5	3–5	3–5	10	10
Spitzenwinkel φ	60–90	60–90	60–90	60–90	60–90	118	118	110–130	60–100	60–100
Schneidgeschw.	20–60	30–80	30–80	50–100	12–25	50–75	50–75	50–100	40–120	40–120
Ansatz mm/U	0,1–0,5	0,1–0,5	0,2–0,5	0,1–0,5	0,2	0,1–0,4	0,1–0,4	0,2–0,4	0,2–0,4	0,2–0,4
Drehen										
Freiwinkel α	5–10	8–10	8–10	5–15	5–15	5–10	5–10	10–15	8–10	8–10
Schneidwinkel λ	0–2	4–5	0–10	0–5	0–5	0–5	0–5	10–15	6–25	12–25
Einstellwinkel χ	ca. 15	50–60	ca. 45	45–60	45–60	45–60	45–60	ca. 90	45	45
Schneidgeschw.	140–250	800–1000	100–200	200–500	400	200	200	300–500	80–150	80–150
Ansatz mm/U	0,1–0,2	0,3–0,5	0,1–0,3	0,1–0,2	0,1–0,25	0,1–0,25	0,1–0,25	0,05–0,25	0,1–0,5	0,1–0,5
Fräsen										
Freiwinkel α	25–30	25–30	25–30	5–10	2–10	2–10	2–10	10–15	20–30	8–30
Schneidwinkel λ	25	25	25	0–15	15	15	15	10–15	20–25	20–70
Schneidgeschw.	bis 1000	bis 1000	bis 1000	bis 1000	bis 2000	bis 2000	bis 2000	300–500	40–50	40–50
Ansatz mm/U	0,3–3,0	0,3–3,0	0,3–3,0	0,1–0,5	0,1–0,5	0,1–0,5	0,1–0,5	0,1–0,5	0,5–0,8	0,4–0,6

Die nachfolgende Tabelle zeigt an, welche Kunststoffe geklebt werden können.

ABS	PMMA extrud.	PMMA gegoss.	PETP	CAB	HaPa	HaGew	PA	PC	POM	Hart. PE
++	+	++	+	++	+	+	0	+	+	—

Hochmol. PE	Weich-PE	PP	PS	PVC-C	Hart PVC	Schlag-best. PVC	Weich-PVC	PTFE	PVDF
—	—	—	++	++	++	++	++	—	0/–

++ = sehr gut klebbar — = schlecht klebbar
+ = gut klebbar —— = sehr schlecht klebbar
0 = noch klebbar

Die Klebeverbindung wird folgendermaßen hergestellt: man sorgt für einen staubfreien Arbeitsplatz mit einer Temperatur zwischen 5 und 30° C sowie einer relativen Luftfeuchtigkeit von ca. 65%. Mit einem Messer oder einer Feile werden die Grate entfernt. Die zu verleimenden Teile werden mit Methylenchlorid oder Methyläthylketon (MEK) entfettet.
Teile, die nicht verklebt werden sollen, können mit Klebestreifen abgedeckt werden. Beim Verkleben müssen die Mengen der benötigten Komponenten exakt bestimmt werden. Die Mischung wird mit einem Pinsel oder einem Holzspachtel aufgetragen; Hautkontakt ist unbedingt zu vermeiden. Die Klebestelle muß während der vorgeschriebenen Zeit unter Druck gehalten werden. Vor allem aber müssen die Vorschriften des Herstellers strikt befolgt werden.

11.7 REPARATUR NICHTTRAGENDER KAROSSERIETEILE MIT POLYESTERHARZ

Die Reparatur von Löchern in der Karosserie mit Hilfe von Polyesterharz und Glasfaserverstärkung darf nur bei solchen Teilen erfolgen, die *keine tragende Funktion für die Karosserie* haben. Wir denken dabei an Kotflügel, Türen, Motorhaube und Kofferraumdeckel.
Ganz allgemein sei gesagt, daß man von solchen Reparaturen keine Wunder erwarten darf, denn beim ersten sichtbaren Rost (und den behandeln wir dann) ist der »unsichtbare« Rost auch schon recht weit fortgeschritten.
Rost, der nach der Beschädigung des Lacks durch Steinschlag entstanden ist, läßt sich im allgemeinen leicht und gründlich beseitigen. Probleme entstehen erst, nachdem Rost infolge von Altern, Salz, Feuchtigkeitsansammlung, porösen Überzugsschichten und mangelnder Ventilation von innen her kommt. Zur Reparatur von Löchern in der Karosserie können wir verwenden:
A) Polyester-Glasfaserharz;
B) Polyesterharz mit Glasfasermatte.

A) Die Reparatur mit Polyester-Glasfaserharz

Wenn Sie auf der Karosserie kleine Roststellen sehen, welche die Lackschicht aufwärts drücken, können Sie daraus folgern, daß das Blech an dieser Stelle nur noch sehr dünn ist. Die unsichtbare Oxydation hat das Eisen in Rost (Eisenoxyd) verwandelt, der Wasser aufnehmen kann. Infolge dieser Wasserabsorbtion wächst das Volumen, so daß die Lackschicht nach oben gedrückt wird.
Deshalb muß die obere Schicht und der Rost solange abgeschmirgelt werden, bis der völlig blanke Stahl zum Vorschein kommt.
Anschließend mischen wir das Glasfaserharz mit dem zugehörigen Härter (zwei bis drei Prozent). Beachten Sie die Vorschriften des Herstellers genau! Mit der erhaltenen Paste spachteln wir die zu reparierende Stelle mit einer Schicht von etwa 3 mm Stärke. Dann muß gewartet werden, bis die Härtezeit verstrichen ist. Bei Zimmertemperatur wird das meist etwa fünfzehn Minuten sein. Die noch verhältnismäßig rauhe Oberfläche kann erforderlichenfalls etwas glatter gemacht werden, indem sie mit einem Polyesterspachtel nochmals nachgespachtelt wird.

Abb. 11.29: **Die Reparatur einer kleinen Beschädigung eines *nichttragenden* Teiles kann mit Polyester und Glasfasermatte erfolgen.**

Foto 1: Vor allem kommt es darauf an, daß der Untergrund rundum die durchgerostete Stelle ausgiebig und gründlich blankgeschliffen wird.

Foto 2: Die Komponenten zur Reparatur: Polyester und Härter, Mischbecher, Pinsel und Glasfasermatte.

B) Instandsetzung größerer Löcher mit Hilfe von Polyesterharz und Glasfasermatte

Dabei gehen wir in folgenden Phasen zu Werke:

Die Vorbehandlung
Die Stelle, die instandgesetzt werden soll, muß mit Hilfe einer Schleifmaschine oder durch Schmirgeln von Hand gründlich blankgeschliffen werden. Dazu nimmt man grobes Schleifpapier mit einer Körnung von etwa 120. Die geschmirgelte Stelle muß um drei bis fünf Zentimeter größer sein als die vorgesehene Glasfasermatte, und diese muß wiederum um zwei bis vier Zentimeter größer sein, als das Loch, das beseitigt werden soll.

Das Vorspachteln
Zur Verbesserung der Haftfähigkeit empfiehlt es sich, zunächst einmal zu spachteln. Dies muß aber in einer sehr dünnen Schicht erfolgen; eine Schichtdicke von 0,3 bis 0,5 mm reicht aus.

Foto 3: Man gießt etwas Polyester (nicht zuviel) in den Mischbecher und fügt den Härter aus der Tube hinzu. Vorschriften zur Härtermenge beachten! Komponenten gründlich vermischen.

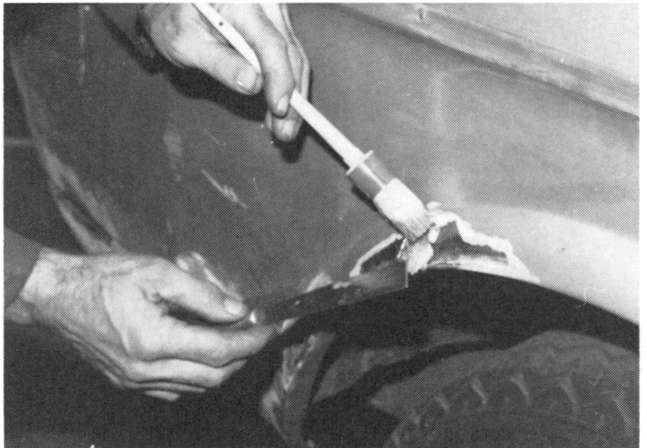

Foto 4: Die maßgerecht zugeschnittene Matte wird aufgelegt, nachdem das Blech mit Polyester bestrichen ist. Danach wird die Matte von außen gründlich mit dem Pinsel betupft.

Präparieren der Glasfasermatte
Die Glasfasermatte wird am zu reparierenden Loch »trocken« gemessen: Sie bestimmen ungefähr die Abmessungen, wobei Sie die erforderliche Überlappung von zwei bis vier Zentimetern berücksichtigen. Die Bearbeitung der Fasermatte ist einfach: sie läßt sich leicht schneiden oder reißen. Bei nicht allzu dicken Matten ist das Reißen vorzuziehen, weil die ausgefransten Ränder einen besseren Übergang zum Blech ermöglichen. Wenn Sie die Matte mit der Schere schneiden, sollten Sie die Ränder anschließend ein wenig ausfransen.

Das Auflegen der Glasfasermatte
Jetzt müssen Sie in etwa die Menge Polyesterharz bestimmen, die Sie voraussichtlich benötigen werden.
Diese Menge wird in den Mischbecher gegossen, und nun wird die Menge des Härters (MEK) bestimmt. Auf der Verpackung oder der Gebrauchsanweisung finden Sie das richtige Mischungsverhältnis. Voraussichtlich wird das zwei bis drei Prozent sein. Falls Sie sich beim Mischen nicht sicher fühlen, sollten Sie eine Waage benutzen. Auf 100 Teile Polyesterharz benötigen Sie also z. B. 2,5 Teile Här-

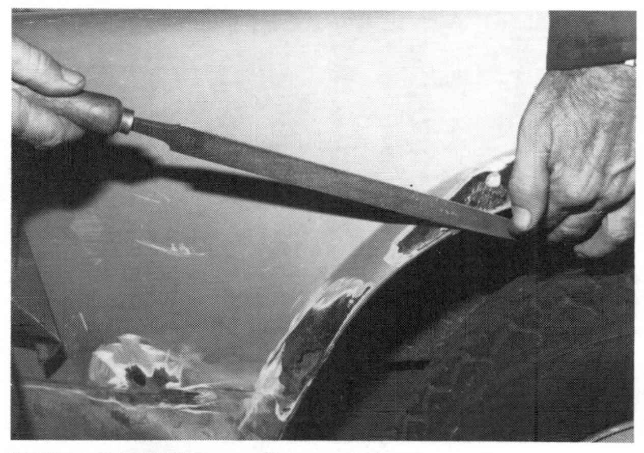

Foto 5: Nach dem Trocknen (± 20 Min; Vorschrift beachten!) wird die Oberfläche zunächst grob nachgefeilt. Danach kann man die Karosseriefeile noch gebrauchen.

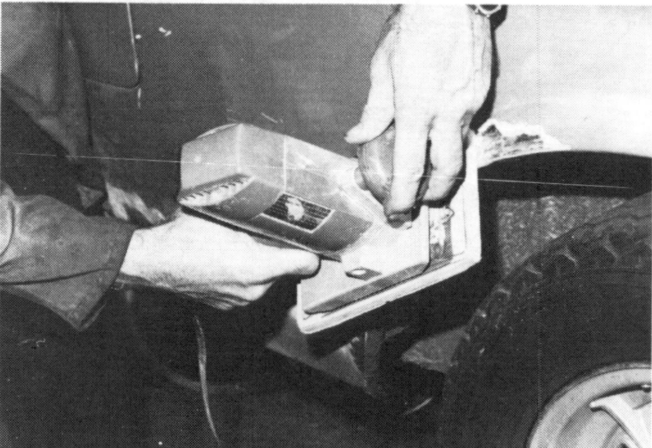

Foto 6: Das Resultat muß natürlich schön straff und glatt sein. Gründliches Schleifen ist daher unbedingt erforderlich.

ter. Vorsicht: zuviel Härter führt schon zum Aushärten während der Bearbeitung, und dadurch wird das Harz bald unbrauchbar. Zuwenig Härter dagegen würde die Härtungszeit unverhältnismäßig verlängern. Wenn das Mischungsverhältnis stimmt, wird die aufgetragene Paste nach etwa fünfzehn Minuten weitere Bearbeitungen zulassen.
Bei *kleinen Löchern* (etwa 1 cm ∅) können Sie die maßgerecht geschnittene Matte im Harz tränken und auf das Blech legen.
Bei *größeren Löchern* müssen Sie anders vorgehen. Als erstes sollten sie den Blechrand des Loches mit dem Hammer ein wenig nach unten klopfen, so daß die Matte gewissermaßen etwas »tiefer« liegt; jedenfalls sollte sie nicht *über* dem Blech liegen. Um dem vorzubeugen, daß die Matte in das Loch hineinrutscht, bringt man zunächst einen Untergrund an. Das läßt sich mit Hilfe von Klebeband sehr leicht bewerkstelligen.
Der nächste Schritt besteht im sogen. Tamponieren, wobei die Matte eingetupft wird. Dazu verwendet man einen flachen Untergrund (z. B. eine Glas- oder Holzplatte), auf dem eine Folie liegt. Diese Kunststoffolie sollte aus Polyäthylen oder, besser noch, aus Hostaphan sein. Polyäthylen verwendet man für Einkaufs- und für Abfallbeutel, Dinge also, die leicht erhältlich sind.
Auf diese Folie legen Sie die Glasfasermatte und betupfen sie mit dem Pinsel, bis sie nicht mehr weiß, sondern glasartig durchsichtig ist. Die Glasfasermatte ist jetzt mit Harz durchtränkt. Zusammen mit der Folie wird die Glasfasermatte nunmehr aufgehoben und auf die Schadenstelle geklebt. An den Rändern wird sie ein wenig angerieben, und dann wird die Folie von der Seite her vorsichtig abgezogen. Anschließend werden die Ränder sorgfältig tamponiert. Der Rand der Glasfasermatte muß jetzt allmählich zum Blech übergehen.

Die Nachbearbeitung
Nachdem die Härtezeit verstrichen ist, wird die Stelle nachgespachtelt. Das kann mit Polyesterspachtel geschehen, der in Schichten aufgetragen wird. Die Stelle wird dann gründlich geschliffen, wonach sie zur Lackierung bereit ist.
Bei eiligen Reparaturen und bei niedriger Temperatur empfiehlt es sich, das geschliffene Metall mit einem Heizlüfter oder einem Fön anzuwärmen. Nur so bewirkt man ein schnelleres Aushärten. Der Zusatz von mehr Härter führt in den meisten Fällen beim Härteprozeß nur zur Blasenbildung.

Foto 7: Polyesterspachtel, Härter, Spachtelmesser und Gummispachtel.

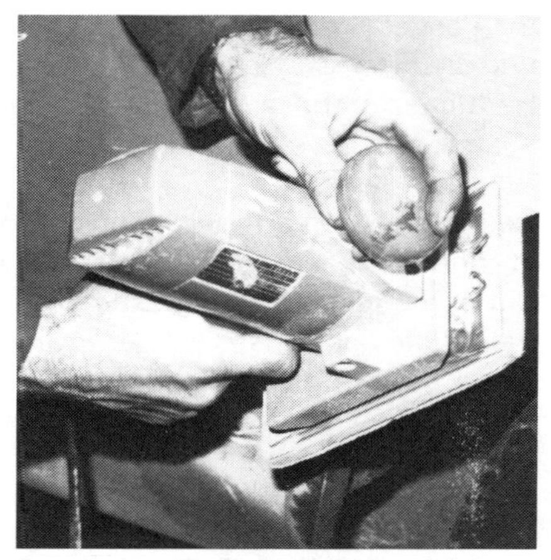

Foto 9: Die Endverarbeitung erfolgt wieder mit dem üblichen Werkzeug. Hier wird die grobe Arbeit mit dem Schwingschleifer gemacht. Sollte die Oberfläche noch Unebenheiten zeigen, dann muß das Spachteln wiederholt werden.

Foto 8: Die benötigte Menge ungefähr bestimmen, nicht zuviel zubereiten. Mischplatte benutzen und Härter hinzufügen (Vorschrift beachten!). Komponenten sehr gründlich mischen.

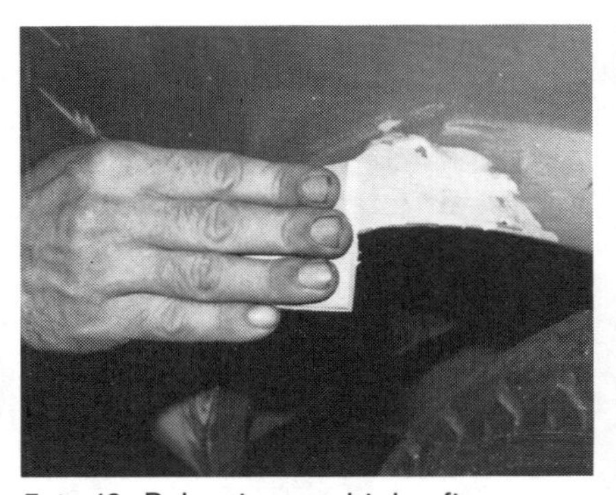

Foto 10: Polyesterspachtel auftragen und mit Gummispachtel möglichst glatt verstreichen. Spachtel laut Vorschrift trocknen lassen.

Foto 11: Um eine schöne, glatte Oberfläche zu erhalten, muß man von Hand naßschleifen. ▷

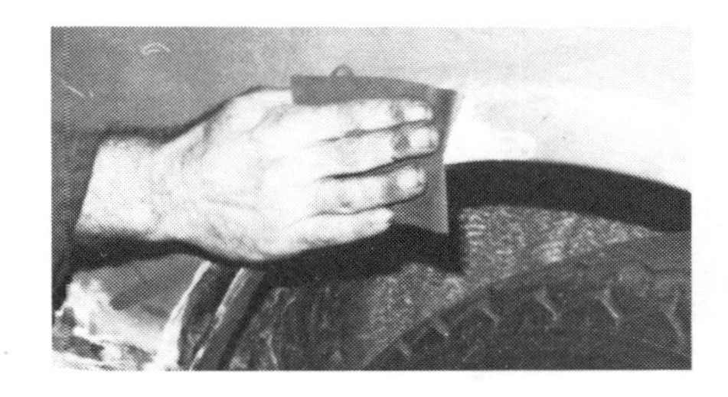

12 Aluminium und leichte Legierungen

12.1 EINLEITUNG

Die Leichtmetalle und deren Legierungen haben in der Technik vielerlei Anwendungsbereiche gefunden. Interessierte sich zunächst nur die Luftfahrtindustrie dafür, so folgten schon bald die Automobilindustrie, das Bauhandwerk und der Schiffsbau.
Tatsächlich haben die Aluminiumlegierungen ein niedriges spezifisches Gewicht, nämlich ± 2700 kg/m^3, womit sich ein wesentlicher Unterschied zum Eisen ergibt, dessen spezifisches Gewicht etwa 7850 kg/m^3 beträgt. Unter Berücksichtigung der Festigkeit, der Weichheit und der Verarbeitungsmöglichkeiten müßte es also möglich sein, bei allen Konstruktionen 40 bis 50% Gewicht einzusparen. Je nach Zusammenstellung der Legierung, normal oder Duralumin, wird die gewalzte Alu-Platte eine Elastizitätsgrenze von 800 bis 2800 kg/m^2 haben, eine Bruchfestigkeit von 1200 bis 3500 kg/cm^2, eine Bruchdehnung von 10 bis 18%, einen Brinell-Härtegrad von 50 bis 100 und ein Elastizitätsmodul von ± 7000 kg/mm^2.
Ferner müssen wir auch noch den spezifischen Dehnungskoeffizienten des Aluminiums ($22{,}4 \times 10^{-6}$) berücksichtigen, der nahezu doppelt so groß ist, wie der des Eisens (12×10^{-6}).
Durch Anodisierung kann Aluminium korrosionsbeständig und glänzend gemacht werden, wodurch es als Wärmestrahlungsreflektor für Isolationszwecke brauchbar wird. Das Streben nach leichteren Automobilen mit großer Beschleunigung bedingt einen höheren Gestehungspreis, und es setzt voraus, daß man die Vorteile unter Ausschaltung einiger Nachteile zu nutzen versteht. Ferner spielen auch noch die folgenden Faktoren eine wesentliche Rolle: Wartung, Korrosion, die auftretenden elektrolytischen Eigenschaften, Ersatzteile und angewandte Reparaturtechniken.
Bei Karosserien werden Aluminiumverbindungen nicht so häufig miteinander verschweißt, wie es bei Stahlblechen der Fall ist. Man verbindet meist durch Nieten oder Schrauben, wodurch das Erneuern von beschädigten Teilen erleichtert wird. Auch ändern sich die üblichen Reparaturtechniken etwas, wenn man Teile zusammenbaut, die aus verschiedenen Grundstoffen bestehen, denn schließlich müssen wir die spezifischen Eigenschaften dieser Grundstoffe berücksichtigen. Aluminium ist weicher, schwächer und spröder als Stahlblech. Zum Ausbeulen müssen wir also leichtere und weichere Werkzeuge verwenden, die wir auch speziell zur Bearbeitung von Leichtmetallen verwenden werden, wie z. B. Hämmer und

Vorhaltblöcke aus Holz, Gummi und Kunststoff, deren Arbeitsflächen vollkommen eben und glatt poliert sind. Man muß berücksichtigen, daß Aluminiumlegierungen nur einen geringen Widerstand gegen Einkerbungen haben! Die verwendeten Werkzeuge dürfen also keinesfalls Rillen, Abdrücke oder Kerben auf dem Blech hinterlassen. Es kommt also darauf an, glatt zu arbeiten und scharfe Ecken und Ränder zu vermeiden.
Das weichere Aluminiumblech läßt sich besser kaltstauchen, als eine Weicheisenplatte von gleicher Dicke. Die absolute Dehnbarkeit ist aber erheblich geringer, und wir müssen von Zeit zu Zeit ausglühen. Bei thermischer Behandlung werden wir feststellen, daß die Wärmeleitfähigkeit groß ist, wodurch die Wärme leicht abfließt und sich schnell verbreitet. Das heißt also: beim Ansetzen von Schrumpfpunkten und beim Schweißen schneller arbeiten, und dies mit nicht zu kleiner Flamme. Je nach der Zusammenstellung der Legierungen sind die thermischen Eigenschaften sehr unterschiedlich. Deshalb muß man auch genau wissen, welche Art von Leichtmetall man vor sich hat, eine normale oder eine solche für thermische Behandlung. Schweißen und Löten setzt Sachkundigkeit voraus.
Auch die mechanische Bearbeitung setzt größere Sorgfalt voraus: Schneiden, Falzen oder Bohren. Wichtig: Glatt verarbeiten, um Kerben vorzubeugen. Aluminiumlegierungen sind empfindlich gegenüber Korrosion und elektrolytischen Einflüssen. Das ist grundsätzlich zu berücksichtigen, und man muß das Material davor schützen.
Dennoch können wir die beim Stahlblech üblichen Bearbeitungsmethoden anwenden, nur müssen wir sie dem Aluminium anpassen. Die Erfahrung lehrt, daß Aluminiumlegierungen bei fortgesetztem Hämmern und Verformen recht schnell überdehnt werden können. So wird eine tiefe Rundform im Aluminiumblech von außen her nach innen vertieft werden müssen; bei weichem Eisenblech geschieht dies gerade entgegengesetzt! Ebenso, wie das Stahlblech, wird das Alublech durch Hämmern hart. Man glüht es dann aus, um es wieder weich zu machen. Auch hier muß man sorgfältig zu Werke gehen, denn die Art der Abkühlung richtet sich nach der Legierung. Ferner werden wir noch sehen, wie man allerlei Hilfsmittel dazu nutzen kann, die erreichte Temperatur annähernd zu messen, denn weder beim Glühen noch beim Schweißen ist es möglich, den Grad der Erwärmung ohne Hilfsmittel zu überprüfen.
In vielen Werkstätten führt die Lagerung von Aluminium zu Problemen. Es handelt sich dabei ja um ein teures Material, das behutsamer Behandlung bedarf. Deshalb folgen hier einige Tips. Nur in geheizten Räumen lagern, in denen sich Kondensierung von Feuchtigkeit vermeiden läßt. Die Bleche werden mit einem neutralen Öl eingefettet, sofern sie nicht mit einer aufgespritzten Zellulose-Schutzschicht angeliefert wurden. Die Lagerung muß freistehend vom Boden in speziellen Regalen erfolgen. Große Platten stapelt man flach und schützt sie durch Zwischenlagen von starkem Papier oder Karton. Bei der Hantierung der Platten ist besondere Vorsicht angebracht, damit sie nicht beschädigt werden; niemals Platten übereinanderschieben, sondern sie ohne Knicken und Kratzen vollständig anheben.

Die nachfolgende Tabelle zeigt die Kaltverformbarkeit einzelner der wichtigsten Aluminiumlegierungen.

Kaltverformbarkeit

Leicht	*Mittel*	*Schwer*
A9	A-SG geglüht	A-SG weichgeglüht
A4, A5 geglüht	A-G3 geglüht	A-G5 halbhart
A-M, A-GI geglüht	A-UG geglüht	A-U4G normal
A4, A5 halbhart	A-SG gehärtet	A-M gewalzt
A-M, A-GI hart	A-G5 geglüht	A-U4G weichgeglüht
	A5 gewalzt	
	A-G3 halbhart	

Beim Entwurf einer Konstruktion spielt die Wahl des zu verwendenden Alu-Blechs natürlich eine große Rolle. Zu berücksichtigen sind die mechanischen Eigenschaften, der Widerstand gegen Korrosion und elektrolytische Einflüsse, die Möglichkeiten zur Formung und Montage. Man muß ferner daran denken, daß Bearbeitungen, wie Dehnen, Stauchen, Senken, Ausbeulen, Richten, Falzen usw., Änderungen der spezifischen Materialeigenschaften bewirken. Während der Arbeit muß man spüren und beobachten, ob die Bearbeitungen normal kalt durchgeführt werden oder ob man anwärmen oder ausglühen soll.
Die normalen Alu-Legierungen können weichergemacht werden; Legierungen für thermische Behandlung können gehärtet und getempert werden.
Beschränken wir uns hier auf die wichtigsten Punkte, die für die Karosserie wichtig sind, und deshalb sei im Nachfolgenden eine Übersicht dessen gegeben, was zum Schutz gegen Korrosion, zur Behebung elektrolytischer Einflüsse, zum Abbeizen, Grundieren, Lackieren, zum anodischen Oxydieren und zum Überzugslack zu sagen ist.

12.2 AUSGLÜHEN

Wie bereits gesagt, muß ein Unterschied zwischen den Aluminiumlegierungen mit normaler Behandlung und jenen mit thermischer Behandlung gemacht werden.

A) *Bei den Legierungen ohne thermische Behandlung* können wir die Einflüsse, die sich aus dem kalten Hämmern und Bearbeiten ergeben, beheben, indem wir das Blech auf ungefähr 400° C erhitzen und es danach abkühlen lassen. Dieses Abkühlen darf rasch vonstatten gehen, sogar mit Wasser. Es kommt nämlich darauf an, das »Metallgitter« möglichst fein zu halten. Gerade diese feine Gitterstruktur läßt sich durch richtig angewandtes Hämmern, zusammen mit der Zeitdauer des Ausglühens, fördern. Je größer die Formänderung, desto feiner ist die Strukturierung der Moleküle nach dem Ausglühen.
Wir weisen darauf hin, daß das Erhitzen und Ausglühen keinesfalls übertrieben

werden darf. Dazu darf man erst dann übergehen, wenn man tatsächlich spürt, daß das Material weiterhin nur noch schwer zu bearbeiten ist. Ebenso wie bei einem Blech aus Weicheisen, muß man wissen, wie weit man mit einer bestimmten Bearbeitung gehen darf, und keinesfalls darf man vom Material Unmögliches erwarten. So wird ein zu hohes und zu langes oder ein zu oft wiederholtes Glühen eine grobere Struktur zur Folge haben.

Auch dürfen wir nicht vergessen, daß sich die spezifischen Eigenschaften des normalen Aluminiumblechs unter dem Einfluß mancher Bearbeitungen einigermaßen ändern werden, so durch das Hämmern mit Nachglühen.

Ein Versuch mit normalem Blech ergab die nachfolgenden Resultate:

	Bruchfestigkeit in kg/mm²	Elastizitätsgrenze in kg/mm²	Dehnung in %
Gehämmert	17	14	3
Ausgeglüht	9	3	28

Daraus läßt sich ableiten, daß das Ausglühen eines gehämmerten Blechs die Bruchfestigkeit und die Elastizitätsgrenze zwar abnehmen, aber die absolute Dehnung zunehmen ließ.

B) *Bei den thermisch behandelten Legierungen,* wie A5, A-U4G und dem A-SG, wird das Ausglühen die Bruch- und Elastizitätsgrenze nach einem Hämmern oder einer Formveränderung ebenfalls erheblich senken, aber die absolute Dehnbarkeit wird sich nur wenig ändern. Das zeigt die nachfolgende Tabelle.

	Bruchfestigkeit in kg/mm²	Elastizitätsgrenze in kg/mm²	Dehnung in %
Gehämmert	40	27	15
Ausgeglüht	18	10	14

Die Legierungen mit thermischer Behandlung werden nach dem Ausglühen im gleichen Verhältnis weicher werden, in dem die Abkühlung langsamer erfolgte. Für das normale Ausglühen können wir bei 400° C einige Minuten veranschlagen, einige Sekunden bei 500° C und ±10 Minuten bei ca. 280° C. Ein rasches Erwärmen setzt sorgfältigste Temperaturüberwachung voraus, wenn es einmal verbrannt ist, degeneriert das Blech, daran läßt sich nichts mehr ändern.

12.3 DIE DAUER DES ABKÜHLENS NACH DEM GLÜHEN

A) *Die normalen Alu-Legierungen* werden nach dem Ausglühen schnell abgekühlt, sogar mit Wasser.

B) *Bei Alu-Legierungen mit thermischer Behandlung* (A-SG und A-U4G) muß das Abkühlen nach einer Erhitzung bis zu 400° C sehr langsam erfolgen, d. h. um etwa 50° C pro Stunde bzw. innerhalb von etwa acht Stunden, was aber ohne einen regelbaren Ofen nur sehr schwer zu machen ist. Das langsame Absinken der Temperatur während des langanhaltenden Abkühlens muß mit Hilfe von Pyrometern sehr sorgfältig überwacht werden; solche Pyrometer sind im Ofen an mehreren Stellen eingebaut. Meist verwendet man elektrische Temperöfen, weil die Flamme von Gas- oder Benzinöfen keinesfalls mit dem Material in Kontakt kommen darf. So verwendet man in der Flugzeugindustrie Nieten aus Duralumin, die man vor dem Vernieten sorgfältig ausglüht und langsam abkühlen läßt, um sie dann innerhalb von anderthalb bis zwei Stunden zu verarbeiten. Wartet man länger, dann werden sie wieder hart. Darauf werden wir später nochmals zurückkommen.

12.4 TEMPERATURKONTROLLE

Am besten eignet sich dazu ein empfindliches Kontaktpyrometer. Beim Schweißen verwenden Anfänger zuweilen auch Kernseife. Beim Ausglühen der normalen Alu-Legierungen kann man aber auch ebenso Talk oder feine Sägespäne von Tannen- oder Pappelholz verwenden oder im Fachhandel erhältliche Stifte mit thermischer Farbreaktion. Hier seien die Reaktionen bei verschiedenen Temperaturen (annähernd) aufgeführt.

Talk
150° C: leicht rauchend
250° C: gelb
300° C: hellbraun
350° C: braun
400° C: glänzend schwarz
450° C: (zu heiß) das Schwarz verschwindet.

Kernseife
Ändert die Farbe etwas schneller als Talk, aber in gleicher Skala. Eignet sich besser beim Schweißen.

Sägespäne
300° C: leicht rauchend
350° C: mittlerer Rauch
400° C: Rauch mit aufleuchtenden Pünktchen
450° C: (zu heiß) Verbrennung mit Glut.

Farbstifte
Werte und Änderungen gemäß Angaben des Herstellers.

12.5 DIE IDENTIFIZIERUNG

Mehrere Automobilhersteller verwenden Aluminiumlegierungen in mehr oder weniger großem Umfang zur Karosseriemontage, u. a. für Türbleche, Motorhauben und Kofferraumdeckel. Will man an solchen Fahrzeugen Reparaturen durchführen, muß man natürlich genau wissen, welches Material bearbeitet wird.
Legierungen mit mehr als 3% Magnesium eignen sich ganz gewiß nicht zum Schweißen mit dem Schweißbrenner. Schweißbrenner und normales Lichtbogenschweißen sind bei A-U4G, A-Z6G und A-ZAGU nicht zulässig. Bleche dieser Art werden vernietet oder mit einem speziellen Leim geklebt.
Oft steht man vor der Frage, ob man es mit reinem Aluminium oder aber mit einer der zahlreichen Legierungen zu tun hat. Um dieses Problem zu lösen, kann man sich eventuell mit der folgenden, einfachen Untersuchung behelfen. Man stellt eine 20%ige Lösung von Natronlauge (NaOH) her und trägt diese auf einem gereinigten Blech auf. Nach zehn Minuten zeigen sich die folgenden Reaktionen.

1. *Weißer Fleck:* zeigt mehr oder weniger reines Aluminium an. Frei von Kupfer, Zink und Nickel. Die Oberflächenhärte wird einen sehr niedrigen Wert haben.

2. *Schwarzer, feiner Niederschlag* (läßt sich mit einem Lappen leicht abreiben). Deutet eine leichte Legierung von Kupfer, Zink und Nickel an.

3. *Schwarzer, klebriger Niederschlag:* zeigt eine Legierung mit mehr als 1% Silizium an.

Es versteht sich, daß eine solche Prüfung nur als primitive Annäherungsmethode gelten kann. Will man die genaue Zusammenstellung eines Bleches ermitteln, dann ist mehr erforderlich, als eine derartig oberflächliche Untersuchung. Bessere Methoden: eine Zugfestigkeitsprüfung zusammen mit der Messung der Oberflächenhärte, eine chemische Analyse oder eine spektrographische Untersuchung. Danach kann man in den nachfolgenden Tabellen die kennzeichnenden Eigenschaften oder Spuren aufsuchen, die man festgestellt hat.
Zu den Materialien *ohne thermische Behandlung* gehören die Legierungen mit Silizium, Magnesium und Mangan, die meist in ausgeglühtem Zustand (leicht verschweißbar, also wenig Magnesium) geliefert werden. Diese werden im Karosseriebau gerne verwendet, weil sie leicht zu verarbeiten sind, einen guten Widerstand gegen Korrosion bieten und weil ihre Stärke und Steifheit etwas höher liegen, als die von reinem Aluminium.
Zu den wichtigsten Legierungen *mit thermischer Behandlung* gehört das AlMgSi, das zur Herstellung von Behältern für die Nahrungsmittelindustrie und für Chemiebetriebe verwendet wird, ferner in allen Anwendungsbereichen, in denen hohe mechanische Anforderungen mit einer guten Korrosionsbeständigkeit verbunden sind. Karosseriebetriebe und Flugzeugindustrie werden ferner mit thermisch behandeltem AlCu4Mg konfrontiert werden. Die auffälligsten Eigenschaften die-

ser Legierung sind ein äußerst geringes Gewicht und ein Maximum an Widerstand. Sofern diese Bleche geglüht werden, muß dies mit großer Sorgfalt erfolgen, worauf ein langsames Abkühlen notwendig ist. Je nach der Zusammenstellung

Aluminium-Knetlegierung ohne thermische Behandlung

	– = minimal + = maximal	Fe	Si	Cu	Mn	Zn	Fe + Si + Cu + Mn + Zn	Mg	Cr	Ti
A4	+	0,8	0,5	0,1	0,1	0,1	1	0,05	0,05	0,05
A5	+		0,3	0,05	0,05	0,1	0,5	0,03	0,03	0,05
A8	+	0,15	0,15	0,03	0,03	0,06	0,2	0,01	0,02	0,05
A9		reines Al								
A-M1	–	–	–	–	1,–	–		–	–	–
	+	0,7	0,6	0,20	1,5	0,1	–	0,05	–	0,05
A-MG0,5	–	–	–	–	1,–	–		0,2	–	–
	+	0,7	0,3	0,25	1,5	0,25	–	0,6	–	0,10
A-M1G	–	–	–	–	1,–	–		0,8	–	–
	+	0,7	0,3	0,25	1,5	0,25	–	1,3	–	0,05
A-G06	–	–	–	–	–	–		0,5	–	–
	+	0,7	0,4	0,20	0,20	0,25	–	1,1	0,1	0,05
A-G1	–	–	–	–	–	–		1,–	–	–
	+	0,7	0,4	0,20	0,7	0,25	–	1,8		0,05
AG2	–	–	–	–	–	–		1,7	–	–
	+	0,5	0,4	0,10	0,5	0,2	–	2,8	0,4	0,2
AG3	–	–	–	–	0,1	–		2,6	–	–
	+	0,5	0,4	0,1	0,6	0,2	–	3,8	0,4	0,2
A-G4MC	–	–	–	–	0,2	–		3,8	0,05	–
	+	0,5	0,35	0,1	0,6	0,2	–	4,6	0,30	0,2
A-G5	–	–	–	–	0,2	–		4,5	–	–
	+	0,5	0,4	0,1	0,1	0,2	–	5,5	0,4	0,2
A7-G3	–	–	–	–	–	–		2,6	–	–
	+	0,3	0,2	0,05	0,3	0,1	–	3,5	0,05	0,2
A85-GT	–	reines Al						2,6	–	–
								3,5	0,05	–
A9-G1		Al mit 1% Mg						1,–	–	–
A9-G3		Al mit 3% Mg						3,–	–	–

wird die Ausglühtemperatur bei leichten Legierungen mit thermischer Behandlung bei ca. 400° C liegen. Die Härtungstemperatur liegt zwischen 480 und 520° C. Die Entladetemperatur bei ca. 175° C mit einer Entladezeit zwischen drei und sechs Stunden. Das Warmbiegen und -falzen erfolgt bei Temperaturen zwischen 350 und 400° C.

Aluminium-Knetlegierung mit thermischer Behandlung

	– = minimal + = maximal	Fe	Si	Cu	Mn	Zn	Mg	Cr	Ti	Ni
A-Z3G3	–	–	0,8	–	–	–	0,7	–	–	–
	+	0,5	1,5	0,1	0,2	0,25	1,3	–	0,2	–
A-SG	–	–	0,6	–	0,1	–	0,6	–	–	–
	+	0,5	1,6	0,1	1,–	0,25	1,4	0,3	0,2	–
A5-GM	–	–	–	2	–	–	0,2	–	–	–
	+	0,7	0,8	3	0,2	0,25	0,5	0,1	0,2	–
A-U2G	–	–	0,3	3,5	0,3	–	0,4	–	–	–
	+	0,7	0,8	4,7	0,8	0,25	1	0,1	0,2	–
A-U4G	–	–	–	3,8	0,3	–	1,2	–	–	–
	+	0,5	0,5	4,9	0,9	0,25	1,8	0,1	0,2	–
A-U4G1	–	–	0,5	3,9	0,4	–	0,2	–	–	–
	+	0,7	1,2	4,9	1,2	0,25	0,8	0,1	0,2	–
A-U4SG	–	–	–	–	–	3	1,7	0,05	–	–
	+	0,4	0,3	0,1	0,6	4	2,7	0,35	0,2	–
A-Z5GU	–	–	–	1,2	0,1	5	2	–	–	–
	+	0,5	0,4	2	0,9	6,5	3,5	0,35	0,1	–
A-Z8GU	–	–	–	1,2	–	7	1,8	0,1	–	–
	+	0,5	0,4	2,2	0,7	8,5	3,2	0,35	0,2	–
A-U2N	–	0,6	0,55	1,8	–	–	0,65	–	0,05	0,8
	+	1,2	1,25	2,5	–	–	1,20	–	0,15	1,4
A-U2GN	–	0,9	0,1	0,2	–	–	1,2	–	0,06	0,9
	+	1,4	0,25	2,6	–	–	1,8	–	0,15	1,4
A-U4N	–	–	–	3,5	–	–	1,2	–	–	1,8
	+	0,6	0,6	4,5	–	–	1,7	–	–	2,3
A-U6MT	–	–	–	5,5	0,20	–	–	–	0,05	–
	+	0,3	0,2	6,5	0,30	–	–	–	0,15	–
A-S12UN	–	FeTi Mn	10,5	0,7	–	–	0,8	–	–	0,7
	+	0,6	12,5	1,3	–	–	1,5	–	0,15	1,3

12.6 DAS ANZEICHNEN

Angesichts der nachteiligen Widerstandseigenschaften von Aluminium gegen Kerbwirkung dürfen die Bearbeitungen keine Kratzer zurücklassen. Deshalb sollte man auf Aluminium grundsätzlich immer mit einem Bleistift anzeichnen, aber niemals mit einem Metallstift anreißen. Eingekratzte Linien werden kleine Risse verursachen.

12.7 DAS SCHNEIDEN

1. Bei langen Stücken ritzt man das Blech mit einem scharfen Messer entlang einer geraden Stahlleiste. Danach wird das Material in die Abkantmaschine geschoben. Beim Abkanten bricht das Blech gerade ab. Die Bruchlinie wird anschließend mit einer weichen Alu-Feile glattgefeilt.
2. Dünne Bleche können natürlich auch mit einer Hand-Blechschere, einer mechanischen Schere oder der Schneidemaschine geschnitten weden.
3. Beim Schneiden von Winkeln bohrt man immer ein kleines Loch in das Blech, und zwar so, daß die Hälfte des Loches nach dem Ausschneiden übrigbleibt; dies um dem späteren Durchreißen infolge von Kerbwirkung vorzubeugen.

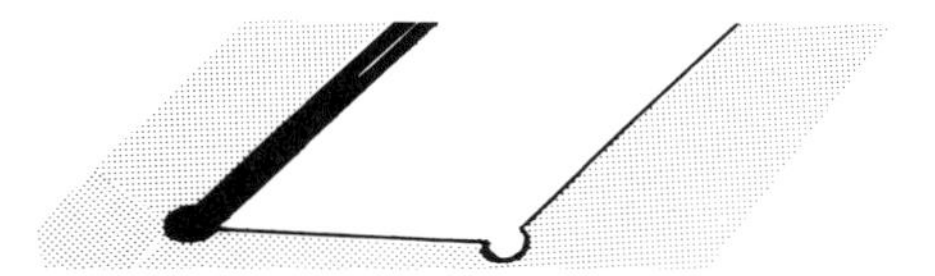

Abb. 12.1: **Beim Ausschneiden von Winkeln bohrt man ein kleines Loch, um einem Durchreißen vorzubeugen**

4. Aus demselben Grund müssen auch scharfe Winkel und Falten vermieden werden.
5. Zum Aussägen von Stücken verwendet man eine feine Metallsäge, wonach die gesägten Kanten mit einer weichen Feile geglättet werden.
6. Die Verarbeitung im Schraubstock bedingt weiche Spannbacken aus Kunststoff, Holz, Hartgummi oder ausgeglühtem, reinem Aluminium. Nach Möglichkeit kein Kupfer oder Blei verwenden.

12.8 BIEGEN UND ABKANTEN

Dünne Bleche dürfen nicht in einem zu scharfen Winkel abgekantet werden. Der Radius des Biegens oder Abkantens eines Alu-Blechs hängt von den folgenden Faktoren ab:

a) der Blechstärke;
b) der angewandten mechanischen und thermischen Behandlung;
c) der Art des Grundstoffs.

Das AG3, AG4, A-SG und A-U4G federn beim Abkanten und Biegen ziemlich weit zurück, so daß man etwas weiterdrücken muß, um dies zu kompensieren.
Beim Biegen von dicken Blechen, z. B. 5 bis 10 mm, empfiehlt es sich, das Material an der Stelle, an der es abgekantet werden soll, auszuglühen und es vor dem Biegen dünner zu machen. Sonst entstehen leicht Sprünge oder Haarrisse, die eine Kerbwirkung verursachen können, sieht Abb. 12.2.

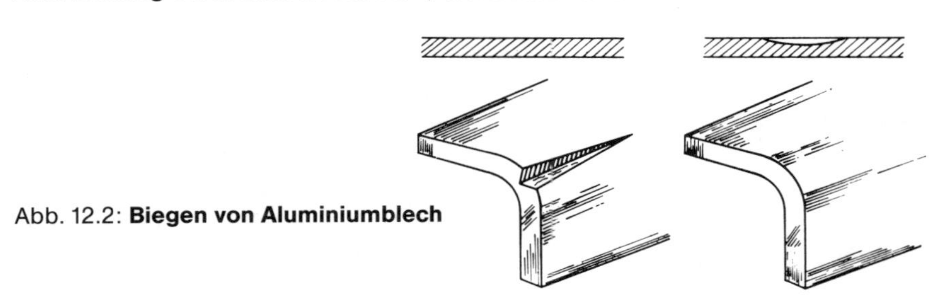

Abb. 12.2: **Biegen von Aluminiumblech**

Die nachfolgende Tabelle gibt den Wert des Radius beim Kaltbiegen von Alu-Blechen wieder; dies im Verhältnis zur Dicke und Zusammenstellung.

Reines Aluminium	Dicke in mm										
	1	2	3	4	5	6	7	8	9	10	> 10
Geglüht	–	–	0,5	1	1	2	2,5	3	4	5	0,5
Kaltgehärtet	1	3	5	7	10	13	16	20	25	30	3
AlMg3	0,5	1	1	1,5	2	2	3	3,5	4	5	0,5
AlMg5	1	2	3	5	7	9	11	13	15	18	2
AlCu4Mg											
geglüht	2	3	5	6	8	10	13	15	18	22	3
normal	2	4	8	12	16	20	25	32	40	45	5

12.9 DAS BIEGEN VON BLECHEN

1. Biegen von Hand

Das einfachste Arbeitsverfahren ist es, mit Hilfe eines Hammers aus Holz, Kunststoff oder Gummi über einem Amboß oder auf der Kante einer stabilen Werkbank zu biegen; siehe Abb. 12.3.
Mit Hilfe eines Schraubstocks gelangen wir leicht zu einem besseren Resultat. Den gewünschten Biegeradius erhält man, indem man entlang der Innenseite des Biegewinkels ein Einspannblech entsprechender Dicke verwendet (Abb. 12.4). Ist das Blech länger als die Backe des Schraubstocks, kann man es zwischen zwei Winkelprofilen biegen, deren Winkel abgerundet und poliert sind (Abb. 12.5). Bei größeren Längen verwendet man einen Falzstab und ein Winkelprofil.

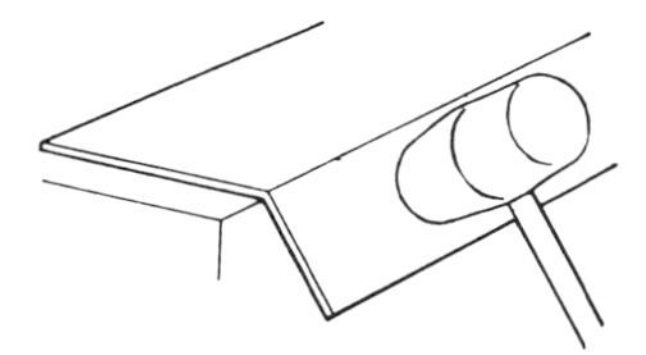

Abb. 12.3: **Biegen von Hand.**
Biegt man entlang dem Rand der Werkbank, kann man das Blech zwischen zwei L-Profilen einklemmen.

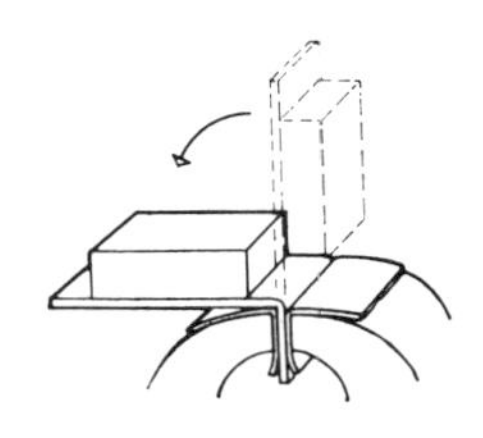

Abb. 12.4: **Biegen im Schraubstock**

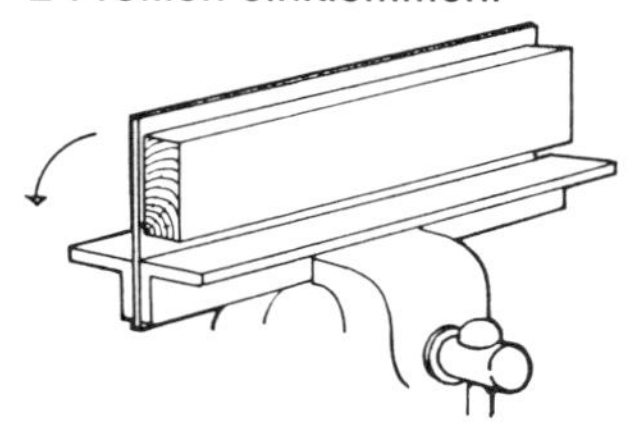

Abb. 12.5: **Verlängern der Schraubstockbacken**

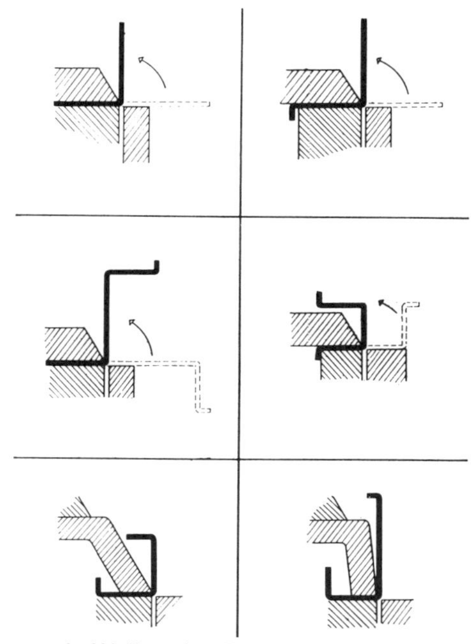

Abb. 12.6: **Das Biegen verschiedener Formen in der Biegemaschine**

Hinweis: Immer sehr vorsichtig arbeiten, um ein Wellen des Randes zu vermeiden oder um einer Wölbung des Blechs durch Dehnen des Metalls vorzubeugen.

2. Maschinelles Biegen

Aluminiumbleche können mit der universellen Blechbiegemaschine gebogen werden. Solche Maschinen gibt es in Ausführungen, die von Hand oder mechanisch bedient werden. Man kann damit Bleche bis zu 5 oder 6 mm Dicke und einer Länge von 3 m biegen. Je nach Biegewerkzeug lassen sich verschiedene Formen herstellen, siehe Abb. 12.6.

Man kann auch mit Hilfe der Biegepresse mit mechanischem oder hydraulischem Antrieb biegen. Damit lassen sich noch weit mehr Formen herstellen, als durch die zuvor beschriebenen Arbeitsmethoden.

Je nach dem Leistungsvermögen der Biegepresse läßt sich diese zum Biegen von Alu-Blechen mit den unterschiedlichsten Abmessungen und Dicken verwenden.

12.10 DAS BIEGEN VON ROHREN

A) Das Schneiden

Aluminiumrohre lassen sich mit Hilfe einer feingezahnten Metallsäge oder eines Rohrschneiders, dessen Schneidrad ein sehr scharfes Profil hat, abschneiden. Der Rohrschneider für Stahlrohre eignet sich nicht zum Trennen von Aluminiumrohren.

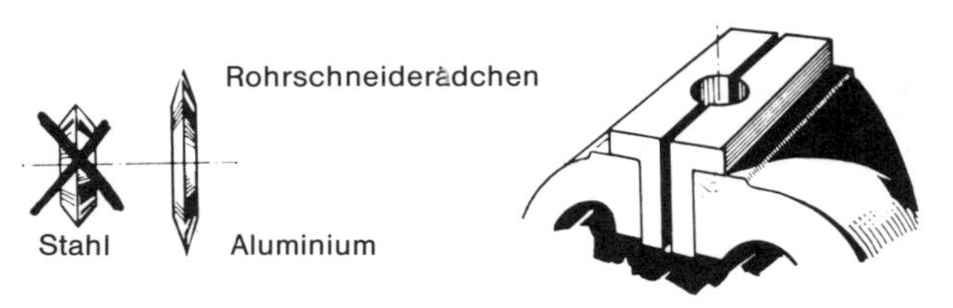

Abb. 12.7: **Rohrschneiderädchen (links) und Backenklemmen für Rohre (rechts)**

B) Das Einspannen von Alu-Rohren in den Schraubstock

Aluminiumrohre dürfen nicht in den für Rohre sonst üblichen Schraubstock eingespannt werden. Dessen Backen würden das Metall schwer beschädigen. Es empfiehlt sich, die Rohre mit Hilfe zweier angepaßter Klemmbacken einzuspannen, die einen Anschluß von wenigen zehntel Millimetern ermöglichen.

C) Biegen

Beim Biegen von Rohren wird die Rohrwand an der Außenseite des Biegewinkels gedehnt, während sie an der Innenseite gestaucht wird. Da die Rohre hohl sind, neigen sie dazu, an der Außenseite abzuflachen und sich an der Innenseite zu stauchen. Der minimale Biegeradius ist abhängig von:

1. der verwendeten Legierung und dem Härtezustand;
2. dem Außendurchmesser des Rohres und der Wandstärke;
3. dem Biegeverfahren (von Hand oder maschinell);
4. dem Maschinentyp.

Beispiel

Ein Rohr mit einem Außendurchmesser von 20 mm in Al99,5 oder AlMg3 kann ohne Füllung mit den folgenden Biegeradien gebogen werden:

Wandstärke	*Biegeradius*
1 mm	90 bis 100 mm
2 mm	40 bis 50 mm
4 mm	20 bis 30 mm

1. Kaltbiegen

Im allgemeinen kann man davon ausgehen, daß Rohre in Al99,5 oder AlMg3 einwandfrei gebogen werden können, wenn ihre Wandstärke nicht kleiner als $\frac{1}{20}$ des Durchmessers ist und unter der Voraussetzung, daß der Biegeradius nicht kleiner ist, als 3 x der Durchmesser des Rohres.

a) Biegen von Rohren ohne Füllung

Dazu verwendet man ein einfaches Rohrbiegegerät, bei dem das Rohr, gründlich eingefettet und nach Möglichkeit in weichem Zustand, über den Umriß eines Biegegrades gezogen wird. Damit es nicht plattgedrückt wird, muß der Biegeradius größer sein, als 4 x der Durchmesser (Abb. 12.8a).

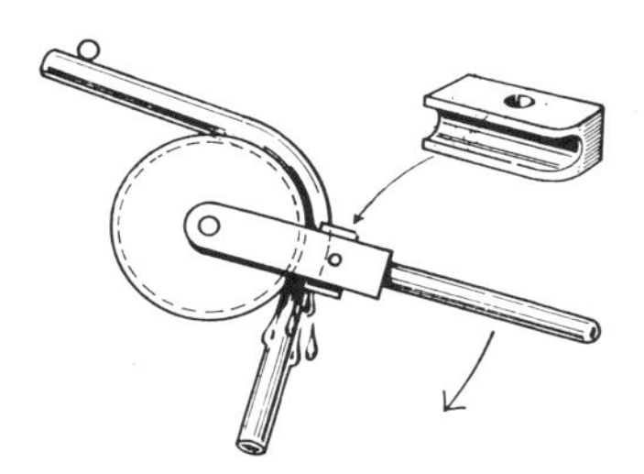

Abb. 12.8a: **Rundbiegen ohne Füllung**

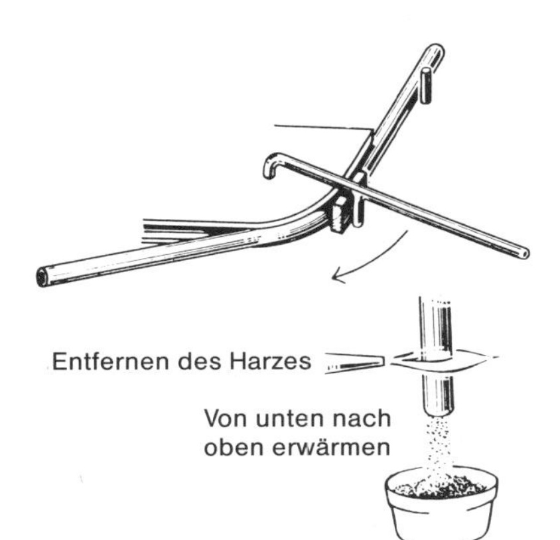

Abb. 12.8b: **Rundbiegen mit Harzfüllung**

b) Biegen von Rohren mit Füllung

Wenn die Wandstärke des Rohres im Verhältnis zum Durchmesser zu klein ist, muß das Rohr vor dem Biegen gefüllt werden. Das dazu verwendete Material muß

- leicht in das Rohr eingefüllt werden können,
- der Rohrwand während des Biegens hinlängliche Stütze bieten und
- nach dem Biegen leicht wieder entfernt werden können.

Meist verwendet man dazu Harz oder Sand, aber es gibt auch leicht schmelzbare und speziell zu diesem Zweck entwickelte Legierungen.

Um das Rohr rund zu bekommen, verwendet man einen speziellen Hebel. Dieser drückt das Rohr gegen die Biegeform (Abb. 12.8b).

c) Biegen mit eingeschobenem Dorn (Abb. 12.8c und d)
Diese Methode verwendet man im allgemeinen bei der Serienfertigung (Metallmöbel, Fahrradlenker usw.). Das Werkzeug mit eingeschobenem Dorn ermöglicht es, relativ kleine Biegeradien zu erhalten (ungefähr um 15% kleiner, als beim Biegen von Rohren ohne Füllung).

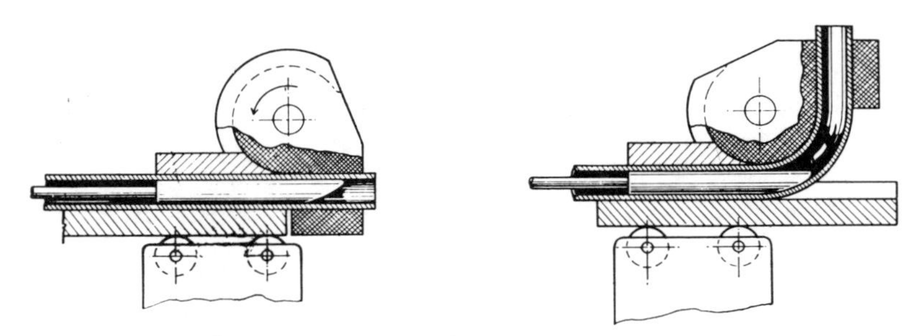

Abb. 12.8c und d: **Rundbiegen mit eingeschobenem Dorn**

2. Warmbiegen
Braucht man sehr kleine Biegeradien, dann muß das Werkstück erwärmt werden. Bei Rohren aus nicht-thermisch-härtbaren Aluminiumlegierungen, wie Al99,5, AlMg, AlMn, reicht ein leichtes Anwärmen auf 100 bis 150° C mit dem Brenner bereits aus.
Dieses Verfahren eignet sich nicht für Rohre aus thermisch härtbaren Aluminiumlegierungen, wie AlMgSi. Bei diesen muß man, ebenso wie bei Rohren aus nicht-thermisch-härtbaren Legierungen, bei denen sehr kleine Biegeradien hervorgerufen werden sollen, folgendermaßen vorgehen:
- das Rohr mit trockenem Sand gründlich füllen;
- mit dem Gasbrenner auf ± 400° C erwärmen.

Das Erreichen dieser Temperatur wird meist mit Hilfe von Stearin kontrolliert. Geht dessen Farbe von Dunkelbraun nach Schwarz über, dann beträgt die Temperatur ± 400° C.
Nach dieser Behandlung haben die Rohre natürlich einen weichen Zustand. Die Rohre aus thermisch härtbaren Alu-Legierungen müssen erneut einer Wärmebehandlung unterzogen werden, sofern die geforderten Charakteristiken dies notwendig erscheinen lassen.

Krümmungsradius S zum Kaltbiegen von Rohren mit Harzfüllung als Funktion des Durchmessers

Metall	Dicke	*D* = äußerer Rohrdurchmesser: weniger als 16 mm	16	20	25	30	35	40	45	50	55	60	mehr als 60
Unbearbeitet angeliefertes Alu 1/4 bis 1/2 hart und AlMg3 ausgeglüht	1	$5 \times D$	150	250	350	450	575	725	925	–	–	–	–
	2	$3 \times D$	75	125	175	–	–	–	–	–	–	–	–
	2,5	–	–	–	–	180	230	290	370	460	560	680	$D \times 12$
	5	–	–	–	70	90	115	145	185	230	280	340	$D \times 7$
Aluminium ausgeglüht	1	$3 \times D$	50	70	100	140	190	250	330	–	–	–	–
	2	$2 \times D$	30	50	75	–	–	–	–	–	–	–	–
	2,5	–	–	–	–	60	80	110	150	200	240	340	$D \times 7$
	5	–	–	–	40	50	60	75	95	120	150	200	$D \times 4$
AlMgSi gehärtet-gereift AlMg5 ausgeglüht	1	$2 \times D$	40	60	135	200	280	370	470	580	–	–	–
	2	–	–	30	65	100	140	185	235	290	350	420	$D \times 8$
AlCu4Mg neu gehärtet oder ausgeglüht	1	$2 \times D$	40	60	125	190	260	335	415	500	–	–	–
	2	–	–	40	65	95	130	165	205	250	300	360	$D \times 7$
AlCu4Mg gehärtet-gereift	1	$2{,}5 \times D$	60	80	160	245	335	430	525	625	–	–	–
	2	–	–	40	75	115	160	210	270	335	405	485	$D \times 9$

Zur Berechnung von Radius *s*, den wir der Schablone geben müssen, um ein gebogenes Rohr mit einem gegebenen Radius *S*, zu erhalten, kann man eine der folgenden Formeln anwenden:

$s = S$ x 0,95 bei ausgeglühtem Aluminium
oder $s = S$ x 0,9 bei kaltgehämmertem Aluminium oder behandelten Legierungen.

12.11 KALT- UND WARMSTAUCHEN

Das Kaltstauchen des normalen Alu-Blechs ist im allgemeinen problemlos. Schließlich ist das Material ja weich. Die Arbeitsmethode kennen wir bereits, diese wird, abgesehen von der Weicheit und Glätte der verwendeten Werkzeuge, überhaupt keine Schwierigkeiten verursachen.
Das Warmstauchen ist eine andere Sache. Beim Ansetzen der üblichen Schrumpfpunkte mit dem Schweißbrenner muß man beim normalen Alu-Blech vor allem darauf achten, daß die zulässige Temperatur von 400° C nicht überschritten wird. Da die *Wärmeleitfähigkeit des Aluminiums* viel größer ist, als die von Weicheisen, wird die Wärmeausbreitung viel umfangreicher sein, wodurch die Erwärmung viel weniger lokal gebunden ist. Deshalb muß man auch viel schneller arbeiten und das Ganze jeweils nach einzelnen Schrumpfpunkten abkühlen. Da die Temperaturkontrolle hier sehr wichtig ist, muß man Talkpulver verwenden, wie unter »Temperaturkontrolle« beschrieben, denn eine Überhitzung hätte schlimme Folgen.
Die normale Reaktion ist übrigens die gleiche, wie beim üblichen Stahlblech. Die erwärmte, beschränkt gehaltene, Stelle wird verformbarer als ihre Umgebung, deren innere Spannung größer ist. Beim Abkühlen des Schrumpfpunktes wird dieser sich von selbst stauchen lassen, und zwar durch den Impuls der umringenden Spannung, die auf diese Mitte gerichtet ist.
Ein konzentrisches Hämmern mit dem hölzernen, planen Hammer während des Schrumpfens wird das Resultat günstig beeinflussen. Sie werden auch feststellen, daß die Reaktion auf relativ dickeren Blechen besser ist als auf dünnen.

12.12 FORMGEBEN UND WIEDERHERSTELLEN

Unter Berücksichtigung der Eigenschaften des Ausgangsmaterials bleiben alle besprochenen Reparaturtechniken auch für das Alu-Blech gültig. Die normalen Aluminiumlegierungen dürfen, wie bereits gesagt, nach dem Ausglühen rasch abkühlen; die mit thermischer Behandlung werden langsam abgekühlt. Das einzige, was eigentlich anders anzugehen ist, ist das Treiben. Eine tiefe Kugelform im Alu-Blech wird von außen nach innen getrieben. Also genau umgekehrt, wie man bei weichem Stahlblech vorgeht.
Oftmals verwendet man ein neutrales Öl, mit dem die Vorhaltblöcke beim Ausbeulen eingerieben werden. Auf einem entladen Alu-Blech gelingt es, kleine Verformungen zurückzudrängen. In anderen Fällen wird man zur Verlängerung des Blechteils um die Verformung übergehen.

12.13 THERMISCHE BEHANDLUNG VON ALUMINIUMBLECHEN

Obwohl sämtliche Aluminiumlegierungen nach der Bearbeitung durch Ausglühen weichgemacht werden können, trifft dies keinesfalls auch für das Härten zu. Nur die Sorten, die sich unter die Alu-Legierungen mit thermischer Behandlung einordnen lassen, kommen für dieses Härten in Frage. Legierungen mit thermischer Behandlung sind: Al–Cu–Mg (Duralumin), Al–Mg–Si, Al–Zn–Mg und das Al–Zn–Mg–Cu.
Legierungen ohne thermische Behandlung, die normalen Sorten, sind: Al–Mn, Al–Mg, Al–Si und Al–Mg–Mn. Sie können davon ausgehen, daß man für Karosserien Legierungen verwendet, die gute mechanische Eigenschaften haben, die verschweißbar sind, instandgesetzt werden können und überdies starken Widerstand gegen Korrosion und elektrolytische Erscheinungen bieten.
Diesen letzgenannten Erscheinungen muß man bei der Montage vorbeugen, indem man die Berührungsflächen zu anderen Metallen isoliert. Mehr darüber im folgenden Abschnitt.
Das Härten und Tempern ist und bleibt eine Spezialsache, die der zahlreichen Varianten wegen ziemlich kompliziert ist. Wir werden uns hier deshalb nur auf Allgemeines darüber beschränken.
Ganz allgemein kann man davon ausgehen, daß die Anteile von Zusatzelementen bei normalen plastisch verformbaren Legierungen, die relativ große Mengen Fe und Si enthalten, zwischen 0,5 und 5% liegen. Um dies deutlicher zu machen, seien die Elemente hier in der folgenden Weise eingeteilt:

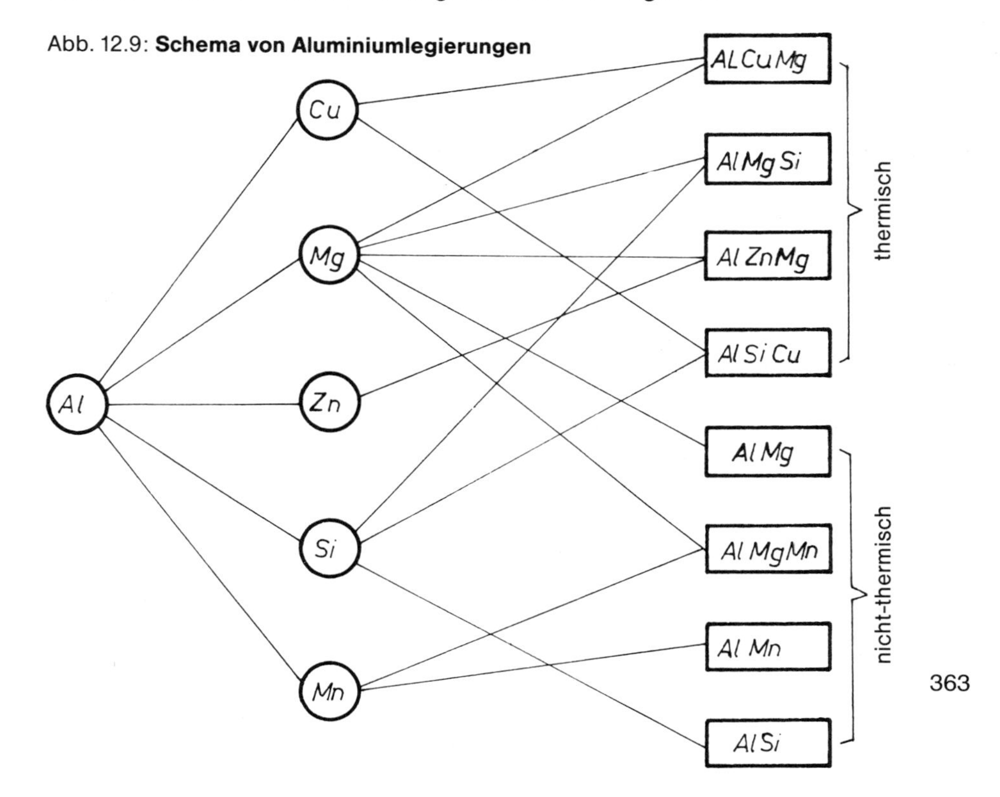

Abb. 12.9: **Schema von Aluminiumlegierungen**

Das Härten thermisch behandelter Aluminiumlegierungen umfaßt drei Stadien, und es ist nur dann möglich, wenn die Legierungen einen Bestandteil enthalten, der bei höherer Temperatur eine bessere Lösbarkeit im Aluminiumkristall bewirkt.

Erstes Stadium. Das Auflösungsglühen bis ± 500° C. Die Zusatzelemente lösen sich im Aluminium-Kristallgitter auf, wodurch das Material weich und gut verformbar wird. Das Erwärmen muß mit Präzision und Temperaturkontrolle erfolgen.

Zweites Stadium. Das Abkühlen bis auf Zimmertemperatur. Je nach Sorte geschieht dies unverzüglich nach dem Auflösungsglühen mit Wasser, Öl oder pulsierender Luft. Die Lösung der Zusatzelemente im Kristallgitter der Legierung bleibt nun während einiger Zeit homogen, aber in einem halbstabilen Zustand. Durch leichte Störungen kann der ursprüngliche Zustand, wie er vor dem Ausglühen herrschte, wieder eintreten. Infolge ernsthafter Störungen (durch Bearbeitung) kann ebensogut ein völlig anderer Gleichgewichtszustand entstehen. Noch immer bleibt das Material, jedenfalls für eine Weile, weich und verformbar.

Drittes Stadium. Das letzte Stadium betrifft das Härten, das von selbst geschehen kann und *natürliches Härten* genannt wird. Das thermische Härten erfolgt schneller, und die Zusatzelemente entwickeln sich aus dem halbstabilen wieder in den stabilen Zustand. Durch Ausstoß aus dem Kristallgitter entstehen im Aluminiumkristall Spannungen, die zum Verhärten führen. Aus diesem Grunde bezeichnet man die Aluminiumlegierungen mit thermischer Behandlung auch als »starke Legierungen«. Ihre mechanischen Eigenschaften können durch Kaltverformung (Störungserzeuger) oder durch thermische Behandlung verbessert werden.

Die thermische Behandlung kann wie folgt zusammengefaßt werden:
1. Auflösungsglühen: Bildung des Mischkristalls;
2. Abkühlen: Bildung des ungesättigten Mischkristalls;
3. Natürliches Härten: Entwicklung zum endgültigen, ausgehärteten Zustand;
4. Thermisches Härten: schnellere Entwicklung zum thermisch ausgehärteten Zustand.

12.14 DIE MONTAGE

Bei heterogenem Aufbau, bei dem verschiedene Metalle mit dem Aluminium in Berührung kommen, muß man Vorsorgemaßnahmen gegen Korrosion und elektrolytische Erscheinungen treffen.
Daß man sich durch diese Nachteile keinesfalls davon abschrecken lassen sollte, Aluminium zu verwenden, beweisen die folgenden Beispiele:
Der Rolls-Royce aus der Abb. 10.7 z. B. hat einen Motorblock, Türen, Motorhaube und Kofferraumdeckel sowie Innenausrüstungsteile aus Aluminium. Auch und vor

allem bei Lieferwagen, bei Anhängern und Aufliegern verwendet man besonders häufig Aluminium. Dies beschränkt sich nicht auf den Aufbau, auch Teile der Achsaufhängung u. ä. finden sich vielfach in Alu-Ausführung.
Es war vornehmlich auf den Schiffswerften und im Karosseriebau, wo man es mit elektrolytischen Erscheinungen zu tun hatte, wenn Materialien mit verschiedenen elektrischen Potentialen zusammengesetzt wurden. Die elektrolytische Einwirkung ist größer, wenn diese Erscheinung in feuchter Umgebung auftritt.

Die Tabelle unten zeigt den Potentialunterschied zwischen verschiedenen Metallen und einem Aluminiumstab (99% rein) in einer 3%igen Kochsalzlösung (NaCl) bei 20°C. Aus dieser Tabelle geht hervor, daß Silber, Kupfer, Nickel, Zinn, Blei und Chrom in Kombination mit Aluminium gefährlich sind.
Kadmium und Zink sind stärker elektronegativ als Aluminium, daher werden sie auch als Kontaktmaterial verwendet. Im Karosseriebau verwendet man aber mehr und mehr Kunststoff für elektrolytische Isolation.
Andererseits hat sich erwiesen, daß verschiedenartig zusammengesetzte Teile, die wechselnden Witterungsbedingungen ausgesetzt sind, weniger leiden, als solche Teile, die in nichtventilierten, kleineren oder größeren Räumen innerhalb des Karosserieaufbaus eingeschlossen sind. So müssen Karosserietüren mit Aluminium-Außenblech auf einem eisernen Rahmen immer mit größeren Löchern versehen sein, nicht nur zur Entwässerung, sondern auch zwecks gründlicher Ventilierung.
Nicht immer lassen sich heterogener Zusammenbau vermeiden, aber dann muß man Isolationsstoffe verwenden. Aus der Tabelle ist ersichtlich, daß auch Kontakte zwischen Aluminiumlegierungen, je nach der Zusammenstellung, gegeneinander isoliert werden müssen. Die Verwendung von Zinkchromatfarben kann hier weiterhelfen.

Metall	Millivolt
Magnesium	− 850
Zink	− 300
A-Sg und Kadmium	0 bis − 20
A-G2, A-G3, A-G4MC, A-G5	0 bis − 10
Al (99%)	0
A-U8 (8% Cu)	+ 100
A-SI13, A-S7G	20 − 50
A-U4G	+ 150
SM-Stahl	+ 50 bis + 150
Chrom	± 190
Blei	+ 250
Zinn	+ 300
Gelbkupfer (50% Zn)	+ 400
Nickel	+ 480
Gelbkupfer (30% Zn)	+ 480
Rotkupfer	+ 500 bis 520
Silber	± 750
Nirosta 18/8	+ 850

Eigenschaften der Metalle

Metall	Symbol	Schmelzpunkt °C	Brinell-Oberflächenhärte	Zugfestigkeit kg/mm²
Eisen	Fe	1535	45-80	20
Kupfer	Cu	1080	60-80	16-20
Aluminium	Al	660	25-40	9-18
Magnesium	Mg	650	30-40	15-20
Blei	Pb	327	4-7	1,5-2
Zink	Zn	420	40-50	20-25
Zinn	Sn	232	10-15	2-4
Kadmium	Cd	320	20-30	5
Nickel	Ni	1450	150-220	40-80
Chrom	Cr	1800	800-1100	–
Wolfram	W	3400	650-800	380
Vanadium	V	1700	–	–
Molybdän	Mo	2600	150-250	280
Mangan	Mn	1240	3-5	50
Kobalt	Co	1490	130-180	50
Titan	Ti	1800	–	60-80
Silber	Ag	960	25-35	15-20
Gold	Au	1060	25-30	12-15
Platin	Pt	1770	35-40	10-15
Stahl	Fe + C	± 1450	120-250	40-80
Nirosta 18/8	Fe + 18% Cr + 8% Ni			
25/20	Fe + 25% Cr + 20% Ni	1350-1400	140-170	60
18/8 + Mo	Fe + 18% Cr + 2,5% Mo			
Gußeisen	Fe + C	1200-1400	120-180	40-80
Grauguß	Fe + C	1200	170-220	15-30
Schmiedbares Gußeisen	Fe + C	1300	110-220	35-45
Gelbkupfer	Cu + Zn	900	70-140	30-50
Tombak	Cu 8% + Zn 20%	900	60-120	25-40
Bronze	Cu + Sn	900	100-200	15-20
Monelmetall	Cu + Ni	1350	100-150	50-60
Neusilber	Cu + Zn + Ni	1000	150-180	40-70

Die Isolierstoffe können eine Doppelfunktion erfüllen: isolieren und abdichten. Es versteht sich, daß dabei alle hygroskopischen (wasseranziehenden) Stoffe absolut zu vermeiden sind, um Wasser- und Feuchtigkeitsabsorption zu verhindern. Ehe die Zwischenlagen angebracht werden, müssen die Aluminiumbleche an den Berührungsstellen gründlich gereinigt werden, sei es mit einem Reinigungsmittel oder mit Scheuersand.
In anderen Fällen verwendet man dicke Zinkchromatfarbe oder Bitumen, mit einem speziellen Aluminiumpulver angemacht. Diese dürfen später, beim Trock-

nen, nicht schrumpfen. Auch die Verwendung von Epoxyd-Spachtel ist bekannt. Nach dem Härten bleibt hier eine gewisse Elastizität erhalten.
Nieten sollten nach Möglichkeit aus dem gleichen Material, wie das Blech, oder aus reinem Alu bestehen. Schrauben, Bolzen und Muttern werden mit Zink oder Kadmium überdeckt. Sollen sie später bei eventuellen Reparaturen wieder leicht lösbar sein, dann werden sie mit Vaseline eingerieben.
Damit Schrauben oder Gewindebolzen die Ränder des Loches, durch das sie geschoben werden, nicht berühren können, isoliert man sie durch eine Tülle aus Polyvinyl, Butyl, Hartgummi oder Neopren. Ebenso verfährt man mit Nieten. Überdies verwendet man isolierende Unterlegscheiben.

12.15 DAS KLEBEN VON ALUMINIUM

Klebstoffe für Holz, Gummi und sonstige Werkstoffe gibt es seit langem. Durch die rasche Entwicklung synthetischer Stoffe hat es in den letzten Jahren aber große Fortschritte gegeben. Die modernen Klebstoffe verfügen nicht nur über eine enorme Klebekraft, sondern sie bieten gleichzeitig einen außergewöhnlichen Widerstand gegenüber Vibrationen, Wärme, Kälte, Feuchtigkeit und chemischen Einflüssen. Manche kleben gut, ohne daß man einen großen Druck auf sie ausüben muß, andere sind sehr kältebeständig, wieder andere vertragen sehr hohe Temperaturen. Die Klebekraft eines Kontaktklebers hängt hauptsächlich vom interatomaren und interionischen Zusammenhang zwischen dem Klebstoff und dem zu klebenden Material ab. Bei Metallen kann der Klebstoff nur geringfügig eindringen, und daher spielt die Vorbereitung der zu verklebenden Flächen für die Klebefähigkeit eine besonders große Rolle.
Aluminiumoxyd kann sowohl amorph* als auch in kristallisierter Form vorkommen. Die letzgenannte dürfte ein besseres Zusammenhaften garantieren. Gründliches und absolut vollständiges Reinigen der Metallflächen ist unbedingt erforderlich. Aluminiumblech kann vorbereitet werden durch Sandstrahlen, Schleifen oder Abbeizen.

Kurzgefaßt kann man sagen, daß sich die Klebstoffe für Aluminium folgendermaßen einteilen lassen:
1. Kleber, der warm und unter Druck aushärten muß:
2. Kleber, der kalt aufgetragen wird;
3. Kleber, der Temperaturen von 150 bis 200° C widerstehen kann.

Es versteht sich, daß man sich beim Gebrauch dieser Kleber genau nach den Vorschriften des Herstellers richten muß, wenn das Resultat befriedigen soll.
Bei der Karosserie können die Vor- und Nachteile des Klebens einander aufwiegen.

---

* Amorph: phys. Bez. f. Körper mit unregelmäßiger Molekülstruktur

Vorteile

1. Sämtliche Eigenschaften der zu verklebenden Stoffe bleiben erhalten.
2. Neutralisierung von Vibrationen.
3. Neutralisierung elektrolytischer Einflüsse.
4. Sehr gut anwendbar auf eloxierten und anodisierten Aluminiumblechen, deren Glanz erhalten bleiben soll.
5. Zur Serienfertigung wirtschaftlich interessant.
6. Vor allem bei der Verarbeitung dünner Bleche interessant.

Nachteile

1. Relativ schlechte Beständigkeit gegen hohe und niedrige Temperaturen.
2. Kostenfrage beim Pressen und Aushärten.
3. Manche Klebstoffe verlieren beim Aushärten auf bestimmten Aluminiumlegierungen viel von ihrer Korrosionsbeständigkeit.
4. Die Stoß- und Schlagbeständigkeit ist bei manchen Arten gering.

12.16 DAS LACKIEREN VON ALUMINIUM

Eines der naheliegendsten Mittel zur Verhinderung von Rostbildung/Oxidation ist sowohl bei Stahlblech als auch Aluminium das Aufbringen einer Lackschicht.
Bei Aluminium finden wir jedoch auch noch den chemischen Schutz, wie zum Beispiel Phosphatieren, Chromatieren und Eloxieren.
Ein solcher Schutz ist auch nötig, denn auch nur geringfügig korrodierende Alu-Legierungen werden nach ein paar Jahren in Wind und Wetter matt, wenn wir nicht vorbeugend eingreifen.
Es reicht in keinem Falle aus, die Oberfläche regelmäßig von Staub, Schlamm und Fett zu befreien und durch Polieren gegen Oxidbildung zu schützen. Hinsichtlich der vorbereitenden Maßnahmen für die Aufbringung einer Lackschicht und die Bearbeitung von Aluminium siehe Abschnitt 10.5.

Liste von Firmen, Institutionen und Personen

Die nachstehend genannten Firmen, Institutionen und Personen haben am Zustandekommen dieser Ausgabe durch Zurverfügungstellung von Dokumenten, Fotomaterial oder Zeichnungen, Informationen oder in Form von Beratung beigetragen.

Autobusfabriek BOVA BV, Valkenswaard
Auto Techniek Nederland, Maarssen
Bakker Junior BV, Genemuiden
Brandweer, Gemeente Deventer
British Leyland Nederland BV, Gouda
Buck and Hickman Ltd., Sheffield (Großbritannien)
BV Staalindustrie W. de Bruijn en Zoon, Lent
Citroën Nederland BV, Amsterdam
Datsun Nederland BV, Lisse
Du Pont Auto-lakken
Explora BV, Barneveld
F.K. Publiciteit BV, Sneek
Ford Nederland BV, Amsterdam
General Motors Continental NV, Rotterdam
Glaceries de Saint Roch SA, Jemeppe (Belgien)
Handelsonderneming B. Oskamp BV, Amersfoort
HAVAM BV, Venlo
Hessing's Autobedrijven BV, De Bilt
Importol BV, 's-Gravendeel
Kool garage-apparatuur, Rotterdam
Mirani, Volendam
Pon's Automobielhandel BV, Leusden
Renault Nederland NV, Amsterdam
H. Rijs BV, Alkmaar
Saarloos Garage-uitrustingen, Overloon
Securit-Glas Union GmbH, Aachen (BRD)
Sikkens BV, Sassenheim
Smitweld, Nimwegen
Stichting voor Technisch Onderwijs, Apeldoorn
Sun Electric Nederland BV/Van Rooy Dorsman, Amsterdam
Talbot Nederland BV, Utrecht
Van der Heijden import BV, Den Haag
Van Heck en Co. BV, Schiedam
Van Hool NV, Lier-Koningshooikt (Belgien)
Van Leeuwen Techniek BV, Etten-Leur
Verder-Vleuten BV, Vleuten
Volvo Nederland Personenauto BV, Beesd
Wout van Assendelft de Coningh, Uden

Stichwortverzeichnis

Ludwig Apfelbeck
Wege zum Hochleistungs-Viertaktmotor
218 Seiten, 201 Abb., geb.
DM/sFr 48,– / öS 375,–
Bestell-Nr. 10578

de Boer/Dobbelaar/Mom
Das Auto und seine Elektrik
464 Seiten, 456 Abb. und Diagramme, 27 Tabellen, geb.
DM/sFr 59,– / öS 460,–
Bestell-Nr. 01363

Backfisch/Heinz
Das Reifenbuch
Von der Historie bis zum modernen High-Tech-Reifen.
272 Seiten, 419 Abb., geb.
DM/sFr 49,80 / öS 389,–
Bestell-Nr. 01433

Helmut Hütten
Schnelle Motoren – seziert und frisiert
580 Seiten, 450 Abb., geb.
DM/sFr 79,– / öS 616,–
Bestell-Nr. 10974

Arkenbosch/Mom/Nieuwland
Das Auto und sein Fahrwerk
Reifen, Lenkung, Federung, Radaufhängung, Bremsen.
DM/sFr 128,– / öS 999,–
Bestell-Nr. 01405

Gert Hack
Autos schneller machen
Automobil-Tuning in Theorie und Praxis.
544 Seiten, 460 Abb., geb.
DM/sFr 69,– / öS 538,–
Bestell-Nr. 01548

Kfz-Technik heute

Theorie und praktische Anwendung

Jan Trommelmans
Das Auto und seine Technik
Die gesamte Autotechnik wird hier verständlich und umfassend erläutert: Alles über Antrieb, Fahrgestell, Bremsen, Lenkung usw.
Funktion und Konstruktion der kompletten Fahrzeugtechnik in diesem praxisbezogenen Ratgeber.
212 Seiten, 360 Abbildungen, geb.
DM/sFr 49,– / öS 382,–
Bestell-Nr. 01288

Motor buch Verlag

DER VERLAG FÜR AUTO-BÜCHER
Postfach 10 37 43 · 70032 Stuttgart

Änderungen vorbehalten